U0617325

应用型本科 电子及通信工程专业“十二五”规划教材

电磁场与电磁波

主　编　张刚兵

副主编　钱显毅　何一鸣　肖闽进

欧阳庆荣　宋依青　马春芳

西安电子科技大学出版社

内容简介

本书以麦克斯韦方程作为主线，详细地介绍了电磁场与电磁波理论所涉及的基本原理、基本规律、基本分析方法和基本计算方法，突出了电磁场与电磁波理论的实用性。本书主要内容包括电磁理论必要的数学基础、电磁场的基本问题、静态场、时变电磁场、平面电磁波和导行电磁波等。

本书可作为高等院校电子工程、通信工程、电子信息工程、微电子和应用电子技术等相关专业本科生的教材，也可作为电磁场理论、微波技术、天线等领域的工程技术人员的参考书。

图书在版编目(CIP)数据

电磁场与电磁波/张刚兵主编. —西安：西安电子科技大学出版社，2016.2
应用型本科电子及通信工程专业"十二五"规划教材
ISBN 978-7-5606-3916-1

Ⅰ. ① 电…　Ⅱ. ① 张…　Ⅲ. ① 电磁场—高等学校—教材 ② 电磁波—高等学校—教材
Ⅳ. ① O441.4

中国版本图书馆 CIP 数据核字(2016)第 019592 号

策划编辑　马晓娟
责任编辑　王瑛　马晓娟
出版发行　西安电子科技大学出版社(西安市太白南路 2 号)
电　　话　(029)88242885　88201467　　邮　　编　710071
网　　址　www.xduph.com　　电子邮箱　xdupfxb001@163.com
经　　销　新华书店
印刷单位　陕西天意印务有限责任公司
版　　次　2016 年 2 月第 1 版　2016 年 2 月第 1 次印刷
开　　本　787 毫米×1092 毫米　1/16　印张　14.5
字　　数　341 千字
印　　数　1～3000 册
定　　价　26.00 元
ISBN 978-7-5606-3916-1/O

XDUP　4208001-1

＊＊＊如有印装问题可调换＊＊＊

前　言

为了贯彻落实《国家中长期教育改革和发展规划纲要》和《国家中长期人才发展规划纲要》的重大改革，编者根据教育部2011年5月发布的《关于“十二五”普通高等教育本科教材建设的若干意见》和近期关于600所本科院校转型的要求，本着教材必须符合教育规律和人才成长规律的精神和“卓越工程师教育培养计划”的具体要求，编写了本书。

本书具有以下特色：

(1) 符合教育部《关于“十二五”普通高等教育本科教材建设的若干意见》的精神，具有时代性、先进性、创新性，可为培养造就一大批创新能力强、适应经济社会发展需要的高质量各类型工程技术人才和卓越工程师打下良好的数理基础。

(2) 特色鲜明，实用性强，方便学生自学。本书将每个知识点与相关学科、产业的应用紧密结合，可提高学生的学习兴趣，适应不同基础的学生自学。

(3) 重点突出，结论表述准确。对其相关定理及场的基本方程的描述，既有严格的数学推导，又有物理意义的描述。结论表述清晰准确，有利于帮助学生建立工程应用中的数理模型，培养学生的形象思维能力和解决实际工程的能力。

(4) 难易适中，适用面广。本书可供不同的读者学习和参考，满足普通高校教学要求。

(5) 系统性强，强化应用，可培养读者的动手能力。本书在编写过程中，吸收了国内外同类教材的优点，调研并参考了相关行业专家的意见，特别适用于卓越工程师培养，有利于培养实用型人才。本书有些理论推导部分在教学时可以删除。

张刚兵担任本书主编，并负责统稿工作。本书编写分工如下：第1、2、7章由张刚兵编写，第3章由何一鸣编写，第4章由钱显毅编写，第5章由马春芳编写，第6章由肖闽进编写，第8章由宋依青编写，第9章由欧阳庆荣编写。

限于编者水平，书中定有不少疏漏，欢迎各位读者多提宝贵意见。如需要交流或索取教学用PPT资料，请通过E-mail：zhanggb@czu.cn联系。

编　者

2015年8月

目　录

第 1 章　矢量分析与场论基础

矢量分析和场论相关知识是学习电磁场理论必须具备的数学工具，作为电磁场理论的基础，它们为复杂的电磁现象提供了精确的描述方式。本章简要介绍场的基本概念、矢量分析的基础知识，重点介绍标量场的梯度、矢量场的散度和旋度等相关内容。

1.1　标量场和矢量场

1.1.1　标量和矢量

电磁场中涉及的绝大多数物理量能够容易地区分为标量或矢量。一个只有大小而没有方向的物理量称为标量，如时间(t)、温度(T)、电流(I)、电压(U)、电荷(q)、质量(m)等；既有大小又有方向的物理量称为矢量，如力、力矩、速度、加速度、电场强度、磁场强度等。

标量可以用数字准确描述，如 0℃表示某物体温度，25 g 表示某物体的质量。而矢量则用黑斜体或带箭头的符号来表示。本书统一采用黑斜体表示矢量。模值为 1 的矢量称为单位矢量，常用来表示某矢量的方向。如矢量 $\boldsymbol{A}$ 可写成 $\boldsymbol{A}=\boldsymbol{a}_A A$，其中 $\boldsymbol{a}_A$ 是与 $\boldsymbol{A}$ 同方向的单位矢量，A 为矢量 $\boldsymbol{A}$ 的模值。

如果给定的矢量在 3 个相互垂直的坐标轴上的分量都已知，那么这个矢量即可确定。在直角坐标系中，如矢量 $\boldsymbol{A}$ 的坐标分量为(A_x，A_y，A_z)，则 $\boldsymbol{A}$ 可表示为

$$\boldsymbol{A} = \boldsymbol{e}_x A_x + \boldsymbol{e}_y A_y + \boldsymbol{e}_z A_z \tag{1.1.1}$$

其中，$\boldsymbol{e}_x$、$\boldsymbol{e}_y$、$\boldsymbol{e}_z$ 分别表示直角坐标系中 x、y、z 方向上的单位矢量。通过矢量的加减可得到它们的和差。设

$$\boldsymbol{B} = \boldsymbol{e}_x B_x + \boldsymbol{e}_y B_y + \boldsymbol{e}_z B_z \tag{1.1.2}$$

则

$$\boldsymbol{A} \pm \boldsymbol{B} = \boldsymbol{e}_x (A_x \pm B_x) + \boldsymbol{e}_y (A_y \pm B_y) + \boldsymbol{e}_z (A_z \pm B_z) \tag{1.1.3}$$

1.1.2　标量场和矢量场

场有空间占据的概念。设有一个确定的空间区域，若该区域内的每一个点都对应着某个物理量的一个确定值，则认为该空间区域确定了这个物理量的一个场。

物理量是标量的场称为标量场，如温度场、密度场和电位场等。物理量是矢量的场称为矢量场，如力场、速度场等。

如果场中的物理量不随时间而变化，只是空间和点的函数，那么称该场为稳定场(或静态场)；如果场中的物理量是空间位置和时间的函数，那么称之为不稳定场(或时变场)。

由数学中函数的定义可知，给定了一个标量场就相当于给定了一个数性函数 $u(M)$，

而给定了一个矢量场就相当于给定了一个矢性函数 $\boldsymbol{A}(M)$，其中 M 为场对应空间区域中的任意点。在直角坐标系中，点 M 由它的 x、y、z 坐标确定，因此一个标量场可用数性函数表示为

$$u(M) = u(x, y, z) \tag{1.1.4}$$

而矢量场则可用矢性函数表示为

$$\boldsymbol{A}(M) = \boldsymbol{A}(x, y, z) \tag{1.1.5}$$

在标量场中，为了直观研究其分布情况，引入了等值面(或等量面)的概念。等值面是指场中使函数取值相同的点组成的曲面。标量场的等值面方程为

$$u(M) = C \tag{1.1.6}$$

其中，C 为常数。如温度场中的等值面就是由温度相同的点所组成的等温面；电位场中的等值面就是由电位相同的点所组成的等位面，如图 1.1.1 所示。等值面在二维平面上就是等值线，如常见的等高线、等温线等。

在矢量场中，可以用矢量线来描绘矢量场的分布情况。如图 1.1.2 所示，在矢量场的每一点 M 处的切线方向与对应于该点的矢量方向相重合。在流体力学中，矢量线就是流线。在电磁场中，矢量线就是电力线和磁力线。

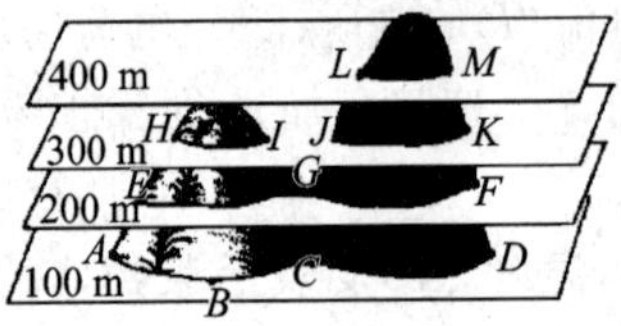

图 1.1.1　等值面

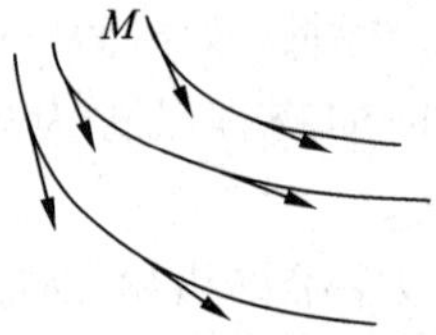

图 1.1.2　矢量场的矢量线

1.2　矢量运算

1.2.1　标量积和矢量积

矢量的乘积有两种定义：标量积(点积)和矢量积(叉积)。

1. 标量积

如图 1.2.1 所示，有两个矢量 $\boldsymbol{A}$ 与 $\boldsymbol{B}$，它们之间的夹角为 $\theta(0\leqslant\theta\leqslant\pi)$。两个矢量 $\boldsymbol{A}$ 与 $\boldsymbol{B}$ 的点积记为 $\boldsymbol{A}\cdot\boldsymbol{B}$，它是一个标量，定义为矢量 $\boldsymbol{A}$ 与矢量 $\boldsymbol{B}$ 的大小和它们之间夹角的余弦之积，即 $\boldsymbol{A}\cdot\boldsymbol{B}=AB\cos\theta$。

在直角坐标系中，各单位坐标矢量的点积满足如下关系：

$$\boldsymbol{e}_x\cdot\boldsymbol{e}_y = \boldsymbol{e}_y\cdot\boldsymbol{e}_z = \boldsymbol{e}_z\cdot\boldsymbol{e}_x = 0 \tag{1.2.1a}$$

$$\boldsymbol{e}_x\cdot\boldsymbol{e}_x = \boldsymbol{e}_y\cdot\boldsymbol{e}_y = \boldsymbol{e}_z\cdot\boldsymbol{e}_z = 1 \tag{1.2.1b}$$

矢量 $\boldsymbol{A}$ 与矢量 $\boldsymbol{B}$ 的点积可表示为

$$\boldsymbol{A}\cdot\boldsymbol{B} = A_xB_x + A_yB_y + A_zB_z \tag{1.2.2}$$

矢量点积满足交换律和分配律：

$$\boldsymbol{A}\cdot\boldsymbol{B} = \boldsymbol{B}\cdot\boldsymbol{A} \tag{1.2.3a}$$

$$\boldsymbol{A}\cdot(\boldsymbol{B}+\boldsymbol{C}) = \boldsymbol{A}\cdot\boldsymbol{B}+\boldsymbol{A}\cdot\boldsymbol{C} \tag{1.2.3b}$$

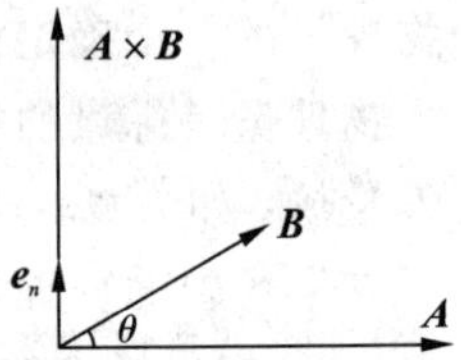

图 1.2.1　矢量及其叉积

2. 矢量积

两个矢量的叉积记为 $\boldsymbol{A}\times\boldsymbol{B}$，它是一个矢量，垂直于包含矢量 $\boldsymbol{A}$ 和矢量 $\boldsymbol{B}$ 的平面，方向满足右手螺旋法则，即当右手四指从矢量 $\boldsymbol{A}$ 到 $\boldsymbol{B}$ 旋转 θ 角时大拇指所指的方向，其大小为 $AB\sin\theta$，即

$$\boldsymbol{A}\times\boldsymbol{B}=\boldsymbol{e}_{\mathrm{n}}AB\sin\theta \tag{1.2.4}$$

式中，$\boldsymbol{e}_{\mathrm{n}}$ 是叉积方向的单位矢量。

在直角坐标系中，各单位坐标矢量的叉积满足如下关系：

$$\boldsymbol{e}_x\times\boldsymbol{e}_y=\boldsymbol{e}_z,\ \boldsymbol{e}_y\times\boldsymbol{e}_z=\boldsymbol{e}_x,\ \boldsymbol{e}_z\times\boldsymbol{e}_x=\boldsymbol{e}_y \tag{1.2.5a}$$

$$\boldsymbol{e}_x\times\boldsymbol{e}_x=\boldsymbol{e}_y\times\boldsymbol{e}_y=\boldsymbol{e}_z\times\boldsymbol{e}_z=\boldsymbol{0} \tag{1.2.5b}$$

矢量 $\boldsymbol{A}$ 与矢量 $\boldsymbol{B}$ 的叉积可表示为

$$\boldsymbol{A}\times\boldsymbol{B}=\begin{vmatrix}\boldsymbol{e}_x & \boldsymbol{e}_y & \boldsymbol{e}_z\\ A_x & A_y & A_z\\ B_x & B_y & B_z\end{vmatrix} \tag{1.2.6}$$

叉积不满足交换律，但满足分配律：

$$\boldsymbol{A}\times\boldsymbol{B}=-\boldsymbol{B}\times\boldsymbol{A} \tag{1.2.7a}$$

$$\boldsymbol{A}\times(\boldsymbol{B}+\boldsymbol{C})=\boldsymbol{A}\times\boldsymbol{B}+\boldsymbol{A}\times\boldsymbol{C} \tag{1.2.7b}$$

1.2.2　三重积

矢量 $\boldsymbol{A}$ 与矢量$(\boldsymbol{B}\times\boldsymbol{C})$的点积称为标量三重积。标量三重积满足：

$$\boldsymbol{A}\cdot(\boldsymbol{B}\times\boldsymbol{C})=\boldsymbol{B}\cdot(\boldsymbol{C}\times\boldsymbol{A})=\boldsymbol{C}\cdot(\boldsymbol{A}\times\boldsymbol{B}) \tag{1.2.8}$$

$\boldsymbol{A}\times\boldsymbol{B}$ 的模表示由 $\boldsymbol{A}$ 与 $\boldsymbol{B}$ 为相邻边所形成的平行四边形的面积，因此 $\boldsymbol{C}\cdot(\boldsymbol{A}\times\boldsymbol{B})$的模是平行六面体的体积。矢量 $\boldsymbol{A}$ 与矢量$(\boldsymbol{B}\times\boldsymbol{C})$的叉积称为矢量三重积。矢量三重积满足：

$$\boldsymbol{A}\times(\boldsymbol{B}\times\boldsymbol{C})=\boldsymbol{B}(\boldsymbol{A}\cdot\boldsymbol{C})-\boldsymbol{C}(\boldsymbol{A}\cdot\boldsymbol{B}) \tag{1.2.9}$$

1.3　常用正交坐标系

为了描述电磁场在空间中的分布和变化规律，必须引入坐标系。虽然物理规律对任何坐标系都等价，但在求解实际问题时，根据被研究对象几何形状的不同，适当选择坐标系，可使求解简便，并且使其解的形式简洁，能直观反映其性质。下面介绍几种常用坐标系。

1.3.1　三种常用坐标系

在电磁场理论中，最常用的三种坐标系是直角坐标系、圆柱坐标系和球坐标系。

1. 直角坐标系

直角坐标系是最常用和最被人们熟知的坐标系，这里只做简单介绍。直角坐标系由 x 轴、y 轴和 z 轴及其交点 O(称为坐标原点)组成，3 个坐标变量的变化范围均为负无穷到正无穷，如图 1.3.1 所示。

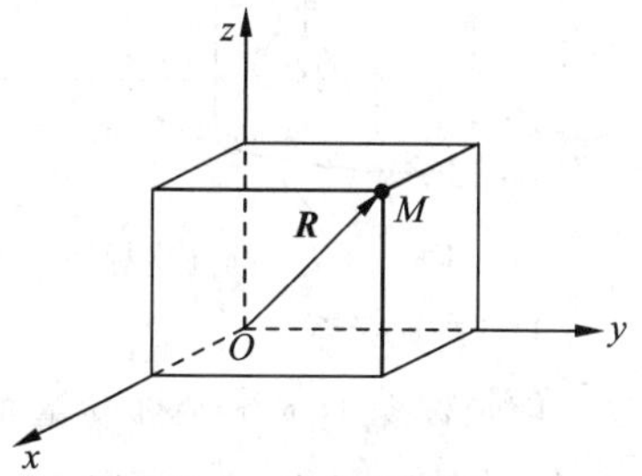

图 1.3.1　直角坐标系

在直角坐标系中，以坐标原点为起点，指向点

$M(x, y, z)$的矢量称为点 M 的位置矢量，可表示为

$$\boldsymbol{R} = x\boldsymbol{e}_x + y\boldsymbol{e}_y + z\boldsymbol{e}_z \tag{1.3.1}$$

位置矢量的微分元可表示为

$$\mathrm{d}\boldsymbol{R} = \boldsymbol{e}_x \mathrm{d}x + \boldsymbol{e}_y \mathrm{d}y + \boldsymbol{e}_z \mathrm{d}z \tag{1.3.2}$$

其中，$\mathrm{d}x$、$\mathrm{d}y$ 和 $\mathrm{d}z$ 分别表示位置矢量在 x、y 和 z 增加方向的微分元。与单位坐标矢量相垂直的 3 个面积元分别为

$$\mathrm{d}\boldsymbol{S}_x = \boldsymbol{e}_x \mathrm{d}y\mathrm{d}z \tag{1.3.3a}$$

$$\mathrm{d}\boldsymbol{S}_y = \boldsymbol{e}_y \mathrm{d}x\mathrm{d}z \tag{1.3.3b}$$

$$\mathrm{d}\boldsymbol{S}_z = \boldsymbol{e}_z \mathrm{d}x\mathrm{d}y \tag{1.3.3c}$$

体积元可表示为

$$\mathrm{d}V = \mathrm{d}x\mathrm{d}y\mathrm{d}z \tag{1.3.4}$$

2. 圆柱坐标系

圆柱坐标系的 3 个坐标变量是 ρ、ϕ 和 z，它们的变化范围分别是 $0 \leqslant \rho < \infty$，$0 \leqslant \phi \leqslant 2\pi$，$-\infty < z < \infty$。

如图 1.3.2 所示，圆柱坐标系的 3 个单位坐标矢量分别是 $\boldsymbol{e}_\rho$、$\boldsymbol{e}_\phi$、$\boldsymbol{e}_z$，它们之间符合右手螺旋法则，除 $\boldsymbol{e}_z$ 是常矢量外，$\boldsymbol{e}_\rho$、$\boldsymbol{e}_\phi$ 都是变矢量，方向均随点 M 的位置而改变。

在圆柱坐标系中，矢量 $\boldsymbol{R}$ 可表示为

$$\boldsymbol{R} = \rho\boldsymbol{e}_\rho + z\boldsymbol{e}_z \tag{1.3.5}$$

位置矢量的微分元可表示为

$$\mathrm{d}\boldsymbol{R} = \mathrm{d}(\rho\boldsymbol{e}_\rho) + \mathrm{d}(z\boldsymbol{e}_z) = \boldsymbol{e}_\rho \mathrm{d}\rho + \boldsymbol{e}_\phi \rho \mathrm{d}\phi + \boldsymbol{e}_z \mathrm{d}z \tag{1.3.6}$$

其中，$\mathrm{d}\rho$、$\rho\mathrm{d}\phi$ 和 $\mathrm{d}z$ 分别表示位置矢量在 ρ、ϕ 和 z 增加方向的微分元，如图 1.3.3 所示。与单位坐标矢量相垂直的 3 个面积元分别为

$$\mathrm{d}\boldsymbol{S}_\rho = \boldsymbol{e}_\rho \mathrm{d}\phi\,\mathrm{d}z \tag{1.3.7a}$$

$$\mathrm{d}\boldsymbol{S}_\phi = \boldsymbol{e}_\phi \mathrm{d}\rho\,\mathrm{d}z \tag{1.3.7b}$$

$$\mathrm{d}\boldsymbol{S}_z = \boldsymbol{e}_z \rho\,\mathrm{d}\rho\,\mathrm{d}\phi \tag{1.3.7c}$$

体积元可表示为

$$\mathrm{d}V = \rho\,\mathrm{d}\rho\,\mathrm{d}\phi\,\mathrm{d}z \tag{1.3.8}$$

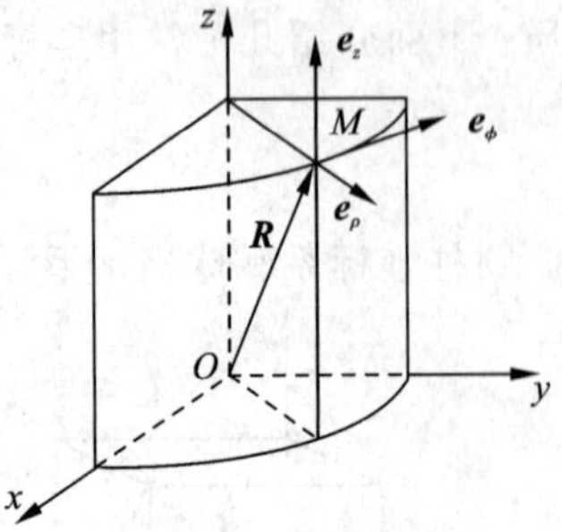

图 1.3.2　圆柱坐标系

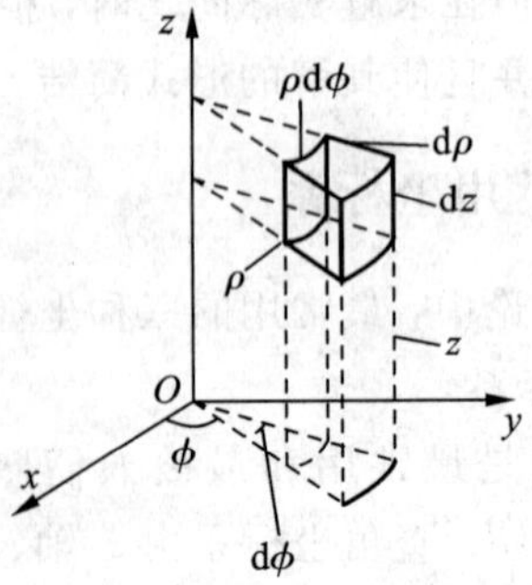

图 1.3.3　圆柱坐标系中的长度元、面积元和体积元

3. 球坐标系

球坐标系的 3 个坐标变量是 r、θ 和 ϕ，它们的变化范围分别是 $0 \leqslant r < \infty$，$0 \leqslant \theta \leqslant \pi$，$0 \leqslant \phi \leqslant 2\pi$。

如图 1.3.4 所示，在球坐标系中，过空间中任意一点 M 的单位坐标矢量是 $\boldsymbol{e}_r$、$\boldsymbol{e}_\theta$ 和 $\boldsymbol{e}_\phi$，它们分别是 r、θ 和 ϕ 增加的方向，且符合右手螺旋法则，都是变矢量。

在球坐标系中，矢量 $\boldsymbol{A}$ 可表示为

$$\boldsymbol{A} = A_r \boldsymbol{e}_r + A_\theta \theta_\theta + A_\phi \boldsymbol{e}_\phi \tag{1.3.9}$$

其中，A_r、A_θ 和 A_ϕ 分别是矢量 $\boldsymbol{A}$ 在 3 个坐标方向上的投影。

球坐标系中的位置矢量为

$$\boldsymbol{R} = r\boldsymbol{e}_r \tag{1.3.10}$$

它的微分元可表示为

$$\mathrm{d}\boldsymbol{R} = \mathrm{d}(r\boldsymbol{e}_r) = \boldsymbol{e}_r \mathrm{d}r + \boldsymbol{e}_\theta r\,\mathrm{d}\theta + \boldsymbol{e}_\phi r\sin\theta\,\mathrm{d}\phi \tag{1.3.11}$$

其中，$\mathrm{d}r$、$r\mathrm{d}\theta$ 和 $r\sin\theta\mathrm{d}\phi$ 表示位置矢量沿球坐标方向的 3 个长度微分元，如图 1.3.5 所示。与单位坐标矢量相垂直的 3 个面积元分别为

$$\mathrm{d}\boldsymbol{S}_r = \boldsymbol{e}_r r^2 \sin\theta\,\mathrm{d}\theta\,\mathrm{d}\phi \tag{1.3.12a}$$

$$\mathrm{d}\boldsymbol{S}_\theta = \boldsymbol{e}_\theta r\sin\theta\,\mathrm{d}r\,\mathrm{d}\phi \tag{1.3.12b}$$

$$\mathrm{d}\boldsymbol{S}_\phi = \boldsymbol{e}_\phi r\,\mathrm{d}r\,\mathrm{d}\theta \tag{1.3.12c}$$

体积元可表示为

$$\mathrm{d}V = r^2 \sin\theta\,\mathrm{d}r\,\mathrm{d}\theta\,\mathrm{d}\phi \tag{1.3.13}$$

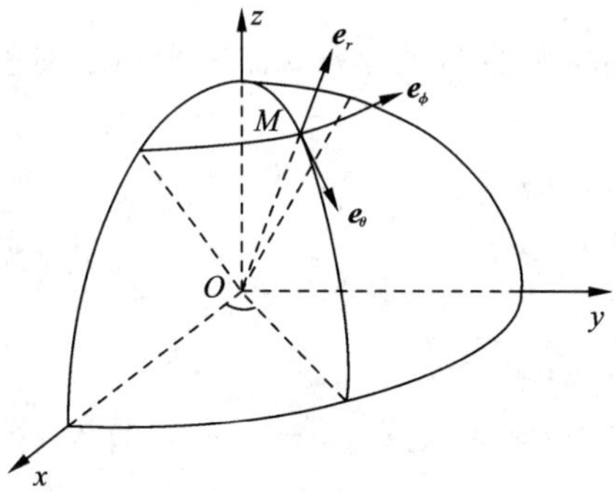

图 1.3.4　球坐标系

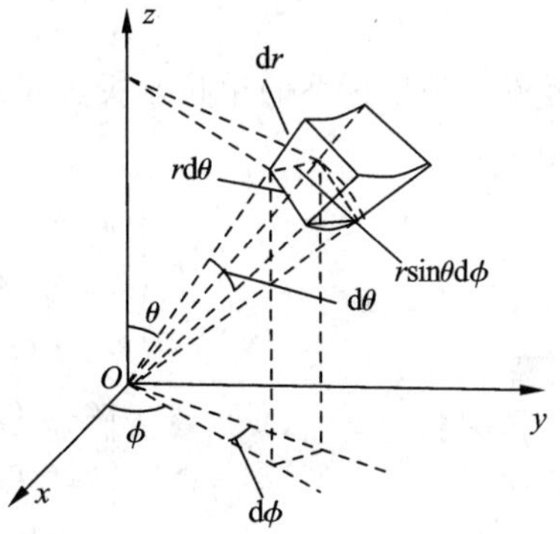

图 1.3.5　球坐标系的长度元、面积元和体积元

1.3.2　三种坐标系之间的相互转换

如图 1.3.6 所示，在空间中有任意一点 M，它的直角坐标系的坐标是(x, y, z)，圆柱坐标系的坐标是(ρ, ϕ, z)，球坐标系的坐标是(r, θ, ϕ)，则各坐标之间的关系如下：

(1) 直角坐标系与圆柱坐标系的关系为

$$\begin{cases} x = \rho\cos\phi \\ y = \rho\sin\phi \\ z = z \end{cases} \tag{1.3.14a}$$

或

$$\begin{cases} \rho = \sqrt{x^2 + y^2} \\ \phi = \arctan(y/x) \\ z = z \end{cases} \tag{1.3.14b}$$

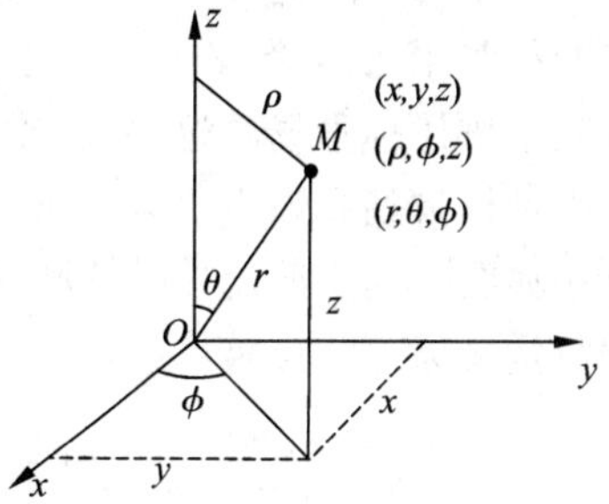

图 1.3.6　三种坐标系相互关系示意图

(2) 直角坐标系与球坐标系的关系为

$$\begin{cases} x = r\sin\theta\cos\phi \\ y = r\sin\theta\sin\phi \\ z = r\cos\theta \end{cases} \tag{1.3.15a}$$

或

$$\begin{cases} r=\sqrt{x^2+y^2+z^2} \\ \theta=\arccos\dfrac{z}{\sqrt{x^2+y^2+z^2}} \\ \phi=\arctan\left(\dfrac{y}{x}\right) \end{cases} \tag{1.3.15b}$$

(3) 圆柱坐标系与球坐标系的关系为

$$\begin{cases} \rho = r\sin\theta \\ \phi = \phi \\ z = r\cos\theta \end{cases} \tag{1.3.16a}$$

或

$$\begin{cases} r=\sqrt{\rho^2+z^2} \\ \theta=\arccos\left(\dfrac{z}{\sqrt{\rho^2+z^2}}\right) \\ \phi=\phi \end{cases} \tag{1.3.16b}$$

同理可得 3 种坐标系的单位坐标矢量间的关系，如直角坐标系与圆柱坐标系的单位坐标矢量的关系为

$$\begin{cases} \boldsymbol{e}_\rho = \boldsymbol{e}_x\cos\phi + \boldsymbol{e}_y\sin\phi \\ \boldsymbol{e}_\phi = -\boldsymbol{e}_x\sin\phi + \boldsymbol{e}_y\cos\phi \\ \boldsymbol{e}_z = \boldsymbol{e}_z \end{cases} \tag{1.3.17a}$$

或

$$\begin{cases} \boldsymbol{e}_x = \boldsymbol{e}_\rho\cos\phi - \boldsymbol{e}_\phi\sin\phi \\ \boldsymbol{e}_y = \boldsymbol{e}_\rho\sin\phi + \boldsymbol{e}_\phi\cos\phi \\ \boldsymbol{e}_z = \boldsymbol{e}_z \end{cases} \tag{1.3.17b}$$

1.4　标量场的梯度

1.4.1　方向导数

标量场的等值面只描述了场量 u 的分布状况，而场中某点的标量沿着各个方向的变化率可能不同，为此，引入方向导数来描述标量场的这种变化特性。标量场在某点的方向导数表示标量场自该点沿某一方向上的变化率。

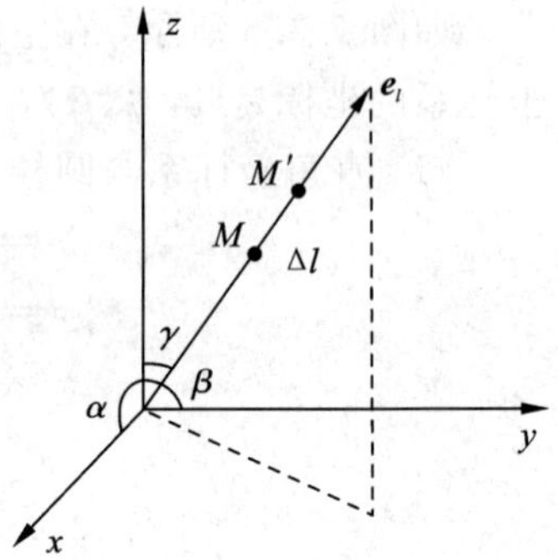

图 1.4.1　标量场的方向导数

如图 1.4.1 所示，标量场 u 在点 M 处沿 l 方向上的方向导数定义为

$$\left.\frac{\partial u}{\partial l}\right|_M = \lim_{\Delta l \to 0}\frac{u(M') - u(M)}{\Delta l} \tag{1.4.1}$$

式中，Δl 为点 M 和 M' 之间的距离。

在直角坐标系中，设 l 方向的单位矢量为 $\boldsymbol{e}_l=\boldsymbol{e}_x\cos\alpha+\boldsymbol{e}_y\cos\beta+\boldsymbol{e}_z\cos\gamma$，$\cos\alpha$、$\cos\beta$、$\cos\gamma$ 为 l 的方向余弦，则方向导数可表示为

$$\frac{\partial u}{\partial l}=\frac{\partial u}{\partial x}\frac{\partial x}{\partial l}+\frac{\partial u}{\partial y}\frac{\partial y}{\partial l}+\frac{\partial u}{\partial z}\frac{\partial z}{\partial l}=\frac{\partial u}{\partial x}\cos\alpha+\frac{\partial u}{\partial y}\cos\beta+\frac{\partial u}{\partial z}\cos\gamma \tag{1.4.2}$$

1.4.2　标量场的梯度

在标量场中，从一个给定点出发有无穷多个方向。一般而言，标量场在给定点沿不同方向的变化率是不同的。引入标量场梯度的概念来描述标量场在哪个方向变化率最大。

标量场 u 在点 M 处的梯度是一个矢量，它的方向是沿场量 u 变化率最大的方向，大小等于其最大的变化率，并记为 grad u，即

$$\text{grad}\ u=\boldsymbol{e}_l\left.\frac{\partial u}{\partial l}\right|_{\max} \tag{1.4.3}$$

式中，$\boldsymbol{e}_l$ 是场量 u 变化率最大方向上的单位矢量。

在直角坐标系中，标量场 u 沿 l 方向的方向导数可以写为

$$\begin{aligned}\frac{\partial u}{\partial l}&=\left(\boldsymbol{e}_x\frac{\partial u}{\partial x}+\boldsymbol{e}_y\frac{\partial u}{\partial y}+\boldsymbol{e}_z\frac{\partial u}{\partial z}\right)(\boldsymbol{e}_x\cos\alpha+\boldsymbol{e}_y\cos\beta+\boldsymbol{e}_z\cos\gamma)\\&=\boldsymbol{G}\cdot\boldsymbol{e}_l\,|\boldsymbol{G}|\cos(\boldsymbol{G},\ \boldsymbol{e}_l)\end{aligned} \tag{1.4.4}$$

其中，矢量 $\boldsymbol{G}=\boldsymbol{e}_x\dfrac{\partial u}{\partial x}+\boldsymbol{e}_y\dfrac{\partial u}{\partial y}+\boldsymbol{e}_z\dfrac{\partial u}{\partial z}$，它是与方向 l 无关的矢量，只有当方向 l 与矢量 $\boldsymbol{G}$ 的方向一致时，式(1.4.4)才取得最大值。

根据梯度的定义，可得直角坐标系中梯度的表达式为

$$\text{grad}\ u=\boldsymbol{e}_x\frac{\partial u}{\partial x}+\boldsymbol{e}_y\frac{\partial u}{\partial y}+\boldsymbol{e}_z\frac{\partial u}{\partial z} \tag{1.4.5a}$$

圆柱坐标系中梯度的表达式为

$$\text{grad}\ u=\boldsymbol{e}_\rho\frac{\partial u}{\partial \rho}+\frac{\boldsymbol{e}_\phi}{\rho}\frac{\partial u}{\partial \phi}+\boldsymbol{e}_z\frac{\partial u}{\partial z} \tag{1.4.5b}$$

球坐标系中梯度的表达式为

$$\text{grad}\ u=\boldsymbol{e}_r\frac{\partial u}{\partial r}+\frac{\boldsymbol{e}_\theta}{r}\frac{\partial u}{\partial \theta}+\frac{\boldsymbol{e}_\phi}{r\sin\theta}\frac{\partial u}{\partial \phi} \tag{1.4.5c}$$

在矢量分析中，经常用到哈密顿算符(算子)“∇”(读作 Del)，在直角坐标系中有

$$\nabla=\boldsymbol{e}_x\frac{\partial}{\partial x}+\boldsymbol{e}_y\frac{\partial}{\partial y}+\boldsymbol{e}_z\frac{\partial}{\partial z} \tag{1.4.6}$$

可见，算符“∇”兼有矢量和微分的双重作用。在直角坐标系中，标量场的梯度可用算符“∇”表示为

$$\text{grad}\ u=\left(\boldsymbol{e}_x\frac{\partial}{\partial x}+\boldsymbol{e}_y\frac{\partial}{\partial y}+\boldsymbol{e}_z\frac{\partial}{\partial z}\right)u=\nabla u \tag{1.4.7}$$

梯度运算符合下列运算规则(C 为常数，u、v 分别为标量场函数)：

$$\nabla(Cu)=C\nabla u \tag{1.4.8a}$$

$$\nabla(u+v)=\nabla u+\nabla v \tag{1.4.8b}$$

$$\nabla(uv)=v\nabla u+u\nabla v \tag{1.4.8c}$$

$$\nabla\left(\frac{u}{v}\right)=\frac{(v\nabla u-u\nabla v)}{v^2} \tag{1.4.8d}$$

$$\nabla f(u) = f'(u)\,\nabla u \tag{1.4.8e}$$

［**例 1.4.1**］ 已知标量场 $u(x, y, z)=xy+yz+2$，求该标量场在点(1，1，0)处的梯度及该点方向导数的最大值和最小值。

解 根据梯度的定义式可得

$$\nabla u = \boldsymbol{e}_x y + \boldsymbol{e}_y(x+z) + \boldsymbol{e}_z y$$

将相应的坐标值代入上式，得

$$\nabla u = \boldsymbol{e}_x + \boldsymbol{e}_y(1+0) + \boldsymbol{e}_z = \boldsymbol{e}_x + \boldsymbol{e}_y + \boldsymbol{e}_z$$

在该点任意方向的方向导数都是在该点的梯度沿该方向的投影，而该点梯度的模为 $|\nabla u| = \sqrt{1+1+1} = \sqrt{3}$，所以该点的方向导数的最大值为 $\sqrt{3}$，最小值为 $-\sqrt{3}$。

1.5 矢量场的通量与散度

矢量场在空间中的分布形态多种多样，为了分析矢量场在空间中的分布规律和场源的关系，本节介绍矢量场的通量和散度的概念。

1.5.1 矢量场的通量

描述矢量场时，矢量线可以形象描绘出场的分布，但它不能定量描述矢量场的大小。在分析矢量场性质的时候，往往引入矢量场穿过曲面的通量这一重要概念。假设 S 是一个空间曲面，$\mathrm{d}S$ 为曲面 S 上的面元，取一个与此面元相垂直的法向单位矢量 $\boldsymbol{e}_n$，则称矢量 $\mathrm{d}\boldsymbol{S}=\boldsymbol{e}_n\mathrm{d}S$ 为面元矢量。

单位矢量 $\boldsymbol{e}_n$ 的取法有两种：对开曲面上的面元，要求围成开曲面的边界走向与 $\boldsymbol{e}_n$ 之间满足右手螺旋法则，如图 1.5.1 所示；对闭合面上的面元，$\boldsymbol{e}_n$ 一般取外法线方向。

在矢量场 $\boldsymbol{F}$ 中，任取一个面元矢量 $\mathrm{d}\boldsymbol{S}$，因为面元很小，可认为其上各点的 $\boldsymbol{F}$ 值相同，则 $\boldsymbol{F}$ 与 $\mathrm{d}\boldsymbol{S}$ 的点积为矢量 $\boldsymbol{F}$ 穿过面元矢量 $\mathrm{d}\boldsymbol{S}$ 的通量。通量是一个标量。例如，每秒通过面积 $\mathrm{d}\boldsymbol{S}$ 的水流量是水流速度和 $\mathrm{d}\boldsymbol{S}$ 的乘积。

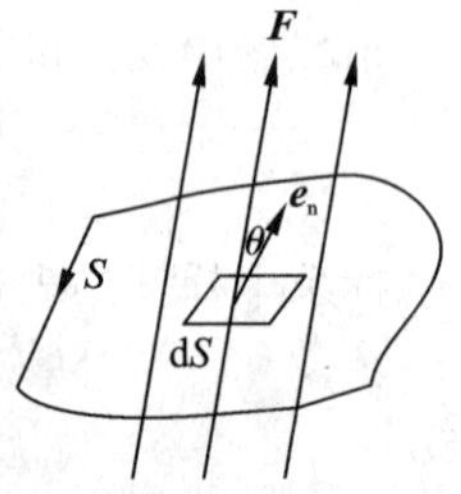

图 1.5.1 矢量场的通量

对于空间开曲面 S，矢量 $\boldsymbol{F}$ 穿过开曲面 S 的通量定义为

$$\Psi = \int_S \boldsymbol{F}\cdot \mathrm{d}\boldsymbol{S} = \int_S \boldsymbol{F}\cdot \boldsymbol{e}_n \mathrm{d}S = \int_S F\cos\theta \mathrm{d}S \tag{1.5.1a}$$

对于空间闭合曲面 S，矢量 $\boldsymbol{F}$ 穿过闭合曲面 S 的通量定义为

$$\Psi = \oint_S \boldsymbol{F}\cdot \mathrm{d}\boldsymbol{S} = \oint_S \boldsymbol{F}\cdot \boldsymbol{e}_n \mathrm{d}S = \oint_S F\cos\theta \mathrm{d}S \tag{1.5.1b}$$

其中，θ 是矢量 $\boldsymbol{F}$ 和 $\boldsymbol{e}_n$ 的夹角。由通量的定义可知，若矢量与面元矢量成锐角，则通过面积元的通量为正值；若成钝角，则通过面积元的通量为负值。

闭合曲面的通量是穿出闭合曲面 S 的正通量与进入闭合曲面 S 的负通量的代数和，即穿出闭合曲面 S 的净通量。矢量场 $\boldsymbol{F}$ 的通量说明了在一个区域中场与源的一种关系。当通量大于 0 时，表示穿出闭合曲面 S 的通量多于进入的通量，此时闭合曲面 S 内必有发出矢量线的源，称为有正源；当通量小于 0 时，表示穿出闭合曲面 S 的通量少于进入的通量，此时闭合曲面 S 内必有汇集矢量线的源，称为有负源；当通量为零时，表示穿出闭合曲面 S 的通量等于进入的通量，此时闭合曲面 S 内正通量源和负通量源的代数和为 0，称为无源。

1.5.2　矢量场的散度

通量是矢量场在一个大范围面积上的积分量，只能说明场在一个区域中总的情况，而不能说明区域内每点场的性质。为了研究场中任一点矢量场 $\boldsymbol{F}$ 与源的关系，缩小闭合面，使包含这个点在内的体积元趋于零，并定义如下的极限为矢量场在某点处的散度，记为 $\mathrm{div}\boldsymbol{F}$，即

$$\mathrm{div}\boldsymbol{F} = \lim_{\Delta V\to 0}\frac{\oint_S \boldsymbol{F}\cdot \mathrm{d}\boldsymbol{S}}{\Delta V} \tag{1.5.2}$$

矢量场的散度可表示为哈密顿算子与矢量 $\boldsymbol{F}$ 的标量积，即

$$\mathrm{div}\boldsymbol{F} = \nabla\cdot\boldsymbol{F} \tag{1.5.3}$$

在直角坐标系中

$$\begin{aligned}\nabla\cdot\boldsymbol{F} &= \left(\boldsymbol{e}_x\frac{\partial}{\partial x}+\boldsymbol{e}_y\frac{\partial}{\partial y}+\boldsymbol{e}_z\frac{\partial}{\partial z}\right)\cdot(\boldsymbol{e}_xF_x+\boldsymbol{e}_yF_y+\boldsymbol{e}_zF_z)\\ &= \frac{\partial F_x}{\partial x}+\frac{\partial F_y}{\partial y}+\frac{\partial F_z}{\partial z}\end{aligned} \tag{1.5.4a}$$

类似地，可推出圆柱坐标系和球坐标系的散度计算式：

$$\nabla\cdot\boldsymbol{F} = \frac{1}{\rho}\frac{\partial}{\partial\rho}(\rho F_\rho)+\frac{1}{\rho}\left(\frac{\partial F_\phi}{\partial\phi}\right)+\frac{\partial F_z}{\partial z} \tag{1.5.4b}$$

$$\nabla\cdot\boldsymbol{F} = \frac{1}{r^2}\frac{\partial}{\partial r}(r^2F_r)+\frac{1}{r\sin\theta}\frac{\partial}{\partial\theta}(\sin\theta F_\theta)+\frac{1}{r\sin\theta}\left(\frac{\partial F_\phi}{\partial\phi}\right) \tag{1.5.4c}$$

散度运算符合下列运算规则：

$$\nabla\cdot(k\boldsymbol{F}) = k(\nabla\cdot\boldsymbol{F}) \tag{1.5.5a}$$

$$\nabla\cdot(\boldsymbol{F}\pm\boldsymbol{G}) = \nabla\cdot\boldsymbol{F}\pm\nabla\cdot\boldsymbol{G} \tag{1.5.5b}$$

$$\nabla\cdot(u\boldsymbol{F}) = u\nabla\cdot\boldsymbol{F}+\boldsymbol{F}\cdot\nabla u \tag{1.5.5c}$$

其中，k 为常数，u 为标量函数。

矢量场的散度是标量，它表示在矢量场中给定点单位体积内散发出来的矢量的通量，反映了矢量场在该点的通量源强度。在矢量场某点处，若散度为正，则该点存在发出通量线的正源；若散度为负，则该点存在发出通量线的负源；若散度为零，则该点无源。

1.5.3　散度定理

由散度的定义可知，矢量的散度是矢量场中任意点处单位体积内向外散发出来的通量，将它在某一个体积上作体积分就是该体积内向外散发出来的通量总和，而这个通量显然和从该限定体积 V 的闭合曲面 S 向外散发的净通量是相同的，于是可得

$$\int_V \nabla\cdot\boldsymbol{F}\mathrm{d}V = \oint_S \boldsymbol{F}\cdot\mathrm{d}\boldsymbol{S} \tag{1.5.6}$$

这就是散度定理，也称高斯定理。

［例 1.5.1］ 设有一点电荷 q 位于坐标系的原点，在此电荷产生的电场中任意一点的电位移矢量 $\boldsymbol{D}=\frac{q}{4\pi r^3}\boldsymbol{r}$，其中 $\boldsymbol{r}=x\boldsymbol{e}_x+y\boldsymbol{e}_y+z\boldsymbol{e}_z$，求该电位移矢量的散度及穿过以原点为球心、$R$ 为半径的球面的电通量。

解 因为

$$\boldsymbol{D}=\frac{q}{4\pi r^3}\boldsymbol{r}=\frac{q(x\boldsymbol{e}_x+y\boldsymbol{e}_y+z\boldsymbol{e}_z)}{4\pi(x^2+y^2+z^2)^{\frac{3}{2}}}=\boldsymbol{e}_xD_x+\boldsymbol{e}_yD_y+\boldsymbol{e}_zD_z$$

$$D_x=\frac{qx}{4\pi r^3},\ D_y=\frac{qy}{4\pi r^3},\ D_z=\frac{qz}{4\pi r^3}$$

$$\frac{\partial D_x}{\partial x}=\frac{q(r^2-3x^2)}{4\pi r^5},\ \frac{\partial D_y}{\partial y}=\frac{q(r^2-3y^2)}{4\pi r^5},\ \frac{\partial D_z}{\partial z}=\frac{q(r^2-3z^2)}{4\pi r^5}$$

所以

$$\nabla\cdot\boldsymbol{D}=\frac{\partial D_x}{\partial x}+\frac{\partial D_y}{\partial y}+\frac{\partial D_z}{\partial z}=\frac{q(3r^2-3x^2-3y^2-3z^2)}{4\pi r^5}=0$$

电位移矢量的散度在 $r=0$ 以外的空间都为 0，仅在 $r=0$ 处，存在点电荷 q 这个场源。以原点为球心、R 为半径的球面所包含的闭合曲面的单位矢量方向与球面的法线方向一致，而球面的法线方向与电位移矢量方向一致，所以要求的电通量是

$$\Psi=\oint_S\boldsymbol{D}\cdot\mathrm{d}\boldsymbol{S}=\frac{q}{4\pi R^2}4\pi R^2=q$$

1.6 矢量场的环量与旋度

矢量场的散度描述了通量源的分布情况，反映了矢量场的一个重要性质。实际中并不是所有的矢量场都由通量源激发，有些矢量场由旋涡源激发。本节讨论矢量场的环量和旋度。

1.6.1 矢量场的环量

矢量 $\boldsymbol{F}$ 沿闭合路径 l 的曲线积分

$$\Gamma=\oint_l\boldsymbol{F}\cdot\mathrm{d}\boldsymbol{l}=\oint_l F\cos\theta\mathrm{d}l \tag{1.6.1}$$

称为矢量场 $\boldsymbol{F}$ 沿闭合路径 l 的环量(旋涡量)。其中：$\mathrm{d}\boldsymbol{l}$ 是曲线的线元矢量，大小为 $\mathrm{d}l$，方向为使其包围的面积在其左侧；θ 是矢量 $\boldsymbol{F}$ 与线元矢量 $\mathrm{d}\boldsymbol{l}$ 的夹角，如图 1.6.1 所示。

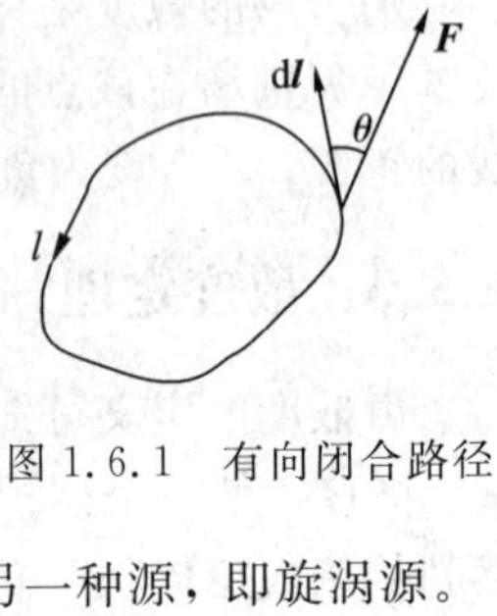

图 1.6.1 有向闭合路径

环量是一个代数量，它的大小和正负不仅与矢量场的分布有关，而且与所取的积分环绕方向有关。矢量的环量与矢量穿过闭合曲面的通量一样，都是描述矢量场性质的重要物理量。根据前面的内容，如果矢量穿过闭合曲面的通量不为零，则表示该闭合曲面内有通量源。同样，如果矢量沿闭合曲线的环量不为零，则表示闭合曲线内有另一种源，即旋涡源。

磁场中，磁场强度在环绕电流的闭合曲线上的环量不为零，其电流就是产生该磁场的旋涡源。

1.6.2　矢量场的旋度

从式(1.6.1)可以看出，环量是矢量 $\boldsymbol{F}$ 在大范围闭合曲线上的线积分，反映了闭合曲线内旋涡源的分布情况。而在矢量分析中，常常希望知道在每个点附近的旋涡源分布情况，因此可以将闭合曲线收缩，使它包围的面积 ΔS 趋于 0，取极限

$$\lim_{\Delta S \to 0} \frac{\oint_l \boldsymbol{F} \cdot \mathrm{d}\boldsymbol{l}}{\Delta S} \tag{1.6.2}$$

此极限的意义是环量的面密度(或称环量强度)。

由于面积元是有方向的，它与闭合曲线的绕行方向成右手螺旋关系，因此在给定点上，上述极限对不同的面积元是不同的，在某一确定的方向上，环量面密度取得最大值。为此，引入旋度的定义，即

$$\mathrm{rot}\boldsymbol{F} = \boldsymbol{e}_\mathrm{n} \lim_{\Delta S \to 0} \frac{\oint_l \boldsymbol{F} \cdot \mathrm{d}\boldsymbol{l}}{\Delta S}\bigg|_{\max} \tag{1.6.3}$$

旋度的大小是矢量 $\boldsymbol{F}$ 在给定点处的最大环量面密度，其方向是当面积元的取向使环量面密度最大时该面积元的法线方向。

矢量场的旋度可用哈密顿算子与矢量 $\boldsymbol{F}$ 的矢量积来表示，即

$$\mathrm{rot}\boldsymbol{F} = \nabla \times \boldsymbol{F} \tag{1.6.4}$$

在直角坐标系中

$$\begin{aligned}\nabla \times \boldsymbol{F} &= \left(\boldsymbol{e}_x \frac{\partial}{\partial x} + \boldsymbol{e}_y \frac{\partial}{\partial y} + \boldsymbol{e}_z \frac{\partial}{\partial z}\right) \times (\boldsymbol{e}_x F_x + \boldsymbol{e}_y F_y + \boldsymbol{e}_z F_z) \\ &= \left(\frac{\partial F_z}{\partial y} - \frac{\partial F_y}{\partial z}\right)\boldsymbol{e}_x + \left(\frac{\partial F_x}{\partial z} - \frac{\partial F_z}{\partial x}\right)\boldsymbol{e}_y + \left(\frac{\partial F_y}{\partial x} - \frac{\partial F_x}{\partial y}\right)\boldsymbol{e}_z\end{aligned} \tag{1.6.5}$$

写成行列式形式为

$$\nabla \times \boldsymbol{F} = \begin{vmatrix} \boldsymbol{e}_x & \boldsymbol{e}_y & \boldsymbol{e}_z \\ \dfrac{\partial}{\partial x} & \dfrac{\partial}{\partial y} & \dfrac{\partial}{\partial z} \\ F_x & F_y & F_z \end{vmatrix} \tag{1.6.6a}$$

类似地，可推出圆柱坐标系和球坐标系中的旋度计算式：

$$\nabla \times \boldsymbol{F} = \frac{1}{\rho}\begin{vmatrix} \boldsymbol{e}_\rho & \rho\boldsymbol{e}_\phi & \boldsymbol{e}_z \\ \dfrac{\partial}{\partial \rho} & \dfrac{\partial}{\partial \phi} & \dfrac{\partial}{\partial z} \\ F_\rho & \rho F_\phi & F_z \end{vmatrix} \tag{1.6.6b}$$

$$\nabla \times \boldsymbol{F} = \frac{1}{r^2 \sin\theta}\begin{vmatrix} \boldsymbol{e}_r & r\boldsymbol{e}_\theta & r\sin\theta\boldsymbol{e}_\phi \\ \dfrac{\partial}{\partial r} & \dfrac{\partial}{\partial \theta} & \dfrac{\partial}{\partial \phi} \\ F_r & rF_\theta & r\sin\theta F_\phi \end{vmatrix} \tag{1.6.6c}$$

旋度运算符合下列运算规则：

$$\nabla \times (\boldsymbol{E} \pm \boldsymbol{F}) = \nabla \times \boldsymbol{E} \pm \nabla \times \boldsymbol{F} \tag{1.6.7a}$$

$$\nabla \times (u\boldsymbol{F}) = u\nabla \times \boldsymbol{F} + \nabla u \times \boldsymbol{F} \tag{1.6.7b}$$

$$\nabla\cdot(\boldsymbol{E}\times\boldsymbol{F})=\boldsymbol{F}\cdot\nabla\times\boldsymbol{E}-\boldsymbol{E}\cdot\nabla\times\boldsymbol{F} \tag{1.6.7c}$$

$$\nabla\times(\nabla u)=\mathbf{0} \tag{1.6.7d}$$

$$\nabla\cdot(\nabla\times\boldsymbol{F})=0 \tag{1.6.7e}$$

其中，u 为标量函数。式(1.6.7d)和式(1.6.7e)分别称为“梯无旋”和“旋无散”。

1.6.3 斯托克斯定理

在矢量场 $\boldsymbol{F}$ 所在的空间中，对于任意一个以闭合曲线 l 所包围的曲面 S，有关系式：

$$\int_S(\nabla\times\boldsymbol{F})\cdot\mathrm{d}\boldsymbol{S}=\oint_l\boldsymbol{F}\cdot\mathrm{d}\boldsymbol{l} \tag{1.6.8}$$

式(1.6.8)称为斯托克斯定理。

式(1.6.8)说明：矢量场的旋度在曲面上的面积分等于矢量场在限定曲面的闭合曲线上的线积分，它是矢量旋度的面积分与该矢量沿闭合曲线积分之间的一个变换关系，也是电磁场理论中重要的恒等式。

［**例 1.6.1**］ 放置在坐标原点处的一个点电荷 q，它在自由空间产生的电场强度为

$$\boldsymbol{E}=\frac{q}{4\pi\varepsilon r^3}\boldsymbol{r}=\frac{q}{4\pi\varepsilon r^3}(x\boldsymbol{e}_x+y\boldsymbol{e}_y+z\boldsymbol{e}_z)$$

求自由空间任意点($r\neq0$)电场强度的旋度。

解 因为

$$\nabla\times\boldsymbol{E}=\begin{vmatrix}\boldsymbol{e}_x & \boldsymbol{e}_y & \boldsymbol{e}_z\\ \frac{\partial}{\partial x} & \frac{\partial}{\partial y} & \frac{\partial}{\partial z}\\ E_x & E_y & E_z\end{vmatrix}=\frac{q}{4\pi\varepsilon}\begin{vmatrix}\boldsymbol{e}_x & \boldsymbol{e}_y & \boldsymbol{e}_z\\ \frac{\partial}{\partial x} & \frac{\partial}{\partial y} & \frac{\partial}{\partial z}\\ \frac{x}{r^3} & \frac{y}{r^3} & \frac{z}{r^3}\end{vmatrix}$$

$$=\frac{q}{4\pi\varepsilon}\left\{\left[\frac{\partial}{\partial y}\left(\frac{z}{r^3}\right)-\frac{\partial}{\partial z}\left(\frac{y}{r^3}\right)\right]\boldsymbol{e}_x+\left[\frac{\partial}{\partial z}\left(\frac{x}{r^3}\right)-\frac{\partial}{\partial x}\left(\frac{z}{r^3}\right)\right]\boldsymbol{e}_y+\left[\frac{\partial}{\partial x}\left(\frac{y}{r^3}\right)-\frac{\partial}{\partial y}\left(\frac{x}{r^3}\right)\right]\boldsymbol{e}_z\right\}$$

$$=\mathbf{0}$$

所以，点电荷产生的电场为无旋场(或保守场)。

1.7 拉普拉斯算符及其运算

标量场 u 的梯度 ∇u 是一个矢量，如果再对它求散度，即 $\nabla\cdot(\nabla u)$，则称为标量场的拉普拉斯运算，记为

$$\nabla\cdot(\nabla u)=\nabla^2u=\Delta u \tag{1.7.1}$$

式中，∇^2 或 Δ 称为拉普拉斯算符。

在直角坐标系中

$$\nabla^2u=\frac{\partial^2u}{\partial x^2}+\frac{\partial^2u}{\partial y^2}+\frac{\partial^2u}{\partial z^2} \tag{1.7.2a}$$

类似地，标量场在圆柱坐标系和球坐标系中的拉普拉斯运算分别为

$$\nabla^2u=\frac{1}{\rho}\frac{\partial}{\partial\rho}\left(\rho\frac{\partial u}{\partial\rho}\right)+\frac{1}{\rho^2}\left(\frac{\partial^2u}{\partial\phi^2}\right)+\frac{\partial^2u}{\partial z^2} \tag{1.7.2b}$$

$$\nabla^2 u = \frac{1}{r^2}\frac{\partial}{\partial r}\left(r^2\frac{\partial u}{\partial r}\right)+\frac{1}{r^2\sin\theta}\frac{\partial}{\partial\theta}\left(\sin\theta\frac{\partial u}{\partial\theta}\right)+\frac{1}{r^2\sin^2\theta}\left(\frac{\partial^2 u}{\partial\phi^2}\right) \tag{1.7.2c}$$

矢量场的拉普拉斯运算定义为

$$\nabla^2 \boldsymbol{F} = \nabla(\nabla\cdot\boldsymbol{F}) - \nabla\times(\nabla\times\boldsymbol{F}) \tag{1.7.3}$$

在直角坐标系中

$$\nabla^2 \boldsymbol{F} = \boldsymbol{e}_x\nabla^2 F_x + \boldsymbol{e}_y\nabla^2 F_y + \boldsymbol{e}_z\nabla^2 F_z \tag{1.7.4}$$

1.8　亥姆霍兹定理

1.8.1　散度、旋度的比较

用散度和旋度是否能唯一确定一个矢量场呢？根据前面的讨论，散度和旋度之间具有如下区别：

(1) 矢量场的散度是一个标量函数，而矢量场的旋度是一个矢量函数。

(2) 散度描述的是矢量场中各点的场量和通量源的关系，而旋度描述的是矢量场中各点的场量与旋涡源的关系。

(3) 如果矢量场所在的全部空间中，场的散度处处为零，那么这种场中不可能有通量源，因而称为无源场(或管形场)；如果矢量场所在的全部空间中，场的旋度处处为零，那么这种场中不可能有旋涡源，因而称为无旋场(或保守场)。

(4) 在散度计算公式中，矢量场 $\boldsymbol{F}$ 的场分量分别只对 x、y、z 求偏导数，所以矢量场的散度描述的是场分量沿各自方向上的变化规律；而在旋度公式中，矢量场 $\boldsymbol{F}$ 的场分量分别只对与其垂直方向的坐标变量求偏导数，所以矢量场的旋度描述的是场分量在其垂直方向上的变化规律。

可见，散度和旋度一旦给定，激发场的源就确定了。亥姆霍兹定理给出的就是如何唯一确定一个矢量场的问题。

1.8.2　亥姆霍兹定理

位于某一个区域中的矢量场，当其散度、旋度以及边界上场量的切向分量或法向分量给定后，则该区域中的矢量场被唯一地确定。这一结论称为矢量场的唯一性定理。

上述唯一性定理表明，区域 V 中的矢量场被 V 中的源及边界值(或称边界条件)唯一地确定。矢量场的散度和旋度都是表示矢量场性质的量度，可以证明，在有限区域 V 内，任意一个矢量场由它的散度、旋度和边界条件(即限定区域 V 的闭合面 S 上的矢量场的分布)唯一地确定，这就是亥姆霍兹定理。

亥姆霍兹定理总结了矢量场的基本性质，是研究矢量场的一条主线，在分析矢量场时，需要从研究它的散度和旋度着手。

本章小结

本章介绍了矢量分析和场论这一电磁场理论中重要的数学工具。

(1) 既有大小又有方向的量称为矢量。在直角坐标系中，矢量 $\boldsymbol{A}$ 可表示为

$$\boldsymbol{A}=\boldsymbol{e}_xA_x+\boldsymbol{e}_yA_y+\boldsymbol{e}_zA_z$$

(2) 标量场 u 在点 M 处沿 l 方向上的方向导数为 $\left.\frac{\partial u}{\partial l}\right|_M$。标量场 u 在点 M 处的梯度是一个矢量，它的方向是沿场量 u 变化率最大的方向，大小等于其最大的变化率，在直角坐标系中

$$\nabla u=\left(\boldsymbol{e}_x\frac{\partial}{\partial x}+\boldsymbol{e}_y\frac{\partial}{\partial y}+\boldsymbol{e}_z\frac{\partial}{\partial z}\right)u$$

(3) 矢量 $\boldsymbol{F}$ 穿过曲面 S 的通量定义为 $\int_S\boldsymbol{F}\cdot\mathrm{d}\boldsymbol{S}$。矢量场在某点处的散度定义为

$$\mathrm{div}\boldsymbol{F}=\nabla\cdot\boldsymbol{F}=\lim_{\Delta V\to 0}\frac{\oint_S\boldsymbol{F}\cdot\mathrm{d}\boldsymbol{S}}{\Delta V}$$

散度是标量，它表示在矢量场中给定点单位体积内散发出来的矢量的通量，反映了矢量场在该点的通量源强度。在直角坐标系中

$$\nabla\cdot\boldsymbol{F}=\frac{\partial F_x}{\partial x}+\frac{\partial F_y}{\partial y}+\frac{\partial F_z}{\partial z}$$

散度定理也称高斯定理，描述为

$$\int_V\nabla\cdot\boldsymbol{F}\mathrm{d}V=\oint_S F\cdot\mathrm{d}\boldsymbol{S}$$

(4) 矢量 $\boldsymbol{F}$ 沿闭合路径 l 的线积分 $\oint_l\boldsymbol{F}\cdot\mathrm{d}\boldsymbol{l}$ 称为矢量场 $\boldsymbol{F}$ 沿闭合路径 l 的环量(旋涡量)。矢量 $\boldsymbol{F}$ 在某点的旋度定义为

$$\mathrm{rot}\boldsymbol{F}=\nabla\times\boldsymbol{F}=\boldsymbol{e}_\mathrm{n}\left.\lim_{\Delta S\to 0}\frac{\oint_l\boldsymbol{F}\cdot\mathrm{d}\boldsymbol{l}}{\Delta S}\right|_{\max}$$

旋度是一个矢量，其大小是矢量 $\boldsymbol{F}$ 在给定点处的最大环量面密度，其方向是当面积元的取向使环量面密度最大时该面积元的法线方向。旋度描述了矢量在该点的旋涡源强度。在直角坐标系中

$$\nabla\times\boldsymbol{F}=\begin{vmatrix}\boldsymbol{e}_x & \boldsymbol{e}_y & \boldsymbol{e}_z\\ \frac{\partial}{\partial x} & \frac{\partial}{\partial y} & \frac{\partial}{\partial z}\\ F_x & F_y & F_z\end{vmatrix}$$

斯托克斯定理为

$$\int_S(\nabla\times\boldsymbol{F})\cdot\mathrm{d}S=\oint_l\boldsymbol{F}\cdot\mathrm{d}\boldsymbol{l}$$

(5) 标量场的拉普拉斯运算记为

$$\nabla\cdot(\nabla u)=\nabla^2u=\Delta u$$

式中，∇^2 或 Δ 称为拉普拉斯算符。

在直角坐标系中

$$\nabla^2u=\frac{\partial^2u}{\partial x^2}+\frac{\partial^2u}{\partial y^2}+\frac{\partial^2u}{\partial z^2}$$

(6) 亥姆霍兹定理表明，在有限区域内，任意一个矢量场由它的散度、旋度和边界条件唯一确定。它总结了矢量场的基本性质，在分析矢量场时，需要从研究它的散度和旋度着手。

习　题

1-1　填空题：

(1) 标量是指只有______没有______的量；矢量是指______的量。

(2) 两个矢量的点积是______量；两个矢量的叉积是______量。

(3) 直角坐标系中的位置矢量可表示为______________________________。

(4) 标量场的梯度是______量；矢量场的散度是______量；矢量场的旋度是______量。

(5) 矢量场中每一点处的旋度都为零，则称该矢量场为______场。

1-2　给定矢量 $\boldsymbol{A}=\boldsymbol{e}_x-9\boldsymbol{e}_y-\boldsymbol{e}_z$，$\boldsymbol{B}=2\boldsymbol{e}_x-4\boldsymbol{e}_y+3\boldsymbol{e}_z$，求：

(1) $\boldsymbol{A}+\boldsymbol{B}$；(2) $\boldsymbol{A}\cdot\boldsymbol{B}$；(3) $\boldsymbol{A}\times\boldsymbol{B}$。

1-3　给定 3 个矢量 $\boldsymbol{A}=\boldsymbol{e}_x+2\boldsymbol{e}_y-3\boldsymbol{e}_z$，$\boldsymbol{B}=-4\boldsymbol{e}_y+\boldsymbol{e}_z$，$\boldsymbol{C}=5\boldsymbol{e}_x-2\boldsymbol{e}_z$，求：

(1) $\boldsymbol{A}\cdot(\boldsymbol{B}\times\boldsymbol{C})$；(2) $(\boldsymbol{A}\times\boldsymbol{B})\times\boldsymbol{C}$。

1-4　在圆柱坐标系中，某点的位置由(4，2π/3，3)给出，求该点对应在直角坐标系和球坐标系中的坐标。

1-5　求标量场 $u=y^2+2yz-x^2$ 在点 $M(1, 2, 1)$处沿矢量方向 $\boldsymbol{A}=\boldsymbol{e}_x/x+\boldsymbol{e}_y/y+\boldsymbol{e}_z/z$ 的方向导数。

1-6　设 $\phi(x, y, z)=3x^2y-y^3z^2$，求点 $M(1, -2, 1)$处的 $\nabla\phi$。

1-7　利用直角坐标系证明：$\nabla(uv)=u\nabla v+v\nabla u$。

1-8　设 S 为上半球面 $x^2+y^2+z^2=a^2(z\geqslant 0)$，求矢量场 $\boldsymbol{F}=x\boldsymbol{e}_x+y\boldsymbol{e}_y+z\boldsymbol{e}_z$ 上穿过 S 的通量。

1-9　求矢量场 $\boldsymbol{A}=x^3\boldsymbol{e}_x+y^3\boldsymbol{e}_y+z^3\boldsymbol{e}_z$ 从内穿出闭合球面 S：$x^2+y^2+z^2=a^2$ 的通量。

1-10　求矢量 $\boldsymbol{A}=x^2\boldsymbol{e}_x+x^2y^2\boldsymbol{e}_y+24x^2y^2z^3\boldsymbol{e}_z$ 的散度。

1-11　求矢量 $\boldsymbol{E}=x^2\boldsymbol{e}_x+y^2\boldsymbol{e}_y+z^2\boldsymbol{e}_z$ 的旋度。

1-12　证明：$\nabla^2(uv)=u\nabla^2v+v\nabla u+2\nabla u\cdot\nabla v$ 成立，其中，u、v 为标量场函数。

1-13　证明：$\nabla\cdot\boldsymbol{r}=3$，$\nabla\times\boldsymbol{r}=\boldsymbol{0}$，$\nabla(\boldsymbol{k}\cdot\boldsymbol{r})=\boldsymbol{k}$。其中，$\boldsymbol{r}=x\boldsymbol{e}_x+y\boldsymbol{e}_y+z\boldsymbol{e}_z$，$\boldsymbol{k}$ 为常矢量。

第2章 电 磁 感 应

人们很早就注意到了广泛存在的电磁现象。这些电磁现象有些源于自然界，而有些则是人为产生的。静态的电场和磁场是诸多电磁现象中最先被人们认识的。在总结了前人大量的实验定律基础上，英国科学家麦克斯韦建立了宏观电磁场理论。这是物理学上的一大成就，它揭示了电磁场与电荷、电流之间以及电场与磁场之间的相互联系及相互作用。

本章在介绍宏观电磁场理论中的几个实验定律的基础上，将探讨电磁场的基本概念、基本场量、基本理论及其基本性质。

2.1 电荷及电荷守恒定律

在电磁场理论中，电荷和电流是激发电磁场的源。静止的电荷能激发静电场，电荷形成电流，而电流又能激发磁场。本节讨论电荷及电荷守恒定律。

2.1.1 电荷及电荷密度

自然界中存在正电荷和负电荷。任何物体所带的电荷量总是以电子或质子电荷量的整数倍出现的。电子带负电荷，质子带正电荷，因此电荷量是不连续的，即电荷在空间的分布是离散的。但从宏观电磁学观点看，大量带电粒子密集出现在某个空间体积内时，电荷量可以视为连续分布。根据电荷分布的特点，常用体电荷密度、面电荷密度和线电荷密度来描述电荷的空间分布。

1. 体电荷密度

体电荷密度定义为单位体积中的电荷量，即

$$\rho = \lim_{\Delta V \to 0} \frac{\Delta q}{\Delta V} \tag{2.1.1}$$

体电荷密度的单位为库仑每立方米（C/m^3）。式中 $\Delta V \to 0$，物理上理解为宏观上它足够小，小到能够反映空间电荷密度分布的不均匀性。不难得到，有限区域 V 内的总电荷量 q 为

$$q = \int_V \rho \mathrm{d}V \tag{2.1.2}$$

2. 面电荷密度

实际应用中常会遇到电荷分布在某一个几何曲面上，此时可用面电荷密度表示。面电荷密度定义为单位面积上的电荷量，即

$$\sigma = \lim_{\Delta S \to 0} \frac{\Delta q}{\Delta S} \tag{2.1.3}$$

其单位为库仑每平方米（C/m^2）。

3. 线电荷密度

线电荷密度定义为单位长度中的电荷量，即

$$\rho_l = \lim_{\Delta l \to 0} \frac{\Delta q}{\Delta l} \tag{2.1.4}$$

其单位为库仑每米(C/m)。

当已知面电荷和线电荷密度分布后，任意曲面或曲线上的电荷总量就可用相应的面积分或线积分来表示。

在实际应用中经常用到点电荷的概念，点电荷可以理解为一个体积很小而密度很大的带电球体的极限，可用电荷体积分布的概念来衡量。例如，在某一点处，若电荷体密度 $\rho = \lim\limits_{\Delta V \to 0} \dfrac{\Delta q}{\Delta V} \to \infty$，则表示该点有一个点电荷。

2.1.2 电荷守恒定律

实验表明，一个孤立系统的电荷总量是保持不变的，即在任何时刻，不论发生什么变化，系统中的正电荷与负电荷的代数和保持不变。这就是电磁现象中基本规律之一的电荷守恒定律。定律表明，如果孤立系统中某处在一个物理过程中产生或消灭了某种符号的电荷，那么必有等量的异种电荷伴随产生或消灭；如果孤立系统中电荷总量增加或减少，那么必有等量的电荷进入或离开该孤立系统。

2.2 电流及电流连续性方程

2.2.1 电流及电流密度

电流是电荷定向运动产生的，其强弱可以用电流强度来描述，即单位时间内通过导体任一横截面的电荷量，数学表达式为

$$i = \lim_{\Delta t \to 0} \frac{\Delta Q}{\Delta t} = \frac{\mathrm{d}Q}{\mathrm{d}t} \tag{2.2.1}$$

若电荷运动的速度不随时间变化，则形成的电流也不随时间变化，称为恒定电流，所以恒定电流的电流强度定义为

$$I = \frac{Q}{t} \tag{2.2.2}$$

式中：Q 是在时间 t 内流过导体任一横截面的电荷；I 是常量。在国际单位制中，电流强度的单位为安培(A)，1 A=1 C/s。

1. 体电流密度

在通常情况下，电路中的电流只考虑某段导线中的总电流(体电流)。但在某些情况下，导体内部空间不同位置上单位时间内流过单位横截面的电荷量可能不同，甚至其流动的方向也不同。为此，特引入电流密度矢量 $\boldsymbol{J}$ 来描述电流在空间的分布情况，它表示导体中某点的电流特性，即电流的分布特性。空间任一点的电流密度矢量 $\boldsymbol{J}$ 的方向为该点处正电荷的运动方向，其大小等于通过在该点垂直于 $\boldsymbol{J}$ 的单位面积的电流强度，如图 2.2.1(a)所示，即

$$J = \lim_{\Delta S \to 0} \frac{\Delta I}{\Delta S} = \frac{\mathrm{d}I}{\mathrm{d}S} \tag{2.2.3}$$

式中，$\boldsymbol{J}$ 是体传导电流密度，单位为安培每平方米（A/m^2）。如果所取的面积元的法线方向与电流方向不平行，而成任意角 θ，如图 2.2.1(b)所示，则通过该面积的电流为

$$\mathrm{d}I = \boldsymbol{J} \cdot \mathrm{d}\boldsymbol{S} = J\mathrm{d}S\cos\theta \tag{2.2.4}$$

故通过导体中任意横截面 S 的电流强度与电流密度矢量的关系是

$$I = \int_S \boldsymbol{J} \cdot \mathrm{d}\boldsymbol{S} = \int_S \boldsymbol{J} \cdot \boldsymbol{n}\mathrm{d}S \tag{2.2.5}$$

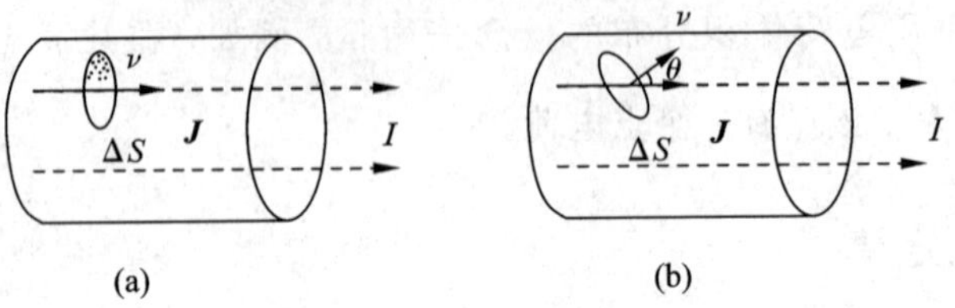

图 2.2.1　体电流密度矢量

2. 面电流密度

假如电荷只在导体表面一个小薄层内流动，为了方便分析，经常忽略薄层的厚度，认为电荷在一个几何曲面上流动，从而形成面电流。通常用面电流密度 $\boldsymbol{J}_s$ 来描述面电流的分布情况，如图 2.2.2 所示，即

$$J_s = \lim_{\Delta l \to 0} \frac{\Delta i}{\Delta l} = \frac{\mathrm{d}i}{\mathrm{d}l} \tag{2.2.6}$$

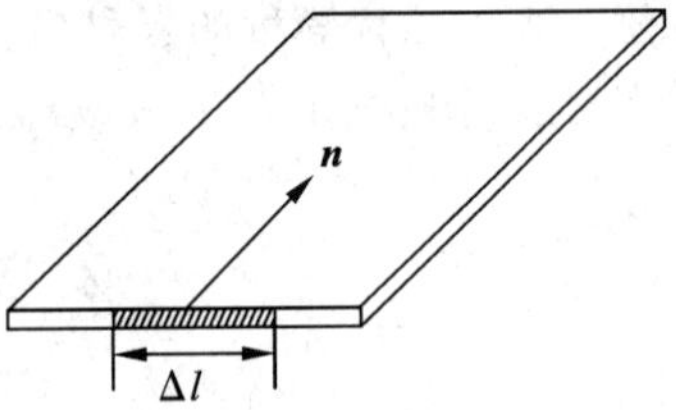

图 2.2.2　面电流密度示意图

式中，Δi 是通过线元 Δl 的电流。$\boldsymbol{J}_s$ 在某点的方向为该点电流的流动方向，大小为单位时间内垂直通过包括该点的单位长度的电量。面电流密度的单位为安培每米（A/m）。

3. 线电流密度

电荷沿横截面可以忽略的曲线流动所形成的电流称为线电流。长度元为 $\mathrm{d}l$ 的电流 $I\mathrm{d}\boldsymbol{l}$ 称为电流元，若电荷以速度 v 运动，则

$$I\mathrm{d}\boldsymbol{l} = \frac{\mathrm{d}q}{\mathrm{d}t}\mathrm{d}\boldsymbol{l} = \mathrm{d}q\left(\frac{\mathrm{d}\boldsymbol{l}}{\mathrm{d}t}\right) = v\mathrm{d}q \tag{2.2.7}$$

2.2.2　电流连续性方程

由电荷守恒定律可知，电荷既不能被创造，也不能被消灭，电荷是守恒的。它只能从一个物体转移到另一个物体，或从一个地方转移到另一个地方。一个物体带电量为零只说明它所携带的正、负电荷的电荷量相等。物体的带电过程实质上是电荷的迁移过程。

在导电区域内任取一个闭合面 S，设闭合面 S 包围的区域内体电荷密度为 ρ，穿出曲面的电流可用体电流密度 $\boldsymbol{J}$ 来描述，则流出闭合面 S 的总电流为

$$i(t) = \oint_S \boldsymbol{J} \cdot \mathrm{d}\boldsymbol{S} \tag{2.2.8}$$

根据电荷守恒定律，单位时间内由闭合面 S 流出的电荷应等于单位时间内闭合面 S 内电荷的减少量，故有

$$i(t) = -\frac{dQ}{dt} \tag{2.2.9}$$

式中，Q 为 t 时刻闭合面 S 内包围的总电荷量，即

$$Q = \int_V \rho dV \tag{2.2.10}$$

从而有

$$\oint_S \boldsymbol{J} \cdot d\boldsymbol{S} = -\frac{d}{dt}\int_V \rho dV \tag{2.2.11}$$

式(2.2.11)称为电流连续性方程的积分形式，是电荷守恒定律的数学表述。它表明区域内电荷的任何变化都必然伴随着穿越区域表面的电荷流动，也说明了电荷既不能凭空产生，也不能凭空消失，只能转移。

利用散度定理可将式(2.2.11)左边的闭合面积分转换为体积分，即

$$\oint_S \boldsymbol{J} \cdot d\boldsymbol{S} = \int_V \nabla \cdot \boldsymbol{J} dV = -\frac{\partial}{\partial t}\int_V \rho dV = -\int_V \frac{\partial}{\partial t}\rho dV \tag{2.2.12}$$

上式对任意选择的体积均成立，故有

$$\nabla \cdot \boldsymbol{J} = -\frac{\partial \rho}{\partial t} \tag{2.2.13}$$

式(2.2.13)称为电流连续性方程的微分形式。

在恒定电场中，激发电场的源是恒定的电流，导体内部电荷保持恒定，即不随时间变化，故 $dQ/dt=0$，所以有

$$\oint_S \boldsymbol{J} \cdot d\boldsymbol{S} = 0 \tag{2.2.14}$$

式(2.2.14)称为恒定电流连续性方程的积分形式。同理，恒定电流连续性方程的微分形式为

$$\nabla \cdot \boldsymbol{J} = 0 \tag{2.2.15}$$

式(2.2.15)说明恒定电流激发的恒定电场是一个无散场(或称管型场)。

如果收缩闭合面 S 成一个点(即包含几个导线分支的节点)，则式(2.2.14)可解释为

$$\sum I = 0 \tag{2.2.16}$$

这就是电路理论中的基尔霍夫电流定律，即在任意时刻流入一个节点的电流的代数和为零。

2.3 库仑定律与电场强度

2.3.1 库仑定律

库仑定律是1784年至1785年间法国物理学家库仑通过扭秤实验总结出来的，是关于一个带电粒子与另一个带电粒子之间作用力的定量描述，阐明了带电体相互作用的规律。库仑定律可表述为：真空中任意两个静止点电荷 q_1 和 q_2 之间作用力的大小与两个电荷的电荷量成正比，与两个电荷距离的平方成反比；作用力的方向沿两个电荷的连线方向，同性电荷相斥，异性电荷相吸，如图2.3.1所示。其数学表达式为

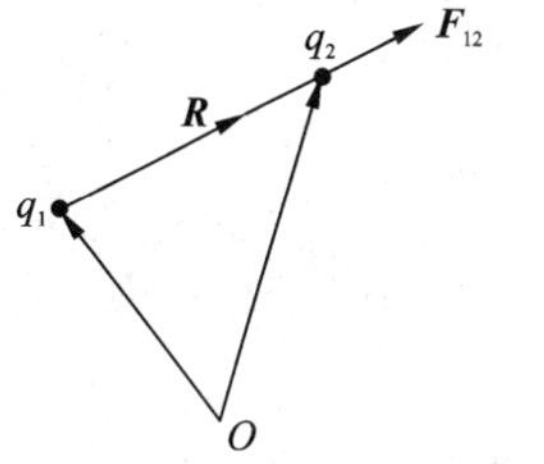

图2.3.1 点电荷间作用力示意图

$$\boldsymbol{F}_{12}=\frac{q_1q_2}{4\pi\varepsilon_0R^2}\boldsymbol{e}_r=\frac{q_1q_2\boldsymbol{R}}{4\pi\varepsilon_0R^3} \tag{2.3.1}$$

其中：$\boldsymbol{R}$ 是点电荷 q_1 和 q_2 之间的距离；$\varepsilon_0=8.854\times10^{-12}$ 法拉每米(F/m)，称为真空中的介电常数。

2.3.2　电场强度

库仑定律表明，即使电荷相距很远，一个电荷也要对另一个电荷施加作用力，即任何电荷在其所处空间内都能激发出电场。人们正是通过电场中电荷受力的特性认识和研究电场的，电荷之间的作用力是通过电场来传递和施加的。

电场对电荷的作用力大小及方向可用电场强度矢量来描述。静止的电荷会在其周围空间激发出静电场，场内某点处一个静止的试验电荷 q 受到的静电场力为 $\boldsymbol{F}$，则该点的电场强度定义为

$$\boldsymbol{E}=\lim_{q\to0}\frac{\boldsymbol{F}}{q} \tag{2.3.2}$$

即单位试验电荷受到的电场力。其中，$\boldsymbol{F}$ 的单位为牛顿(N)，q 的单位为库仑(C)，电场强度的单位为伏特每米(V/m)。$q\to0$ 的意义是试验电荷的引入不至于影响空间电场的分布，或者说试验电荷本身产生的电场可忽略不计。由库仑定律可得真空中静止点电荷 q 激发的电场强度为

$$\boldsymbol{E}=\frac{q}{4\pi\varepsilon_0R^2}\boldsymbol{e}_r=\frac{q\boldsymbol{R}}{4\pi\varepsilon_0R^3} \tag{2.3.3}$$

电荷之间的作用力满足叠加原理，空间中 N 个静止点电荷在某点激发的电场强度等于各点电荷单独在该点产生的电场强度的叠加，即

$$\boldsymbol{E}=\sum_{i=1}^{N}\frac{q_i\boldsymbol{R}_i}{4\pi\varepsilon_0R_i^3} \tag{2.3.4}$$

如果电荷在某空间以体密度 ρ 连续分布，则在空间任意点产生的电场强度为

$$\boldsymbol{E}=\int_V\frac{\rho\boldsymbol{R}}{4\pi\varepsilon_0R^3}\mathrm{d}V=\frac{1}{4\pi\varepsilon_0}\int_V\frac{\rho\boldsymbol{R}}{R^3}\mathrm{d}V \tag{2.3.5}$$

2.3.3　电位函数

如果在电场强度为 $\boldsymbol{E}$ 的电场中放置一个试验电荷 q，则在该电荷上将作用一个电场力 $\boldsymbol{F}$，电场力将使电荷 q 移动一段距离 $\mathrm{d}\boldsymbol{l}$，电荷移动过程中电场力会做功，即

$$\mathrm{d}w=\boldsymbol{F}\cdot\mathrm{d}\boldsymbol{l}=q\boldsymbol{E}\cdot\mathrm{d}\boldsymbol{l} \tag{2.3.6}$$

如图 2.3.2 所示，当电荷 q 沿电场中任意一个闭合路径 l 移动一周时，电场力所做的功为

$$w=\oint_l q\boldsymbol{E}\cdot\mathrm{d}\boldsymbol{l} \tag{2.3.7}$$

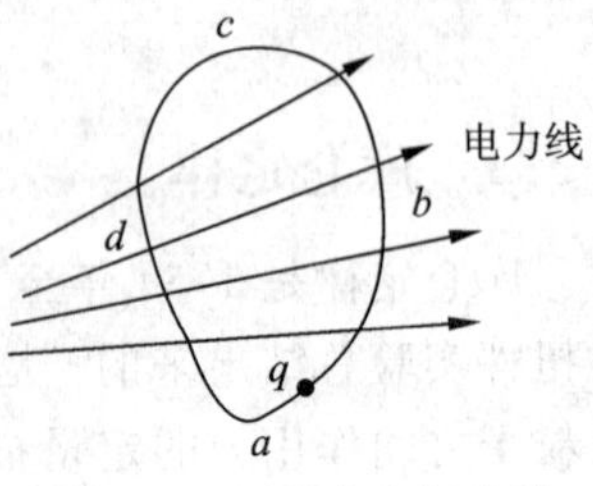

图 2.3.2　电荷在电场中沿任意路径移动

对单位正电荷，做功为

$$\oint_l\boldsymbol{E}\cdot\mathrm{d}\boldsymbol{l}=\int_{abc}\boldsymbol{E}\cdot\mathrm{d}\boldsymbol{l}+\int_{cda}\boldsymbol{E}\cdot\mathrm{d}\boldsymbol{l}=\int_{abc}\boldsymbol{E}\cdot\mathrm{d}\boldsymbol{l}-\int_{abc}\boldsymbol{E}\cdot\mathrm{d}\boldsymbol{l}=0 \tag{2.3.8}$$

所以

$$\int_{abc} \boldsymbol{E} \cdot \mathrm{d}\boldsymbol{l} = \int_{adc} \boldsymbol{E} \cdot \mathrm{d}\boldsymbol{l} \tag{2.3.9}$$

可见，电荷从场中的点 a 移到点 c，不论经过何种路径，电场力所做的功都相等，即与路径无关。所以静电场是保守场，又称位场，可用位函数来描述。

式(2.3.9)表示把单位正电荷从电场中的点 a 移到点 c 电场力所做的功，又称为从点 a 到点 c 的电位差

$$\varphi_{ac} = \varphi_a - \varphi_c = \int_{abc} \boldsymbol{E} \cdot \mathrm{d}\boldsymbol{l} \tag{2.3.10}$$

其中，φ_a 和 φ_c 分别为标量场中点 a 和点 c 相对于某一个参考点的电位值。即设 m 为参考点，令其电位为零，则场中任意一点 a 的电位可写为

$$\varphi_a = \int_a^m \boldsymbol{E} \cdot \mathrm{d}\boldsymbol{l} \tag{2.3.11}$$

在电场中，将电位相等的各点连接起来构成曲线或曲面，将这些线或面称为等位线或等位面。

等位线或等位面不相交，电荷在其上移动时，电场力不做功。

[例 2.3.1]　一个半径为 a 的球体均匀分布着体电荷密度 ρ(C/m^3)的电荷，球体内外介电常数均为 ε_0，求球体内外的电场强度及电位分布。

解　采用球坐标系分析本题。

在 $r<a$ 的区域，即球内距球心 r 处的电场强度可由式(2.3.5)计算，即

$$\boldsymbol{E} = \frac{1}{4\pi\varepsilon_0}\int_V \frac{\rho \boldsymbol{R}}{R^3}\mathrm{d}V = \frac{\rho}{4\pi\varepsilon_0} \times \frac{1}{r^2} \times \frac{4}{3}\pi r^3 \boldsymbol{e}_r = \frac{\rho r}{3\varepsilon_0}\boldsymbol{e}_r\,(\mathrm{V/m})$$

在 $r>a$ 的区域，即球外距球心 r 处的电场强度为

$$\boldsymbol{E} = \frac{1}{4\pi\varepsilon_0}\int_V \frac{\rho \boldsymbol{R}}{R^3}\mathrm{d}V = \frac{\rho}{4\pi\varepsilon_0} \times \frac{1}{r^2} \times \frac{4}{3}\pi a^3 \boldsymbol{e}_r = \frac{\rho a^3}{3\varepsilon_0 r^2}\boldsymbol{e}_r\,(\mathrm{V/m})$$

由于电荷分布在有限区域，可选无穷远点为参考点，则

当 $r<a$ 时

$$\varphi = \int_r^\infty \boldsymbol{E} \cdot \mathrm{d}\boldsymbol{r} = \int_r^a \boldsymbol{E}\,\mathrm{d}\boldsymbol{r} + \int_a^\infty \boldsymbol{E}\,\mathrm{d}\boldsymbol{r} = \frac{\rho a^2}{2\varepsilon_0} - \frac{\rho r^2}{6\varepsilon_0}\ (\mathrm{V})$$

当 $r>a$ 时

$$\varphi = \int_r^\infty \boldsymbol{E} \cdot \mathrm{d}\boldsymbol{r} = \frac{\rho a^3}{3\varepsilon_0 r}\ (\mathrm{V})$$

2.4　电通量密度和高斯定理

2.4.1　电通量密度

电场强度是描述电场强弱的矢量。相同的电荷源在不同媒质中激发的电场强度不同，也就是说，电场强度是一个与媒质有关的场量。为分析方便，这里引入另一个描述电场的基本量，即电通量密度 $\boldsymbol{D}$。在简单媒质中，电通量密度定义为

$$\boldsymbol{D} = \varepsilon \boldsymbol{E} \tag{2.4.1}$$

其单位是库仑每平方米(C/m^2)，式中 ε 是媒质的介电常数，在真空中 $\varepsilon=\varepsilon_0$。

对真空中的点电荷 q 激发的电场，电通量密度为

$$\boldsymbol{D}=\varepsilon_0\boldsymbol{E}=\frac{q}{4\pi R^2}\boldsymbol{e}_r \tag{2.4.2}$$

可见，电通量密度与媒质的介电常数无关，仅与电荷、距离有关。实际上，对于简单媒质中的点电荷，式(2.4.2)均成立而不管其介电常数如何，这正是引入电通量密度的一个方便之处。电通量密度又称为电位移矢量，有关内容将在本章其他节中介绍。

2.4.2 高斯定理

高斯定理把穿过一个封闭面的电通量与这个封闭面内的点电荷联系起来。如果封闭面内有一点电荷 q，且此封闭面就是以点电荷为球心的球面，则球面上各点的电通量密度是相等的，其方向就是球面上任意面元的外法线方向，因而电通量为

$$\oint_S \boldsymbol{D}\cdot \mathrm{d}\boldsymbol{S}=\frac{q}{4\pi R^2}\cdot 4\pi R^2=q \tag{2.4.3}$$

可见，电通量仅取决于点电荷的电荷量 q，而与球的半径无关。当所取封闭面为非球面时，可利用立体角的概念得出穿过它的电通量仍为 q。如果在封闭面内有若干个电荷，则穿出封闭面的电通量等于此面所包围的总电荷量 Q，即

$$\oint_S \boldsymbol{D}\cdot \mathrm{d}\boldsymbol{S}=Q \tag{2.4.4}$$

进行积分的面称为高斯面。式(2.4.4)即为高斯定理的积分形式，即穿过任意封闭面的电通量等于封闭面所包围的自由电荷总电量。对于简单的电荷分布，可方便地利用此关系来求出电通量密度。高斯定理也可用真空中的电场强度表示为

$$\oint_S \boldsymbol{E}\cdot \mathrm{d}\boldsymbol{S}=\frac{Q}{\varepsilon_0} \tag{2.4.5}$$

若封闭面所包围的体积内的电荷以体密度 ρ 分布，则式(2.4.4)可写为

$$\oint_S \boldsymbol{D}\cdot \mathrm{d}\boldsymbol{S}=\int_V \rho \mathrm{d}V \tag{2.4.6}$$

应用散度定理，式(2.4.6)可写为

$$\int_V \nabla\cdot\boldsymbol{D}\mathrm{d}V=\int_V \rho \mathrm{d}V \tag{2.4.7}$$

上式对任意封闭面所包围的体积都成立，因此等式两边被积函数必定相等，于是有

$$\nabla\cdot\boldsymbol{D}=\rho \tag{2.4.8}$$

式(2.4.8)是高斯定理的微分形式，即空间任意点电通量密度的散度等于该点自由电荷的体密度，这是静电场的一个基本方程。公式说明，空间任意存在正电荷密度的点都发出电力线；有负的电荷密度时，则有电力线流向该点。电荷是电通量的源，也是电场的源。

[**例 2.4.1**] 利用高斯定理求解例 2.3.1 中球体内外的电场强度。

解 在 $r<a$ 的区域

$$\oint_S \boldsymbol{E}\cdot \mathrm{d}\boldsymbol{S}=4\pi r^2 E\boldsymbol{e}_r\cdot\boldsymbol{e}_r=\frac{4}{3}\pi r^3\frac{\rho}{\varepsilon_0}$$

所以

$$\boldsymbol{E}=\frac{\rho r}{3\varepsilon_0}\boldsymbol{e}_r\,(\mathrm{V/m})$$

在 $r>a$ 的区域

$$4\pi r^2 E=\frac{4}{3}\pi a^3\ \frac{\rho}{\varepsilon_0}$$

所以

$$\boldsymbol{E}=\frac{\rho a^3}{3\varepsilon_0 r^2}\boldsymbol{e}_r\,(\mathrm{V/m})$$

可见，利用高斯定理求解电场强度更方便。

2.5 欧姆定律和焦耳定律的微分形式

2.5.1 欧姆定律的微分形式

实验表明，当导体温度恒定不变时，导体两端的电压与通过这段导体的电流成正比，这就是欧姆定律，即

$$U=RI \tag{2.5.1}$$

式中，R 为导体的电阻，单位为欧姆(Ω)。

若设 l 为导体长度，S 为导体横截面积，γ 为导体的电导率(由导体的材料决定，单位为 $1/(\Omega\cdot\mathrm{m})=\mathrm{S/m}$)，则计算电阻的表达式为

$$R=\frac{l}{\gamma S} \tag{2.5.2}$$

或

$$R=\int\frac{\mathrm{d}l}{\gamma S} \tag{2.5.3}$$

实验表明，通常情况下的金属导体非常准确地遵从欧姆定律，只有在电流密度达到 $10^{10}\,\mathrm{A/m^2}$ 数量级时，才有 1%的偏差，所以在电流密度小于 $10^{10}\,\mathrm{A/m^2}$ 的金属导体中可认为 U 和 I 之间是线性关系。

由计算电阻的表达式可导出欧姆定律的微分形式。如图 2.5.1 所示，在电导率为 γ 的导体内沿电流方向取一个微小的圆柱形体积元，其长度为 Δl，横截面积为 ΔS，则圆柱体两端面之间的电阻为 $R=\Delta l/(\gamma\Delta S)$，通过截面 ΔS 的电流 $\Delta I=\boldsymbol{J}\cdot\Delta\boldsymbol{S}$。由于圆柱体两端间的电压可由电场强度表示为 $\Delta U=\boldsymbol{E}\cdot\Delta\boldsymbol{l}$，则由式(2.5.1) 得

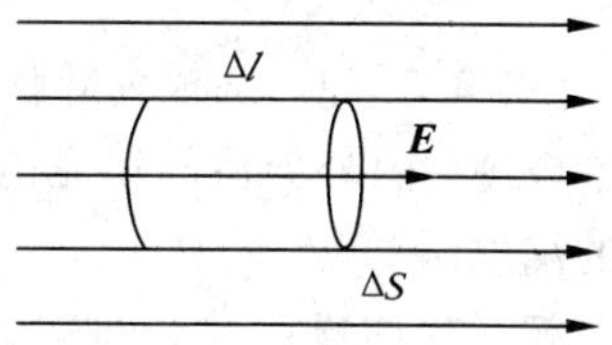

图 2.5.1 欧姆定律微分形式推导

$$\Delta I=\frac{\Delta U}{R}=\frac{\boldsymbol{E}\cdot\Delta\boldsymbol{l}}{\dfrac{\Delta l}{\gamma\Delta S}}=\boldsymbol{J}\cdot\Delta\boldsymbol{S} \tag{2.5.4}$$

整理得

$$\boldsymbol{J}=\gamma\boldsymbol{E} \tag{2.5.5}$$

式(2.5.5)就是欧姆定律的微分形式，描述了导体每一点上的导电规律，它表明通过导体中任意一点的体电流密度矢量与电场强度成正比，且两者方向相同，大小等于该点的电场

强度矢量与导体电导率的乘积。

2.5.2 电阻

工程上经常需要计算两个电极之间填充的导电媒质的电阻。在导电媒质中，电流从一个电极流向另一个电极，两个电极之间导电媒质中的电流 I 与两极间的电压 U 比值称为导电媒质的电导 G，即

$$G=\frac{I}{U} \tag{2.5.6}$$

电导的单位是西门子(S)，其倒数即为电阻 R，即

$$R=\frac{1}{G}=\frac{U}{I} \tag{2.5.7}$$

由欧姆定律可知，电阻值由导电媒质的材料和结构确定。对于形状较为规则的导电媒质，可按下列步骤计算电阻：假设导电媒质两极间通过的电流为 I，求出体电流密度 $\boldsymbol{J}$；利用 $\boldsymbol{J}=\gamma\boldsymbol{E}$ 求电场强度 $\boldsymbol{E}$；求两极间的电位差 U，利用 $R=1/G=U/I$ 求电阻 R。

［例 2.5.1］ 有一扇形导电媒质片如图 2.5.2 所示，张角为 α，内半径为 a，外半径为 b，厚度为 d，导电媒质的电导率为 γ，求 A、B 面之间的电阻。

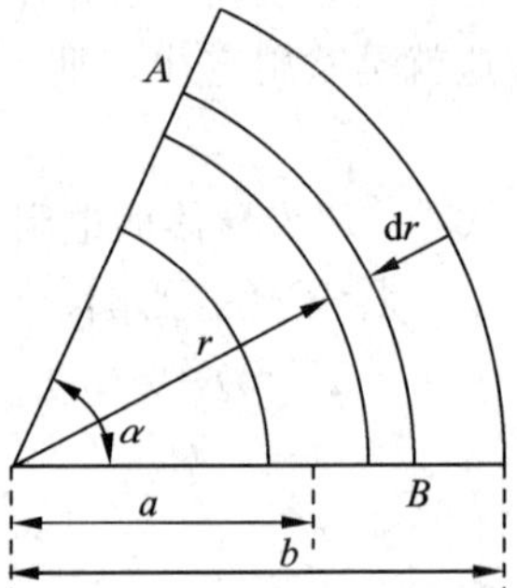

图 2.5.2 扇形导电媒质片

解 根据式(2.5.7)可得电导表达式 $G=\frac{\gamma S}{l}$，所以图中所取电导元是

$$\mathrm{d}G=\frac{\gamma(d\cdot\mathrm{d}r)}{\alpha r}$$

则 A、B 面间的电导为

$$G=\int\mathrm{d}G=\int_a^b\frac{\gamma d}{\alpha r}\mathrm{d}r=\frac{\gamma d}{\alpha}\ln\frac{b}{a}\ (\mathrm{S})$$

A、B 面间的电阻是

$$R=\frac{1}{G}=\frac{\alpha}{\gamma d\ln\frac{b}{a}}\ (\Omega)$$

［例 2.5.2］ 某根内导体半径为 a、外导体内半径为 b(外导体很薄，厚度忽略不计)的同轴电缆，内外导体间填充电导率为 γ 的导电媒质，如图 2.5.3 所示，求同轴电缆单位长度的漏电阻。

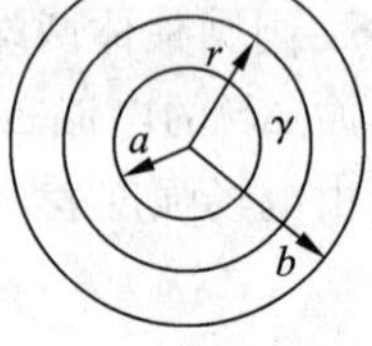

图 2.5.3 同轴电缆

解 先假设由内导体流向外导体的电流为 I，则沿径向流过同一圆柱面的漏电流密度相等，即

$$\boldsymbol{J}=\frac{I}{2\pi\rho\cdot 1}\boldsymbol{e}_\rho$$

所以

$$\boldsymbol{E}=\frac{\boldsymbol{J}}{\gamma}=\frac{I}{2\pi\gamma\rho}\boldsymbol{e}_\rho$$

内外导体间的电压为

$$U=\int_a^b E\cdot\mathrm{d}\rho=\int_a^b\frac{I}{2\pi\gamma\rho}\cdot\mathrm{d}\rho=\frac{I}{2\pi\gamma}\ln\frac{b}{a}$$

则单位长度漏电阻为

$$R=\frac{U}{I}=\frac{1}{2\pi\gamma}\ln\frac{b}{a}\ (\Omega/\mathrm{m})$$

2.5.3 焦耳定律的微分形式

在金属导体中，自由电子在电场力作用下的定向运动形成电流。在这个运动中电场力不断地对自由电子做功，自由电子获得能量。当电子与金属晶格点阵上原子碰撞时，此能量转变为焦耳热，所以导体也称导电媒质。

设导电媒质中通有电流 I，其两端的电压为 U，则单位时间内电场对电荷所做的功(即功率)是

$$P=UI=I^2R \tag{2.5.8}$$

在导电媒质中仍以一个微小的圆柱体积元来推导焦耳定律的微分形式。在电场中体积元的体积为 $\Delta V=\Delta S\Delta l$，它的热损耗功率是 $\Delta P=\Delta U\Delta I=\boldsymbol{E}\Delta l\cdot\boldsymbol{J}\Delta S=\boldsymbol{E}\boldsymbol{J}\Delta V$，当所取体积元的体积 ΔV 趋近于零时，$\Delta P/\Delta V$ 的极限就是导体中任意一点的热功率密度，它是单位时间内电流在导体任意一点的单位体积中所产生的热量，单位是 $\mathrm{W/m^3}$，其数学表达式为

$$P=\lim_{\Delta V\to 0}\frac{\Delta P}{\Delta V}=\boldsymbol{E}\boldsymbol{J}=\gamma\boldsymbol{E}^2 \tag{2.5.9}$$

也可表示为

$$P=\boldsymbol{E}\cdot\boldsymbol{J} \tag{2.5.10}$$

式(2.5.10)是焦耳定律的微分形式，在恒定电流和时变电流的情况下都成立。它表明由电场提供的单位体积的功率是电场强度和体电流密度的点积。

2.6 电介质中的电场及电位移矢量

真空是物理学的理想状态，无论是工程实际应用，还是进行科学研究，总是在特定的物质空间进行的。介质是物质的一种统称。电介质是指磁导率为 μ_0 的媒质。所有物质都是由带正电荷和负电荷的粒子组成的，如果将它们放入电场中，带电粒子因受到电场力的作用而改变其状态。导体中含有大量自由电荷，而理想电介质中则没有自由电荷。将介质置入电场中，介质内的电场同样会发生变化，因为电场使介质发生极化形成束缚电荷，束缚电荷也产生电场，因而引起介质内总电场的改变。

2.6.1 电介质的极化

1. 极化强度

电介质的分子一般有两种类型：一种分子的正、负电荷作用中心是重合的，没有电偶极矩，称为无极分子；另一种分子的正、负电荷中心不重合，形成固有的电偶极矩，称为有极分子。当无外加电场时，分子做无规则热运动，宏观上呈现电中性。在宏观电场的作用下，无极分子(如 H_2分子)正、负电荷的中心相对位移形成电偶极矩，而有极分子(如 H_2O 分子)固有电偶极矩的取向将趋向与电场方向一致，这种现象称为电介质的极化。总之，不论无极性介质还是有极性介质，在外电场作用下，分子内部的束缚电荷都将形成电偶极

子，对外呈现带电现象(如图 2.6.1 所示)，使介质中的场强为场源电荷(或称自由电荷)与介质中的束缚电荷产生的场强相叠加，因而改变了原来的电场分布。

所以，可以认为电介质对电场的影响归结为束缚电荷产生的影响，在计算电场时，如果考虑了电介质表面和体内的束缚电荷，原来的电介质所占的空间可视为真空，而束缚电荷所产生的电场赋有抵消作用，使得总合成电场减弱。

束缚电荷产生的电场是极化后的电介质内部所有电偶极子的宏观效应。为了分析介质极化的宏观效应，描述介质的极化程度，引入极化强度矢量 $\boldsymbol{P}$，它定义为单位体积内的电偶极矩的矢量和，即

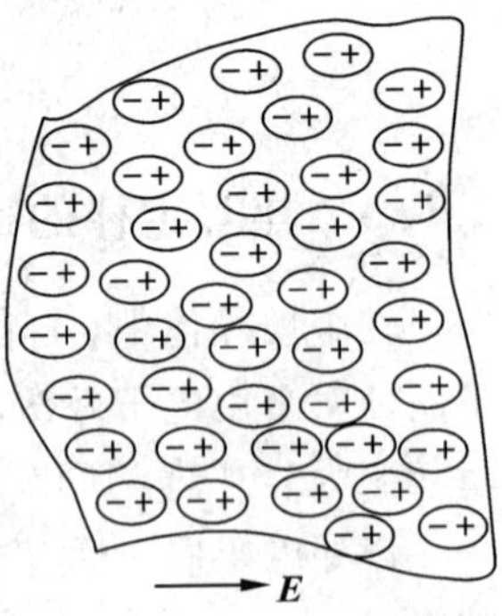

图 2.6.1　外电场作用

$$\boldsymbol{P}=\lim_{\Delta V\to 0}\frac{\sum_i \boldsymbol{p}_i}{\Delta V} \tag{2.6.1}$$

式中，$\boldsymbol{p}_i$ 为体积元 ΔV 中的第 i 个分子的电偶极矩。

由式(2.6.1)可见，极化强度 $\boldsymbol{P}$ 是电偶极矩的体密度，单位为库仑每平方米($\mathrm{C/m^2}$)。

2. 极化电荷

在介质没有极化的条件下，由于无规则运动，不会出现宏观的电荷分布。在介质产生极化之后，由于电偶极矩的有序排列，导致介质表面和内部可能出现极化电荷分布，如果外加电场随时间变化，则极化强度矢量 $\boldsymbol{P}$ 和极化电荷也随时间变化，并在一定范围内发生运动，从而形成极化电流。这种由极化引起的宏观电荷称为极化电荷。介质中的极化电荷不能离开分子移动，所以又称为束缚电荷。极化电荷的分布用极化电荷密度 ρ_{p} 或极化电荷面密度 σ_{p} 来表示。

在极化介质中，设每一个分子的正负电荷间的平均相对位移为 l，则分子电偶极矩 $p=ql$。在曲面 S 上任取一个面元 $\mathrm{d}S$，计算从它穿出去的电荷。为方便计算，假定极化过程中负电荷不动，而正电荷有一位移 l。显然，处于体积元 $l\cdot\mathrm{d}S$ 中的正电荷将从面元 $\mathrm{d}S$ 穿出，如图 2.6.2 所示。设单位体积中的分子数为 n，则穿过面元 $\mathrm{d}S$ 的电荷量为

$$nql\cdot\mathrm{d}S=n\boldsymbol{p}\cdot\mathrm{d}\boldsymbol{S}=\boldsymbol{P}\cdot\mathrm{d}\boldsymbol{S} \tag{2.6.2}$$

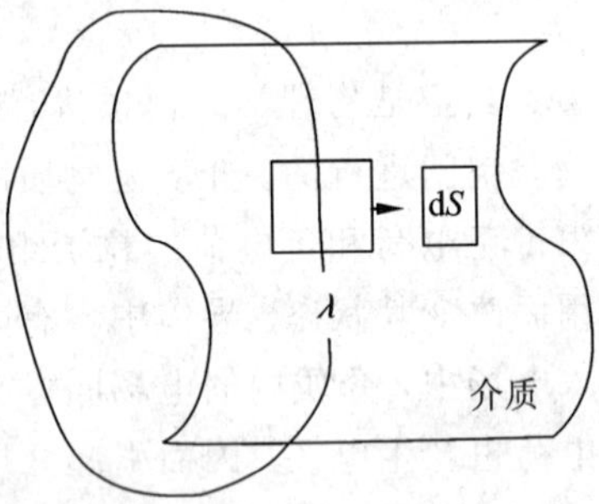

图 2.6.2　介质极化

所以闭合曲面 S 穿出体积的正电荷量为 $\oint_S \boldsymbol{P}\cdot\mathrm{d}\boldsymbol{S}$。由电中性可知，留在闭合曲面 S 内的极化电荷量为

$$Q_{\mathrm{p}}=-\oint_S \boldsymbol{P}\cdot\mathrm{d}\boldsymbol{S}=-\int_V \nabla\cdot\boldsymbol{P}\mathrm{d}V \tag{2.6.3}$$

由此可得介质体内的电荷体密度为

$$\rho_{\mathrm{p}}=-\nabla\cdot\boldsymbol{P} \tag{2.6.4}$$

式(2.6.4)表示介质内一点的束缚体电荷密度等于这点上极化强度散度的负值，反映了介质内部某点的极化电荷分布与极化强度之间的关系。

现在计算极化电荷面密度 σ_p。在介质体内紧贴表面取一个闭曲面，从这个闭曲面上穿出的极化电荷是电介质表面上的极化面电荷。由式(2.6.2)可知，从面元 dS 上穿出的极化电荷量 $\Delta q_p = \boldsymbol{P}\cdot \mathrm{d}\boldsymbol{S} = \boldsymbol{P}\cdot \boldsymbol{n}\mathrm{d}S$，故极化电荷面密度为

$$\sigma_p = \boldsymbol{P}\cdot \boldsymbol{n} \tag{2.6.5}$$

式中，$\boldsymbol{n}$ 为介质表面的外法向单位矢量。该式表示介质表面上一点的束缚面电荷密度等于该点的极化强度在面元外法线方向上的分量，反映了极化电荷面密度与极化强度的关系。

2.6.2　电位移矢量

当介质在外加电场 $\boldsymbol{E}_0$ 的作用下极化时，因为有极化电荷产生，所以在空间中会产生附加电场 $\boldsymbol{E}'$。此附加电场有减弱电介质极化的趋势，常称为退极化场。这时空间中的电场应为外加电场与附加电场的合成场，即

$$\boldsymbol{E} = \boldsymbol{E}_0 + \boldsymbol{E}' \tag{2.6.6}$$

实验表明，在均匀、线性和各向同性的电介质中，极化强度矢量 $\boldsymbol{P}$ 与电介质中的合成电场强度成正比，它们的关系是

$$\boldsymbol{P} = \varepsilon_0 \chi_e \boldsymbol{E} \tag{2.6.7}$$

式中，χ_e 称为电介质的极化率(或称为极化系数)，是无量纲的常数，其大小取决于电介质的性质。

在分析电介质中的电场时，引入一个辅助矢量 $\boldsymbol{D}$，其定义为

$$\boldsymbol{D} = \varepsilon_0 \boldsymbol{E} + \boldsymbol{P} \tag{2.6.8}$$

矢量 $\boldsymbol{D}$ 称为电位移矢量，单位为库仑每平方米(C/m^2)。

对于线性、各向同性的电介质，将式(2.6.7)代入式(2.6.8)得

$$\boldsymbol{D} = \varepsilon_0 \boldsymbol{E} + \boldsymbol{P} = \varepsilon_0(1+\chi_e)\boldsymbol{E} = \varepsilon_0\varepsilon_r \boldsymbol{E} = \varepsilon \boldsymbol{E} \tag{2.6.9}$$

式中：$\varepsilon = \varepsilon_0\varepsilon_r$，称为电介质的介电常数(或电介质的电容率)，是物质的三个电特性参数之一(另外两个是磁导率和电导率)；$\varepsilon_r = 1+\chi_e$，称为电介质的相对介电常数，是无量纲常数。

［**例 2.6.1**］　有两块板间距离为 d 的大平行导体板，两板接上直流电压源 U，充电后又断开电源；然后在两板间插入一块均匀介质板，其相对介电常数 $\varepsilon_r = 4$。假设介质板的厚度比 d 略小一点，留下一空气隙，如图 2.6.3 所示 (可以忽略边缘效应)。求：

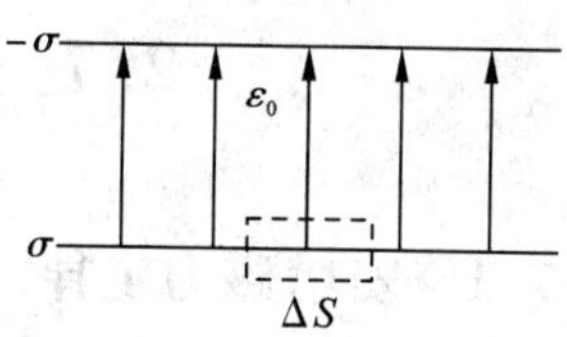

图 2.6.3　平行导体板

(1) 放入介质板前后，平行板间的电场分布；

(2) 介质板表面的束缚面电荷密度和介质板内的束缚体电荷密度。

解　忽略边缘效应，认为板间的电场是均匀的，方向与极板垂直。

(1) 加入介质板前的电场强度为

$$\boldsymbol{E}_0 = \frac{U}{d}\boldsymbol{e}_n \qquad \text{(即方向从正极板指向负极板)}$$

设两极板上自由电荷面密度分别为 σ 和 $-\sigma$，根据高斯定理作图 2.6.3 中虚线所示柱形高斯面，上下底面与极板平行，ΔS 是其面积，所以

$$\oint_S \boldsymbol{E}_0 \cdot \mathrm{d}\boldsymbol{S} = E_0 \Delta S = \frac{\sigma \Delta S}{\varepsilon_0}$$

因而得

$$\sigma=\varepsilon_0 E_0=\varepsilon_0 \frac{U}{d}$$

充电后电源切断，极板上的自由电荷密度保持不变。用高斯定理求得

$$\boldsymbol{D}=\sigma \boldsymbol{e}_y=\frac{\varepsilon_0 U}{d}\boldsymbol{e}_y$$

所以空气间隙中的电场强度为

$$\boldsymbol{E}_0=\frac{\boldsymbol{D}}{\varepsilon_0}=\frac{U}{d}\boldsymbol{e}_y \qquad \text{(与未加介质板前相同)}$$

介质中的电场强度为

$$\boldsymbol{E}_\text{d}=\frac{\boldsymbol{D}}{\varepsilon}=\frac{\boldsymbol{D}}{\varepsilon_\text{r}\varepsilon_0}=\frac{U}{4d}\boldsymbol{e}_y \qquad \text{(是未加介质板前场强的 1/4)}$$

(2) 介质中的极化强度为

$$\boldsymbol{P}=\varepsilon_0 \chi_\text{e} \boldsymbol{E}_\text{d}=\varepsilon_0(\varepsilon_\text{r}-1)\boldsymbol{E}_\text{d}=\frac{3\sigma}{4}\boldsymbol{e}_y$$

$$\rho_\text{p}=-\nabla\cdot\boldsymbol{P}=0$$

$$\sigma_{\text{p上}}=\boldsymbol{P}\cdot\boldsymbol{n}_\text{上}=\frac{3\sigma}{4}\boldsymbol{e}_y\cdot\boldsymbol{e}_y=\frac{3\sigma}{4}$$

$$\sigma_{\text{p下}}=\boldsymbol{P}\cdot\boldsymbol{n}_\text{下}=\frac{3\sigma}{4}\boldsymbol{e}_y\cdot(-\boldsymbol{e}_y)=-\frac{3\sigma}{4}$$

若考虑束缚电荷，则两板间的全部空间(含介质空间)都视为空气($\varepsilon_\text{r}=1$)。两层束缚面电荷在空气间隙部分产生的电场为零，所以空气间隙的电场与未加介质板前的相同。而在介质板所在区域内，电场是两层自由电荷和两层束缚面电荷产生场的叠加，它们产生的电场相反，即

$$E_\text{d}=\frac{\sigma}{\varepsilon_0}-\frac{\sigma_\text{p}}{\varepsilon_0}=\frac{\sigma}{4\varepsilon_0}=\frac{U}{4d}$$

2.7　毕奥-萨伐定律及磁感应强度

2.7.1　安培磁力定律

电磁现象是相互联系的，有着共同的根源。安培对电流的磁效应进行了大量的实验研究，得到了电流相互作用力的公式，称为安培磁力定律。

如图 2.7.1 所示，设 l 和 l' 是真空中两个细导线回路，电流分别为 I 和 I'，则回路 l' 对 l 的作用力为

$$\boldsymbol{F}=\frac{\mu_0}{4\pi}\oint_l\oint_{l'}\frac{I\,\mathrm{d}\boldsymbol{l}\times(I'\mathrm{d}\boldsymbol{l}'\times\boldsymbol{e}_r)}{r^2} \qquad (2.7.1)$$

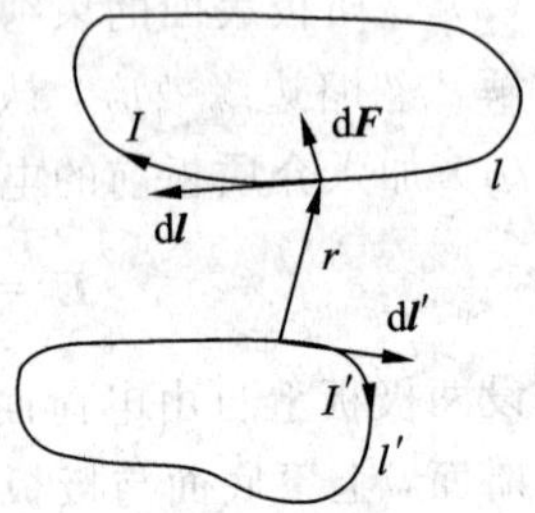

图 2.7.1　两个载流回路间的作用力

式中：r 是电流元 $I'\mathrm{d}l'$ 至 $I\mathrm{d}l$ 的距离；$\boldsymbol{e}_r$ 是由 $\mathrm{d}\boldsymbol{l}'$ 指向 $\mathrm{d}\boldsymbol{l}$ 的单位矢量；$\mu_0=4\pi\times10^{-7}$ H/m，是真空的磁导率。安培磁力定律表明，任意两个恒定电流元之间存在力的作用，作用力不仅和恒定电流元的大小有关，同时还与恒定电流元之间

的夹角有关。

2.7.2 毕奥-萨伐定律及磁感应强度

因为运动的电荷形成电流，安培力正是反映两段运动电荷之间的作用力。但该力有别于库仑力，不能由库仑定律得出，称之为磁力或磁场力。它可进一步表示为

$$\boldsymbol{F}=\oint_{l} I d\boldsymbol{l}\times\boldsymbol{B} \tag{2.7.2}$$

式中

$$\boldsymbol{B}=\frac{\mu_0}{4\pi}\oint_{l'}\frac{I'\mathrm{d}\boldsymbol{l}'\times\boldsymbol{e}_r}{r^2}=\frac{\mu_0}{4\pi}\oint_{l'}\frac{I'\mathrm{d}\boldsymbol{l}'\times\boldsymbol{r}}{r^3} \tag{2.7.3}$$

式(2.7.3)称为毕奥-萨伐(Biot - Savart)定律。矢量 $\boldsymbol{B}$ 可看作是电流回路 l' 作用于单位电流元($I\mathrm{d}\boldsymbol{l}=1\mathrm{A}\cdot\mathrm{m}$)的磁场力，表征电流回路 l' 在其周围建立的磁场特性的一个物理量，称为磁通量密度或磁感应强度。它的单位是特斯拉(T)，即 N/(A · m)。

在电场中，由高斯定理可知，穿过任意封闭面的电通量等于封闭面所包围的自由电荷总电量，电力线是起止于正负电荷的。而自然界不存在单独的磁荷，所以磁场中的磁力线总是闭合的，即闭合的磁力线穿进闭合面多少条也必然穿出同样多的条数，结果使穿过闭合面的磁通量恒为零，即

$$\oint_S \boldsymbol{B}\cdot\mathrm{d}\boldsymbol{S}=0 \tag{2.7.4}$$

利用散度定理可得

$$\nabla\cdot\boldsymbol{B}=0 \tag{2.7.5}$$

式(2.7.4)称为磁通连续性原理，也称为磁通的高斯定理，式(2.7.5)是其微分形式。

为方便起见，通常引入磁场强度矢量 $\boldsymbol{H}$，在简单媒质中，$\boldsymbol{H}$ 定义为

$$\boldsymbol{H}=\frac{\boldsymbol{B}}{\mu}\ (\mathrm{A/m}) \tag{2.7.6}$$

式中，μ 是媒质的磁导率。

本 章 小 结

本章主要介绍了宏观电磁感应现象及其规律和常用电磁场物理量，并介绍了电路三大参量之一——电阻的计算方法。

1. 电荷及电荷守恒定律

(1) 体电荷密度：

$$\rho=\lim_{\Delta V\to 0}\frac{\Delta q}{\Delta V}$$

(2) 面电荷密度：

$$\sigma=\lim_{\Delta S\to 0}\frac{\Delta q}{\Delta S}$$

(3) 线电荷密度：

$$\rho_l=\lim_{\Delta l\to 0}\frac{\Delta q}{\Delta l}$$

(4) 电荷守恒定律：一个孤立系统的电荷总量是保持不变的，即在任何时刻，不论发生什么变化，系统中的正电荷与负电荷的代数和保持不变。

2. 电流及电流连续性方程

(1) 电流：

$$i=\lim_{\Delta t\to 0}\frac{\Delta Q}{\Delta t}=\frac{\mathrm{d}Q}{\mathrm{d}t}$$

(2) 体电流密度：

$$\boldsymbol{J}=\lim_{\Delta S\to 0}\frac{\Delta I}{\Delta \boldsymbol{S}}=\frac{\mathrm{d}I}{\mathrm{d}\boldsymbol{S}}$$

(3) 面电流密度：

$$\boldsymbol{J}_{\mathrm{s}}=\lim_{\Delta l\to 0}\frac{\Delta i}{\Delta \boldsymbol{l}}=\frac{\mathrm{d}i}{\mathrm{d}\boldsymbol{l}}$$

(4) 电流连续性方程：

微分形式：
$$\nabla\cdot\boldsymbol{J}=-\frac{\partial\rho}{\partial t}$$

积分形式：
$$\oint_S\boldsymbol{J}\cdot\mathrm{d}\boldsymbol{S}=-\frac{\mathrm{d}}{\mathrm{d}t}\int_V\rho\,\mathrm{d}V$$

3. 库仑定律和电场强度

(1) 库仑定律：

$$\boldsymbol{F}_{12}=\frac{q_1q_2}{4\pi\varepsilon_0R^2}\boldsymbol{e}_r=\frac{q_1q_2\boldsymbol{R}}{4\pi\varepsilon_0R^3}$$

(2) 电场强度：

$$\boldsymbol{E}=\lim_{q\to 0}\frac{\boldsymbol{F}}{q}$$

(3) 电位：

$$\varphi_a=\int_a^m\boldsymbol{E}\cdot\mathrm{d}\boldsymbol{l}$$

4. 电通量密度和高斯定理

(1) 电通量密度：

$$\boldsymbol{D}=\varepsilon\boldsymbol{E}$$

(2) 高斯定理：

积分形式：
$$\oint_S\boldsymbol{D}\cdot\mathrm{d}\boldsymbol{S}=Q$$

微分形式：
$$\nabla\cdot\boldsymbol{D}=\rho$$

5. 欧姆定律和焦耳定律

欧姆定律的微分形式：

$$\boldsymbol{J}=\gamma\boldsymbol{E}$$

焦耳定律的微分形式：

$$P=\boldsymbol{E}\cdot\boldsymbol{J}$$

6. 电介质中的电场及电位移矢量

(1) 极化强度：

$$\boldsymbol{P}=\lim_{\Delta V\to 0}\frac{\sum_i \boldsymbol{p}_i}{\Delta V}$$

（2）极化电荷体密度：

$$\rho_p=-\nabla\cdot\boldsymbol{P}$$

极化电荷面密度：

$$\sigma_p=\boldsymbol{P}\cdot\boldsymbol{n}$$

（3）电位移矢量：

$$\boldsymbol{D}=\varepsilon_0\boldsymbol{E}+\boldsymbol{P}=\varepsilon_0(1+\chi_e)\boldsymbol{E}=\varepsilon\boldsymbol{E}$$

7. 毕奥-萨伐定律及磁感应强度

（1）安培磁力定律：

$$\boldsymbol{F}=\frac{\mu_0}{4\pi}\oint_l\oint_{l'}\frac{I\,\mathrm{d}\boldsymbol{l}\times(I'\mathrm{d}\boldsymbol{l}'\times\boldsymbol{e}_r)}{r^2}$$

（2）毕奥-萨伐定律：

$$\boldsymbol{B}=\frac{\mu_0}{4\pi}\oint_{l'}\frac{I'\mathrm{d}\boldsymbol{l}'\times\boldsymbol{e}_r}{r^2}=\frac{\mu_0}{4\pi}\oint_{l'}\frac{I'\mathrm{d}\boldsymbol{l}'\times\boldsymbol{r}}{r^3}$$

习　题

2-1　填空题：

（1）电位参考点就是指定电位值恒为______的点；电位参考点选定之后，电位中各点的电位值是______。

（2）法拉第电磁感应定律的微分形式是____________。

（3）静止电荷产生的电场称为________。

（4）电荷______形成电流；电流体密度的单位是________。

（5）电场强度的方向是________运动的方向。

（6）电场中试验电荷受到的作用力与试验电荷电量成________关系。

（7）磁通 Φ 的单位是______。

（8）真空中介电常数的数值为________。

（9）单位时间内通过某面积 S 的电荷量，定义为穿过该面积的__________。

（10）磁场强度的单位是__________。

2-2　设同心球电容器的内导体半径为 a，外导体的内半径为 b，内外导体间填充电导率为 γ 的导电媒质，如图所示，求内外导体间的绝缘电阻。

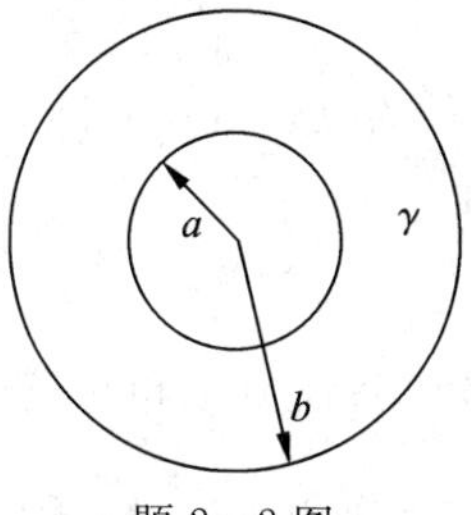

题2-2图

2-3　如图所示，由两块电导率分别为 γ_1 和 γ_2 的金属薄片构成一扇形弧片，$\varepsilon_1=\varepsilon_2=\varepsilon_0$，内、外弧半径分别为 a 和 b，弧片厚度为 h，若电极 A、B 上的电位分别为 0 和 U_0，求电极 A、B 间的电阻 R。

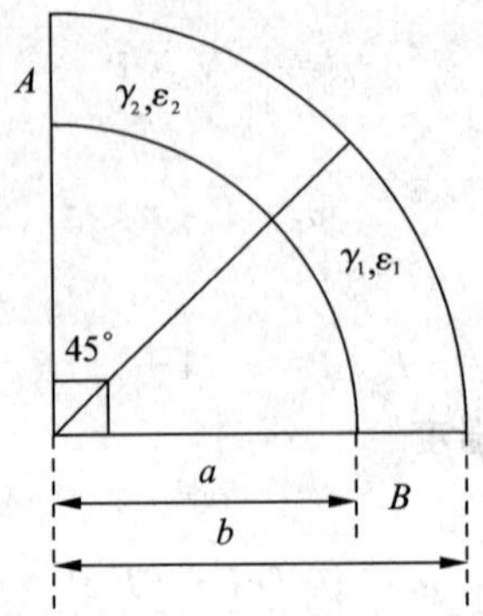

题 2-3 图

2-4　设一扇形电阻片的尺寸如图 2.5.2 所示，材料的电导率为 γ。求：

(1) 沿厚度方向的电阻；

(2) 沿圆弧面间的电阻。

2-5　有一根电荷均匀分布的无限长直导线，线密度为 ρ_l，求空间各点的电场强度。

2-6　有两块间距为 d(m)的无限大带电平行平面，上下极板分别带有均匀电荷 $\pm\sigma$(C/m^2)，求平行板内外各点的电场强度。

2-7　同轴线横截面如图所示，内导体半径为 a，外导体的内半径为 b，内、外导体单位长度带电量分别为 ρ_l 和 $-\rho_l$，其间填充介电常数为 ε 的均匀电介质，计算内外导体间的电场强度和电位差。

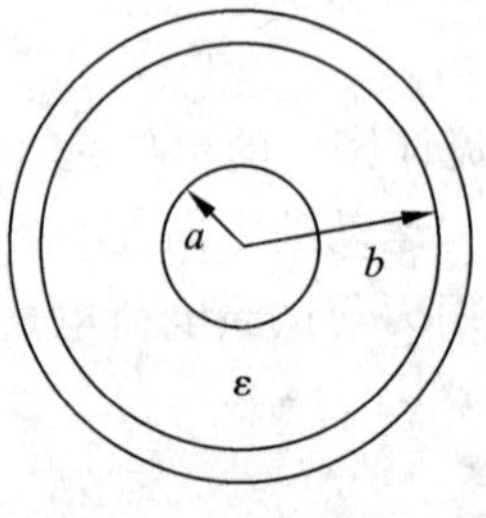

题 2-7 图

2-8　空气中有两条电荷均匀分布的无限长直线电荷，电荷密度分别为 $\pm\rho_l$(C/m)，两线电荷相距 d(m)，求空间任意点的电位。

2-9　某电荷均匀分布的圆盘，半径为 a，电荷密度为 σ，求与圆盘垂直的轴线上一点的电位。

2-10　中心位于原点、边长为 L 的电介质立方体的极化强度为 $\boldsymbol{P}=P_0(\boldsymbol{e}_x x+\boldsymbol{e}_y y+\boldsymbol{e}_z z)$。

(1) 计算面和体束缚电荷密度；

(2) 证明总束缚电荷为零。

2-11　空心介质球的内、外半径分别为 a 和 b，已知极化强度 $\boldsymbol{P}=\boldsymbol{e}_r P_0\dfrac{1}{4\pi r^2}$，求束缚面电荷密度和束缚体电荷密度。

第3章　静态电磁场中的介质

静止电荷在其周围空间激发静电场，恒定电流或永久磁铁则产生不随时间变化的恒定磁场。静电场和恒定磁场属于静态场的范畴，两者之间彼此独立，没有任何关系。静电场和恒定磁场是电磁场理论的基本内容，其中包含了电磁场理论的基本定理、基本定律以及规律。

本章从静态场出发，通过分析静态场中的电介质和磁介质，来获得相关的研究结果。

3.1　静电场中的导体

当给导体施加外电场时，其中大量能够自由运动的带电粒子在电场力的作用下做定向运动，从而形成电流。最常见的导体为金属，其中能够自由运动的带电粒子称为自由电子。自由电子带负电荷。失去电子的金属离子带正电荷但不能移动。自由电子向某个方向运动，就意味着相反方向的中性原子变成了正离子，相当于正电荷向该方向运动。规定正电荷运动的方向为电流方向。

如果对导体施加静电场 $\boldsymbol{E}$，则导体中的自由带电粒子在静电场的作用下定向运动并积累于导体表面，从而形成某种电荷分布，我们称之为感应电荷。这种电荷在导体内部产生与 $\boldsymbol{E}$ 方向相反的电场 $\boldsymbol{E}'$，如图 3.1.1 所示。只要导体内部总电场强度不为零，带电粒子的定向运动就不会停止，直到 $\boldsymbol{E}'$ 增大到能够与 $\boldsymbol{E}$ 完全抵消为止，从而使导体内部的总电场强度为零且此时所有带电粒子才会停止定向运动。静电场中导体内部总电场强度为零、所有带电粒子停止定向运动的状态称为导体的静电平衡状态。一般导体达到静电平衡状态所需要的时间极短，当达到静电平衡状态时，金属导体内部自由电荷密度为零。

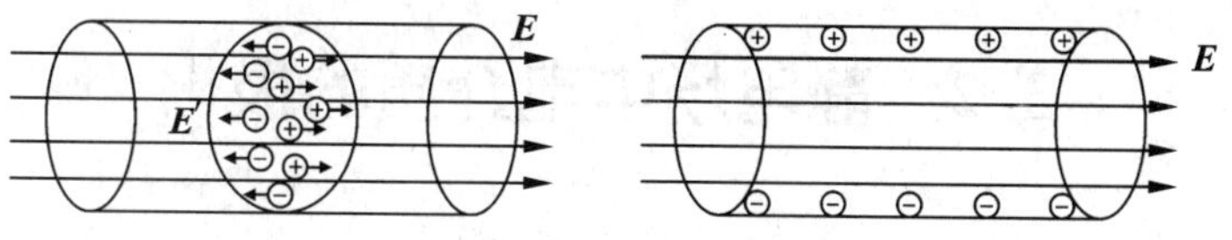

图 3.1.1　导体建立静电平衡状态的过程

当导体达到静电平衡状态时，导体内部不存在净余电荷，感应电荷仅分布在导体表面。导体外部电场为外加静电场与感应电荷所产生的电场叠加而形成的总电场。导体上由于没有电荷的定向运动，因此导体上任意两点之间的电位差为零，导体为等位体，其表面为等位面。导体外的电力线垂直于导体表面，电磁场理论中将与电力线垂直相交的面称为电壁，所以静电场中导体的表面为电壁。

静电平衡导体上电荷分布具有以下特点：

(1) 导体内体电荷密度处处为零，电荷只分布在导体表面；

(2) 导体表面上的面电荷密度与该处表面外附近的场强 $\boldsymbol{E}$ 在数值上成正比；

(3) 面电荷密度与所处表面的曲率有关，表面曲率大的地方，面电荷密度大，曲率小的地方，面电荷密度小。

于是可知，在导体尖端附近场强较强，而平坦的地方场强较弱。在导体尖端附近的强电场作用下，空气中残留离子加速运动，并与其他分子碰撞使其电离，从而产生大量新离子，与尖端电荷极性相反的离子被吸引到尖端并发生中和，这种现象称为尖端放电。

对于内部带有空腔的导体，当其放置于电场中达到静电平衡时，都具有以下性质：

(1) 导体壳内表面上处处无电荷，电荷只分布在外表面处；

(2) 空隙内无电场存在，仍然是等势体。

因此，导体壳外表面保护了它所包围的区域，使其内部不受外部电场的影响，这种现象称为静电屏蔽。法拉第根据这一原理制作了著名的法拉第笼，为后来电磁屏蔽与电磁兼容的发展打下了基础。

[例 3.1.1] 某带电荷量为 $+q$ 的点电荷位于一个内半径为 a、外半径为 b 的导体球壳的球心处，求空间中各点的场强。

解 球体本身不带电，当取一个半径为 $r>b$ 球面作为封闭面时，由高斯定理得

$$E_1=\frac{q}{4\pi\varepsilon_0 r^2}$$

当 $a<r<b$ 时，导体中电场为零，即

$$E_2=0$$

在导体内部以 $a<r<b$ 为半径作一个积分面，可知闭合面电场通量为零，即闭合面内总电荷为零。因此，导体内表面必然分布着与球心处等量的异种电荷。又由于导体整体不带电，因此导体外表面必然分布着相应的等量正电荷。

当 $r<a$ 时，同样应用高斯定理，得

$$E_3=\frac{q}{4\pi\varepsilon_0 r^2}$$

因此，置于电场中的导体，其表面会感应出分布电荷。这些感应电荷的分布规律与电场以及导体表面形状有关。导体的总电场是内外电场以及分布电荷产生的电场叠加而成的，在稳定条件下这两种电场总是大小相等、方向相反，从而保证导体的总电场为零。

3.2 静电场中电介质的极化

3.2.1 物质的分类

根据物质的电特性，可以将物质分为导电物质和绝缘物质两类。通常前者称为导体，后者称为电介质(简称介质)。导体的特点是其内部存在大量的能够自由运动的电荷，在外电场的作用下，这些自由电荷可以做宏观运动，从而形成电流。相反，介质中的带电粒子被束缚在介质的分子中，而不能做宏观运动。在电场的作用下，这些被束缚在分子中的带电粒子发生微观的位移，从而使分子发生极化。

绝对的理想介质在实际中并不存在，当加在介质上的外电场低于某一定值时，如果介质中的电流可以忽略不计，那么就可以认为此种介质为理想介质。介质既可以是固体，又可以是气体或液体，如陶瓷、橡胶、空气等。

3.2.2　介质的极化

介质也称为绝缘体。其内部不存在自由电子或自由电子数目极少。从宏观电磁学的角度出发，介质可以分为两大类，即非极性介质和极性介质，这两种介质分别由非极性分子和极性分子组成。

对于非极性分子而言，当无外加电场时，非极性分子所带正、负电荷的中心重合，根据电偶极矩的概念可以知道，其固有电偶极矩为零，如 H_2、N_2、O_2、CCl_4 等分子均为非极性分子。当将非极性分子置于外电场中时，在外电场的作用下使分子的正、负电荷中心发生微小位移，产生附加电偶极矩，并且附加电偶极矩沿着外电场的方向，如图 3.2.1 所示。

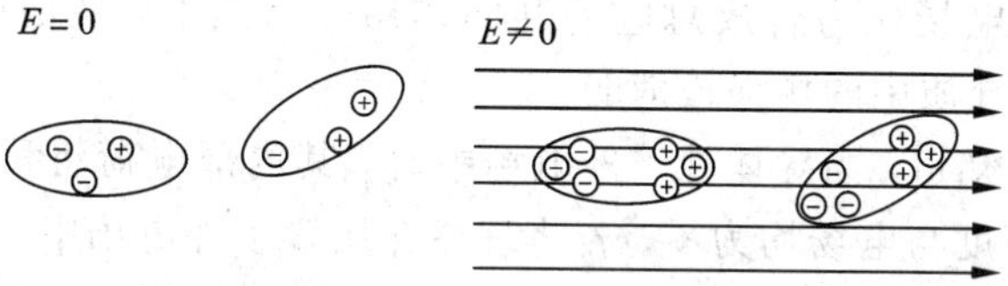

图 3.2.1　非极性分子

对于极性分子而言，当无外加电场时，极性分子所带正、负电荷的中心不重合，其固有电偶极矩不为零。虽然每一个极性分子均具有固有电偶极矩，但是由于分子的不规则运动，在一块介质中，所有分子的固有电偶极矩的矢量和平均值为零，即宏观电矩为零。当把介质放入外部电场时，每个分子的电偶极矩受到力矩的作用，使分子的电偶极矩方向转向外加电场的方向，虽然各个分子仍然在做热运动，但其电偶极矩指向大致相同，如图 3.2.2所示。典型的极性分子如 H_2O 分子。

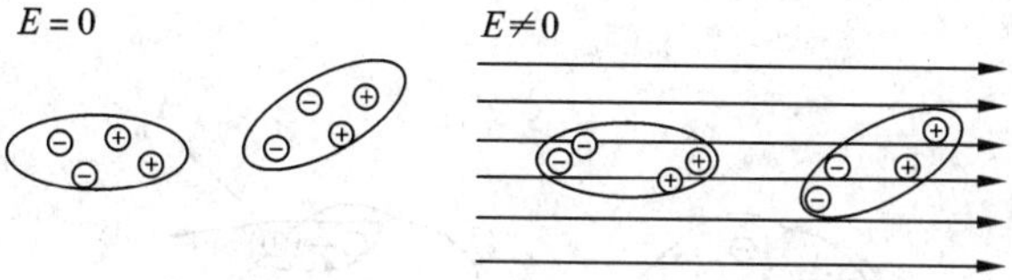

图 3.2.2　极性分子

在外电场作用下，或使介质的分子产生附加电偶极矩，或使介质分子的固有电偶极矩沿外电场方向取向的这种现象，称为介质的极化。从微观角度来分析，可以将介质的极化分为两种：位移极化(即非极性分子产生的极化)和取向极化(即极化分子产生的极化)。

3.2.3　极化强度与束缚电荷

在极化介质中，如果每个分子都是一个电偶极子，那么整个介质就可以看成是真空中电偶极子有序排列的集合体。为了衡量介质被极化的程度以及极化性质，引入极化强度矢量的概念，并简称为极化强度，利用极化强度来表示介质中点 $\boldsymbol{r}$ 处单位体积内电偶极矩的矢量和。假设包含点 $\boldsymbol{r}$ 的体积 ΔV 里分子电偶极矩的总和为 $\sum \boldsymbol{p}$，则极化强度 $\boldsymbol{P}(\boldsymbol{r})$ 可以表示为

$$\boldsymbol{P}(\boldsymbol{r}) = \lim_{\Delta V \to 0} \frac{\sum \boldsymbol{p}}{\Delta V} \tag{3.2.1}$$

由式(3.2.1)可知，极化强度 $\boldsymbol{P}(\boldsymbol{r})$ 是电偶极矩的体密度，其单位为 C/m^2。除此之外，还可

以得到关于极化强度 $\boldsymbol{P}(\boldsymbol{r})$ 的另外一种定义：假设介质中点 $\boldsymbol{r}$ 处分子的平均电偶极矩为 $\boldsymbol{p}_0$，且该点处的分子密度为 N，那么该点处的极化强度 $\boldsymbol{P}(\boldsymbol{r})$ 为

$$\boldsymbol{P}(\boldsymbol{r}) = \boldsymbol{p}_0 N \tag{3.2.2}$$

极化强度 $\boldsymbol{P}(\boldsymbol{r})$ 是关于空间和时间的函数，如果介质中各点处的极化强度均相等，则表明该介质处于均匀极化状态。

由于介质极化，体积 V 中的正、负电荷可能不完全抵消，从而出现净余的正电荷或负电荷，即出现宏观电荷分布，这种电荷称为极化电荷或束缚电荷。而介质极化对电场的影响就取决于这些束缚电荷的分布，因为一块介质受外电场的作用极化之后，就可以等效为真空中一系列的电偶极子，所以极化介质产生的附加电场实质上就是这些电偶极子产生的电场，附加电场与外电场作为合成总电场共同作用于介质上，从而改变了原来电场的分布，其总的效应是使介质中的场强被消弱。

由前述内容可以知道，当导体处于外电场中时，其内部电荷将移到其表面，从而使导体内部的自由电荷密度与电场均为零。若将理想介质置于外电场中，即使理想介质中没有自由电荷，但是在外电场的作用下理想介质发生极化会产生极化电荷，也同样会使理想介质具有电效应。

在介质内取一体积 V，包围该体积的闭合曲面为 S，如图 3.2.3 所示，只需要考虑移出面 S 的电荷量，就可以确定体积 V 内的净余电荷。在这里仅以非极性分子为例进行讨论，并假设介质极化时，每个分子的负电荷中心固定不动，而正电荷中心相对于负电荷中心发生一个微小的位移 l，则形成的附加电偶极矩为 $\boldsymbol{p}=q\boldsymbol{l}$。由此可见，当介质极化时，远离面 S 的分子对极化电荷没有贡献，只有靠近面 S 的介质分子的正电荷才有可能穿出或者穿入面 S。当穿出与穿入面 S 的正电荷数量不相等时，在体积 V 内就会出现净余电荷，即出现极化电荷。

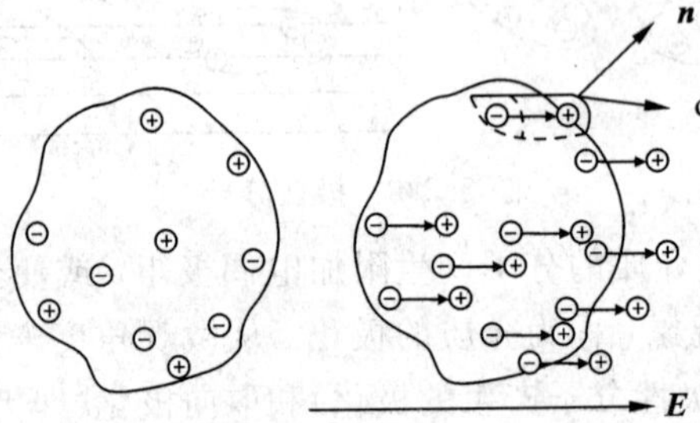

图 3.2.3　介质极化示意图

在图 3.2.3 中，取一个面元 dS，设其附近的介质为均匀极化。然后以 dS 为底，以 l 为斜高作一圆柱体，其体积元为 $\mathrm{d}V=\mathrm{d}\boldsymbol{S}\cdot\boldsymbol{l}$，于是处于 d$V$ 中组成电偶极矩的正电荷将穿出 dS，同一分子中的等电荷量负电荷则留在 dV 内。所以，穿出 dS 的正电荷量 dQ 将等于没有外加电场时体积元 dV 内的正电荷量，即

$$\mathrm{d}Q = Nq\,\mathrm{d}V = Nq\,\mathrm{d}\boldsymbol{S}\cdot\boldsymbol{l} = N\boldsymbol{p}\cdot\mathrm{d}\boldsymbol{S} = \boldsymbol{P}\cdot\mathrm{d}\boldsymbol{S} \tag{3.2.3}$$

那么通过面 S 穿出体积 V 的电荷量总量为

$$Q = \oint_S \mathrm{d}Q = \oint_S \boldsymbol{P}\cdot\mathrm{d}\boldsymbol{S} \tag{3.2.4}$$

由于介质极化之前呈中性，因此，体积 V 内的净余电荷量 Q_p 应与穿出面 S 的电荷量等值

且异号。设净余电荷密度为 ρ_p，则有

$$Q_p = \int_V \rho_p \mathrm{d}V = -\oint_S \boldsymbol{P} \cdot \mathrm{d}\boldsymbol{S} \tag{3.2.5}$$

根据高斯散度定理，式(3.2.5)可以写为

$$\rho_p = -\nabla \cdot \boldsymbol{P} \tag{3.2.6}$$

式(3.2.6)即为极化体电荷密度 ρ_p 与极化强度 $\boldsymbol{P}$ 之间的关系式。

由式(3.2.6)可知，如果介质为均匀极化，则 $\boldsymbol{P}$ 为常量，那么 $\nabla \cdot \boldsymbol{P}=0$，即介质内部不存在极化体电荷分布，而其只能分布在介质的表面上，具有这种分布状态的极化电荷称为极化面电荷。

设两种介质内的极化强度分别为 $\boldsymbol{P}_1$ 和 $\boldsymbol{P}_2$，在介质分界面上取一个上、下底面积均为 $\mathrm{d}S$ 的扁平圆柱体，且其高度为 h，$\boldsymbol{n}$ 为分界面的法向单位矢量，如图 3.2.4 所示。当 $h\to 0$ 时，圆柱体内总的极化电荷与 $\mathrm{d}S$ 之比就是分界面上的极化面电荷密度，并记作 ρ_{sp}。由于 $\mathrm{d}S$ 很小，可以认为每一个底面上的极化强度是均匀的。将式(3.2.5)应用到此扁平圆柱体中，由于 $h\to 0$ 且 $\boldsymbol{P}_1$ 和 $\boldsymbol{P}_2$ 为有限值，因此圆柱体侧面的积分量为零，那么圆柱体内出现的净余电荷量为

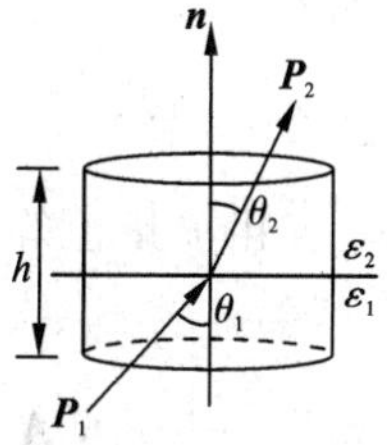

图 3.2.4　极化面

$$\mathrm{d}Q_{sp} = \boldsymbol{P}_1 \cdot (-\boldsymbol{n})\mathrm{d}S + \boldsymbol{P}_2 \cdot \boldsymbol{n}\mathrm{d}S = (\boldsymbol{P}_2 - \boldsymbol{P}_1) \cdot \boldsymbol{n}\mathrm{d}S = \rho_{sp}\mathrm{d}S \tag{3.2.7}$$

由此可得

$$\rho_{sp} = (\boldsymbol{P}_2 - \boldsymbol{P}_1) \cdot \boldsymbol{n} \tag{3.2.8}$$

若介质 1 为真空，即 $\boldsymbol{P}_1=\boldsymbol{0}$，则式(3.2.8)可以写成

$$\rho_{sp} = \boldsymbol{P} \cdot \boldsymbol{n} \tag{3.2.9}$$

式(3.2.9)描述了极化面电荷密度 ρ_{sp} 与极化强度 $\boldsymbol{P}$ 之间的关系。

综上所述，介质极化将导致极化电荷分布，而极化电荷分布主要是由于束缚电荷的作用中心相互分离而引起的，这种电荷分布不同于自由电荷的分布。当介质发生极化后，其表面有可能出现极化面电荷。若介质不均匀或者其外加电场不均匀，则介质内部某区域将出现极化体电荷。

如果外加电场过大，介质分子中的电子会脱离分子的束缚而成为自由电子，从而介质变成导电材料，这种现象称为介质的击穿。介质能够保持不被击穿的最大外加电场强度称为该介质的击穿强度。工程实践中，通常要使得作用在介质上的电场强度小于其击穿强度。

3.2.4　极化介质产生的电位

极化介质是指在外电场作用下，能够发生极化现象的介质。类似于自由空间中自由体电荷产生的电位，极化介质外任意一点的电位为介质内部所有极化电荷在该点处产生的宏观电位总和。设极化介质的体积为 V，其表面积为 S，极化强度为 $\boldsymbol{P}$，下面来计算介质外部任意点处的电位。如图 3.2.5 所示，在介质中 $\boldsymbol{r}'$ 处取一个体积元 $\Delta V'$，介质外点 m 对应的位置矢量为 $\boldsymbol{r}$，因为 $|\boldsymbol{r}-\boldsymbol{r}'|$ 远远大于 $\Delta V'$ 的长度，所以可以将

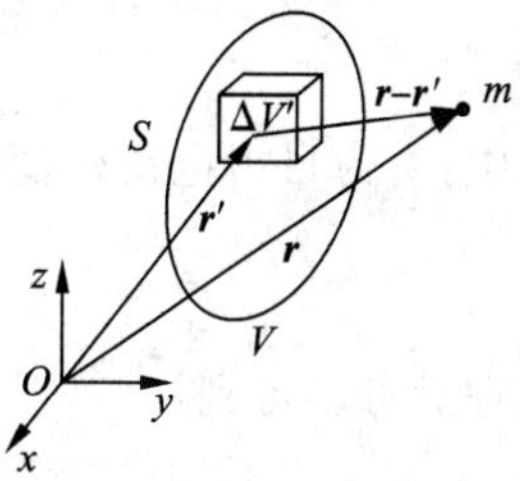

图 3.2.5　极化介质产生的电位

$\Delta V'$中介质看成一偶极子，其电偶极矩为 $\boldsymbol{p}=\Delta V'\boldsymbol{P}$，它在 $\boldsymbol{r}$ 处产生的电位为

$$\Delta\varphi(\boldsymbol{r}) = \frac{\boldsymbol{P}(\boldsymbol{r}')\Delta V'}{4\pi\varepsilon_0}\cdot\frac{\boldsymbol{r}-\boldsymbol{r}'}{|\boldsymbol{r}-\boldsymbol{r}'|^3} \tag{3.2.10}$$

则整个介质在 $\boldsymbol{r}$ 处产生的电位为

$$\varphi(\boldsymbol{r}) = \frac{1}{4\pi\varepsilon_0}\int_V \frac{\boldsymbol{P}(\boldsymbol{r}')\cdot(\boldsymbol{r}-\boldsymbol{r}')}{|\boldsymbol{r}-\boldsymbol{r}'|^3}\mathrm{d}V' \tag{3.2.11}$$

根据前面内容得到结论

$$\boldsymbol{\nabla}'\frac{1}{|\boldsymbol{r}-\boldsymbol{r}'|^3} = \frac{\boldsymbol{r}-\boldsymbol{r}'}{|\boldsymbol{r}-\boldsymbol{r}'|^3} \tag{3.2.12}$$

则式(3.2.11)可以写成

$$\varphi(\boldsymbol{r}) = \frac{1}{4\pi\varepsilon_0}\int_V \boldsymbol{P}(\boldsymbol{r}')\cdot\boldsymbol{\nabla}'\frac{1}{|\boldsymbol{r}-\boldsymbol{r}'|^3}\mathrm{d}V' \tag{3.2.13}$$

又由矢量恒等式

$$\boldsymbol{\nabla}'\cdot(u\boldsymbol{A}) = u\boldsymbol{\nabla}'\cdot\boldsymbol{A}+\boldsymbol{\nabla}'u\cdot\boldsymbol{A} \tag{3.2.14}$$

令 $u=\dfrac{1}{|\boldsymbol{r}-\boldsymbol{r}'|}$，$\boldsymbol{A}=\boldsymbol{P}$，则式(3.2.13)可以写成

$$\begin{aligned}\varphi(\boldsymbol{r}) &= \frac{1}{4\pi\varepsilon_0}\int_V \nabla'\cdot\frac{\boldsymbol{P}(\boldsymbol{r}')}{|\boldsymbol{r}-\boldsymbol{r}'|^3}\mathrm{d}V' + \frac{1}{4\pi\varepsilon_0}\int_V\frac{-\boldsymbol{\nabla}'\cdot\boldsymbol{P}(\boldsymbol{r}')}{|\boldsymbol{r}-\boldsymbol{r}'|^3}\mathrm{d}V' \\ &= \frac{1}{4\pi\varepsilon_0}\oint_S\frac{\boldsymbol{P}(\boldsymbol{r}')\cdot\boldsymbol{n}}{|\boldsymbol{r}-\boldsymbol{r}'|^3}\mathrm{d}S' + \frac{1}{4\pi\varepsilon_0}\int_V\frac{-\boldsymbol{\nabla}'\cdot\boldsymbol{P}(\boldsymbol{r}')}{|\boldsymbol{r}-\boldsymbol{r}'|^3}\mathrm{d}V'\end{aligned} \tag{3.2.15}$$

其中，$\boldsymbol{n}$ 为面 S 的外法向单位矢量。由式(3.2.15)可以看出，右侧第一项积分为极化面电荷所产生的电位，第二项为极化体电荷所产生的电位。因此，极化介质在自由空间任意点处产生的电位为极化面电荷与极化体电荷在该点处共同产生的总电位。

3.3 介质中的静电场方程

3.3.1 介质中的高斯定理

当介质位于外电场中时，由于介质极化而使其中出现了极化电荷，由 3.2 节可知，极化电荷也与真空中的自由电荷一样产生电场。因此，基于真空中的高斯定理，考虑极化电荷的影响，就可以得到介质中的高斯定理，即极化介质中的电场应由自由电荷与极化电荷共同产生。介质中既有极化电荷密度，又有自由电荷密度。那么，根据真空中的高斯定理，就可以得到介质中相应的高斯定理，即

$$\boldsymbol{\nabla}\cdot\boldsymbol{E} = \frac{\rho+\rho_{\mathrm{p}}}{\varepsilon_0} \tag{3.3.1}$$

其中：ρ 为自由电荷密度；ρ_{p} 为极化电荷密度。将式(3.2.6)带入式(3.3.1)得

$$\boldsymbol{\nabla}\cdot\boldsymbol{E} = \frac{\rho-\boldsymbol{\nabla}\cdot\boldsymbol{P}}{\varepsilon_0} \tag{3.3.2}$$

整理后可以得到

$$\boldsymbol{\nabla}\cdot(\varepsilon_0\boldsymbol{E}+\boldsymbol{P}) = \rho \tag{3.3.3}$$

定义

$$\boldsymbol{D}=\varepsilon_0\boldsymbol{E}+\boldsymbol{P} \tag{3.3.4}$$

其中，$\boldsymbol{D}$ 称为介质的电位移矢量，也称为电通量密度或电感应强度，其单位与真空中的电位移矢量一样，都是 $\mathrm{C/m^2}$。因此，式(3.3.3)可以表示为

$$\nabla\cdot\boldsymbol{D}=\rho \tag{3.3.5}$$

式(3.3.5)称为介质中静电场高斯定理的微分形式，它表明介质中任意一点的电位移矢量 $\boldsymbol{D}$ 的散度等于该点的自由电荷密度，即 $\boldsymbol{D}$ 的源是自由电荷，而电场强度 $\boldsymbol{E}$ 的源为自由电荷和极化电荷，其相应的积分形式为

$$\oint_S\boldsymbol{D}\cdot\mathrm{d}\boldsymbol{S}=\int_V\rho\mathrm{d}V=q \tag{3.3.6}$$

因为极化电荷产生的电场与自由电荷产生的电场有同样的性质，所以介质中的静电场也是保守场，即

$$\nabla\times\boldsymbol{E}=\boldsymbol{0} \tag{3.3.7}$$

其相应的积分形式为

$$\oint_l\boldsymbol{E}\cdot\mathrm{d}\boldsymbol{l}=0 \tag{3.3.8}$$

3.3.2　介质的分类

按照介质的特性可将其分为如下三大类。

1. 线性介质和非线性介质

如果介质的极化强度 $\boldsymbol{P}$ 在直角坐标系中的各分量只与电场强度 $\boldsymbol{E}$ 的各分量的一次项有关，而与高次项无关，即 $\boldsymbol{P}$ 的各分量与 $\boldsymbol{E}$ 的各分量成线性关系，则该介质称为线性介质；如果介质的极化强度 $\boldsymbol{P}$ 在直角坐标系中的各分量不仅与电场强度 $\boldsymbol{E}$ 的各分量的一次项有关，还与高次项有关，则该介质称为非线性介质。

2. 各向同性介质和各向异性介质

如果介质内部某点的物理特性在所有方向上一致，即介质特性与外加电场方向无关，则这种介质称为各向同性介质，否则称为各向异性介质。

3. 均匀介质和非均匀介质

如果介质的介电常数 ε 与空间位置无关，即 $\nabla\varepsilon=\boldsymbol{0}$，则这种介质称为均匀介质，否则称为非均匀介质。本书中主要讨论的是线性、各向同性、均匀介质中电场的性质，这类介质也称为简单介质。

3.3.3　介电常数

在分析介质中的静电问题时，需要获得极化强度 $\boldsymbol{P}$ 与电场强度 $\boldsymbol{E}$ 之间的关系，两者之间的关系由介质的固有特性决定，这种关系称为组成关系。对于线性各向同性的介质而言，实验表明其组成关系为

$$\boldsymbol{P}=\chi_e\varepsilon_0\boldsymbol{E} \tag{3.3.9}$$

其中，χ_e 为介质的电极化率，简称为极化率，也称为极化系数，是一个无量纲的正数。χ_e 一般由介质的组成结构决定。不同介质具有不同的 χ_e，即使一种介质的密度发生变化也将导致其极化率 χ_e 变化，而且 χ_e 也可能随着电场强度 $\boldsymbol{E}$ 的变化而变化。通常情况下，通过实验

的方法来确定介质的极化率 χ_e。

将式(3.3.9)代入式(3.3.4)得

$$\boldsymbol{D} = \varepsilon_0 \boldsymbol{E} + \boldsymbol{P} = \varepsilon_0 \boldsymbol{E} + \chi_e \varepsilon_0 \boldsymbol{E} = \varepsilon_0 (1 + \chi_e) \boldsymbol{E} \tag{3.3.10}$$

令

$$\varepsilon = \varepsilon_0 (1 + \chi_e) = \varepsilon_0 \varepsilon_r \tag{3.3.11}$$

则式(3.3.10)可写成

$$\boldsymbol{D} = \varepsilon \boldsymbol{E} \tag{3.3.12}$$

式(3.3.12)称为介质的结构方程。ε 称为介质的介电常数，单位为法拉每米(F/m)；ε_r 称为介质的相对介电常数，它是反映物质极化性能和存储电能能力的重要电参数。通常情况下，ε_r 是大于 1 的无量纲数。对于给定的介质，在一定的物理条件(如温度、密度等)下，其相对介电常数 ε_r 是定值。

一般而言，相对介电常数 ε_r 是空间位置和电场强度 $\boldsymbol{E}$ 的函数。若介质是均匀的，则其 ε_r 不随空间位置变化而变化；若介质是线性的，则其 ε_r 不随电场强度 $\boldsymbol{E}$ 变化而变化；若介质是各向同性的，则其 ε_r 是标量，而且电位移矢量 $\boldsymbol{D}$ 与电场强度 $\boldsymbol{E}$ 方向相同；若介质是各向异性的，则电位移矢量 $\boldsymbol{D}$ 与电场强度 $\boldsymbol{E}$ 方向不相同，且 $\boldsymbol{D}$ 的每个分量都是 $\boldsymbol{E}$ 的各个分量的函数，所以 ε_r 为标量。

凡无特别声明，本章所涉及的介质均为均匀、线性且各向同性的介质，即简单介质。表 3.3.1 给出了几种常见介质在常温常压下其相对介电常数 ε_r 的近似值。由于不同介质的 ε_r 不同，有些介质的 ε_r 值相差很大，例如，水和油的 ε_r 值就相差很大，利用这一特点，可以通过适当的方法来测量水油混合物中水或油的百分比。

表 3.3.1　几种常见介质的相对介电常数 ε_r

介质名称	相对介电常数 ε_r	介质名称	相对介电常数 ε_r
空气	1.0006	石英	3.8
油	2.3	云母	5.4
纸	3	干燥木材	1.5
有机玻璃	3.45	水	81
石蜡	2.1	树脂	2.3
聚乙烯	2.26	聚苯乙烯	2.55

在介质中，极化体电荷密度为

$$\rho_p = -\nabla \cdot \boldsymbol{P} = -\nabla \cdot (\varepsilon_0 \chi_e \boldsymbol{E}) = -\nabla \cdot \left(\left(1 - \frac{1}{\varepsilon_r}\right)\boldsymbol{D}\right) = \left(\frac{1}{\varepsilon_r} - 1\right)\rho + \boldsymbol{D} \cdot \nabla \left(\frac{1}{\varepsilon_r} - 1\right) \tag{3.3.13}$$

可见，在无源区($\rho=0$)的均匀介质中，极化体电荷密度为零；在无源区，仅在介质不均匀处有束缚电荷。

在均匀介质中，将式(3.3.12) 代入式(3.3.5)得

$$\nabla \cdot \boldsymbol{E} = \frac{\rho}{\varepsilon} \tag{3.3.14}$$

将 $\boldsymbol{E} = -\nabla \varphi$ 代入式(3.3.14)得

$$\nabla^2\varphi=-\frac{\rho}{\varepsilon} \tag{3.3.15}$$

式(3.3.15)是均匀介质中的电位方程。可见均匀介质中的电场方程和电位方程与真空中的电场方程的不同之处只是介电常数的差别。因此，只要将在真空中得到的电场关系中的 ε_0 用 ε 代替，就可得到在真空中全部填满同一种均匀介质时的电场关系。例如，在整个空间填充介电常数为 ε 的介质时，所带电荷量为 q 的点电荷在空间任意一点产生的电场强度为

$$\boldsymbol{E}(\boldsymbol{r})=\frac{q\boldsymbol{e}_r}{4\pi\varepsilon R^2}=\frac{q\boldsymbol{R}}{4\pi\varepsilon R^3} \tag{3.3.16}$$

［例 3.3.1］　一个半径为 a 的均匀极化介质球，极化强度为 $P_0\boldsymbol{e}_z$，求极化电荷的分布以及介质球的电偶极矩。

解　取球坐标系，并令球心位于坐标原点。

因为已知该介质球均匀极化，即其极化强度为常矢，所以极化体电荷密度为

$$\rho_{\mathrm{p}}(\boldsymbol{r})=-\nabla\cdot\boldsymbol{P}(\boldsymbol{r})=0$$

极化面电荷密度为

$$\rho_{\mathrm{sp}}=\boldsymbol{P}\cdot\boldsymbol{n}=P_0\boldsymbol{e}_z\cdot\boldsymbol{e}_r=P_0\cos\theta$$

分布电荷对于原点的电偶极矩为

$$\boldsymbol{p}=\int_D\boldsymbol{r}\,\mathrm{d}q$$

其中，积分区域 $\boldsymbol{D}$ 为电荷分布的区域，因此

$$\boldsymbol{p}=\int_S\boldsymbol{r}\rho_{\mathrm{sp}}\,\mathrm{d}S$$

代入球面上的各量，即

$$\begin{cases}\boldsymbol{r}=a(\boldsymbol{e}_x\sin\theta\cos\phi+\boldsymbol{e}_y\sin\theta\sin\phi+\boldsymbol{e}_z\cos\theta)\\ \mathrm{d}S=a^2\sin\theta\mathrm{d}\theta\mathrm{d}\phi\end{cases}$$

可以得到电偶极矩为

$$\boldsymbol{p}=\boldsymbol{e}_z\frac{4\pi a^3}{3}P_0$$

由此可以看出，如果介质是均匀极化的，则等效电偶极矩为极化强度与体积的乘积。

［例 3.3.2］　已知半径为 a 的导体球的电位为 V，求球外任意一点的电位和电场强度。

解　取球坐标系，球面上的电位处处为 V，为球对称分布，所以球外的电位和电场强度也都是球对称的，即电位 φ 和电场强度 $\boldsymbol{E}$ 与坐标 θ、ϕ 无关，而仅是坐标 r 的函数，从而将其记为 $\varphi(r)$ 和 $\boldsymbol{E}(r)$，且 $\varphi(r)$ 满足 $\varphi(a)=V$。由于球外无电荷分布，所以球外的电位满足拉普拉斯方程 $\nabla^2\varphi=0$。

在球坐标中，拉普拉斯方程可以表示为

$$\nabla^2\varphi(r)=\frac{1}{r^2}\frac{\mathrm{d}}{\mathrm{d}r}\left(r^2\frac{\mathrm{d}\varphi}{\mathrm{d}r}\right)=0$$

直接对上式进行积分，就可以获得电位 $\varphi(r)$ 的通解，即

$$\varphi(r)=\frac{C_1}{r}+C_2$$

其中，C_1 和 C_2 为两个未知常数。设无穷远处为电位参考零点，那么当 $r\to+\infty$ 时，$\varphi(+\infty)=C_2=0$；当 $r=a$ 时，$\varphi(a)=C_1/a=V$，因此，$C_1=aV$。将 C_1 和 C_2 的值代入通解，

可得

$$\varphi(r)=\frac{aV}{r}$$

将上式代入 $\boldsymbol{E}(r)=-\nabla\varphi(r)$ 中，则

$$\boldsymbol{E}(r)=\frac{aV}{r^3}\boldsymbol{r}=\frac{aV}{r^2}\boldsymbol{r}^0$$

其中，$\boldsymbol{r}^0$ 为 r 的单位矢量。

3.4　导体系统中的电容

导体内部含有大量的自由电荷，当静电平衡时，导体内部的电场为零，导体本身是一个等位体，而其表面是等势面，从而导体内部无电荷分布，电荷只分布在导体的表面上。如果静态场中存在多个导体，各个导体上就会有感应电荷分布，导体之间存在感应电荷产生的感应电场，因此导体之间必存在电容。这就是静电场中多导体之间的部分电容。

在各自带电量一定的多导体系统中，每个导体的电位、电荷面密度以及多导体之间的部分电容都完全由各导体的几何形状、几何尺寸、介质参数和相对位置等因素决定。

3.4.1　孤立导体的电容

一个孤立导体的电位与导体所带的电量成正比。定义孤立导体所带的电量 q 与其电位 φ 之比为该导体的电容，并记为 C，即

$$C=\frac{q}{\varphi} \tag{3.4.1}$$

电容的单位是法拉(F)或者库仑每伏(C/V)。电容是导体系统本身的特性，它只与导体的形状、尺寸、相互之间的位置以及导体周围的介质有关，而与导体的电位以及所带电量无关。

3.4.2　双导体电容器的电容

由两个导体所组成的多导体系统是实际中应用最为广泛的导体系统。若两个导体之间所加的电压为 U，其中一个导体带有电量为 $+q$，另一个导体带有电量为 $-q$，则此系统构成一个电容器。同样，把电荷量 q 与两导体之间的电压 U 之比定义为该电容器的电容，即

$$C=\frac{q}{U} \tag{3.4.2}$$

孤立导体的电容可以看成是两导体系统中的一个导体在无限远处的情况下的电容。因此，可以知道电容的概念不仅适用于电容器，对于任意两个导体之间以及导体与大地之间也同样适用。电容不仅表示两导体之间存储的电场能量的大小，也表示两个导体的电耦合程度。

3.4.3　电位系数、电容系数及部分电容

对于由两个以上导体组成的多导体系统来说，空间任意一点的电位由各个导体表面的电荷产生。同样，任意导体的电位也由各导体的表面电荷产生。即任意一个导体上的电位

都要受到其他多个导体上电荷的影响。因此，由叠加定理可知，每一点的电位由 n(多导体系统中导体的个数)部分组成，导体 j 对电位的贡献正比于它的面电荷密度 ρ_{sj}，而 ρ_{sj} 又正比于导体 j 的带电量 q_j，那么导体 j 对导体 i 的电位贡献可以写为

$$\varphi_{ij} = p_{ij} q_j \tag{3.4.3}$$

其中，p_{ij} 称为电位系数，其物理意义是当导体 j 带 1C 的正电荷，而其余导体均不带电荷时，导体 i 上的电位。当 $i=j$ 时，p_{ij} 称为自由电位系数，它们仅与导体本身的形状及尺寸有关；当 $i \neq j$ 时，p_{ij} 称为互有电位系数，它们与导体之间的相对位置及空间中介质的介电常数有关。

假设多导体系统中各导体的带电量分别为 q_1，q_2，…，q_n，则导体 i 的总电位是系统中所有导体对其电位贡献的叠加，即导体 i 的总电位可以表示为

$$\varphi_i = \sum_{j=1}^{n} \varphi_{ij} = \sum_{j=1}^{n} p_{ij} q_j \qquad (i = 1, 2, \cdots, n) \tag{3.4.4}$$

将式(3.4.4)写成线性方程组的形式，就可以得到每一个导体的电位与各个导体上电荷之间的线性关系：

$$\begin{cases} \varphi_1 = q_{11} q_1 + p_{12} q_2 + \cdots + p_{1n} q_n \\ \varphi_2 = q_{21} q_1 + p_{22} q_2 + \cdots + p_{2n} q_n \\ \qquad \vdots \\ \varphi_n = q_{n1} q_1 + p_{n2} q_2 + \cdots + p_{nn} q_n \end{cases} \tag{3.4.5}$$

由电位系数的定义可知，导体 j 带正电，电力线自导体 j 出发，终止于导体 i 或者终止于地面。又因为导体 i 不带电，那么有多少电力线终止于它，就有多少电力线自它发出，所发出的电力线要么终止于其他导体，要么终止于地面。电位沿着电力线下降，其他导体的电位一定介于导体 j 的电位和地面的电位之间，所以有

$$0 \leqslant p_{ij} < p_{jj} \qquad (i \neq j;\ j = 1, 2, \cdots, n) \tag{3.4.6}$$

电位系数具有互异性，即

$$p_{ij} = p_{ji} \tag{3.4.7}$$

将式(3.4.5)写成矩阵的形式，即有

$$\begin{bmatrix} \varphi_1 \\ \varphi_2 \\ \vdots \\ \varphi_n \end{bmatrix} = \begin{bmatrix} p_{11} & p_{12} & \cdots & p_{1n} \\ p_{21} & p_{22} & \cdots & p_{2n} \\ \vdots & \vdots & & \vdots \\ p_{n1} & p_{n2} & \cdots & p_{nn} \end{bmatrix} \begin{bmatrix} q_1 \\ q_2 \\ \vdots \\ q_n \end{bmatrix} \tag{3.4.8}$$

或

$$\boldsymbol{\varphi} = \boldsymbol{pq} \tag{3.4.9}$$

对式(3.4.8)中的矩阵求逆，可得

$$\begin{bmatrix} q_1 \\ q_2 \\ \vdots \\ q_n \end{bmatrix} = \begin{bmatrix} \beta_{11} & \beta_{12} & \cdots & \beta_{1n} \\ \beta_{21} & \beta_{22} & \cdots & \beta_{2n} \\ \vdots & \vdots & & \vdots \\ \beta_{n1} & \beta_{n2} & \cdots & \beta_{nn} \end{bmatrix} \begin{bmatrix} \varphi_1 \\ \varphi_2 \\ \vdots \\ \varphi_n \end{bmatrix} \tag{3.4.10}$$

或

$$\boldsymbol{q} = \boldsymbol{p}^{-1}\boldsymbol{\varphi} = \boldsymbol{\beta\varphi} \tag{3.4.11}$$

其中，β_{ij} 称为电容系数，其物理意义是当导体 j 的电位为 1 V，而其余导体均接地时，导体 i 上的感应电荷量。当 $i=j$ 时，β_{ij} 称为自由电容系数，它们与导体本身的形状及尺寸有关；当 $i\neq j$ 时，β_{ij} 称为感应系数，它们不仅与导体之间的相对位置及空间中介质的介电常数有关，而且还与其他导体的几何形状有关。

从式(3.4.10)可以看出，多导体系统的电荷可以用各个导体的电位来表示。由电容系数的定义可知，导体 j 的电位比其余导体的电位都高，所以，电力线自导体 j 出发，终止于导体 i 或者终止于地面，即导体 j 带正电，其余导体均带负电。由电荷守恒定律可知，n 个导体上的电荷再加上地面的电荷应为零，这样其余的 $n-1$ 个导体所带电荷量总和的绝对值必不大于导体 j 的电荷量，由此可得

$$\beta_{ij} \leqslant 0 \qquad (i \neq j) \tag{3.4.12}$$

$$\beta_{ii} > 0 \tag{3.4.13}$$

$$\sum_{j}\beta_{ij} \geqslant 0 \tag{3.4.14}$$

将式(3.4.10)改写成

$$\begin{cases} q_1 = C_{11}\varphi_1 + C_{12}(\varphi_1 - \varphi_2) + C_{13}(\varphi_1 - \varphi_3) + \cdots + C_{1n}(\varphi_1 - \varphi_n) \\ q_2 = C_{21}(\varphi_2 - \varphi_1) + C_{22}\varphi_2 + C_{23}(\varphi_2 - \varphi_3) + \cdots + C_{2n}(\varphi_2 - \varphi_n) \\ \vdots \\ q_n = C_{n1}(\varphi_n - \varphi_1) + C_{n2}(\varphi_n - \varphi_2) + C_{n3}(\varphi_n - \varphi_3) + \cdots + C_{nn}\varphi_n \end{cases} \tag{3.4.15}$$

其中

$$C_{ii} = \sum_{j=1}^{n}\beta_{ij} \tag{3.4.16}$$

$$C_{ij} = -\beta_{ij} \qquad (i \neq j) \tag{3.4.17}$$

C_{ii} 称为第 i 个导体的自身部分电容；C_{ij} 称为第 i 个导体与第 j 个导体之间的相互部分电容，即采用部分电容的概念来表示导体之间的耦合程度。部分电容只与导体系统的几何结构以及介质有关，与导体的带电状态无关。从式(3.4.15)也可以看出，每个导体上的电荷均由 n 部分组成，而其中的每一部分，都可以在其他导体上找到与之对应的等值异号电荷。

[例 3.4.1]　一同轴线内导体的半径为 a，外导体的内半径为 b，内、外导体之间填充两种绝缘材料，$a<r<r_0$ 部分的介电常数为 ε_1，$r_0<r<b$ 部分的介电常数为 ε_2，如图 3.4.1 所示。求单位长度的电容。

解　设内、外导体单位长度带电量分别为 ρ_l、$-\rho_l$，内、外导体间的场分布具有轴对称性。由高斯定理可求出内、外导体间的电位移为

$$\boldsymbol{D} = \boldsymbol{e}_r \frac{\rho_l}{2\pi r}$$

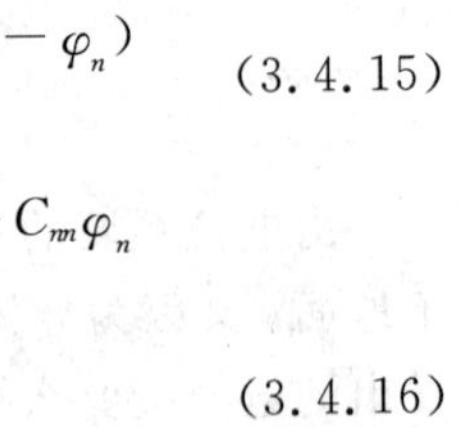

图 3.4.1　例 3.4.1 用图

各区域的电场强度为

$$\boldsymbol{E}_1 = \boldsymbol{e}_r \frac{\rho_l}{2\pi\varepsilon_1 r} \qquad (a<r<r_0)$$

$$\boldsymbol{E}_2 = \boldsymbol{e}_r \frac{\rho_l}{2\pi\varepsilon_2 r} \qquad (r_0<r<b)$$

内、外导体间的电压为

$$U=\int_a^b \boldsymbol{E}\cdot \mathrm{d}\boldsymbol{r}=\int_a^{r_0} \boldsymbol{E}_1\cdot \mathrm{d}\boldsymbol{r}+\int_{r_0}^b \boldsymbol{E}_2\cdot \mathrm{d}\boldsymbol{r}=\frac{\rho_l}{2\pi}\left(\frac{1}{\varepsilon_1}\ln\frac{r_0}{a}+\frac{1}{\varepsilon_2}\ln\frac{b}{r_0}\right)$$

因此，单位长度的电容为

$$C=\frac{\rho_l}{U}=\frac{2\pi}{\dfrac{1}{\varepsilon_1}\ln\dfrac{r_0}{a}+\dfrac{1}{\varepsilon_2}\ln\dfrac{b}{r_0}}$$

［**例 3.4.2**］ 平行板电容器的长、宽分别为 a 和 b，板间距离为 d，如图 3.4.2 所示。电容器的一半厚度（$0\sim d/2$）用介电常数为 ε 的介质填充。

（1）板上外加电压 U_0，求板上的自由面电荷密度、极化面电荷密度；

（2）若已知极板上的自由电荷总量为 Q，求此时极板间电压和极化面电荷密度；

（3）求电容器的电容量 C。

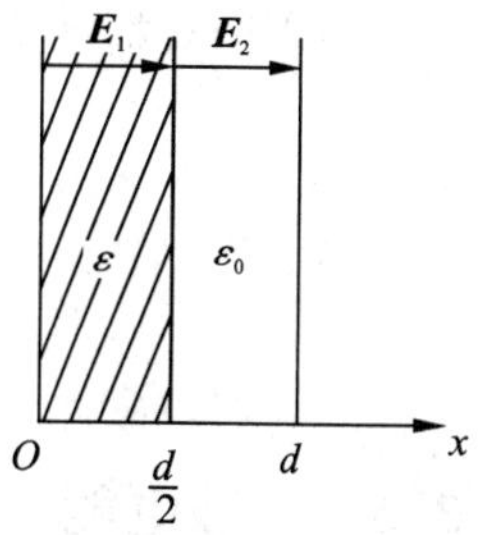

图 3.4.2　例 3.4.2 用图

解　（1）如图 3.4.2 所示，设介质中的电场为 $\boldsymbol{E}_1$，空气中的电场为 $\boldsymbol{E}_2$。由静电场的边界条件可知，在 $x=d/2$ 处，$D_{1n}=D_{2n}$，即 $\varepsilon E_{1n}=\varepsilon_0 E_{2n}$，亦即

$$E_{1n}=\frac{\varepsilon_0}{\varepsilon}E_{2n}$$

又因为

$$E_{1n}\frac{d}{2}+E_{2n}\frac{d}{2}=U_0$$

联立解得

$$\begin{cases}E_{1n}=\dfrac{2U_0\varepsilon_0}{d(\varepsilon+\varepsilon_0)}=\dfrac{2U_0}{d(1+\varepsilon_r)}\\[2ex] E_{2n}=\dfrac{2U_0\varepsilon}{d(\varepsilon+\varepsilon_0)}=\dfrac{2U_0\varepsilon_r}{d(1+\varepsilon_r)}\end{cases}$$

则此电容器两极板上所带自由面电荷等量异号，即

$$\rho_1=D_{1n}=E_{1n}\varepsilon=\frac{2U_0\varepsilon}{d(1+\varepsilon_r)}$$

$$\rho_2=D_{2n}=E_{2n}\varepsilon_0=-\frac{2U_0\varepsilon}{d(1+\varepsilon_r)}$$

又由于极化强度为 $\boldsymbol{P}_1=\boldsymbol{D}_1-\varepsilon_0\boldsymbol{E}_1=\varepsilon\boldsymbol{E}_1-\varepsilon_0\boldsymbol{E}_1=(\varepsilon-\varepsilon_0)\boldsymbol{E}_1$，从而可以得到在 $x=d/2$ 处的极化面电荷密度为

$$\rho_{sp}=\boldsymbol{n}\cdot\boldsymbol{P}_1=(\varepsilon-\varepsilon_0)\boldsymbol{n}\cdot\boldsymbol{E}_1=(\varepsilon-\varepsilon_0)E_{1n}=\frac{\varepsilon_r-1}{\varepsilon_r+1}\frac{2\varepsilon_0 U_0}{d}$$

同理，在 $x=0$ 处的极化面电荷密度为

$$\rho_{sp}=\boldsymbol{n}\cdot\boldsymbol{P}_1=-\frac{\varepsilon_r-1}{\varepsilon_r+1}\frac{2\varepsilon_0 U_0}{d}$$

（2）由于电容器极板的长、宽分别为 a 和 b，则极板上的自由面电荷密度为

$$\rho=\frac{Q}{ab}=\frac{2U_0\varepsilon}{d(1+\varepsilon_r)}$$

极板间电压 U_0 为

$$U_0=\frac{1+\varepsilon_r}{2\varepsilon}\frac{dQ}{ab}$$

极化面电荷密度为

$$\rho_{sp}=\frac{\varepsilon_r-1}{\varepsilon_r+1}\frac{2\varepsilon_0 U_0}{d}=\frac{\varepsilon_r-1}{\varepsilon_r}\frac{Q}{ab}$$

(3) 电容器的电容为

$$C=\frac{Q}{U_0}=\frac{2\varepsilon ab}{(1+\varepsilon_r)d}$$

3.5　静电场的能量与电场力

3.5.1　静电能

电场对处于其中的电荷有力的作用，这说明电场具有能量。而任何形式带电系统的建立都需要经过从没有电荷分布到具有某种最终电荷分布的过程，这样的过程称为充电过程。在这个过程中，外力必须克服电荷之间的相互作用力对系统做功。根据能量守恒定律，带电系统所具有的能量等于外力对其所做的功。如果该过程进行得足够缓慢，静电场变化得也足够缓慢，那么就不存在能量辐射的损失，外加对系统所做的功就全部转化为电场能量。带电系统的能量与建立系统的过程无关。

下面先考虑在 N 个点电荷分布的空间中，其具有电场能量的大小。对于该区域来说，每个点电荷都具有某一固定的电位值。现在假定把该区域内的任意一个电荷量为 q_1 的点电荷从该区域中移到无穷远处，而其他电荷则保持不变。根据能量守恒定律，移动该电荷所做的功应该等于该电荷所带有的电量与其原有位置的电位之积，即

$$W_1=q_1\varphi_1 \tag{3.5.1}$$

根据叠加原理，将电位计算公式代入，得

$$W_1=q_1\varphi_1=\frac{q_1}{4\pi\varepsilon_0}\left(\frac{q_2}{r_{12}}+\frac{q_3}{r_{13}}+\cdots+\frac{q_N}{r_{1N}}\right) \tag{3.5.2}$$

将电荷量为 q_1 的点电荷移开后，再采用同样的方法将电荷量为 q_2 的点电荷移动至无穷远处，对于系统来说，其减少的能量为

$$W_2=q_2\varphi_2=\frac{q_2}{4\pi\varepsilon_0}\left(\frac{q_3}{r_{23}}+\frac{q_4}{r_{24}}+\cdots+\frac{q_N}{r_{2N}}\right) \tag{3.5.3}$$

按照同样的方法进行移动，如果所有的电荷都移动到无穷远处，此时该区域内也就不再存在电场能。因此，原有区域内所带有的电场能量也就等于将里面所有电荷移动到无穷远处所做的功，即

$$W_e=W_1+W_2+\cdots+W_N \tag{3.5.4}$$

将前面求得的 W_1，W_2，…，W_N 代入式(3.5.4)，即得

$$\begin{aligned}W_e&=W_1+W_2+\cdots+W_N\\&=\frac{q_1}{4\pi\varepsilon_0}\left(0+\frac{q_2}{r_{12}}+\frac{q_3}{r_{13}}+\cdots+\frac{q_N}{r_{1N}}\right)+\frac{q_2}{4\pi\varepsilon_0}\left(0+0+\frac{q_3}{r_{23}}+\cdots+\frac{q_N}{r_{2N}}\right)\end{aligned}$$

$$+\cdots+\frac{q_N}{4\pi\varepsilon_0}(0+0+\cdots+0)$$

$$=\frac{1}{2}(q_1\varphi_1+q_2\varphi_2+\cdots+q_N\varphi_N)=\frac{1}{2}\sum_{i=1}^{N}q_i\varphi_i \tag{3.5.5}$$

这是点电荷系统中所带有的静电能。需要注意的是，式(3.5.5)是在把空间中各电荷看成是点电荷的前提下得出的，它仅表示电荷相互作用的静电能量，而不包括电荷汇聚成点电荷所需要的能量。对于密度为 ρ 的连续分布电荷，需将式(3.5.5)中的求和改换成积分形式，即

$$W_e=\frac{1}{2}\int_V\rho\varphi\,\mathrm{d}V \tag{3.5.6}$$

如果对于某一个孤立导体，根据式(3.5.6)，则有

$$W_e=\frac{1}{2}q\varphi \tag{3.5.7}$$

根据电容的定义式 $C=q/\varphi$，有

$$W_e=\frac{1}{2}q\varphi=\frac{1}{2}C\varphi^2=\frac{1}{2}\frac{q^2}{C} \tag{3.5.8}$$

在上述推导过程中，采用的是电荷以及电位函数来表示静电场的能量。下面从电场强度的角度来推导关于电场能量的表达式。

将 $\rho=\nabla\cdot\boldsymbol{D}$ 代入式(3.5.6)，则有

$$W_e=\frac{1}{2}\int_V(\nabla\cdot\boldsymbol{D})\varphi\,\mathrm{d}V \tag{3.5.9}$$

根据矢量恒等式 $\varphi(\nabla\cdot\boldsymbol{D})=\nabla\cdot(\varphi\boldsymbol{D})-\nabla\varphi\cdot\boldsymbol{D}$ 以及高斯散度定理，可得

$$W_e=\frac{1}{2}\oint_S\varphi\boldsymbol{D}\cdot\mathrm{d}\boldsymbol{S}+\frac{1}{2}\int_V\boldsymbol{E}\cdot\boldsymbol{D}\,\mathrm{d}V \tag{3.5.10}$$

令积分区间趋向于无穷大，因此只要电荷分布在一个有限的空间内，当 $r\to+\infty$ 时，电位函数 φ 和电位移矢量 $\boldsymbol{D}$ 分别以 $1/r$ 和 $1/r^2$ 的数量级减小，而面积 S 以 r^2 的数量级增加。因此当 $r\to+\infty$ 时，有

$$\lim_{r\to+\infty}\oint_S\varphi\boldsymbol{D}\cdot\mathrm{d}\boldsymbol{S}=0 \tag{3.5.11}$$

所以，式(3.5.10)可以写成

$$W_e=\frac{1}{2}\int_V\boldsymbol{E}\cdot\boldsymbol{D}\,\mathrm{d}V \tag{3.5.12}$$

对于各向同性介质，利用本构关系 $\boldsymbol{D}=\varepsilon\boldsymbol{E}$，有

$$W_e=\frac{1}{2}\int_V\varepsilon\boldsymbol{E}^2\,\mathrm{d}V \tag{3.5.13}$$

式(3.5.13)说明，只要空间中存在电场强度，就存在电场能量，也就是说，电场能量存在于 $E\neq0$ 的所有空间。从数学的观点定义静电能量密度为

$$\omega_e=\frac{1}{2}\varepsilon\boldsymbol{E}^2 \tag{3.5.14}$$

其物理意义可以理解为静电场中单位体积内存储的电场能量，单位为焦耳每立方米($\mathrm{J/m^3}$)。

[例 3.5.1]　若一同轴线内导体的半径为 a，外导体的内半径为 b，之间填充介电常数

为 ε 的介质，当内、外导体的电压为 U (外导体的电位为零)时，求单位长度的电场能量。

解 设内、外导体间电压为 U 时，内导体单位长度带电量为 ρ_l，则导体间的电场强度为

$$\boldsymbol{E}=\boldsymbol{e}_r\frac{\rho_l}{2\pi\varepsilon r}\qquad(a<r<b)$$

两导体间的电压为

$$U=\int_l\boldsymbol{E}\cdot\mathrm{d}\boldsymbol{l}=\int_a^b\boldsymbol{e}_r\frac{\rho_l}{2\pi\varepsilon r}\cdot\mathrm{d}\boldsymbol{r}=\frac{\rho_l}{2\pi\varepsilon}\ln\frac{b}{a}$$

即

$$\rho_l=\frac{2\pi\varepsilon U}{\ln(b/a)}$$

所以，电场强度可以重新整理为

$$\boldsymbol{E}=\boldsymbol{e}_r\frac{U}{r\ln(b/a)}\qquad(a<r<b)$$

则单位长度的电场能量为

$$W_e=\frac{1}{2}\int_V\varepsilon\boldsymbol{E}^2\,\mathrm{d}V=\int_a^b\frac{\varepsilon U^2}{2r^2\ln^2(b/a)}2\pi r\mathrm{d}r=\frac{\pi\varepsilon U^2}{\ln(b/a)}$$

3.5.2 静电力

当一个带电导体处于外电场中时，必受到电场力的作用，那么从原则上讲，可以利用库仑定律来进行计算，但是实际上除了少数简单情况之外，利用库仑定律求解的问题非常有限，而且求解过程也非常困难。这里介绍一种通过电场能量求解电场力的方法，即虚位移法。其基本思路是假设带电体在电场力的作用下产生一个虚位移，由于电场力做功使得系统的能量发生改变，因此可以根据能量守恒定律确定电场力。

采用虚位移法可以很轻易地计算出电场力。对一个与外电源相连的带电系统(即各带电导体的电位不变)而言，根据能量守恒定律，在没有能量损耗的情况下，外电源供给带电系统的能量等于系统所做的机械功与系统储能的增量之和，即

$$\boldsymbol{F}\cdot\mathrm{d}\boldsymbol{r}+\mathrm{d}W_e=\mathrm{d}W\tag{3.5.15}$$

其中：$\mathrm{d}W$ 为外电源供给带电系统的能量；$\boldsymbol{F}\cdot\mathrm{d}\boldsymbol{r}$ 为带电系统中所填充的介质因位移所做的机械功；$\mathrm{d}W_e$ 为带电系统储能的增量。如果带电系统中所填充的介质在电场力 $\boldsymbol{F}$ 的作用下产生的虚位移为 $\mathrm{d}\boldsymbol{r}$，则电场力所做的虚功为 $\boldsymbol{F}\cdot\mathrm{d}\boldsymbol{r}$。下面分别对带电系统所带电荷量不变和电位不变两种情形进行讨论。

1. 电荷量不变

在产生虚位移的过程中，如果带电系统中各带电导体的电荷量不变，则说明各导体都不连接外电源，外电源对该系统所做的功为零，即

$$\boldsymbol{F}\cdot\mathrm{d}\boldsymbol{r}+\mathrm{d}W_e=0\tag{3.5.16}$$

因此，在虚位移的方向上，电场力为

$$F_r=\left.\frac{\partial W_e}{\partial r}\right|_q\tag{3.5.17}$$

如果分别取虚位移的方向为 x、y 和 z 方向，则可以得到电场力的矢量表达形式：

$$\boldsymbol{e}_x F_x + \boldsymbol{e}_y F_y + \boldsymbol{e}_z F_z = -\left(\boldsymbol{e}_x \frac{\partial W_e}{\partial x} + \boldsymbol{e}_y \frac{\partial W_e}{\partial y} + \boldsymbol{e}_z \frac{\partial W_e}{\partial z}\right)\bigg|_q = -\nabla W_e\big|_q \tag{3.5.18}$$

即

$$\boldsymbol{F} = -\nabla W_e\big|_q \tag{3.5.19}$$

2. 电位不变

在产生虚位移的过程中，如果带电系统中各带电导体的电位不变，则说明该系统中各带电导体与恒压电源相连接。此时，当导体的相对位置发生改变时，每个恒压电源都要向带电导体输送电荷而做功。假设各导体的电位分别为 φ_1，φ_2，…，φ_n，各导体的电荷增量分别为 $\mathrm{d}q_1$，$\mathrm{d}q_2$，…，$\mathrm{d}q_n$，则恒压电源所做的功为

$$\mathrm{d}W = \sum_{i=1}^{n} \varphi_i \mathrm{d}q_i \tag{3.5.20}$$

根据前面所掌握的静电能的知识，可以获得关于电场储能增量的表达形式：

$$\mathrm{d}W_e = \frac{1}{2}\sum_{i=1}^{n} \varphi_i \mathrm{d}q_i \tag{3.5.21}$$

这说明外电源提供的能量一半使得电场储能增加，而另一半提供给电场力做功，即有

$$\boldsymbol{F} \cdot \mathrm{d}\boldsymbol{r} = \mathrm{d}W_e \tag{3.5.22}$$

将式(3.5.22)代入式(3.5.15)，可得

$$\boldsymbol{F} \cdot \mathrm{d}\boldsymbol{r} + \mathrm{d}W_e = 2\mathrm{d}W_e = \mathrm{d}W \tag{3.5.23}$$

所以，在位移方向上，电场力大小为

$$F = \frac{\partial W_e}{\partial r}\bigg|_\varphi \tag{3.5.24}$$

与其相应的矢量形式为

$$\boldsymbol{F} = -\nabla W_e\big|_\varphi \tag{3.5.25}$$

[例 3.5.2]　若平板电容器的极板面积为 A，间距为 x，电极之间的电压为 U，求极板间的作用力。

解　设一个极板 yOz 平面，第二个极板的坐标为 x，此时，电容器储能为

$$W_e = \frac{1}{2}CU^2 = \frac{U^2 \varepsilon_0 A}{2x}$$

这里分别讨论两种情况下极板间的作用力。

当电位不变时，第二个极板受力为

$$F_x = \frac{\partial W_e}{\partial r}\bigg|_{\varphi=\text{常数}} = -\frac{U^2 \varepsilon_0 A}{2x^2}$$

当电荷不变时，考虑到

$$U = Ex = \frac{qx}{\varepsilon_0 A}$$

将能量表达式改写为

$$W_e = \frac{1}{2}CU^2 = \frac{q^2 x}{2\varepsilon_0 A}$$

所以，当电荷不变时，第二个极板受力为

$$F_x = -\frac{\partial W_e}{\partial r}\bigg|_q = -\frac{q^2}{2\varepsilon_0 A} = -\frac{U^2 \varepsilon_0 A}{2x^2}$$

可见，两种情况的计算结果相同。式中的负号表示极板间的作用力为吸引力。

3.6　物质的磁化

前面讲过电场中的电介质存在极化现象，那么对于磁场中的磁介质，也同样对应着磁化现象。首先来看看磁介质内部结构。

3.6.1　磁偶极子

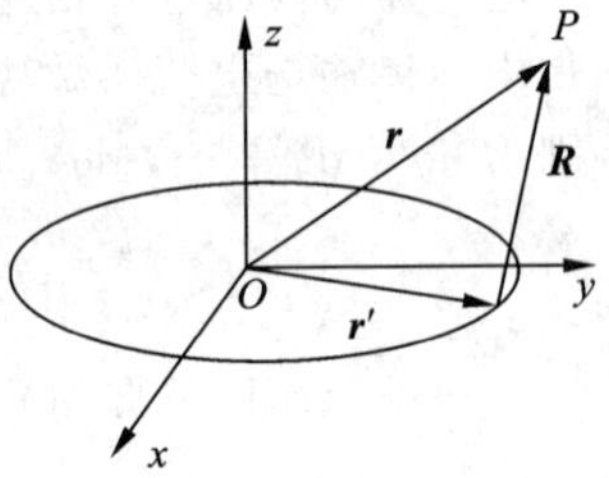

图 3.6.1　磁偶极子

如图 3.6.1 所示，一个通有电流 I 而且半径为 a 的圆形平面回路在远离回路的区域所产生的磁场，将该载流回路放在 xOy 平面，且中心在原点。由于此时的电流分布不具有对称性，所以磁矢位在球面坐标系中只有 A_ϕ 分量，并且该分量为 r 和 θ 函数，而与 ϕ 无关。根据这个性质，可以将场点选在 xOy 平面。

在 xOy 平面中，A_ϕ 分量与直角坐标中的 A_y 分量一致，它是电流元矢量 $I\mathrm{d}\boldsymbol{l}'$分量的 y 分量 $a\,\mathrm{d}\varphi\mathrm{d}\cos\phi$ 所产生的磁矢位分量的总和。

$$A_\phi = \frac{\mu_0}{4\pi}\int_0^{2\pi}\frac{Ia\cos\phi}{R}\mathrm{d}\phi \tag{3.6.1}$$

其中，$R=|\boldsymbol{r}-\boldsymbol{r}'|=(r^2+a^2-2r\cdot r')^{1/2}=r\left(1+\left(\frac{a}{r}\right)^2-\frac{2r\cdot r'}{r^2}\right)^{1/2}$，而且$|\boldsymbol{r}'|=a$，$|\boldsymbol{r}|=r$。

如果 $r\gg a$，那么

$$\begin{aligned}\frac{1}{R} &= \frac{1}{r}\left(1+\left(\frac{a}{r}\right)^2-\frac{2r\cdot r'}{r^2}\right)^{-1/2} \approx \frac{1}{r}\left(1-\frac{2r\cdot r'}{r^2}\right)^{-1/2} \\ &\approx \frac{1}{r}\left(1+\frac{r\cdot r'}{r^2}\right)\end{aligned} \tag{3.6.2}$$

由图 3.6.1 可得

$$\begin{cases}\boldsymbol{r} = r(\boldsymbol{e}_x\sin\theta+\boldsymbol{e}_y\cos\theta) \\ \boldsymbol{r}' = a(\boldsymbol{e}_x\sin\phi+\boldsymbol{e}_y\cos\phi)\end{cases} \tag{3.6.3}$$

所以

$$\frac{1}{R} = \frac{1}{r}\left(1+\frac{a}{r}\sin\theta\cos\phi\right) \tag{3.6.4}$$

将式(3.6.4)代入式(3.6.1)，可得

$$A_\phi = \frac{\mu_0}{4\pi}\frac{I\pi a^2}{r^2}\sin\theta = \frac{\mu_0 m}{4\pi r^2}\sin\theta \qquad (r\gg a) \tag{3.6.5}$$

其中，$m=I\pi a^2$ 为矩形回路磁矩的模值。磁矩为矢量，其方向与其所在的载流回路环路的法线方向一致，大小等于电流 I 与回路面积的乘积，即磁矩可以表示为

$$\boldsymbol{m} = I\boldsymbol{S} \tag{3.6.6}$$

式中，$\boldsymbol{S}$ 为回路的有向面积。有向面积的定义不仅仅局限于平面回路，也可以是三维空间的任意闭合曲线，则此时可以表示为 $\boldsymbol{S}=\int_S \mathrm{d}\boldsymbol{S}'$，其中 $\mathrm{d}\boldsymbol{S}'$为 $\boldsymbol{S}$ 上的有向面积元，积分区域是以电流环为周界的任意曲面。

因此，可以将式(3.6.5)利用磁矩重新表示为

$$\boldsymbol{A}=\frac{\mu_0}{4\pi}\frac{\boldsymbol{m}\times\boldsymbol{r}}{r^3}\qquad(r\gg a)\tag{3.6.7}$$

将式(3.6.7)在球面坐标系中求旋度，可以得到磁场，即

$$\boldsymbol{B}=\nabla\times\boldsymbol{A}=\frac{\sin\theta}{r^2}\begin{bmatrix}\boldsymbol{e}_r & r\boldsymbol{e}_\theta & r\sin\theta\boldsymbol{e}_\phi\\ \dfrac{\partial}{\partial r} & \dfrac{\partial}{\partial\theta} & \dfrac{\partial}{\partial\phi}\\ A_r & rA_\theta & r\sin\theta A_\phi\end{bmatrix}=\frac{\mu_0 m}{4\pi r^3}(\boldsymbol{e}_r 2\cos\theta+\boldsymbol{e}_\theta\sin\theta)\tag{3.6.8}$$

求得的磁场与电偶极子的电场强度很相似，载有恒定电流的小回路称为磁偶极子。需要注意的是，对于任意载流回路，不论其电流及形状如何，只要其磁矩 m 给定，远区(观察点到导线的距离远大于回路的尺度)的磁场表达式均相同。在远区磁偶极子的磁力线与电偶极子的电力线具有相同的分布，但在近区两者的分布不相同，这主要是因为电力线从正电荷出发而在负电荷终止，而磁力线总是闭合曲线。磁偶极子的磁位和磁场，在讨论介质磁化时具有很重要的作用。

位于点 $\boldsymbol{r}$ 的磁矩为 $\boldsymbol{m}$ 的磁偶极子，在点 $\boldsymbol{r}'$ 处产生的磁矢位为

$$\boldsymbol{A}(\boldsymbol{r})=\frac{\mu_0}{4\pi}\frac{\boldsymbol{m}\times(\boldsymbol{r}-\boldsymbol{r}')}{|\boldsymbol{r}-\boldsymbol{r}'|^3}\tag{3.6.9}$$

3.6.2　分子电流及分子磁矩

物质中的带电粒子总是处于永恒的运动之中，主要包括电子的自旋运动、电子绕核的公转运动以及原子核的自旋运动。在一般的分析中，由于核的作用很小，故可以忽略不计，那么物质分子的磁性只来源于分子内部电子沿轨道的公转运动和自旋运动所形成的微观电流。从电磁学的角度来看，每个电子运动时所产生的效应与回路电流所产生的效应相同，该回路电流产生的磁矩称为电子磁矩。那么，物质分子内部所有电子对外所产生的磁效应总和可以用一个等效回路电流来表示，这个等效回路电流称为分子电流，该分子电流的磁矩称为分子磁矩，也称固有磁矩，即分子内部所有电子磁矩的矢量之和，如图 3.6.2 及式(3.6.10)所示。

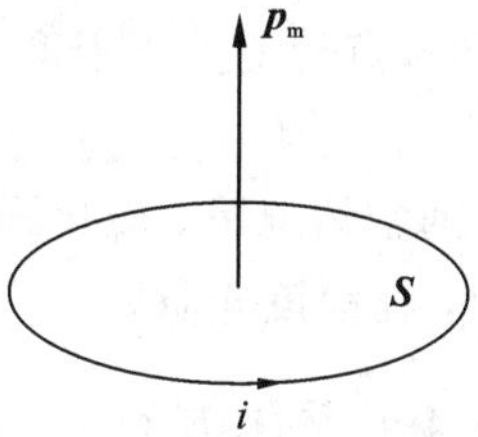

图 3.6.2　分子电流及分子磁矩

$$\boldsymbol{p}_{\mathrm{m}}=i\boldsymbol{S}\tag{3.6.10}$$

其中：i 为等效分子电流强度；$\boldsymbol{S}$ 为分子电流所包围的有向曲面，其方向与电流 i 满足右手螺旋法则。不同物质的分子磁矩不同，可能为零，也可能不为零。

在外磁场的作用下，电子的运动状态会发生变化，这种现象称为物质的磁化，而能被磁化的物质称为磁介质。磁介质按照其磁性可以分为三类，即顺磁性磁介质、抗磁性磁介质及铁磁性磁介质。在无外加磁场作用下，分子磁矩不为零的物质称为顺磁性磁介质。当把该物质放置在外加磁场中时，在外加磁场的作用下，其内部原本取向随机的分子磁矩与外加磁场的方向趋向一致，即分子磁矩都向外加磁场偏转，外加磁场会使顺磁性磁介质分子产生比分子磁矩小几个数量级的感应磁矩，从而使得磁场增强。这类物质主要有 O_2、N_2O、Na、Al、空气等物质。而抗磁性磁介质是指在无外加磁场时，其分子磁矩为零的物

质。当抗磁性磁介质处在外加磁场中时，外加磁矩会改变抗磁性磁介质分子中电子的运动状态，在分子中产生一个与外加磁场方向相反的感应磁矩，从而使磁场减弱。这类物质主要有 Cu、Pb、Ag、N_2等。而铁磁性磁介质是指在无外加磁场时能自发磁化的一类物质，这类物质内部存在着一个个分子磁矩排列整齐的小区，称为磁畴。在无外加磁场时，磁畴的磁化强度方向是随机的；而当有外加磁场时，磁畴的取向将趋向一致，产生明显的磁性。铁磁性物质在外加磁场取消后，存在有剩磁，并存在有磁滞现象。这类物质主要有 Fe、Ni 等。除此之外，还有一类亚铁磁性磁介质，该类磁介质的磁化强度比铁磁性物质的稍弱，但剩磁小、电导率高，主要应用于制造高频器件。

3.6.3　磁化强度

在没有外加磁场的时候，虽然顺磁性磁介质的每一个分子都具有分子磁矩，但分子磁矩 $\boldsymbol{p}_{\mathrm{m}}$ 由于热运动而排列得杂乱无章，所有分子的分子磁矩矢量和相互抵消，即宏观磁矩为零。对于抗磁性磁介质而言，其分子磁矩 $\boldsymbol{p}_{\mathrm{m}}$ 为零。在未被磁化的磁介质中任意点处的分子磁矩 $\boldsymbol{p}_{\mathrm{m}}$ 为零。这些磁介质在外加磁场的作用下，都要产生感应磁矩，且物质内部的分子磁矩沿着外加磁场的方向取向，这种现象即是介质的磁化。磁化介质可以被视为真空中按照一定方向排列的磁偶极子的集合。在这里，引入磁化强度的概念来描述磁介质磁化的程度。磁化强度 $\boldsymbol{M}$ 是指介质处在磁化状态中某点单位体积内总的分子磁矩，即

$$\boldsymbol{M}=\lim_{\Delta V\to 0}\frac{\sum \boldsymbol{p}_{\mathrm{m}}}{\Delta V} \tag{3.6.11}$$

其中，$\sum \boldsymbol{p}_{\mathrm{m}}$ 是体积 ΔV 内的总的分子磁矩。磁化强度 $\boldsymbol{M}$ 的单位为安培每米(A/m)，它表示分子磁矩的体密度。同时，也可以将磁化强度 $\boldsymbol{M}$ 定义为磁介质中某点的平均分子磁矩 $\boldsymbol{p}_{\mathrm{m0}}$ 与该点处的分子密度 N 的乘积，即

$$\boldsymbol{M}=N\boldsymbol{p}_{\mathrm{m0}} \tag{3.6.12}$$

通常情况下，磁化强度 $\boldsymbol{M}$ 是关于空间位置和时间坐标的函数，如介质内各点的 $\boldsymbol{M}$ 均相同，则称该介质处于均匀磁化状态。

3.6.4　磁化电流

当磁介质被外加磁场磁化之后，可以将其看成是真空中的一系列磁偶极子，那么磁介质产生的附加磁场实质上就是这些磁偶极子在真空中产生的磁场。磁介质中由于分子磁矩的有序排列而呈现宏观磁效应，取向排列的分子电流同样会引起宏观电流分布，从而在介质内部将产生某一个方向的净电流，在介质的表面也将产生宏观面电流，称之为磁化电流，也称束缚电流，如图 3.6.3 所示。

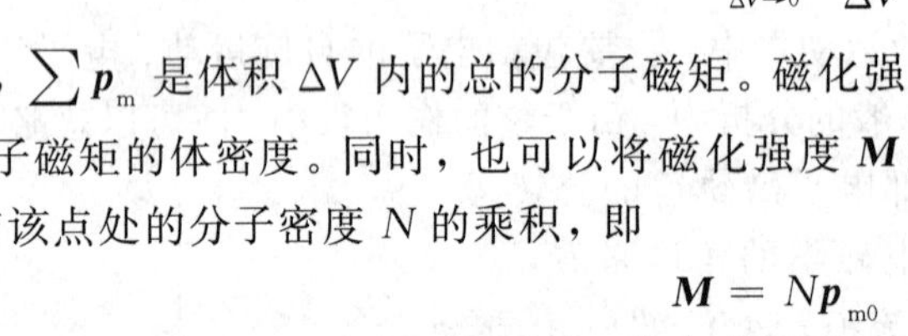

(a) 磁化面电流　　(b) 磁化体电流

图 3.6.3　磁化电流

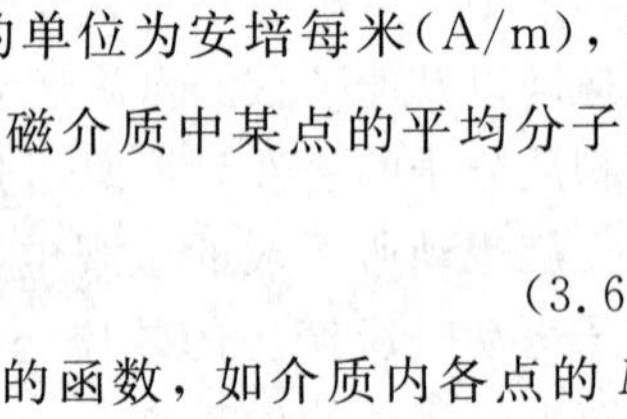

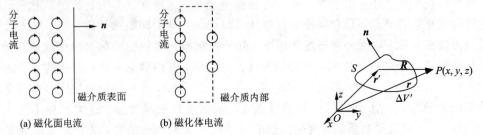

图 3.6.4　磁化介质在空间任意点处产生的场

下面结合磁矢位的知识来计算磁化电流的强度。如图 3.6.4 所示，设 P 为磁化介质外部一点，其对应的位置矢量为 $\boldsymbol{r}(x, y, z)$，磁介质内部 $\boldsymbol{r}'(x', y', z')$处体积元 $\Delta V'$内的分子磁矩为 $\Delta \boldsymbol{p}_m=\boldsymbol{M}\Delta V'$，它在场点 $P(x, y, z)$处产生的矢量磁位为

$$\Delta \boldsymbol{A}=\frac{\mu_0}{4\pi}\frac{\boldsymbol{M}(\boldsymbol{r}')\times \boldsymbol{e}_r}{R^2}\Delta V'=\frac{\mu_0}{4\pi}\frac{\boldsymbol{M}(\boldsymbol{r}')\times \boldsymbol{R}}{R^3}\Delta V' \tag{3.6.13}$$

因此，全部磁介质在场点 $P(x, y, z)$处产生的矢量磁位为

$$\boldsymbol{A}=\int_V \Delta \boldsymbol{A}\mathrm{d}V=\frac{\mu_0}{4\pi}\int_V \frac{\boldsymbol{M}(\boldsymbol{r}')\times \boldsymbol{R}}{R^3}\mathrm{d}V' \tag{3.6.14}$$

其中，V'表示磁介质的体积。根据矢量恒等式$\nabla'\frac{1}{R}=\frac{\boldsymbol{R}}{R^3}$，式(3.6.14)可以整理为

$$\boldsymbol{A}=\frac{\mu_0}{4\pi}\int_V \boldsymbol{M}(\boldsymbol{r}')\times\nabla'\frac{1}{R}\mathrm{d}V' \tag{3.6.15}$$

再利用矢量恒等式$\nabla\times(\mu\boldsymbol{F})=\mu\nabla\times\boldsymbol{F}+\nabla\mu\times\boldsymbol{F}=\mu\nabla\times\boldsymbol{F}-\boldsymbol{F}\times\nabla\mu$，则式(3.6.15)可写为

$$\boldsymbol{A}=\frac{\mu_0}{4\pi}\int_V \frac{1}{R}(\nabla'\times\boldsymbol{M})\mathrm{d}V'-\frac{\mu_0}{4\pi}\int_V \nabla'\times\left(\frac{\boldsymbol{M}}{R}\right)\mathrm{d}V' \tag{3.6.16}$$

再利用矢量恒等式 $\int_V \nabla\times\boldsymbol{F}\mathrm{d}V=-\oint_S \boldsymbol{F}\times\mathrm{d}\boldsymbol{S}$，则式(3.6.16)可写为

$$\boldsymbol{A}=\frac{\mu_0}{4\pi}\int_V \frac{1}{R}(\nabla'\times\boldsymbol{M})\mathrm{d}V'+\frac{\mu_0}{4\pi}\int_S \frac{\boldsymbol{M}\times\boldsymbol{n}}{R}\mathrm{d}S' \tag{3.6.17}$$

其中：S 为介质的表面积；$\boldsymbol{n}$ 为 S 的单位外法向矢量。由式(3.6.17)可以看出，等式右边的第一项与体电流产生的矢量磁位表达式相同，第二项与面电流产生的矢量磁位表达式相同。因此，磁介质所产生的矢量磁位可以看成是等效体电流和等效面电流在真空中共同产生的。那么，等效体电流和等效面电流分别为

$$\boldsymbol{J}_m=\nabla'\times\boldsymbol{M} \tag{3.6.18}$$

$$\boldsymbol{J}_{sm}=\boldsymbol{M}\times\boldsymbol{n} \tag{3.6.19}$$

$\boldsymbol{J}_m$和$\boldsymbol{J}_{sm}$分别称为磁化体电流密度和磁化面电流密度，等效电流即磁化电流。由此可见，磁介质的磁化强度可以用等效的电流密度来代替，将其作为磁场的二次源在场点处产生磁场。

3.7　磁介质中的磁场方程

3.7.1　磁介质中的安培环路定理

磁介质在外磁场的作用下，其内部产生磁化电流 $\boldsymbol{J}_m$，它与自由电流都产生磁场，所以，磁介质中的磁场为附加磁场与外加磁场的合成磁场。对真空中安培环路定理进行修正就可以得到磁介质中的安培环路定理，即

$$\nabla\times\boldsymbol{B}=\mu_0(\boldsymbol{J}+\boldsymbol{J}_m) \tag{3.7.1}$$

在实际计算当中，磁化电流 $\boldsymbol{J}_m$ 的计算是相当困难的，因此将 $\boldsymbol{J}_m=\nabla\times\boldsymbol{M}$ 代入式(3.7.1)，可得

$$\nabla\times\boldsymbol{B}=\mu_0(\boldsymbol{J}+\nabla\times\boldsymbol{M})=\mu_0\boldsymbol{J}+\mu_0\nabla\times\boldsymbol{M} \tag{3.7.2}$$

对式(3.7.2)进行移项变换后有

$$\nabla\times\left(\frac{\boldsymbol{B}}{\mu_0}-\boldsymbol{M}\right)=\boldsymbol{J} \tag{3.7.3}$$

定义

$$\boldsymbol{H}=\frac{\boldsymbol{B}}{\mu_0}-\boldsymbol{M} \tag{3.7.4}$$

其中，$\boldsymbol{H}$ 为磁介质中的磁场强度，其单位是安培每米(A/m)，与真空中的磁场强度 $\boldsymbol{H}=\boldsymbol{B}/\mu_0$ 相对应。因此可以将式(3.7.3)改写为

$$\nabla\times\boldsymbol{H}=\boldsymbol{J} \tag{3.7.5}$$

式(3.7.5)为磁介质中安培环路定理的微分形式，其中 $\boldsymbol{J}$ 为自由电流密度。由此可以看出，磁介质中任意一点磁场强度 $\boldsymbol{H}$ 的旋度为该点的自由电流体密度。值得注意的是，磁场强度 $\boldsymbol{H}$ 的旋涡源是自由电流，而磁感应强度 $\boldsymbol{B}$ 的旋涡源是自由电流和磁化电流。对式(3.7.5)应用斯托克斯定理，可得

$$\oint_C\boldsymbol{H}\cdot\mathrm{d}\boldsymbol{l}=\oint_S\boldsymbol{J}\cdot\mathrm{d}\boldsymbol{S}=I \tag{3.7.6}$$

式(3.7.6)为磁介质中安培环路定理的积分形式，该式表明磁场强度 $\boldsymbol{H}$ 沿任意闭合路径 C 的环量等于该闭合路径 C 所包围的自由电流的代数和，且与 C 的环绕方向成右手螺旋法则关系的电流取正值，反之取负值。由于磁介质中磁化电流所产生的磁场的磁力线仍然是闭合曲线，所以，由自由电流和磁化电流所激发的合成磁场仍然满足磁通连续性原理，即

$$\nabla\cdot\boldsymbol{B}=0 \tag{3.7.7}$$

以及

$$\oint_S\boldsymbol{B}\cdot\mathrm{d}\boldsymbol{S}=0 \tag{3.7.8}$$

式(3.7.7)和式(3.7.8)分别为磁介质中磁通连续性原理的微分形式与积分形式。由式(3.7.7)可以看出，在磁介质中同样可以定义矢量磁位 $\boldsymbol{A}$，使得 $\boldsymbol{B}=\nabla\times\boldsymbol{A}$。在线性、均匀、各向同性的磁介质中，如果采用库仑规范，则矢量磁位所满足的微分方程为

$$\nabla^2\boldsymbol{A}=-\mu\boldsymbol{J} \tag{3.7.9}$$

3.7.2 磁介质的磁导率

磁场强度 $\boldsymbol{H}$ 是在分析过程中引入的辅助物理量，为了得到磁感应强度 $\boldsymbol{B}$，需要先知道这两者之间的关系，再利用它们之间的这种关系来描述磁介质的磁化特性，这种关系称为磁介质的本构关系。

与电介质一样，磁介质也有线性与非线性、各向同性与各向异性、均匀与非均匀之分。对线性、均匀、无耗及各向同性的磁介质而言，磁化强度 $\boldsymbol{M}$ 与磁场强度 $\boldsymbol{H}$ 之间存在线性关系，即

$$\boldsymbol{M}=\chi_{\mathrm{m}}\boldsymbol{H} \tag{3.7.10}$$

其中，χ_{m} 是一个无量纲的量，称为磁化率。将式(3.7.10)代入式(3.7.4)，可得

$$\boldsymbol{B}=\mu_0(\boldsymbol{H}+\boldsymbol{M})=\mu_0(1+\chi_{\mathrm{m}})\boldsymbol{H}=\mu\boldsymbol{H} \tag{3.7.11}$$

令

$$\mu=\mu_0(1+\chi_{\mathrm{m}})=\mu_0\mu_{\mathrm{r}} \tag{3.7.12}$$

其中，$\mu_{\mathrm{r}}=1+\chi_{\mathrm{m}}$ 称为磁介质的相对磁导率，它也是一个无量纲的物理量。对顺磁性及抗磁性物质而言，μ_{r} 非常接近零；对铁磁性物质而言，$\mu_{\mathrm{r}}\gg1$，并且不是一个常数。$\mu=\mu_0\mu_{\mathrm{r}}$ 称为

磁介质的绝对磁导率，其单位为亨利每米(H/m)。铁磁材料的磁感应强度 $\boldsymbol{B}$ 和磁场强度 $\boldsymbol{H}$ 之间的关系为非线性的。而且 $\boldsymbol{B}$ 不是 $\boldsymbol{H}$ 的单值函数，会出现磁滞现象，其磁导率 χ_m 的变化范围很大，可以达到 10^6 数量级。

常可以根据物质的磁化率 χ_m 来给磁介质进行分类。若磁介质的磁导率 χ_m 与空间位置无关，则该类磁介质称为均匀磁介质，反之称为非均匀磁介质；若磁介质的磁导率 χ_m 与外加磁场的大小无关，则该类磁介质称为线性磁介质，反之称为非线性磁介质；若磁介质的磁导率 χ_m 与外加磁场的磁场方向无关，则该类磁介质称为各向同性磁介质，反之称为各向异性磁介质。

［**例 3.7.1**］ 如图 3.7.1 所示，一圆形截面的无限长直铜线，半径为 1 cm，通过电流 25 A，在铜线外套上一个磁性材料制成的圆筒，与之同轴，圆筒的内、外半径分别为 2 cm 和 3 cm，相对磁导率为 2000。

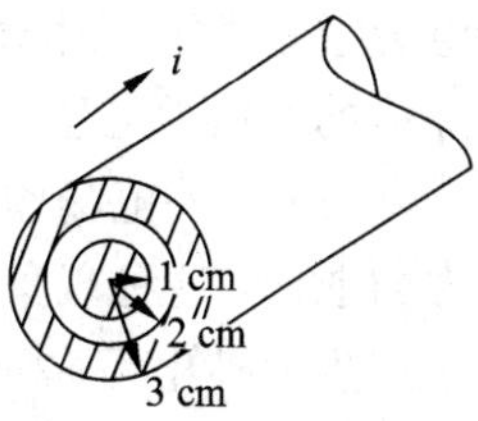

图 3.7.1　例 3.7.1 用图

(1) 求圆筒内每米长的总磁通量；

(2) 求圆筒内的磁化强度 $\boldsymbol{M}$；

(3) 求圆筒内的感应磁化电流；

(4) 证明：$r>3$ cm 处的场与没有圆筒时的场是相同的。

解　(1) 由于该同轴线无限长，则其磁场沿轴线无变化，该磁场只有 ϕ 分量，且其大小只是 r 的函数。所以，圆筒中的磁感应强度为

$$B=\frac{\mu l}{2\pi r}=\frac{2000\times 25\mu_0}{2\pi r}=\frac{10^{-2}}{r}\ \mathrm{T}$$

所以，单位长度的磁通为

$$\Phi=\int_{r_2}^{r_3}B\mathrm{d}r=\int_{0.02}^{0.03}\frac{10^{-2}}{r}\mathrm{d}r=4.05\times 10^{-3}\ \mathrm{Wb}$$

(2) 根据磁化强度 $\boldsymbol{M}$ 与磁场强度 $\boldsymbol{H}$ 以及磁感应强度 $\boldsymbol{B}$ 之间的关系式：

$$\boldsymbol{M}=\frac{\boldsymbol{B}}{\mu_0}-\boldsymbol{H}$$

又因为

$$\boldsymbol{B}=\mu\boldsymbol{H}=\mu_r\mu_0\boldsymbol{H}$$

故可得

$$\boldsymbol{M}=\frac{\boldsymbol{B}}{\mu_0}-\boldsymbol{H}=\boldsymbol{e}_\phi\left(\frac{10^{-2}}{\mu_0 r}-\frac{25}{2\pi r}\right)=\boldsymbol{e}_\phi\,\frac{49\ 975}{2\pi r}=\boldsymbol{e}_\phi\,\frac{9853.8}{r}$$

(3) 磁化电流体密度为

$$\boldsymbol{J}_m=\nabla\times\boldsymbol{M}=\boldsymbol{e}_z\,\frac{1}{r}\frac{\partial}{\partial r}(r\boldsymbol{M}_\phi)=\boldsymbol{0}$$

圆筒内表面磁化电流面密度为

$$\boldsymbol{J}_{sm}=\boldsymbol{M}\times\boldsymbol{n}\big|_{r=0.02}=3.98\times 10^5\boldsymbol{e}_z$$

外表面磁化电流面密度为

$$\boldsymbol{J}_{sm}=\boldsymbol{M}\times\boldsymbol{n}\big|_{r=0.03}=-2.65\times 10^5\boldsymbol{e}_z$$

(4) 对于 $r>3$ cm 处，有

$$\boldsymbol{B}=\boldsymbol{e}_\phi \frac{\mu_0}{2\pi r}\sum I=\boldsymbol{e}_\phi \frac{\mu_0}{2\pi r}\left(25+2\pi r_2 \frac{49\ 975}{2\pi r_2}-2\pi r_3 \frac{49\ 975}{2\pi r_3}\right)=\boldsymbol{e}_\phi \frac{25\mu_0}{2\pi r}$$

即与没有圆筒时的场是一样的。

本章小结

本章的主要内容如下：

(1) 当导体达到静电平衡状态时，导体内部不存在净余电荷，感应电荷仅分布在导体表面上。导体上任意两点之间的电位差为零，导体为等位体，其表面为等位面。导体外的电力线垂直于导体表面，电磁场理论中将与电力线垂直相交的面称为电壁，所以静电场中导体的表面为电壁。

(2) 在外电场作用下，电介质的分子产生附加电偶极矩，或其固有电偶极矩沿外电场方向取向，这种现象称为电介质的极化，并且非极性分子产生的极化为位移极化，极性分子产生的极化为取向极化。介质极化的结果是出现宏观电荷分布，即产生极化电荷或束缚电荷。

(3) 极化体电荷密度 ρ_p 与极化强度 $\boldsymbol{P}$ 之间的关系为

$$\rho_\mathrm{p}=-\nabla\cdot\boldsymbol{P}$$

极化面电荷密度 ρ_sp 与极化强度 $\boldsymbol{P}$ 之间的关系为

$$\rho_\mathrm{sp}=\boldsymbol{P}\cdot\boldsymbol{n}$$

(4) 极化介质在自由空间任意点产生的电位为极化面电荷与极化体电荷在该点共同产生的总电位，即

$$\begin{aligned}\varphi(\boldsymbol{r}) &= \frac{1}{4\pi\varepsilon_0}\int_V \nabla'\cdot\frac{\boldsymbol{P}(\boldsymbol{r}')}{|\boldsymbol{r}-\boldsymbol{r}'|^3}\mathrm{d}V'+\frac{1}{4\pi\varepsilon_0}\int_V\frac{-\nabla'\cdot\boldsymbol{P}(\boldsymbol{r}')}{|\boldsymbol{r}-\boldsymbol{r}'|^3}\mathrm{d}V' \\ &= \frac{1}{4\pi\varepsilon_0}\oint_S\frac{\boldsymbol{P}(\boldsymbol{r}')\cdot\boldsymbol{n}}{|\boldsymbol{r}-\boldsymbol{r}'|^3}\mathrm{d}S'+\frac{1}{4\pi\varepsilon_0}\int_V\frac{-\nabla'\cdot\boldsymbol{P}(\boldsymbol{r}')}{|\boldsymbol{r}-\boldsymbol{r}'|^3}\mathrm{d}V'\end{aligned}$$

(5) 介质中的高斯定理的微分形式为

$$\nabla\cdot\boldsymbol{D}=\rho$$

其相应的积分形式为

$$\oint_S\boldsymbol{D}\cdot\mathrm{d}\boldsymbol{S}=\int_V\rho\mathrm{d}V=q$$

介质中的静电场也是保守场，即满足

$$\nabla\times\boldsymbol{E}=\boldsymbol{0}\ 和\ \oint_l\boldsymbol{E}\cdot\mathrm{d}\boldsymbol{l}=0$$

(6) 电场具有能量，同时能够对处于其中的带电导体产生力的作用，利用虚位移法可以为求解电场力提供一种简易的方法。依据能量守恒定律，当电荷量不变时，求得的电场力为

$$\boldsymbol{F}=-\nabla W_\mathrm{e}\big|_q$$

当电位不变时，求得的电场力为

$$\boldsymbol{F}=-\nabla W_\mathrm{e}\big|_\varphi$$

(7) 当介质在外磁场的作用下，其中的电子运动状态要发生变化，这种现象称为物质

的磁化，而能被磁化的物质称为磁介质。磁化的结果是在介质内部将产生某一个方向的净电流，在介质的表面也将产生宏观面电流，称之为磁化电流或束缚电流。磁化体电流密度 $\boldsymbol{J}_{\mathrm{m}}$ 和磁化面电流密度 $\boldsymbol{J}_{\mathrm{sm}}$ 与磁化强度 $\boldsymbol{M}$ 的关系可以分别表示为

$$\boldsymbol{J}_{\mathrm{m}}=\nabla\times\boldsymbol{M}$$

$$\boldsymbol{J}_{\mathrm{sm}}=\boldsymbol{M}\times\boldsymbol{n}$$

（8）磁介质中安培环路定理的微分形式为

$$\nabla\times\boldsymbol{H}=\boldsymbol{J}$$

相应的积分形式为

$$\oint_C\boldsymbol{H}\cdot\mathrm{d}\boldsymbol{l}=\oint_S\boldsymbol{J}\cdot\mathrm{d}\boldsymbol{S}=I$$

磁介质中自由电流和磁化电流所激发的合成磁场仍然满足磁通连续性原理，即

$$\nabla\cdot\boldsymbol{B}=0$$

以及

$$\oint_S\boldsymbol{B}\cdot\mathrm{d}\boldsymbol{S}=0$$

习　题

3-1　设同轴线的内导体半径为 a，外导体的内半径为 b，内、外导体间填充电导率为 σ 的导电介质，求同轴线单位长度的漏电电导。

3-2　考虑一电导率 γ 不为零的电介质（介电常数为 ε），设其介质特性和导电特性都是不均匀的，证明当介质中有恒定电流 $\boldsymbol{J}$ 时，体内将出现自由电荷，体密度为 $\rho=\boldsymbol{J}\cdot\nabla\dfrac{\varepsilon}{\gamma}$。试问有没有束缚体电荷 ρ_{p}？若有，则进一步求出 ρ_{p}。

3-3　已知球形电荷分布为

$$\rho=\begin{cases}\rho_0\left(1-\dfrac{r^2}{a^2}\right) & (r\leqslant a)\\ 0 & (r>a)\end{cases}$$

试求：

（1）总电荷；

（2）球内、外的 E 和 φ。

3-4　如图所示，内、外半径分别为 a 和 b 的同心导体球壳之间，介质的介电常数随离球心的距离 r 变化的规律是 $\varepsilon=\varepsilon_0(1+K/r)$，式中，$K$ 为常数。若以外球壳为电位参考点，且球壳间某点的电位为导体电位一半时，求该点的 ε 值。

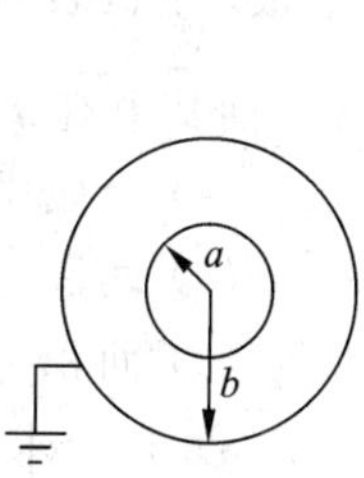

题 3-4 图

3-5　设有一无限大的导电介质薄板，其中插入一对针状的理想导体电极，两极相距为 d。当电极与电池相接时，证明电流自一极沿圆弧流向另一极。

3-6　在电导率为 σ 的均匀导电介质中有半径分别为 a_1 和 a_2 的两个理想导体小球，两球球心之间的距离为 d，且 $d\gg a_1$ 和 $d\gg a_2$，计算两导体球之间的电阻。

3-7　两平行的金属板竖直地插入在介电常数为 ε 的液体中，板间距离为 d，板间加

电压 U，证明液面上升 $h=\dfrac{1}{2\rho g}(\varepsilon-\varepsilon_0)\left(\dfrac{U}{d}\right)^2$，其中，$\rho$ 为液体的质量密度。

3-8　电偶极矩为 $\boldsymbol{p}_1$ 和 $\boldsymbol{p}_2$ 的两个电偶极子相距为 r，求这两个电偶极子之间的相互作用能和相互作用力。

3-9　无限大导电介质中有恒定电流流过，已知导电介质中的电场强度为 $\boldsymbol{E}$，电导率为 $\gamma=\gamma(x, y, z)$，介电常数为 $\varepsilon=\varepsilon(x, y, z)$，求介质中的体电荷密度。

3-10　一个正方形线圈中通过的电流为 I，边长为 a，试证此线圈中心的磁感应强度为 $B=\dfrac{\mu_0 nI}{2\pi a}\tan\dfrac{\pi}{n}$。

3-11　一平板电容器中有两层介质，电导率分别为 γ_1 和 γ_2。已知第一层的厚度为 d_1，欲使两层介质的功率损耗相等，求第二层的厚度 d_2。

3-12　同心球形电容器的内导体半径为 a，外导体半径为 b，其间填充介电常数与电导率分别为 ε_1、γ_1 和 ε_2、γ_2 的两种有损耗介质，若内、外导体之间外加电压 U_0，试求：

(1) 介质中的电场和电流分布；

(2) 电容器的漏电阻；

(3) 电容器的损耗功率。

3-13　已知电流密度矢量 $\boldsymbol{J}=10y^2z\boldsymbol{e}_x-2x^2y\boldsymbol{e}_y+2x^2z\boldsymbol{e}_z$，试求：

(1) 穿过面积 $x=3$，$2\leqslant y\leqslant 3$，$3.8\leqslant z\leqslant 5.2$，沿 $\boldsymbol{e}_x$ 方向的总电流；

(2) 在上述面积中心处电流密度的大小；

(3) 在上述面积上电流密度 x 方向的分量 J_x 的平均值。

3-14　在平行板电容器的两极之间，填充两种导电介质片，如图所示。若在电极之间外加电压 U_0，试求：

(1) 两种介质片中的 $\boldsymbol{E}$、$\boldsymbol{J}$；

(2) 每种介质片上的电压；

(3) 上、下极板和介质分界面上的自由面电荷密度。

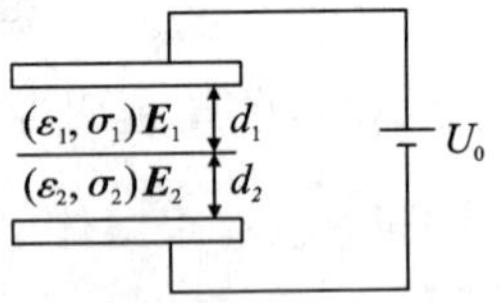

题 3-14 图

3-15　有一非均匀导电介质板，厚度为 d，其两侧面为良导体电极，下板表面与 $z=0$ 坐标重合，介质的电阻率为 $\rho_R=\dfrac{1}{\sigma}=\rho_{R_1}+\dfrac{\rho_{R_1}-\rho_{R_2}}{d}z$，介电常数为 ε_0，而其中有 $\boldsymbol{J}=\boldsymbol{e}_x J_0$ 的均匀电流。试求：

(1) 介质中的自由电荷密度；

(2) 两极的电位差；

(3) 面积为 A 的一块介质板中的功率损耗。

3-16　求半径为 a、电流为 I 的电流圆环在轴线上的磁感应强度。

3-17　平双线半径为 a，间距为 d，通电流为 I，求双线之间平面内任意一点的矢量磁位 $\boldsymbol{A}$。

3-18　如图所示，同轴线的内导体半径为 a，外导体的内半径为 b，外半径为 c。设内、外导体分别流过反向的电流 I，两导体之间介质的磁导率为 μ，求各区域的 $\boldsymbol{H}$、$\boldsymbol{B}$、$\boldsymbol{M}$。

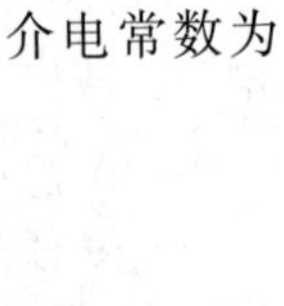

题 3-18 图

3-19　计算在长直电流导线附近的矩形导线回路所受的力。

3-20　一个截面面积为 3 cm^2、长为 20 cm 的圆柱状磁介质，沿轴线方向均匀磁化，磁化强度为 2A/m，试计算它的磁矩。

3-21　一个半径为 a 的磁介质球，均匀磁化到 $\boldsymbol{M}$，求球内和球表面上的磁化电流。

3-22　由磁矢位的表达式

$$\boldsymbol{A}=\frac{\mu_0}{4\pi}\int_{r}\frac{\boldsymbol{J}\,\mathrm{d}r}{R}$$

证明磁感应强度公式

$$\boldsymbol{B}=\frac{\mu_0}{4\pi}\int_{r}\frac{\boldsymbol{J}\times\boldsymbol{e}_r}{R^2}\mathrm{d}r$$

并证明对该公式取散度等于零。

3-23　如图所示，一个通电流 I_1 的圆环和一个通电流 I_2 的长直线在同一平面上，圆心与导线的距离为 d。证明：两电流间的相互作用力为 $F_m=\mu_0 I_1 I_2(\sec\alpha-1)$。式中，$\alpha$ 为圆环在直线最接近圆环的点所张的角。

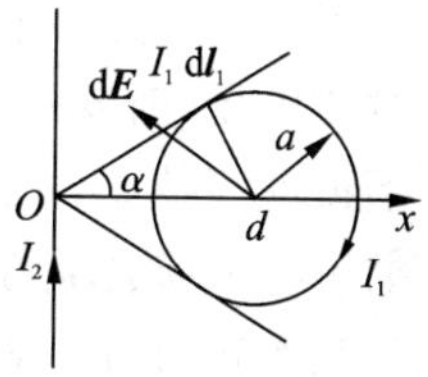

题 3-23 图

3-24　一铁制的螺线环，其平均周长为 30 cm，截面面积为 1 cm^2，在环上均匀绕以 300 匝导线，当绕组内的电流为 0.032 A 时，环内磁通量为 2×10^{-6} Wb。试计算：

(1) 环内的磁通量密度；

(2) 磁场强度；

(3) 磁化面电流密度；

(4) 环内材料的磁导率和相对磁导率；

(5) 磁心内的磁化强度。

3-25　如图所示，一电子经过点 A 时，具有速度 $v_0=1\times10^7$ m/s，试求：

(1) 欲使该电子沿半圆自点 A 运动至点 C，所需的磁场大小和方向；

(2) 电子自点 A 运动到点 C 所需的时间。

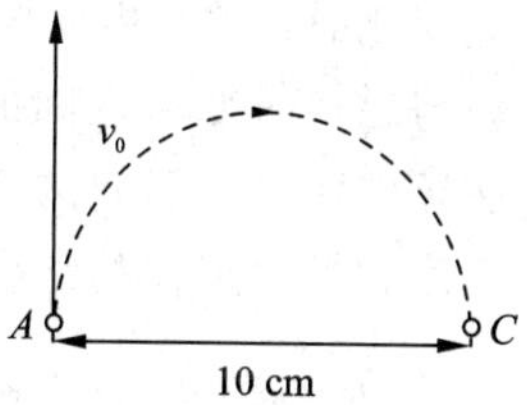

题 3-25 图

3-26　证明磁矢位 $\boldsymbol{A}_1=\boldsymbol{e}_x\cos y+\boldsymbol{e}_y\sin x$ 和 $\boldsymbol{A}_2=\boldsymbol{e}_y(\sin x+x\sin y)$ 给出相同的磁感应强度 $\boldsymbol{B}$，并证明它们得自相同的电流分布。它们是否均满足矢量泊松方程？

3-27　一个长直导线和一个圆环(半径为 a) 在同一平面内，圆心与导线的距离是 d，证明它们之间的互感为 $M=\mu_0(d-\sqrt{d^2-a^2})$。

3-28　一个薄铁圆盘，半径为 a，厚度为 $b(b\ll a)$，在平行于 z 轴方向均匀磁化，磁化强度为 $\boldsymbol{M}$。试求沿圆铁盘轴线上，铁盘内、外的磁感应强度和磁场强度。

3-29　圆柱坐标系中有一个矢量 $\boldsymbol{F}=a\rho\boldsymbol{e}_\phi$，它是否可能是磁感应强度 $\boldsymbol{B}$？如果可能，其相应的电流密度 $\boldsymbol{J}$ 为何值？

3-30　半径为 a 的长直实心圆柱导体通有均匀分布的电流 I，另一个半径为 b 的长直薄导电柱，筒壁厚度趋近于零，筒壁也通有均匀分布的电流 I，电流的流向均沿圆柱轴线方向。若在两种情况下，单位长度存储的能量相等，试求这两个圆柱体半径之比。

第 4 章　时变电磁场

研究静态场的过程中，我们得出结论：电荷产生静电场，等速运动的电荷或者恒定电流产生静磁场。静电场是保守场，其旋度为零。静磁场是连续的，其散度为零。即使不存在静磁场，静电场也可能存在，反之亦然。电场和磁场是独立地存在着的静态场，因而可以分开研究。

时变磁场能够产生时变电场，由时变磁场产生的电场称为感应电场，感应电场不是保守场。事实上，感应电场沿封闭回路的线积分被称为感应电动势。如果在一个区域中存在时变电场(时变磁场)，那么该区域中也存在时变磁场(时变电场)。时变场中，电场和磁场不再互相独立，时变电场和时变磁场互相激发，互相转化，构成了统一的时变电磁场。描述电场与磁场关系的方程组称为麦克斯韦方程组(因为麦克斯韦用公式简洁地表达了时变电场与时变磁场的关系)。麦克斯韦方程组的公式化，也是高斯、法拉第和安培研究成果的发展。

4.1　法拉第电磁感应定律

静态电场和磁场的场源分别是静止的电荷和恒定电流(等速运动的电荷)，它们是相互独立的，二者的基本方程之间并无联系。然而，随时间变化的电场和磁场是相互联系的。英国科学家法拉第在 1831 年发现了时变电场和磁场间的这一深刻联系，即时变磁场产生时变电场。如果在磁场中有导线构成的闭合回路 L，当穿过由 L 所限定的曲面 S 的磁通发生变化时，回路中就要产生感应电动势，从而引起感应电流。法拉第定律给出了感应电动势与磁通时变率之间的正比关系。感应电动势的实际方向可由楞次定律说明：感应电动势在导电回路中引起的感应电流的方向是使它所产生的磁场阻止回路中磁通的变化。法拉第定律和楞次定律的结合就是法拉第电磁感应定律，其数学表达式为

$$\mathscr{E} = -\frac{\mathrm{d}\Phi}{\mathrm{d}t} = -\frac{\mathrm{d}}{\mathrm{d}t}\int_S \boldsymbol{B}\cdot\mathrm{d}\boldsymbol{S} \tag{4.1.1}$$

其中：$\mathscr{E}$ 为感应电动势；Φ 为穿过曲面 S 与 L 交链的磁通，磁通 Φ 的正方向与感应电动势 $\mathscr{E}$ 的正方向成右手螺旋关系，如图 4.1.1 所示。此外，当回路线圈不止一匝时，式(4.1.1)中的 Φ 是全磁通(亦称磁链 Ψ)。例如，一个 N 匝线圈，可以把它看成是由 N 个一匝线圈串联而成的，其感应电动势为

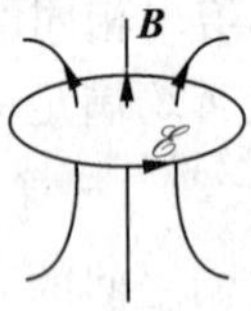

图 4.1.1　法拉第电磁感应定律

$$\mathscr{E} = -\frac{\mathrm{d}\Psi}{\mathrm{d}t} = -\frac{\mathrm{d}}{\mathrm{d}t}\left(\sum_{i=1}^{N}\Phi_i\right) \tag{4.1.2}$$

如果定义非保守感应电场 $\boldsymbol{E}_k$ 沿闭合路径 L 的积分为 L 中的感应电动势，那么式(4.1.1)可改写成

$$\oint_L \boldsymbol{E}_k\cdot\mathrm{d}\boldsymbol{l} = -\frac{\mathrm{d}\Phi}{\mathrm{d}t} \tag{4.1.3}$$

如果空间同时还存在由静止电荷产生的保守电场(即静电场)$\boldsymbol{E}_c$，则总电场 $\boldsymbol{E}$ 为两者之和，即 $\boldsymbol{E}=\boldsymbol{E}_c+\boldsymbol{E}_k$。但是

$$\oint_L \boldsymbol{E}\cdot \mathrm{d}\boldsymbol{l}=\oint_L \boldsymbol{E}_c\cdot \mathrm{d}\boldsymbol{l}+\oint_L \boldsymbol{E}_k\cdot \mathrm{d}\boldsymbol{l}=\oint_L \boldsymbol{E}_k\cdot \mathrm{d}\boldsymbol{l} \tag{4.1.4}$$

所以式(4.1.3)也可改写成

$$\oint_L \boldsymbol{E}\cdot \mathrm{d}\boldsymbol{l}=-\frac{\mathrm{d}\Phi}{\mathrm{d}t}=-\frac{\mathrm{d}}{\mathrm{d}t}\int_S \boldsymbol{B}\cdot \mathrm{d}\boldsymbol{S} \tag{4.1.5}$$

由于式(4.1.5)中没有包含回路本身的特性，所以可将式(4.1.5)中的 L 看成是任意闭合路径，而不一定是导电回路。式(4.1.5)就是推广了的法拉第电磁感应定律，它是用场量表示的法拉第电磁感应定律的积分形式，适用于所有情况。引起与闭合回路交链的磁通发生变化的原因可以是磁感应强度 $\boldsymbol{B}$ 随时间的变化，也可以是闭合回路 L 自身的运动(即大小、形状、位置的变化)。

首先考虑静止回路中的感应电动势。所谓静止回路，是指回路相对于磁场没有机械运动，只是磁场随时间发生变化，于是式(4.1.5)变为

$$\oint_L \boldsymbol{E}\cdot \mathrm{d}\boldsymbol{l}=-\frac{\mathrm{d}}{\mathrm{d}t}\int_S \boldsymbol{B}\cdot \mathrm{d}\boldsymbol{S}=-\int_S \frac{\partial \boldsymbol{B}}{\partial t}\cdot \mathrm{d}\boldsymbol{S} \tag{4.1.6}$$

利用矢量斯托克斯定理，式(4.1.6)可写成

$$\int_S \nabla\times \boldsymbol{E}\cdot \mathrm{d}\boldsymbol{S}=-\int_S \frac{\partial \boldsymbol{B}}{\partial t}\cdot \mathrm{d}\boldsymbol{S} \tag{4.1.7}$$

式(4.1.7)对任意面积均成立，所以

$$\nabla\times \boldsymbol{E}=-\frac{\partial \boldsymbol{B}}{\partial t} \tag{4.1.8}$$

式(4.1.8)是法拉第电磁感应定律的微分形式，它表明随时间变化的磁场将激发电场。时变电场是一有旋场，随时间变化的磁场是该时变电场的源。通常称该电场为感应电场，以区别于由静止电荷产生的库仑场。感应电场是旋涡场，而库仑场是无旋场，即保守场。

接着考察运动系统的感应电动势。不失一般性，设回路相对磁场有机械运动，且磁感应强度也随时间变化。设回路 L 以速度 $\boldsymbol{v}$ 在 Δt 时间内从 L_a 的位置移动到 L_b 的位置，L 由 L_a 的位置运动到 L_b 的位置时扫过的体积 V 的侧面积是 S_c，如图 4.1.2 所示。穿过该回路的磁通量的变化率为

$$\frac{\mathrm{d}\Phi}{\mathrm{d}t}=\lim_{\Delta t\to 0}\frac{\Delta\Phi}{\Delta t}=\lim_{x\to\infty}\frac{1}{\Delta t}\left[\int_{S_b}\boldsymbol{B}(t+\Delta t)\cdot \mathrm{d}\boldsymbol{S}-\int_{S_a}\boldsymbol{B}(t)\cdot \mathrm{d}\boldsymbol{S}\right] \tag{4.1.9}$$

其中：$\boldsymbol{B}(t+\Delta t)$是在 $t+\Delta t$ 时刻由 L_b 包围的曲面 S_b 上的磁感应强度；$\boldsymbol{B}(t)$是在 t 时刻由 L_a 包围的曲面 S_a 上的磁感应强度。

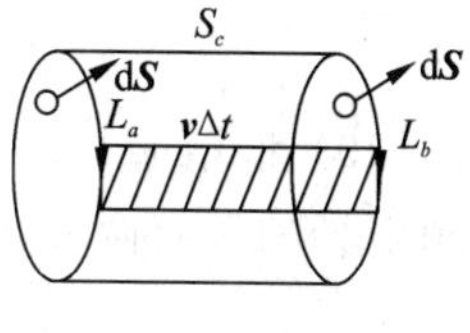

图 4.1.2　磁场中的运动回路

若把静磁场中的磁通连续性原理$\oint_S \boldsymbol{B}\cdot \mathrm{d}\boldsymbol{S}=0$ 推广到时变场，那么在 $t+\Delta t$ 时刻通过封闭面 $S=S_a+S_b+S_c$ 的磁通量为零，因此

$$\oint_S \boldsymbol{B}(t+\Delta t)\cdot \mathrm{d}\boldsymbol{S}=\int_{S_b}\boldsymbol{B}(t+\Delta t)\cdot \mathrm{d}\boldsymbol{S}-\int_{S_a}\boldsymbol{B}(t+\Delta t)\cdot \mathrm{d}\boldsymbol{S}+\int_{S_c}\boldsymbol{B}(t+\Delta t)\cdot \mathrm{d}\boldsymbol{S}=0 \tag{4.1.10}$$

将 $\boldsymbol{B}(t+\Delta t)$ 展开成泰勒级数，即

$$\boldsymbol{B}(t+\Delta t)=\boldsymbol{B}(t)+\frac{\partial \boldsymbol{B}(t)}{\partial t}\Delta t+\cdots \tag{4.1.11}$$

从而

$$\int_{S_a}\boldsymbol{B}(t+\Delta t)\cdot \mathrm{d}\boldsymbol{S}=\int_{S_a}\boldsymbol{B}(t)\cdot \mathrm{d}\boldsymbol{S}+\Delta t\int_{S_a}\frac{\partial \boldsymbol{B}}{\partial t}\cdot \mathrm{d}\boldsymbol{S}+\cdots \tag{4.1.12}$$

$$\int_{S_b}\boldsymbol{B}(t+\Delta t)\cdot \mathrm{d}\boldsymbol{S}=\int_{S_b}\boldsymbol{B}(t)\cdot \mathrm{d}\boldsymbol{S}+\Delta t\int_{S_b}\frac{\partial \boldsymbol{B}}{\partial t}\cdot \mathrm{d}\boldsymbol{S}+\cdots \tag{4.1.13}$$

由于侧面积 S_c 上的面积元 $\mathrm{d}\boldsymbol{S}=\mathrm{d}\boldsymbol{l}\times\boldsymbol{v}\Delta t$，所以当 $\Delta t\to 0$ 时

$$\begin{aligned}\int_{S_c}\boldsymbol{B}(t+\Delta t)\cdot \mathrm{d}\boldsymbol{S}&=\Delta t\int_{L_a}\boldsymbol{B}(t)\cdot(\mathrm{d}\boldsymbol{l}\times\boldsymbol{v})+\Delta t^2\int_{L_a}\frac{\partial \boldsymbol{B}(t)}{\partial t}\cdot(\mathrm{d}\boldsymbol{l}\times\boldsymbol{v})+\cdots\\&=-\Delta t\int_{L_a}(\boldsymbol{B}\times\boldsymbol{v})\cdot \mathrm{d}\boldsymbol{l}+\Delta t^2\int_{L_a}\frac{\partial \boldsymbol{B}(t)}{\partial t}\cdot(\mathrm{d}\boldsymbol{l}\times\boldsymbol{v})+\cdots\end{aligned} \tag{4.1.14}$$

将式(4.1.12)、式(4.1.13)、式(4.1.14)代入式(4.1.10)，求得

$$\int_{S_b}\boldsymbol{B}(t+\Delta t)\cdot \mathrm{d}\boldsymbol{S}-\int_{S_a}\boldsymbol{B}(t)\cdot \mathrm{d}\boldsymbol{S}=\Delta t\left[\int_{S_a}\frac{\partial \boldsymbol{B}}{\partial t}\cdot \mathrm{d}\boldsymbol{S}+\int_{L_a}(\boldsymbol{B}\times\boldsymbol{v})\cdot \mathrm{d}\boldsymbol{l}\right]+\Delta t \tag{4.1.15}$$

的高次项。

因此，L 由 L_a 的位置运动到 L_b 的位置时，穿过该回路的磁通量的时变率为

$$\frac{\mathrm{d}\Phi}{\mathrm{d}t}=\int_S\frac{\partial \boldsymbol{B}}{\partial t}\cdot \mathrm{d}\boldsymbol{S}+\oint_L(\boldsymbol{B}\times\boldsymbol{v})\cdot \mathrm{d}\boldsymbol{l}=\int_S\frac{\partial \boldsymbol{B}}{\partial t}\cdot \mathrm{d}\boldsymbol{S}+\int_S\nabla\times(\boldsymbol{B}\times\boldsymbol{v})\cdot \mathrm{d}\boldsymbol{S} \tag{4.1.16}$$

这样运动回路中的感应电动势可表示为

$$\mathscr{E}=-\frac{\mathrm{d}\Phi}{\mathrm{d}t}=\oint_L\boldsymbol{E}'\cdot \mathrm{d}\boldsymbol{l}=-\int_S\frac{\partial \boldsymbol{B}}{\partial t}\cdot \mathrm{d}\boldsymbol{S}+\oint_L(\boldsymbol{v}\times\boldsymbol{B})\cdot \mathrm{d}\boldsymbol{l} \tag{4.1.17}$$

式中，$\boldsymbol{E}'$ 是和回路一起运动的观察者所看到的场。式(4.1.17)表明运动回路中的感应电动势由两部分组成：一部分是由时变磁场引起的电动势(称为感生电动势)；另一部分是由回路运动引起的电动势(称为动生电动势)。式(4.1.17)可改写为

$$\oint_L(\boldsymbol{E}'-\boldsymbol{v}\times\boldsymbol{B})\cdot \mathrm{d}\boldsymbol{l}=-\int_S\frac{\partial \boldsymbol{B}}{\partial t}\cdot \mathrm{d}\boldsymbol{S} \tag{4.1.18}$$

设静止观察者所看到的电场强度为 $\boldsymbol{E}$，那么 $\boldsymbol{E}=\boldsymbol{E}'-\boldsymbol{v}\times\boldsymbol{B}$。因此，运动回路中

$$\oint_L\boldsymbol{E}\cdot \mathrm{d}\boldsymbol{l}=-\int_S\frac{\partial \boldsymbol{B}}{\partial t}\cdot \mathrm{d}\boldsymbol{S} \tag{4.1.19}$$

或

$$\nabla\times\boldsymbol{E}=-\frac{\partial \boldsymbol{B}}{\partial t} \tag{4.1.20}$$

式(4.1.19)和式(4.1.20)分别是法拉第电磁感应定律的积分形式和微分形式。至此我们已经知道电场的源有两种：静止电荷和时变磁场。

4.2 位移电流

法拉第电磁感应定律表明：时变磁场能激发电场。那么，时变电场能不能激发磁场呢？回答是肯定的。法拉第在1843年用实验证实的电荷守恒定律在任何时刻都成立。电荷守恒定律的数学描述就是电流连续性方程

$$\oint_S \boldsymbol{J} \cdot \mathrm{d}\boldsymbol{S} = -\frac{\mathrm{d}Q}{\mathrm{d}t} \tag{4.2.1}$$

其中，$\boldsymbol{J}$ 是电流体密度，它的方向就是它所在点上的正电荷流动的方向，它的大小就是在垂直于电流流动方向的单位面积上，每单位时间内通过的电荷量，单位是 $\mathrm{A/m^2}$。因此，式(4.2.1)表明：每单位时间内流出包围体积 V 的闭合面 S 的电荷量等于 S 面内每单位时间所减少的电荷量 $-\frac{\mathrm{d}Q}{\mathrm{d}t}$。利用散度定理(也称高斯公式)，即

$$\int_V \nabla \cdot \boldsymbol{A} \mathrm{d}V = \oint_S \boldsymbol{A} \cdot \mathrm{d}\boldsymbol{S} \tag{4.2.2}$$

将式(4.2.1)用体积分表示，对静止体积有

$$\oint_S \boldsymbol{J} \cdot \mathrm{d}\boldsymbol{S} = \int_V \nabla \cdot \boldsymbol{J} \mathrm{d}V = -\frac{\partial}{\partial t}\int_V \rho \mathrm{d}V = -\int_V \frac{\partial \rho}{\partial t}\mathrm{d}V \tag{4.2.3}$$

式(4.2.3)对任意体积 V 均成立，故有

$$\nabla \cdot \boldsymbol{J} = -\frac{\partial \rho}{\partial t} \tag{4.2.4}$$

式(4.2.4)是电流连续性方程的微分形式。

静态场中安培环路定理的积分形式和微分形式分别为

$$\oint_l \boldsymbol{H} \cdot \mathrm{d}\boldsymbol{l} = \int_S \boldsymbol{J} \cdot \mathrm{d}\boldsymbol{S} \tag{4.2.5a}$$

$$\nabla \times \boldsymbol{H} = \boldsymbol{J} \tag{4.2.5b}$$

此外，对于任意矢量 $\boldsymbol{A}$，其旋度的散度恒为零，即

$$\nabla \cdot (\nabla \times \boldsymbol{A}) = 0 \tag{4.2.6}$$

因此，对式(4.2.5b)两边取散度，得

$$\nabla \cdot (\nabla \times \boldsymbol{H}) = 0 = \nabla \cdot \boldsymbol{J} \tag{4.2.7}$$

比较式(4.2.4)和式(4.2.7)可见，前者和后者相矛盾。麦克斯韦首先注意到了这一矛盾，于 1862 年提出位移电流的概念，并认为位移电流和电荷恒速运动形成的电流以同一方式激发磁场。也就是把 $\partial\rho/\partial t$ 加到式(4.2.7)的右边等式中，即

$$\nabla \cdot (\nabla \times \boldsymbol{H}) = 0 = \nabla \cdot \boldsymbol{J} + \frac{\partial \rho}{\partial t} \tag{4.2.8}$$

这样式(4.2.8)与式(4.2.4)就相容了。

在承认

$$\oint_S \boldsymbol{D} \cdot \mathrm{d}\boldsymbol{S} = Q = \int_V \rho \mathrm{d}V \qquad (\rho = \nabla \cdot \boldsymbol{D}) \tag{4.2.9}$$

也适用时变场的前提下，有

$$\nabla \cdot (\nabla \times \boldsymbol{H}) = \nabla \cdot \boldsymbol{J} + \frac{\partial}{\partial t}(\nabla \cdot \boldsymbol{D}) = \nabla \cdot \left(\boldsymbol{J} + \frac{\partial \boldsymbol{D}}{\partial t}\right) \tag{4.2.10}$$

由式(4.2.10)可得

$$\nabla \times \boldsymbol{H} = \boldsymbol{J} + \frac{\partial \boldsymbol{D}}{\partial t} \tag{4.2.11}$$

式(4.2.11)与式(4.2.5b)的不同之处是引入了因子 $\frac{\partial \boldsymbol{D}}{\partial t}$，它的量纲是 $(\mathrm{C/m^2})/\mathrm{s} = \mathrm{A/m^2}$，即此因子具有电流密度的量纲，故称之为位移电流密度，以符号 $\boldsymbol{J}_\mathrm{d}$ 表示，即

$$\boldsymbol{J}_{\mathrm{d}}=\frac{\partial \boldsymbol{D}}{\partial t} \tag{4.2.12}$$

由于

$$\boldsymbol{D}=\varepsilon_0 \boldsymbol{E}+\boldsymbol{P} \tag{4.2.13}$$

所以位移电流

$$\frac{\partial \boldsymbol{D}}{\partial t}=\varepsilon_0 \frac{\partial \boldsymbol{E}}{\partial t}+\frac{\partial \boldsymbol{P}}{\partial t} \tag{4.2.14}$$

式(4.2.14)说明，在一般介质中位移电流由两部分构成：一部分是由电场随时间的变化所引起的，它在真空中同样存在，它并不代表任何形式的电荷运动，只是在产生磁效应方面和一般意义上的电流等效；另一部分是由极化强度的变化所引起的，称为极化电流，它代表束缚于原子中的电荷运动。

式(4.2.11)的重要意义在于，除传导电流外，时变电场也激发磁场，它称为安培-麦克斯韦全电流定律(推广的安培环路定理)。对式(4.2.11)应用斯托克斯定律，便得到其积分形式

$$\oint_l \boldsymbol{H} \cdot \mathrm{d}\boldsymbol{l}=\int_S\left(\boldsymbol{J}+\frac{\partial \boldsymbol{D}}{\partial t}\right) \cdot \mathrm{d}\boldsymbol{S} \tag{4.2.15}$$

它表明磁场强度沿任意闭合路径的积分等于该路径所包围曲面上的全电流。

位移电流的引入扩大了电流的概念。平常所说的电流是电荷做有规则的运动形成的。在导体中，它就是自由电子的定向运动形成的传导电流。设导电介质的电导率为 σ(S/m)，其传导电流密度就是 $\boldsymbol{J}_{\mathrm{c}}=\sigma\boldsymbol{E}$；在真空或气体中，带电粒子的定向运动也形成电流，称为运流电流。设电荷的运动速度为 v，其运流电流密度为 $\boldsymbol{J}_{\mathrm{v}}=\rho\boldsymbol{v}$。位移电流并不代表电荷的运动，这与传导电流及运流电流不同。传导电流、运流电流和位移电流之和称为全电流，即

$$\boldsymbol{J}_{\mathrm{t}}=\boldsymbol{J}_{\mathrm{c}}+\boldsymbol{J}_{\mathrm{v}}+\boldsymbol{J}_{\mathrm{d}} \tag{4.2.16}$$

可见式(4.2.11)中的 $\boldsymbol{J}$ 应包括 $\boldsymbol{J}_{\mathrm{c}}$ 和 $\boldsymbol{J}_{\mathrm{v}}$。但是，$\boldsymbol{J}_{\mathrm{c}}$ 和 $\boldsymbol{J}_{\mathrm{v}}$ 分别存在于不同介质中。对于固态导电介质($\sigma\neq0$)，此时只有传导电流，没有运流电流，所以 $\boldsymbol{J}=\boldsymbol{J}_{\mathrm{c}}$，$\boldsymbol{J}_{\mathrm{v}}=\boldsymbol{0}$。对于式(4.2.11)取散度知

$$\nabla \cdot\left(\boldsymbol{J}_{\mathrm{c}}+\boldsymbol{J}_{\mathrm{v}}+\boldsymbol{J}_{\mathrm{d}}\right)=0 \tag{4.2.17}$$

因而，对任意封闭曲面 S 有

$$\oint_S\left(\boldsymbol{J}_{\mathrm{c}}+\boldsymbol{J}_{\mathrm{v}}+\boldsymbol{J}_{\mathrm{d}}\right) \cdot \mathrm{d}\boldsymbol{S}=\int_V \nabla \cdot\left(\boldsymbol{J}_{\mathrm{c}}+\boldsymbol{J}_{\mathrm{v}}+\boldsymbol{J}_{\mathrm{d}}\right) \mathrm{d}V=0 \tag{4.2.18}$$

即

$$I_{\mathrm{c}}+I_{\mathrm{v}}+I_{\mathrm{d}}=0 \tag{4.2.19}$$

式(4.2.19)表明：穿过任意封闭面的各类电流之和为零，这就是全电流连续性原理。将其应用于只有传导电流的回路中，可知节点处传导电流的代数和为零(流出的电流取正号，流入的电流取负号)。这就是基尔霍夫电流定律：$\sum I=0$。

图 4.2.1 所示的电路直观地说明了位移电流的概念以及全电流连续性原理，电容器 C 通过导线连接到交流电源 $U_{\mathrm{s}}(t)$，设

$$U_{\mathrm{s}}(t)=U_0 \cos\omega t \tag{4.2.20}$$

显然导线中的传导电流

$$I_c = \int_{S_c} \boldsymbol{J}_c \cdot d\boldsymbol{S} = \int_{S_c} \sigma \boldsymbol{E} \cdot d\boldsymbol{S} \tag{4.2.21}$$

式中：S_c 为导线横截面；$d\boldsymbol{S}$ 的方向为电流流过导线的方向。

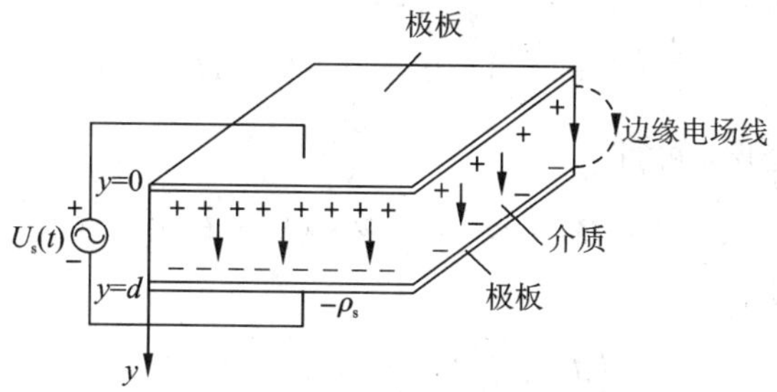

图 4.2.1 交流电源与平行板电容器相连构成的回路

电容器极板上有电荷 $Q=CU_s$，C 为电容器的电容量。对于平行板电容器，电容 $C=\varepsilon A/d$，其中 A 为极板面积，d 为两平板间距，ε 为两平行极板间填充介质的介电常数，U_s 为电容器两极板间的电压。Q 随时间的变化率即极板上的电流为

$$I_q = \frac{dQ}{dt} = C\frac{dU_s}{dt} = C\frac{d}{dt}(U_0\cos\omega t) = -CU_0\omega\sin\omega t \tag{4.2.22}$$

这里假定导线的电导率 σ 很大(如理想导体)，这样导线上的电压降可以忽略，极板两端的电压等于源电压。由源、导线、电容器构成的电流回路，其上通过的电流应连续，导线中的电流要等于极板上的电流 I_q，那么电容器中的电流是什么呢？位移电流的引入可解释回路电流连续性的问题。两极板上加电压 U_s后，在电容器空间所产生的电场为

$$\boldsymbol{E} = \boldsymbol{a}_y \frac{U_s}{d} = \boldsymbol{a}_y \frac{U_0}{d}\cos\omega t \tag{4.2.23}$$

$\boldsymbol{E}$ 的大小为 U_s/d，方向在 $\boldsymbol{a}_y$ 方向，总的位移电流 I_d 为

$$\begin{aligned} I_d &= \int_S \boldsymbol{J}_d \cdot d\boldsymbol{S} = \int_S \frac{\partial}{\partial t}\boldsymbol{D} \cdot d\boldsymbol{S} = \int_A \frac{\partial}{\partial t}\left(\boldsymbol{a}_y \frac{\varepsilon U_0}{d}\cos\omega t\right)\cdot(\boldsymbol{a}_y dS) \\ &= -\frac{\varepsilon A}{d}U_0\omega\sin\omega t = -CU_0\omega\sin\omega t \end{aligned} \tag{4.2.24}$$

因为 $d\boldsymbol{S}$ 方向为极板法线方向，故 $d\boldsymbol{S}=\boldsymbol{a}_y dS$，$C$ 为平行板电容器的电容，显然这个电流 I_d 与极板上的电流 I_q 刚好相等。

[例 4.2.1] 设铜中的电场为 $E_0\sin\omega t$，铜的电导率 $\sigma=5.8\times10^7$ S/m，$\varepsilon\approx\varepsilon_0$，计算铜中的位移电流密度和传导电流密度的比值。

解 铜中的传导电流大小为

$$J_c = \sigma E = \sigma E_0 \sin\omega t$$

铜中的位移电流大小为

$$J_d = \frac{\partial D}{\partial t} = \varepsilon\frac{\partial E}{\partial t} = \varepsilon_0 E_0 \omega\cos\omega t$$

因此，位移电流密度与传导电流密度的振幅比值为

$$\frac{J_d}{J_c} = \left|\frac{\boldsymbol{J}_d}{\boldsymbol{J}_c}\right| = \frac{\omega\varepsilon_0}{\sigma} = \frac{2\pi f\,\frac{1}{36\pi}\times10^{-9}}{5.8\times10^7} = 9.6\times10^{-19} f$$

[例 4.2.2] 证明：通过任意封闭曲面的传导电流和位移电流的总量为零。

证明　由麦克斯韦方程

$$\nabla\times\boldsymbol{H}=\boldsymbol{J}+\frac{\partial\boldsymbol{D}}{\partial t}$$

可知通过任意封闭曲面的传导电流和位移电流为

$$\oint_S\left(\boldsymbol{J}+\frac{\partial\boldsymbol{D}}{\partial t}\right)\cdot\mathrm{d}\boldsymbol{S}=\oint_S(\nabla\times\boldsymbol{H})\cdot\mathrm{d}\boldsymbol{S}$$

对上式右边应用散度定理，可得

$$\oint_S(\nabla\times\boldsymbol{H})\cdot\mathrm{d}\boldsymbol{S}=\int_V\nabla\cdot(\nabla\times\boldsymbol{H})\mathrm{d}V=0$$

对左边进行面积分，可得

$$\oint_S\left(\boldsymbol{J}+\frac{\partial\boldsymbol{D}}{\partial t}\right)\cdot\mathrm{d}\boldsymbol{S}=I_c+I_d=I$$

故通过任意封闭曲面的传导电流和位移电流的总量为零。

[例 4.2.3]　坐标原点附近区域内，传导电流密度为

$$\boldsymbol{J}=\boldsymbol{a}_r 10r^{-15}\ \mathrm{A/m^2}$$

求：

(1) 通过半径 $r=1$ mm 的球面的电流值；

(2) 在 $r=1$ mm 的球面上电荷密度的增加率；

(3) 在 $r=1$ mm 的球内总电荷的增加率。

解　(1) 根据电流密度的定义，有

$$I=\oint_S\boldsymbol{J}\cdot\mathrm{d}\boldsymbol{S}=\int_0^{2\pi}\int_0^{\pi}10r^{-15}\cdot r^2\sin\theta\mathrm{d}\theta d\varphi\Big|_{r=1\ \mathrm{mm}}$$

$$=40\pi r^{0.5}\big|_{r=1\ \mathrm{mm}}=3.9738\ \mathrm{A}$$

(2) 因为

$$\nabla\cdot\boldsymbol{J}=\frac{1}{r^2}\frac{\mathrm{d}}{\mathrm{d}r}(r^2\cdot 10r^{-15})=5r^{-25}$$

由电流连续性方程(4.2.4)得到

$$\frac{\partial\rho}{\partial t}\Big|_{r=1\ \mathrm{mm}}=-\nabla\cdot\boldsymbol{J}\Big|_{r=1\ \mathrm{mm}}=-1.58\times10^8\ \mathrm{A/m^3}$$

(3) 在 $r=1$ mm 的球内总电荷的增加率为

$$\frac{\mathrm{d}Q}{\mathrm{d}t}=-I=-3.9738\ \mathrm{A}$$

[例 4.2.4]　在无源的自由空间中，已知磁场强度 $\boldsymbol{H}=\boldsymbol{a}_y 2.63\times10^{-5}\cos(3\times10^9 t-10z)$ A/m，求位移电流密度 $\boldsymbol{J}_d$。

解　无源的自由空间中传导电流为零，即 $\boldsymbol{J}=\boldsymbol{0}$，则式(4.2.11)变为

$$\nabla\times\boldsymbol{H}=\frac{\partial\boldsymbol{D}}{\partial t}$$

所以

$$\boldsymbol{J}_d=\frac{\partial\boldsymbol{D}}{\partial t}=\nabla\times\boldsymbol{H}=\begin{vmatrix}\boldsymbol{a}_x & \boldsymbol{a}_y & \boldsymbol{a}_z\\ \dfrac{\partial}{\partial x} & \dfrac{\partial}{\partial y} & \dfrac{\partial}{\partial z}\\ 0 & H_y & 0\end{vmatrix}=-\boldsymbol{a}_x\frac{\partial H_y}{\partial z}$$

$$=-\boldsymbol{a}_x 2.63\times10^{-4}\sin(3\times10^9 t-10z)\ \mathrm{A/m^2}$$

4.3　麦克斯韦方程组

麦克斯韦方程组是在对宏观电磁现象的实验规律进行分析总结的基础上，经过扩充和推广而得到的。它揭示了电场与磁场之间，以及电磁场与电荷、电流之间的相互关系，是一切宏观电磁现象所遵循的普遍规律。它有深刻而丰富的物理含义，是电磁运动规律最简洁的数学语言描述。所以，麦克斯韦方程组是电磁场的基本方程，它在电磁学中的地位等同于力学中的牛顿定律，是我们分析研究电磁问题的基本出发点。

4.3.1　麦克斯韦方程组

依据前两节的分析结果，现在可以写出描述宏观电磁场现象基本特性的一组微分方程及其名称：

$$\begin{cases} \nabla \times \boldsymbol{H} = \boldsymbol{J} + \dfrac{\partial \boldsymbol{D}}{\partial t} & \text{(全电流定律)} \quad (4.3.1a) \\ \nabla \times \boldsymbol{E} = -\dfrac{\partial \boldsymbol{B}}{\partial t} & \text{(法拉第电磁感应定律)} \quad (4.3.1b) \\ \nabla \cdot \boldsymbol{B} = 0 & \text{(磁通连续性原理)} \quad (4.3.1c) \\ \nabla \cdot \boldsymbol{D} = \rho & \text{(高斯定理)} \quad (4.3.1d) \end{cases}$$

称其为麦克斯韦方程组的微分形式。它们建立在库仑、安培、法拉第所提供的实验事实和麦克斯韦假设的位移电流概念的基础上，也把任何时刻在空间任意一点上的电场和磁场的时空关系与同一时空点的场源联系在一起。方程组(4.3.1)所对应的积分形式是

$$\begin{cases} \oint_l \boldsymbol{H} \cdot \mathrm{d}\boldsymbol{l} = \int_S \left(\boldsymbol{J} + \dfrac{\partial \boldsymbol{D}}{\partial t}\right) \cdot \mathrm{d}\boldsymbol{S} & (4.3.2a) \\ \oint_l \boldsymbol{E} \cdot \mathrm{d}\boldsymbol{l} = -\int_S \dfrac{\partial \boldsymbol{B}}{\partial t} \cdot \mathrm{d}\boldsymbol{S} & (4.3.2b) \\ \oint_S \boldsymbol{B} \cdot \mathrm{d}\boldsymbol{S} = 0 & (4.3.2c) \\ \oint_S \boldsymbol{D} \cdot \mathrm{d}\boldsymbol{S} = \int_V \rho \mathrm{d}V & (4.3.2d) \end{cases}$$

由麦克斯韦方程组可见：

(1) 麦克斯韦方程(4.3.1a)和(4.3.2a)是修正后的安培环路定理，表明电流和时变电场能激发磁场。麦克斯韦方程(4.3.1b)和(4.3.2b)是法拉第电磁感应定律，表明时变磁场产生电场这一重要事实。这两个方程是麦克斯韦方程组的核心，说明时变电场和时变磁场互相激发，时变电磁场可以脱离场源独立存在，在空间形成电磁波。麦克斯韦导出了电磁场的波动方程，并发现这种电磁波的传播速度与已测出的光速是一样的。他进而推断，光也是一种电磁波，并预言可能存在与可见光不同的其他电磁波。这一著名预见后来在 1887 年由德国物理学家赫兹(H. R. Hertz)的实验所证实，并导致意大利的马可尼(G. Marconi)在 1895 年和俄罗斯的波波夫在 1896 年成功地进行了无线电报传送实验，从而开创了人类应用无线电波的新纪元。

(2) 麦克斯韦方程(4.3.1c)和(4.3.2c)表示磁通连续性，即空间的磁力线既没有起点

也没有终点。从物理意义上说，是空间不存在自由磁荷的结果，或者严格地说在人类研究所达到的领域中至今还没有发现自由磁荷。麦克斯韦方程(4.3.1d)和(4.3.2d)是电场的高斯定理，现在它对时变电荷与静止电荷都成立。它表明电场是有通量源的场。

(3) 时变场中电场的散度和旋度都不为零，所以电力线起始于正电荷，终止于负电荷，而磁场的散度恒为零，旋度不为零，所以磁力线是与电流交链的闭合曲线，并且磁力线与电力线两者还互相交链。但是，在远离场源的无源区域中，电场和磁场的散度都为零，这时电力线和磁力线将自行闭合、相互交链，在空间形成电磁波。

(4) 一般情况下，时变电磁场的场矢量和场源既是空间坐标的函数，又是时间的函数。若场矢量不随时间变化(不是时间的函数)，那么方程组(4.3.1)和(4.3.2)退化为静态场方程组。

(5) 在线性介质中，麦克斯韦方程组是线性方程组，可以应用叠加原理。

应该指出，麦克斯韦方程组中的 4 个方程并不都是独立的。如对方程(4.3.1b)两边取散度，有

$$\nabla\cdot(\nabla\times\boldsymbol{E})=\nabla\cdot\left(-\frac{\partial\boldsymbol{B}}{\partial t}\right)\tag{4.3.3}$$

由于式(4.3.3)左边恒等于零，所以

$$\frac{\partial}{\partial t}(\nabla\cdot\boldsymbol{B})=0\tag{4.3.4}$$

如果假设过去或将来某一时刻，$\nabla\cdot\boldsymbol{B}$ 在空间每一点上都为零，则$\nabla\cdot\boldsymbol{B}$ 在任何时刻处处为零，所以

$$\nabla\cdot\boldsymbol{B}=0\tag{4.3.5}$$

即方程(4.3.1c)，因此只能认为有 3 个独立的方程，即方程(4.3.1a)、方程(4.3.1b)和方程(4.3.1d)。同理，如果对方程(4.3.1a)两边取散度，代入方程(4.3.1d)，则可导出

$$\nabla\cdot\boldsymbol{J}=-\frac{\partial\rho}{\partial t}\tag{4.3.6}$$

这就是电流连续性方程，由此可见电流连续性方程包含在麦克斯韦方程组中，并且可以认为麦克斯韦方程组中的 2 个旋度方程(4.3.1a)和 (4.3.1b)以及电流连续性方程是一组独立方程。我们进一步可以看到，3 个独立方程中有 2 个旋度方程和 1 个散度方程，其中旋度方程是矢量方程，而每一个矢量方程可以等价为 3 个标量方程，再加上 1 个标量的散度方程，则共有 7 个独立的标量方程。

由麦克斯韦方程组推导出电流连续性方程，一方面表明麦克斯韦方程组的普遍性广泛到电荷守恒定律也被包含在内；另一方面也表明场源 $\boldsymbol{J}$ 和 ρ 是不完全独立的，随意给定的 $\boldsymbol{J}$ 和 ρ 有可能导致麦克斯韦方程组内部矛盾而无解。因此，在实际的工程问题中，尤其是无初值的时谐场情况，常在给定场源 $\boldsymbol{J}$ 条件下求解电磁场，如正弦波的辐射问题。反过来，只给定场源 ρ 则不行，因为给定场源 ρ 用电流连续性方程只能确定$\nabla\cdot\boldsymbol{J}$，而依据矢量场唯一性定理，仅知道 $\boldsymbol{J}$ 的散度并不能唯一确定 $\boldsymbol{J}$，因此也不能唯一地解出电磁场。

4.3.2 麦克斯韦方程组的辅助方程——本构关系

麦克斯韦方程(4.3.1a)～(4.3.1d)中，没有限定 $\boldsymbol{E}$、$\boldsymbol{D}$、$\boldsymbol{B}$ 和 $\boldsymbol{H}$ 之间的关系，称为非限定形式。但是，麦克斯韦方程中有 $\boldsymbol{E}$、$\boldsymbol{D}$、$\boldsymbol{B}$、$\boldsymbol{H}$、$\boldsymbol{J}$ 5 个矢量和 1 个标量 ρ，每个矢量各有

3个分量，也就是说总共有16个标量，而独立的标量方程只有7个。因此，仅由方程(4.3.1a)～(4.3.1d)还不能完全确定4个场矢量 $\boldsymbol{E}$、$\boldsymbol{D}$、$\boldsymbol{B}$ 和 $\boldsymbol{H}$，还需要知道 $\boldsymbol{E}$、$\boldsymbol{D}$、$\boldsymbol{B}$ 和 $\boldsymbol{H}$ 之间的关系。为求解这一组方程，我们必须另外再提供9个独立的标量方程。这9个标量方程用于描述电磁介质与场矢量之间的本构关系，它们作为辅助方程与麦克斯韦方程一起构成一个自身一致的方程组。

一般而言，表征介质宏观电磁特性的本构关系为

$$\begin{cases}\boldsymbol{D}=\varepsilon_0\boldsymbol{E}+\boldsymbol{P}\\ \boldsymbol{B}=\mu_0(\boldsymbol{H}+\boldsymbol{M})\\ \boldsymbol{J}=\sigma\boldsymbol{E}\end{cases}\tag{4.3.7}$$

对于各向同性的线性介质，式(4.3.7)可以写成

$$\begin{cases}\boldsymbol{D}=\varepsilon\boldsymbol{E}\\ \boldsymbol{B}=\mu\boldsymbol{H}\\ \boldsymbol{J}=\sigma\boldsymbol{E}\end{cases}\tag{4.3.8}$$

其中，ε、μ、σ 是描述介质宏观电磁特性的一组参数，分别称为介质的介电常量、磁导率和电导率。在真空或空气中，$\varepsilon=\varepsilon_0$、$\mu=\mu_0$、$\sigma=0$。$\sigma=0$ 的介质称为理想介质，$\sigma\to\infty$ 的介质称为理想导体，σ 介于两者之间的介质统称为导电介质。

若介质参数与场强大小无关，则该介质称为线性介质；若介质参数与场强方向无关，则该介质称为各向同性介质；若介质参数与位置无关，则该介质称为均匀介质；若介质参数与场强的频率无关，则该介质称为非色散介质，否则称为色散介质。此外，称线性、均匀、各向同性的介质为简单介质。

结合介质的本构关系，我们可以将麦克斯韦方程组写成仅含有两个矢量场(如 $\boldsymbol{E}$ 和 $\boldsymbol{H}$)的形式。如在简单介质中，有

$$\begin{cases}\nabla\times\boldsymbol{E}=-\mu\dfrac{\partial\boldsymbol{H}}{\partial t}\\ \nabla\times\boldsymbol{H}=\boldsymbol{J}+\varepsilon\dfrac{\partial\boldsymbol{E}}{\partial t}\\ \nabla\cdot(\mu\boldsymbol{H})=0\to\nabla\cdot\boldsymbol{H}=0\\ \nabla\cdot(\varepsilon\boldsymbol{E})=\rho\to\nabla\cdot\boldsymbol{E}=\dfrac{\rho}{\varepsilon}\end{cases}\tag{4.3.9}$$

这个包含本构关系在内的方程组称为限定形式的麦克斯韦方程组。

麦克斯韦方程组和本构关系在求解电磁场问题中的作用极为重要，因为它们充分地描绘了电磁场的运动变化规律。一般地，给定了场源 $\boldsymbol{J}$ 和 ρ，以及初始条件，结合相应的边界条件，用麦克斯韦方程组和本构关系就可以确定电磁场的运动变化规律。

4.3.3 洛伦兹力

麦克斯韦方程组说明了场源 $\boldsymbol{J}$ 和 ρ 如何激发电磁场，即电磁场如何受电流和电荷的作用。然而，在实际的电磁场问题中，电流密度 $\boldsymbol{J}$ 和电荷密度 ρ 往往不能事先给定，它们受到电磁场的反作用，因此还需要另外的基本方程来描述这种反作用。这个基本方程就是洛伦兹力公式。

电荷(运动或静止)激发电磁场，电磁场反过来对电荷有作用力。当空间同时存在电场

和磁场时，以恒速 $\boldsymbol{v}$ 运动的点电荷 q 所受的力为

$$\boldsymbol{F} = q(\boldsymbol{E} + \boldsymbol{v} \times \boldsymbol{B}) \tag{4.3.10}$$

如果电荷是连续分布的，其密度为 ρ，则电荷系统所受的电磁场力密度为

$$\boldsymbol{f} = \rho(\boldsymbol{E} + \boldsymbol{v} \times \boldsymbol{B}) = \rho\boldsymbol{E} + \boldsymbol{J} \times \boldsymbol{B} \tag{4.3.11}$$

式(4.3.11)称为洛伦兹力公式。近代物理学实验证实了洛伦兹力公式对任意运动速度的带电粒子都是适用的。麦克斯韦方程组和洛伦兹力公式正确反映了电磁场的运动规律以及场与带电物质的相互作用规律，构成了经典电磁理论的基础。

4.3.4 麦克斯韦方程组的完备性

电磁体系的运动方程形式为

$$\begin{cases} \nabla \cdot \boldsymbol{D} = \rho \\ \nabla \times \boldsymbol{E} = -\dfrac{\partial \boldsymbol{B}}{\partial t} \\ \nabla \cdot \boldsymbol{B} = 0 \\ \nabla \times \boldsymbol{H} = \boldsymbol{J} + \dfrac{\partial \boldsymbol{D}}{\partial t} \end{cases} \tag{4.3.12}$$

若在给定初始条件和边界条件下，体系的电磁运动规律完全由上述方程组唯一确定，则可以说此方程组是完备的。现在，只讨论真空中麦克斯韦方程组的完备性，采用反证法来证明。

设在给定初始条件和边界条件下，麦克斯韦方程组存在两组不等价的解，分别记为 $\boldsymbol{E}'$、$\boldsymbol{B}'$ 和 $\boldsymbol{E}''$、$\boldsymbol{B}''$。显然，两组解都满足同一体系的麦克斯韦方程组，即

$$\begin{cases} \nabla \cdot \boldsymbol{E}' = \dfrac{\rho}{\varepsilon_0} \\ \nabla \times \boldsymbol{E}' = -\dfrac{\partial \boldsymbol{B}'}{\partial t} \\ \nabla \cdot \boldsymbol{B}' = 0 \\ \nabla \times \boldsymbol{B}' = \mu_0 \boldsymbol{J} + \mu_0 \varepsilon_0 \dfrac{\partial \boldsymbol{E}'}{\partial t} \end{cases} \tag{4.3.13}$$

$$\begin{cases} \nabla \cdot \boldsymbol{E}'' = \dfrac{\rho}{\varepsilon_0} \\ \nabla \times \boldsymbol{E}'' = -\dfrac{\partial \boldsymbol{B}''}{\partial t} \\ \nabla \cdot \boldsymbol{B}'' = 0 \\ \nabla \times \boldsymbol{B}'' = \mu_0 \boldsymbol{J} + \mu_0 \varepsilon_0 \dfrac{\partial \boldsymbol{E}''}{\partial t} \end{cases} \tag{4.3.14}$$

因为是同一个电磁体系，所以两个方程组中的 ρ、$\boldsymbol{J}$ 都是相同的。此外，两个方程组的解都满足同样的初始条件和边界条件，即 $t=0$ 时

$$\begin{cases} \boldsymbol{E}'(r,\ 0) = \boldsymbol{E}''(r,\ 0) \\ \boldsymbol{B}'(r,\ 0) = \boldsymbol{B}''(r,\ 0) \end{cases} \tag{4.3.15}$$

在媒质边界面上

$$\begin{cases} \boldsymbol{E}'|_S = \boldsymbol{E}''|_S \\ \boldsymbol{B}'|_S = \boldsymbol{B}''|_S \end{cases} \tag{4.3.16}$$

令 $\boldsymbol{E}=\boldsymbol{E}'-\boldsymbol{E}''$ 和 $\boldsymbol{B}=\boldsymbol{B}'-\boldsymbol{B}''$，把式(4.3.13)和式(4.3.14)相减，得

$$\begin{cases} \nabla \cdot \boldsymbol{E} = 0 \\ \nabla \times \boldsymbol{E} = -\dfrac{\partial \boldsymbol{B}}{\partial t} \\ \nabla \cdot \boldsymbol{B} = 0 \\ \nabla \times \boldsymbol{B} = \mu_0 \varepsilon_0 \dfrac{\partial \boldsymbol{E}}{\partial t} \end{cases} \tag{4.3.17}$$

对应新方程组(4.3.17)的初始条件和边界条件可由式(4.3.15)和式(4.3.16)直接获得

$$\begin{cases} \boldsymbol{E}(r, 0) = \boldsymbol{B}(r, 0) = \boldsymbol{0} \\ \boldsymbol{E}|_S = \boldsymbol{B}|_S = \boldsymbol{0} \end{cases} \tag{4.3.18}$$

因此，$\boldsymbol{E}$ 和 $\boldsymbol{B}$ 是满足齐次方程、齐次边界条件、齐次初始条件的解；或者说，$\boldsymbol{E}$ 和 $\boldsymbol{B}$ 对应的电磁体系是无源、无初始扰动、边界值恒为零的体系。对这样一个体系计算如下积分：

$$I = \frac{\partial}{\partial t}\int_V \left(\frac{1}{2}\varepsilon_0 \boldsymbol{E} \cdot \boldsymbol{E} + \frac{1}{2\mu_0}\boldsymbol{B} \cdot \boldsymbol{B}\right)\mathrm{d}V \tag{4.3.19}$$

电磁体系的边界不随时间改变，所以利用方程组(4.3.17)，上述积分可写为

$$\begin{aligned} I &= \int_V \left[\frac{1}{\mu_0}\boldsymbol{E} \cdot (\nabla \times \boldsymbol{B}) - \frac{1}{\mu_0}\boldsymbol{B} \cdot (\nabla \times \boldsymbol{E})\right]\mathrm{d}V \\ &= \int_V \frac{1}{\mu_0} \nabla \cdot (\boldsymbol{B} \times \boldsymbol{E})\mathrm{d}V = \frac{1}{\mu_0}\oint_S (\boldsymbol{B} \times \boldsymbol{E}) \cdot \mathrm{d}\boldsymbol{S} \end{aligned} \tag{4.3.20}$$

在边界面上，由式(4.3.18)知 $\boldsymbol{E}=\boldsymbol{0}$ 和 $\boldsymbol{B}=\boldsymbol{0}$，可见 $I=0$，因此

$$\int_V \left(\frac{1}{2}\varepsilon_0 \boldsymbol{E} \cdot \boldsymbol{E} + \frac{1}{2\mu_0}\boldsymbol{B} \cdot \boldsymbol{B}\right)\mathrm{d}V = \text{常数} \tag{4.3.21}$$

再由式(4.3.18)可知，$t=0$ 时 $\boldsymbol{E}(r, 0)=\boldsymbol{B}(r, 0)=\boldsymbol{0}$，所以式(4.3.21)可写为

$$\int_V \left(\frac{1}{2}\varepsilon_0 \boldsymbol{E} \cdot \boldsymbol{E} + \frac{1}{2\mu_0}\boldsymbol{B} \cdot \boldsymbol{B}\right)\mathrm{d}V = 0 \tag{4.3.22}$$

上式中的被积函数恒正，所以

$$\boldsymbol{E} = \boldsymbol{0},\ \boldsymbol{B} = \boldsymbol{0}$$

可见所设的两组解是同解，完备性得证。

[**例 4.3.1**]　证明均匀导电介质内部不会有永久的自由电荷分布。

证明　将 $\boldsymbol{J}=\sigma\boldsymbol{E}$ 代入电流连续性方程，考虑到介质均匀，有

$$\nabla \cdot (\sigma\boldsymbol{E}) + \frac{\partial \rho}{\partial t} = \sigma\nabla \cdot (\boldsymbol{E}) + \frac{\partial \rho}{\partial t} = 0$$

由于

$$\nabla \cdot \boldsymbol{D} = \rho,\ \nabla \cdot (\varepsilon\boldsymbol{E}) = \rho,\ \varepsilon\nabla \cdot (\boldsymbol{E}) \approx \rho$$

将后式代入前式可得

$$\frac{\partial \rho}{\partial t} + \frac{\sigma}{\varepsilon} \cdot \rho = 0$$

所以任意瞬间的电荷密度

$$\rho(t) = \rho_0 e^{-\frac{\sigma}{\varepsilon}t} = \rho_0 e^{-\frac{t}{\tau}}$$

其中 ρ_0 是 $t=0$ 的电荷密度。式中的 $\varepsilon/\sigma=\tau$ 具有时间的量纲，称为导电介质的弛豫时间或时常数。它是电荷密度减少到其初始值的 1/e 所需的时间。由上式可见电荷按指数规律减少，最终流至并分布于导体的外表面。

［**例 4.3.2**］ 已知在无源的自由空间中

$$\boldsymbol{E} = \boldsymbol{a}_x E_0 \cos(\omega t - \beta z)$$

其中，E_0、β 为常数，求 $\boldsymbol{H}$。

解 所谓无源，就是所研究区域内没有场源——电流和电荷，即 $\rho=0$、$\boldsymbol{J}=\boldsymbol{0}$。将 $\boldsymbol{E}=\boldsymbol{a}_x E_0\cos(\omega t-\beta z)=\boldsymbol{a}_x E_x$ 代入麦克斯韦方程(4.3.1b)，可得

$$\nabla \times \boldsymbol{E} = \begin{vmatrix} \boldsymbol{a}_x & \boldsymbol{a}_y & \boldsymbol{a}_z \\ \dfrac{\partial}{\partial x} & \dfrac{\partial}{\partial y} & \dfrac{\partial}{\partial z} \\ E_x & 0 & 0 \end{vmatrix} = -\mu_0 \frac{\partial \boldsymbol{H}}{\partial t}$$

也就是

$$\boldsymbol{a}_y E_0 \beta \sin(\omega t - \beta z) = -\mu_0 \frac{\partial}{\partial t}(\boldsymbol{a}_x H_x + \boldsymbol{a}_y H_y + \boldsymbol{a}_z H_z)$$

由上式可以写出

$$\begin{cases} H_x = 0 \\ H_y = \dfrac{E_0 \beta}{\mu_0 \omega}\cos(\omega t - \beta z) \\ H_z = 0 \end{cases}$$

因此

$$\boldsymbol{H} = \boldsymbol{a}_y H_y = \boldsymbol{a}_y \frac{E_0 \beta}{\mu_0 \omega}\cos(\omega t - \beta z)$$

4.4　时变电磁场的边界条件

麦克斯韦方程的微分形式只适用于场矢量的各个分量处处可微的区域。实际问题所涉及的场域中，往往有几种不同的介质。介质分界面两侧，各介质的电磁参数不同。分界面上有束缚面电荷、面电流，还可能有自由面电荷、面电流。在这些面电荷、面电流的影响下，场矢量越过分界面时可能不连续，这时必须用边界条件来确定分界面上电磁场的特性。边界条件是描述场矢量越过分界面时场量变化规律的一组场方程，它是将麦克斯韦方程的积分形式应用于介质的分界面，当方程中各种积分区域无限缩小且趋于分界面上的一个点时，所得方程的极限形式。

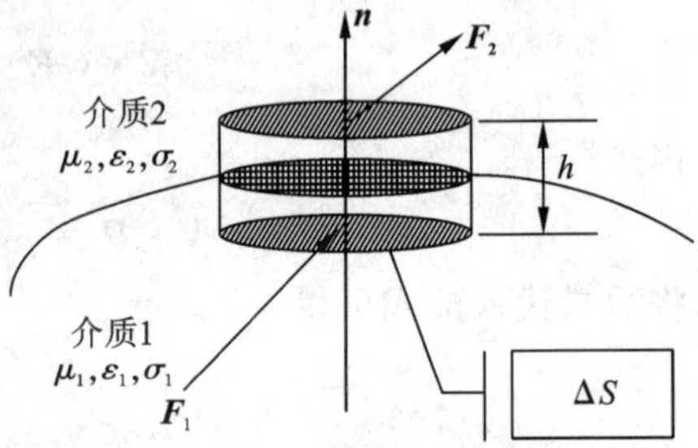

图 4.4.1　法向分量的边界条件

取两种相邻媒质分界面的任一横截面，如图 4.4.1所示。设 $\boldsymbol{n}$ 是分界面上任意点处的法向单位矢量；$\boldsymbol{F}$ 表示该点的某一场矢量(如 $\boldsymbol{D}$, $\boldsymbol{B}$, …)，它可

以分解为沿 $\boldsymbol{n}$ 方向和垂直 $\boldsymbol{n}$ 方向的两个分量。

因为矢量恒等式

$$\boldsymbol{n}\times(\boldsymbol{n}\times\boldsymbol{F})=\boldsymbol{n}(\boldsymbol{n}\cdot\boldsymbol{F})-\boldsymbol{F}(\boldsymbol{n}\cdot\boldsymbol{n}) \tag{4.4.1}$$

所以

$$\boldsymbol{F}=\boldsymbol{n}(\boldsymbol{n}\cdot\boldsymbol{F})-\boldsymbol{n}\times(\boldsymbol{n}\times\boldsymbol{F}) \tag{4.4.2}$$

式(4.4.2)的第一项沿 $\boldsymbol{n}$ 方向，称为法向分量；第二项垂直于 $\boldsymbol{n}$ 方向、切于分界面，称为切向分量。下面分别讨论场矢量的法向分量和切向分量越过分界面时的变化规律。

4.4.1　一般情况

法向分量的边界条件可由麦克斯韦方程(4.3.1c)和(4.3.1d)导出。参看图 4.4.1，设 $\boldsymbol{n}$ 自介质 1 指向介质 2。在分界面上取一个很小的且截面为 ΔS、高为 h 的扁圆柱体封闭面，圆柱体上、下底面分别位于分界面两侧且紧切分界面($h\to 0$)。将式(4.3.1d)用于此圆柱体，计算穿出圆柱体表面的电通量时，考虑到 ΔS 很小，可以认为底面上的电位移矢量是均匀的，并以 $\boldsymbol{D}_1$、$\boldsymbol{D}_2$ 分别表示介质 1 及介质 2 中圆柱体底面上的电位移矢量；同时，因为 $h\to 0$，而电位移矢量 $\boldsymbol{D}$ 有限，所以圆柱体侧面上的积分可以不计，从而得

$$\oint_S \boldsymbol{D}\cdot \mathrm{d}\boldsymbol{S}=\boldsymbol{D}_2\Delta S\boldsymbol{n}+\boldsymbol{D}_1\Delta S(-\boldsymbol{n})=\boldsymbol{n}\cdot(\boldsymbol{D}_2-\boldsymbol{D}_1)\Delta S \tag{4.4.3}$$

如果分界面的薄层内有自由电荷，则圆柱面内包围的总电荷为

$$Q=\int_V \rho \mathrm{d}V=\lim_{h\to 0}\rho h\Delta S=\rho_{\mathrm{s}}\Delta S \tag{4.4.4}$$

由上面两式，得电位移矢量的法向分量的矢量形式的边界条件

$$\boldsymbol{n}\cdot(\boldsymbol{D}_2-\boldsymbol{D}_1)=\rho_{\mathrm{s}} \tag{4.4.5a}$$

或者标量形式的边界条件

$$D_{2\mathrm{n}}-D_{1\mathrm{n}}=\rho_{\mathrm{s}} \tag{4.4.5b}$$

若分界面上没有自由面电荷，则有

$$D_{1\mathrm{n}}=D_{2\mathrm{n}} \tag{4.4.6}$$

然而 $\boldsymbol{D}=\varepsilon\boldsymbol{E}$，所以

$$\varepsilon_1 E_{1\mathrm{n}}=\varepsilon_2 E_{2\mathrm{n}} \tag{4.4.7}$$

综上可见，如果分界面上有自由面电荷，那么电位移矢量 $\boldsymbol{D}$ 的法向分量 D_{n} 越过分界面时不连续，有一等于面电荷密度 ρ_{s} 的突变。如 $\rho_{\mathrm{s}}=0$，则法向分量 D_{n} 连续；但是，分界面两侧的电场强度矢量的法向分量 E_{n} 不连续。

同理，将式 $\oint_S \boldsymbol{B}\cdot\mathrm{d}\boldsymbol{S}=0$ 用于图 4.4.1 的圆柱体，计算穿过圆柱体封闭面的磁通量，可以得到磁感应强度矢量的法向分量的矢量形式的边界条件

$$\boldsymbol{n}\cdot(\boldsymbol{B}_2-\boldsymbol{B}_1)=0 \tag{4.4.8a}$$

或者标量形式的边界条件

$$B_{1\mathrm{n}}=B_{2\mathrm{n}} \tag{4.4.8b}$$

由于 $\boldsymbol{B}=\mu\boldsymbol{H}$，所以

$$\mu_1 H_{1\mathrm{n}}=\mu_2 H_{2\mathrm{n}} \tag{4.4.9}$$

综上可见，越过分界面时磁感应强度矢量的法向分量 B_{n} 连续，磁场强度矢量的法向分量

H_n 不连续。

切向分量的边界条件可由麦克斯韦方程(4.3.1a)和(4.3.1b)导出。取相邻介质的任一截面，如图 4.4.2 所示。在分界面上取一无限小的矩形回路，其宽度为 Δl，上、下两底边分别位于分界面两侧并且均紧切于分界面，侧边长度 $h\to 0$。设 $\boldsymbol{n}$(由介质 1 指向介质 2)、$\boldsymbol{l}$ 分别是 Δl 中点处分界面的法向单位矢量和切向单位矢量，$\boldsymbol{b}$ 是垂直于 $\boldsymbol{n}$ 且与矩形回路成右手螺旋关系的单位矢量，三者的关系为

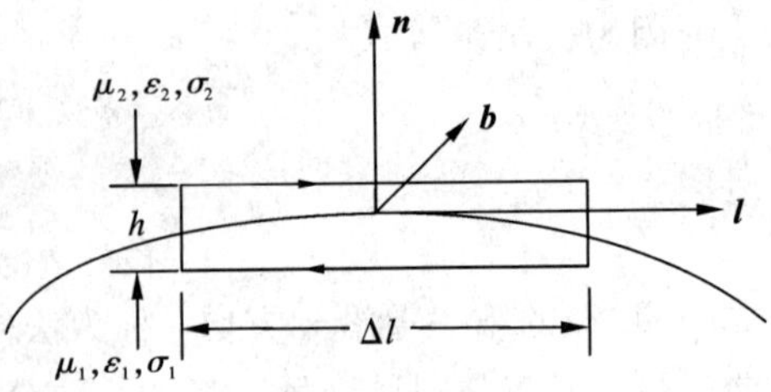

图 4.4.2　切向分量的边界条件

$$\boldsymbol{l} = \boldsymbol{b} \times \boldsymbol{n} \tag{4.4.10}$$

将麦克斯韦方程

$$\oint_l \boldsymbol{H} \cdot \mathrm{d}\boldsymbol{l} = \int_S \left(\boldsymbol{J} + \frac{\partial \boldsymbol{D}}{\partial t}\right) \cdot \mathrm{d}\boldsymbol{S} \tag{4.4.11}$$

用于图 4.4.2 所示的矩形回路。因 $h\to 0$，分界面处磁场强度 $\boldsymbol{H}$ 有限，则 $\boldsymbol{H}$ 在回路侧边上的积分可以不计；同时因 Δl 很小，所以

$$\begin{aligned}\oint_l \boldsymbol{H} \cdot \mathrm{d}\boldsymbol{l} &= \boldsymbol{H}_2 \Delta l \boldsymbol{l} + \boldsymbol{H}_1 \Delta l(-\boldsymbol{l}) = \Delta l \boldsymbol{l} \cdot (\boldsymbol{H}_2 - \boldsymbol{H}_1) \\ &= \boldsymbol{b} \times \boldsymbol{n} \cdot (\boldsymbol{H}_2 - \boldsymbol{H}_1)\Delta l = \boldsymbol{b} \cdot \boldsymbol{n} \times (\boldsymbol{H}_2 - \boldsymbol{H}_1)\Delta l\end{aligned} \tag{4.4.12}$$

其中，$\boldsymbol{H}_1$、$\boldsymbol{H}_2$ 分别表示介质 1 与介质 2 中的磁场强度矢量，并且使用了式(4.4.10)。因为 $\dfrac{\partial \boldsymbol{D}}{\partial t}$ 有限，而 $h\to 0$，所以

$$\int_S \frac{\partial \boldsymbol{D}}{\partial t} \cdot \mathrm{d}\boldsymbol{S} = \lim_{h\to 0} \frac{\partial \boldsymbol{D}}{t} \cdot \boldsymbol{b} h \Delta l = 0 \tag{4.4.13}$$

如果分界面的薄层内有自由电流，则在回路所围的面积上有

$$\int_S \boldsymbol{J} \cdot \mathrm{d}\boldsymbol{S} = \lim_{h\to 0} \boldsymbol{J} \cdot \boldsymbol{b} h \Delta l = \boldsymbol{J}_s \cdot \boldsymbol{b} \Delta l \tag{4.4.14}$$

综合式(4.4.12)～式(4.4.14)，得

$$\boldsymbol{b} \cdot \boldsymbol{n} \times (\boldsymbol{H}_2 - \boldsymbol{H}_1)\Delta l = \boldsymbol{J}_s \cdot \boldsymbol{b} \Delta l \tag{4.4.15}$$

$\boldsymbol{b}$ 是任意单位矢量，且 $\boldsymbol{n}\times\boldsymbol{H}$ 与 $\boldsymbol{J}_s$ 共面(均切于分界面)，所以

$$\boldsymbol{n} \times (\boldsymbol{H}_2 - \boldsymbol{H}_1) = \boldsymbol{J}_s \tag{4.4.16a}$$

依据式(4.4.2)，式(4.4.16a)可以写成

$$[\boldsymbol{n} \times (\boldsymbol{H}_2 - \boldsymbol{H}_1)] \times \boldsymbol{n} = \boldsymbol{J}_s \times \boldsymbol{n}$$

式(4.4.16a)的标量形式为

$$H_{2t} - H_{1t} = J_s \tag{4.4.16b}$$

如果分界面处没有自由面电流，那么

$$H_{2t} = H_{1t} \tag{4.4.17}$$

由式(4.4.17)可得

$$\frac{B_{1t}}{\mu_1} = \frac{B_{2t}}{\mu_2} \tag{4.4.18}$$

综上可见：如果分界面处有自由面电流，那么越过分界面时，磁场强度的切向分量不连续，

否则磁场强度的切向分量连续；但是磁感应强度的切向分量不连续。

同理，将麦克斯韦方程(4.3.1b)用于图4.4.2，可得电场强度的切向分量的边界条件的矢量形式和标量形式：

$$\boldsymbol{n}\times(\boldsymbol{E}_2-\boldsymbol{E}_1)=\boldsymbol{0} \tag{4.4.19a}$$

$$E_{1t}=E_{2t} \tag{4.4.19b}$$

由式(4.4.19b)可得

$$\frac{D_{1t}}{\varepsilon_1}=\frac{D_{2t}}{\varepsilon_2} \tag{4.4.20}$$

综上可见：电场强度的切向分量越过分界面时连续；电位移的切向分量越过分界面时不连续。

必须指出，对于无初值的时谐场，从切向分量的边界条件和边界上的电流连续性方程可以导出法向分量的边界条件，从这个意义上说，分界面上的边界条件不是独立的。可以证明，在无初值的时谐场情况下，只要电场和磁场强度切向分量的边界条件满足式(4.4.16a)和式(4.4.19a)，磁感应强度和电位移法向分量的边界条件(4.4.8a)和(4.4.5a)必然成立。上面列出的一般形式的时变电磁场边界条件中，自由面电流密度和自由面电荷密度满足边界上的电流连续性方程

$$\nabla_t\cdot\boldsymbol{J}_s+(J_{2n}-J_{1n})=-\frac{\partial\rho_s}{\partial t} \tag{4.4.21}$$

其中，∇_t表示对与分界面平行的坐标量求二维散度。

4.4.2　两种特殊情况

下面讨论两种重要的特殊情况：两种理想介质的边界；理想介质和理想导体的边界。

理想介质是指$\sigma=0$的情况，即无欧姆损耗的简单介质。在两种理想介质的分界面上没有自由面电流和自由面电荷存在，即$\boldsymbol{J}_s=\boldsymbol{0}$，$\rho_s=0$，从而得相应的边界条件如下：

矢量形式的边界条件为

$$\begin{cases}\boldsymbol{n}\times(\boldsymbol{H}_2-\boldsymbol{H}_1)=\boldsymbol{0}\\ \boldsymbol{n}\times(\boldsymbol{E}_2-\boldsymbol{E}_1)=\boldsymbol{0}\\ \boldsymbol{n}\cdot(\boldsymbol{B}_2-\boldsymbol{B}_1)=0\\ \boldsymbol{n}\cdot(\boldsymbol{D}_2-\boldsymbol{D}_1)=0\end{cases} \tag{4.4.22}$$

相应的标量形式的边界条件为

$$\begin{cases}H_{2t}-H_{1t}=0\\ E_{2t}-E_{1t}=0\\ B_{2n}-B_{1n}=0\\ D_{2n}-D_{1n}=0\end{cases} \tag{4.4.23}$$

理想导体是指$\sigma\to\infty$，所以在理想导体内部不存在电场。此外，在时变条件下，理想导体内部也不存在磁场。故在时变条件下，理想导体内部不存在电磁场，即所有场量为零。设$\boldsymbol{n}$是理想导体的外法向矢量，$\boldsymbol{E}$、$\boldsymbol{H}$、$\boldsymbol{D}$、$\boldsymbol{B}$为理想导体外部的电磁场，那么理想导体表面的边界条件为

$$\begin{cases} \boldsymbol{n} \times \boldsymbol{H} = \boldsymbol{J}_s \\ \boldsymbol{n} \times \boldsymbol{E} = \boldsymbol{0} \\ \boldsymbol{n} \cdot \boldsymbol{B} = 0 \\ \boldsymbol{n} \cdot \boldsymbol{D} = \rho_s \end{cases} \tag{4.4.24}$$

由此可见：电力线垂直理想导体表面；磁力线平行于理想导体表面。

[**例 4.4.1**]　设 $z=0$ 的平面为空气与理想导体的分界面，$z<0$ 一侧为理想导体，分界面处的磁场强度为

$$\boldsymbol{H}(x, y, z, 0, t) = \boldsymbol{a}_x H_0 \sin(ax)\cos(\omega t - ay)$$

试求理想导体表面上的电流分布、电荷分布以及分界面处的电场强度。

解　根据理想导体分界面上的边界条件，可求得理想导体表面上的电流分布为

$$\begin{aligned} \boldsymbol{J}_s = \boldsymbol{n} \times \boldsymbol{H} &= \boldsymbol{a}_z \times \boldsymbol{a}_x H_0 \sin(ax)\cos(\omega t - ay) \\ &= \boldsymbol{a}_y H_0 \sin(ax)\cos(\omega t - ay) \end{aligned}$$

由分界面上的电流连续性方程（4.4.19），有

$$-\frac{\partial \rho_s}{\partial t} = \frac{\partial}{\partial y}[H_0 \sin(ax)\cos(\omega t - ay)] = aH_0 \sin(ax)\sin(\omega t - ay)$$

$$\rho_s = \frac{aH_0}{\omega}\sin(ax) \cdot \cos(\omega t - ay) + c(x, y)$$

假设 $t=0$ 时，$\rho_s=0$。由边界条件 $\boldsymbol{n} \cdot \boldsymbol{D} = \rho_s$ 以及 $\boldsymbol{n}$ 的方向可知

$$\boldsymbol{D}(x, y, z, 0, t) = \boldsymbol{a}_z \frac{aH_0}{\omega}\sin(ax)[\cos(\omega t - ay) - \cos(ay)]$$

$$\boldsymbol{E}(x, y, z, 0, t) = \boldsymbol{a}_z \frac{aH_0}{\omega \varepsilon_0}\sin(ax)[\cos(\omega t - ay) - \cos(ay)]$$

[**例 4.4.2**]　证明在无初值的时谐条件下，法向分量的边界条件已含于切向分量的边界条件之中，即只有两个切向分量的边界条件是独立的。因此，在求解时谐磁场边值问题时，往往只需代入两个切向分量的边界条件就可解决问题。

证明　在分界面两侧的介质中

$$\nabla \times \boldsymbol{E}_1 = -\frac{\partial \boldsymbol{B}_1}{\partial t}, \quad \nabla \times \boldsymbol{E}_2 = -\frac{\partial \boldsymbol{B}_2}{\partial t}$$

将矢性微分算符和场矢量都分解为切向分量和法向分量，即令

$$E = E_t + E_n, \ \nabla = \nabla_t + \nabla_n$$

于是有

$$(\nabla_t + \nabla_n) \times (E_t + E_n) = -\frac{\partial}{\partial t}(B_t + B_n)$$

$$(\nabla_t \times E_t)_n + (\nabla_t \times E_n)_t + (\nabla_n \times E_t)_t + (\nabla_n \times E_n) = -\frac{\partial B_n}{\partial t} - \frac{\partial B_t}{\partial t}$$

由上式可见

$$\nabla_t \times E_t = -\frac{\partial B_n}{\partial t}, \ \nabla_n \times E_n = 0, \ \nabla_n \times E_t + \nabla_t \times E_n = -\frac{\partial B_t}{\partial t}$$

对于介质 1 和介质 2，有

$$\nabla_t \times E_{1t} = -\frac{\partial B_{1n}}{\partial t}, \ \nabla_t \times E_{2t} = -\frac{\partial B_{2n}}{\partial t}$$

上面两式相减可得

$$\nabla_t \times (E_{1t} - E_{2t}) = -\frac{\partial}{\partial t}(B_{1n} - B_{2n})$$

代入切向分量的边界条件

$$\boldsymbol{n} \times (\boldsymbol{E}_1 - \boldsymbol{E}_2) = \boldsymbol{0}$$

即

$$E_{1t} = E_{2t}$$

有

$$\frac{\partial}{\partial t}(B_{1n} - B_{2n}) = \frac{\partial}{\partial t}[\boldsymbol{n} \cdot (\boldsymbol{B}_1 - \boldsymbol{B}_2)] = 0$$

对于时谐电磁场情况，存在代换

$$\frac{\partial}{\partial t} \rightarrow \mathrm{j}\omega$$

于是有

$$\mathrm{j}\omega[\boldsymbol{n} \cdot (\boldsymbol{B}_1 - \boldsymbol{B}_2)] = 0$$

由于 $\omega \neq 0$，因此有

$$\boldsymbol{n} \cdot (\boldsymbol{B}_1 - \boldsymbol{B}_2) = 0$$

即

$$B_{1n} = B_{2n}$$

同理，将

$$\boldsymbol{\nabla} \times \boldsymbol{H} = \boldsymbol{J} + \frac{\partial \boldsymbol{D}}{\partial t}$$

中的场量和矢性微分算符分解成切向分量和法向分量，并且展开取其中的法向分量，有

$$\nabla_t \times H_t = \frac{\partial D_n}{\partial t} + J_n$$

此式对分界面两侧的介质区域都成立，故有

$$\nabla_t \times H_{1t} = \frac{\partial D_{1n}}{\partial t} + J_{1n}$$

$$\nabla_t \times H_{2t} = \frac{\partial D_{2n}}{\partial t} + J_{2n}$$

将上述两式相减，并用

$$H_{1t} = (n \times H_1) \times n, \quad H_{2t} = (n \times H_2) \times n$$

代入得

$$\nabla_t \times [n \times (H_1 - H_2) \times n] = \frac{\partial}{\partial t}(D_{1n} - D_{2n}) + (J_{1n} - J_{2n})$$

再将切向分量的边界条件

$$\boldsymbol{n} \times (\boldsymbol{H}_1 - \boldsymbol{H}_2) = \boldsymbol{J}_s$$

代入得

$$\nabla_t \times (J_s \times n) = \frac{\partial}{\partial t}(D_{1n} - D_{2n}) + (J_{1n} - J_{2n})$$

即

$$J_s(\nabla_t \cdot n) - n(\nabla_t \cdot J_s) - n(J_1 - J_2) = n\frac{\partial}{\partial t}(D_1 - D_2)$$

考虑到

$$\nabla_t \cdot n = 0,\ \nabla_t \cdot J_s + (J_{1n} - J_{2n}) = -\frac{\partial \rho_s}{\partial t}\qquad \text{（分界面处的电流连续性方程）}$$

因此有

$$\boldsymbol{n} \cdot \frac{\partial \rho_s}{\partial t} = \boldsymbol{n}\frac{\partial}{\partial t}[\boldsymbol{n} \cdot (\boldsymbol{D}_1 - \boldsymbol{D}_2)]$$

$$\frac{\partial}{\partial t}[\boldsymbol{n} \cdot (\boldsymbol{D}_1 - \boldsymbol{D}_2) - \rho_s] = 0$$

对于时谐电磁场情况，存在代换

$$\frac{\partial}{\partial t} \rightarrow \mathrm{j}\omega$$

于是有

$$\mathrm{j}\omega[\boldsymbol{n} \cdot (\boldsymbol{D}_1 - \boldsymbol{D}_2) - \rho_s] = 0$$

由于 $\omega \neq 0$，故有

$$\boldsymbol{n} \cdot (\boldsymbol{D}_1 - \boldsymbol{D}_2) = \rho_s$$

［例 4.4.3］ 设区域Ⅰ($z<0$)的介质参数 $\varepsilon_{r1}=1$，$\mu_{r1}=1$，$\sigma_1=0$；区域Ⅱ($z>0$)的介质参数 $\varepsilon_{r2}=5$，$\mu_{r2}=20$，$\sigma_2=0$；区域Ⅰ中的电场强度为

$$\boldsymbol{E}_1 = \boldsymbol{a}_x[60\cos(15\times 10^8 t - 5z) + 20\cos(15\times 10^8 t + 5z)]\ \mathrm{V/m}$$

区域Ⅱ中的电场强度为

$$\boldsymbol{E}_2 = \boldsymbol{a}_x A \cdot \cos(15\times 10^8 t - 50z)\ \mathrm{V/m}$$

试求：

(1) 常数 A；

(2) 磁场强度 $\boldsymbol{H}_1$ 和 $\boldsymbol{H}_2$；

(3) 证明在 $z=0$ 处 $\boldsymbol{H}_1$ 和 $\boldsymbol{H}_2$ 满足边界条件。

解 (1) 在无耗介质的分界面 $z=0$ 处，有

$$\begin{aligned}\boldsymbol{E}_1 &= \boldsymbol{a}_x[60\cos(15\times 10^8 t) + 20\cos(15\times 10^8 t)]\\ &= \boldsymbol{a}_x 80\cos(15\times 10^8 t)\end{aligned}$$

$$\boldsymbol{E}_2 = \boldsymbol{a}_x A \cdot \cos(15\times 10^8 t)$$

由于 $\boldsymbol{E}_1$ 和 $\boldsymbol{E}_2$ 恰好为切向电场，根据边界条件式(4.4.19b)，得

$$A = 80\ \mathrm{V/m}$$

(2) 根据麦克斯韦方程

$$\nabla \times \boldsymbol{E}_1 = -\mu_1 \frac{\partial \boldsymbol{H}_1}{\partial t}$$

有

$$\begin{aligned}\frac{\partial \boldsymbol{H}_1}{\partial t} &= -\frac{1}{\mu_1}\nabla \times \boldsymbol{E}_1 = \boldsymbol{a}_y \frac{1}{\mu_0}\frac{\partial \boldsymbol{E}_1}{\partial z}\\ &= \boldsymbol{a}_y \frac{1}{\mu_0}[300 \cdot \sin(15\times 10^8 t - 5z) - 100 \cdot \sin(15\times 10^8 t + 5z)]\end{aligned}$$

所以

$$H_1 = a_y[0.1592 \cdot \cos(15\times10^8 t - 5z) - 0.053 \cdot \cos(15\times10^8 t + 5z)]\ \text{A/m}$$

同理

$$H_2 = a_y[0.1061 \cdot \cos(15\times10^8 t - 50z)]\ \text{A/m}$$

(3) 将 $z=0$ 代入(2)中得

$$H_1 = a_y[0.1061 \cdot \cos(15\times10^8 t)]\ \text{A/m}$$

$$H_2 = a_y[0.1061 \cdot \cos(15\times10^8 t)]\ \text{A/m}$$

这里 $\boldsymbol{H}_1$ 和 $\boldsymbol{H}_2$ 正好是分界面上的切向分量，两者相等。由于分界面上 $\boldsymbol{J}_s=\mathbf{0}$，故 $\boldsymbol{H}_1$ 和 $\boldsymbol{H}_2$ 满足边界条件。

4.5 时变电磁场的能量与能流

电磁场是一种物质，并且具有能量。例如，人们日常生活中使用的微波炉正是利用微波所携带的能量给食品加热的。赫兹的辐射实验证明了电磁场是能量的携带者。时变电场、磁场都要随时间变化，空间各点的电场能量密度、磁场能量密度也要随时间变化。所以，电磁能量按一定的分布形式储存于空间，并随着电磁场的运动变化在空间传输，形成电磁能流。表达时变电磁场中能量守恒与转换关系的定理称为坡印亭定理，该定理由英国物理学家坡印亭在 1884 年最初提出，它可由麦克斯韦方程直接导出。

假设电磁场存在于一有耗的导电介质中，介质的电导率为 σ，电场会在此有耗导电介质中引起传导电流 $\boldsymbol{J}=\sigma\boldsymbol{E}$。根据焦耳定律，在体积 V 内由传导电流引起的功率损耗是

$$P = \int_V \boldsymbol{J} \cdot \boldsymbol{E} \mathrm{d}V \tag{4.5.1}$$

这部分功率损耗表示转化为焦耳热能的能量损失。由能量守恒定律可知，体积 V 内电磁能量必有一相应的减少，或者体积 V 外有相应的能量补充以达到能量平衡。为了定量描述这一能量平衡关系，我们进行如下推导。由麦克斯韦方程(4.3.1a)得

$$\boldsymbol{J} = \nabla\times\boldsymbol{H} - \frac{\partial \boldsymbol{D}}{\partial t}$$

将其代入式(4.5.1)得

$$\int_V \boldsymbol{J}\cdot\boldsymbol{E}\mathrm{d}V = \int_V \left[\boldsymbol{E}\cdot(\nabla\times\boldsymbol{H}) - \boldsymbol{E}\cdot\frac{\partial \boldsymbol{D}}{\partial t}\right]\mathrm{d}V \tag{4.5.2}$$

利用矢量恒等式

$$\nabla\cdot(\boldsymbol{E}\times\boldsymbol{H}) = \boldsymbol{H}\cdot(\nabla\times\boldsymbol{E}) - \boldsymbol{E}\cdot(\nabla\times\boldsymbol{H})$$

及麦克斯韦方程(4.3.1b)得

$$\begin{aligned}\boldsymbol{E}\cdot(\nabla\times\boldsymbol{H}) &= \boldsymbol{H}\cdot(\nabla\times\boldsymbol{E}) - \nabla\cdot(\boldsymbol{E}\times\boldsymbol{H})\\ &= \boldsymbol{H}\cdot\left(-\frac{\partial \boldsymbol{B}}{\partial t}\right) - \nabla\cdot(\boldsymbol{E}\times\boldsymbol{H})\end{aligned}$$

将其代入式(4.5.2)得

$$\int_V \boldsymbol{J}\cdot\boldsymbol{E}\mathrm{d}V = -\int_V \left[\boldsymbol{H}\cdot\frac{\partial \boldsymbol{B}}{\partial t} + \boldsymbol{E}\cdot\frac{\partial \boldsymbol{D}}{\partial t} + \nabla\cdot(\boldsymbol{E}\times\boldsymbol{H})\right]\mathrm{d}V$$

利用散度定理上式可改写成

$$-\oint_S (\boldsymbol{E}\times\boldsymbol{H})\cdot\mathrm{d}\boldsymbol{S} = \int_V \left(\boldsymbol{H}\cdot\frac{\partial \boldsymbol{B}}{\partial t} + \boldsymbol{E}\cdot\frac{\partial \boldsymbol{D}}{\partial t} + \boldsymbol{J}\cdot\boldsymbol{E}\right)\mathrm{d}V \tag{4.5.3}$$

这就是适合一般介质的坡印亭定理。

利用矢量函数求导公式：

$$\frac{\partial}{\partial t}(\boldsymbol{A}\cdot\boldsymbol{B})=\frac{\partial \boldsymbol{A}}{\partial t}\cdot\boldsymbol{B}+\boldsymbol{A}\cdot\frac{\partial \boldsymbol{B}}{\partial t}$$

$$\frac{\partial}{\partial t}(\boldsymbol{A}\cdot\boldsymbol{A})=2\boldsymbol{A}\cdot\frac{\partial \boldsymbol{A}}{\partial t}$$

对各向同性的线性介质，有

$$\boldsymbol{D}=\varepsilon\boldsymbol{E},\ \boldsymbol{B}=\mu\boldsymbol{H},\ \boldsymbol{J}=\sigma\boldsymbol{E}$$

综上可知

$$\boldsymbol{H}\cdot\frac{\partial \boldsymbol{B}}{\partial t}=\mu\boldsymbol{H}\cdot\frac{\partial \boldsymbol{H}}{\partial t}=\frac{\mu}{2}\frac{\partial}{\partial t}(\boldsymbol{H}\cdot\boldsymbol{H})=\frac{\partial}{\partial t}\left(\frac{1}{2}\boldsymbol{B}\cdot\boldsymbol{H}\right)$$

同理

$$\boldsymbol{E}\cdot\frac{\partial \boldsymbol{D}}{\partial t}=\frac{\partial}{\partial t}\left(\frac{1}{2}\boldsymbol{D}\cdot\boldsymbol{E}\right)$$

将它们代入式(4.5.3)，并设体积 V 的边界对时间不变，则对时间的微分和对空间的积分可变换次序。所以，对于各向同性的线性介质，坡印亭定理表示如下：

$$\begin{aligned}-\oint_S(\boldsymbol{E}\times\boldsymbol{H})\cdot\mathrm{d}\boldsymbol{S}&=\int_V\left[\frac{\partial}{\partial t}\left(\frac{1}{2}\boldsymbol{B}\cdot\boldsymbol{H}\right)+\frac{\partial}{\partial t}\left(\frac{1}{2}\boldsymbol{D}\cdot\boldsymbol{E}\right)+\boldsymbol{J}\cdot\boldsymbol{E}\right]\mathrm{d}V\\&=\frac{\partial}{\partial t}\int_V\left(\frac{1}{2}\boldsymbol{B}\cdot\boldsymbol{H}+\frac{1}{2}\boldsymbol{D}\cdot\boldsymbol{E}\right)\mathrm{d}V+\int_V\boldsymbol{J}\cdot\boldsymbol{E}\mathrm{d}V\end{aligned}\tag{4.5.4}$$

为了说明式(4.5.4)的物理意义，我们首先假设储存在时变电磁场中的电磁能量密度的表示形式和静态场的相同，即 $\omega=\omega_e+\omega_m$，其中 $\omega_e=\frac{1}{2}\boldsymbol{D}\cdot\boldsymbol{E}$ 为电场能量密度，$\omega_m=\frac{1}{2}\boldsymbol{B}\cdot\boldsymbol{H}$ 为磁场能量密度，它们的单位都是 $\mathrm{J/m^3}$。另外，引入一个新矢量

$$\boldsymbol{S}=\boldsymbol{E}\times\boldsymbol{H}\tag{4.5.5}$$

称之为坡印亭矢量，单位是 $\mathrm{W/m^2}$。据此坡印亭定理可以写成

$$-\oint_S\boldsymbol{S}\cdot\mathrm{d}\boldsymbol{S}=\frac{\partial}{\partial t}\int_V(\omega_e+\omega_m)\mathrm{d}V+\int_V\boldsymbol{J}\cdot\boldsymbol{E}\mathrm{d}V\tag{4.5.6}$$

式(4.5.6)右边第一项表示体积 V 中电磁能量随时间的增加率，第二项表示体积 V 中的热损耗功率(单位时间内以热能形式损耗在体积 V 中的能量)；根据能量守恒定律，式(4.5.6)左边一项 $-\oint_S\boldsymbol{S}\cdot\mathrm{d}\boldsymbol{S}=-\oint_S(\boldsymbol{E}\times\boldsymbol{H})\cdot\mathrm{d}\boldsymbol{S}$ 必定代表单位时间内穿过体积 V 的表面 S 流入体积 V 的电磁能量。因此，面积分 $\oint_S\boldsymbol{S}\cdot\mathrm{d}\boldsymbol{S}=\oint_S(\boldsymbol{E}\times\boldsymbol{H})\cdot\mathrm{d}\boldsymbol{S}$ 表示单位时间内流出包围体积 V 的表面 S 的总电磁能量。由此可见，坡印亭矢量 $\boldsymbol{S}=\boldsymbol{E}\times\boldsymbol{H}$ 可解释为通过 S 面上单位面积的电磁功率，在空间任意一点上，坡印亭矢量的方向表示该点功率流的方向，而其数值表示通过与能量流动方向垂直的单位面积的功率，所以坡印亭矢量也称为电磁功率流密度或能流密度矢量。

需要指出，认为坡印亭矢量代表电磁功率流密度的推断并不严格，虽然坡印亭定理肯定了 $\oint_S\boldsymbol{S}\cdot\mathrm{d}\boldsymbol{S}$ 具有确定的意义(流出封闭面的总能流)，然而这并不等于在有电场和磁场的地方，$\boldsymbol{S}=\boldsymbol{E}\times\boldsymbol{H}$ 就一定代表该处有电磁能量的流动。因为在坡印亭定理中，真正表示空间

任意一点能量密度变化的是$\nabla \cdot \boldsymbol{S}$，而不是坡印亭矢量本身。

在静电场和静磁场情况下，由于电流 $\boldsymbol{J}=\boldsymbol{0}$ 以及$\dfrac{\partial}{\partial t}\left(\dfrac{1}{2}\boldsymbol{E}\cdot\boldsymbol{D}+\dfrac{1}{2}\boldsymbol{B}\cdot\boldsymbol{H}\right)=0$，所以坡印亭定理只剩一项$\oint_S(\boldsymbol{E}\times\boldsymbol{H})\cdot \mathrm{d}\boldsymbol{S}=0$。由坡印亭定理可知，此式表示在场中任何一点，单位时间流出包围体积 V 表面的总能量为零，即没有电磁能量流动。由此可见，在静电场和静磁场情况下，$\boldsymbol{S}=\boldsymbol{E}\times\boldsymbol{H}$ 并不代表电磁功率流密度。

在恒定电流的电场和磁场情况下，$\dfrac{\partial}{\partial t}\left(\dfrac{1}{2}\boldsymbol{E}\cdot\boldsymbol{D}+\dfrac{1}{2}\boldsymbol{B}\cdot\boldsymbol{H}\right)=0$，所以由坡印亭定理可知$\int_V \boldsymbol{J}\cdot\boldsymbol{E}\mathrm{d}V=-\oint_S(\boldsymbol{E}\times\boldsymbol{H})\cdot\mathrm{d}\boldsymbol{S}$。因此，在恒定电流场中，$\boldsymbol{S}=\boldsymbol{E}\times\boldsymbol{H}$ 可以代表通过单位面积的电磁功率流。它说明，在无源区域内，通过 S 面流入 V 内的电磁功率等于 V 内的损耗功率。

在时变电磁场中，$\boldsymbol{S}=\boldsymbol{E}\times\boldsymbol{H}$ 代表瞬时功率流密度，它通过任意截面积的面积分 $P=\int_S(\boldsymbol{E}\times\boldsymbol{H})\cdot\mathrm{d}\boldsymbol{S}$ 代表瞬时功率。

应用坡印亭定理可以解释许多电磁现象，下面举例说明。

［**例 4.5.1**］　试求一段半径为 b、电导率为 σ 且载有直流电流 I 的长直导线表面的坡印亭矢量，并验证坡印亭定理。

解　如图 4.5.1 所示，一段长度为 l 的长直导线，其轴线与圆柱坐标系的 z 轴重合，直流电流将均匀分布在导线的横截面上，于是有

$$\boldsymbol{J}=\boldsymbol{a}_z\frac{I}{\pi b^2},\ \boldsymbol{E}=\frac{\boldsymbol{J}}{\sigma}=\boldsymbol{a}_z\frac{I}{\pi b^2\sigma}$$

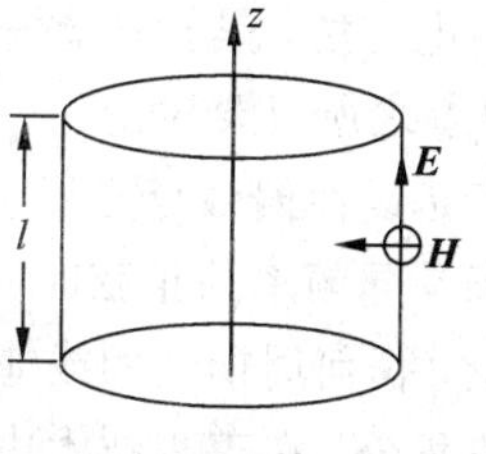

图 4.5.1　坡印亭定理验证

在导线表面

$$\boldsymbol{H}=\boldsymbol{a}_\phi\frac{I}{2\pi b}$$

因此，导线表面上的坡印亭矢量为

$$\boldsymbol{S}=\boldsymbol{E}\times\boldsymbol{H}=-\boldsymbol{a}_r\frac{I^2}{2\sigma\pi^2 b^3}$$

它的方向处处沿径向的相反方向指向导线的表面。将坡印亭矢量沿导线段表面积分，有

$$-\oint_S\boldsymbol{S}\cdot\mathrm{d}\boldsymbol{S}=-\oint_S\boldsymbol{S}\cdot\boldsymbol{a}_r\mathrm{d}S=\left(\frac{I^2}{2\sigma\pi^2 b^3}\right)\cdot 2\pi bl=I^2\left(\frac{l}{\sigma\pi b^2}\right)=I^2R$$

其中，R 为导线段的电阻。上式表明：从导线表面流入的电磁能流等于导线内部欧姆热损耗功率。这验证了坡印亭定理。

［**例 4.5.2**］　设同轴线的内导体半径为 a，外导体的内半径为 b，内外导体间为空气，内外导体为理想导体，载有直流电流 I，内外导体间的电压为 U，求同轴线的传输功率和能流密度矢量。

解　分别根据高斯定理和安培环路定理，求得同轴线内外导体间的电场和磁场为

$$\boldsymbol{E}=\frac{U}{r\ln\dfrac{b}{a}}\boldsymbol{a}_r,\ \boldsymbol{H}=\frac{I}{2\pi r}\boldsymbol{a}_\phi\qquad(a<r<b)$$

内外导体间任意横截面上的能流密度矢量为

$$\boldsymbol{S} = \boldsymbol{E} \times \boldsymbol{H} = \frac{UI}{2\pi r^2 \ln \dfrac{b}{a}} \boldsymbol{a}_z$$

上式说明电磁能量沿 z 轴方向流动，由电源向负载传输。通过同轴线内外导体间任一横截面的功率为

$$P = \int_S \boldsymbol{S} \cdot \mathrm{d}\boldsymbol{S}' = \int_a^b \frac{UI}{2\pi r^2 \ln \dfrac{b}{a}} \cdot 2\pi r \mathrm{d}r = UI$$

这一结果与电路理论中熟知的结果一致。然而这个结果是在不包括导体本身在内的横截面上积分得到的，说明功率全部是从内外导体之间的空间通过的，导体本身并不传输能量，导体的作用只是引导电磁能量，这只能用电磁场的观点来理解，电路理论无法加以解释。

4.6 正弦电磁场

时变电磁场中，场量和场源除了是空间的函数，还是时间的函数。前面讨论的时变电磁场，对随时间是如何变化未加任何限制，适用于任何时间变化规律。但是，其中有一种特殊情况在工程技术中经常遇到，这就是本节要讨论的正弦电磁场。正弦电磁场也称为时谐电磁场，是指任意一点的场矢量的每一坐标分量随时间以相同的频率作正弦或余弦变化。之所以要讨论正弦电磁场，是因为当场源是单频正弦时间函数时，由于麦克斯韦方程组是线性偏微分方程组，所以场源所激励的场强矢量的各个分量，在正弦稳态的条件下，仍是同频率的正弦时间函数，据此建立的时变电磁场可得到显著简化；根据傅里叶变换理论，任何周期性的或非周期性的时变电磁场都可分解成许多不同频率的正弦电磁场的叠加或积分；在工程技术中，激发电磁场的源多为正弦激励方式。因此，研究正弦电磁场正是研究一切时变电磁场的基础。

4.6.1 正弦电磁场的复数表示法

时变电磁场的任一坐标分量随时间作正弦变化时，其振幅和初相也都是空间坐标的函数。以电场强度为例，在直角坐标系中

$$\boldsymbol{E}(x, y, z, t) = \boldsymbol{a}_x E_x(x, y, z, t) + \boldsymbol{a}_y E_y(x, y, z, t) + \boldsymbol{a}_z E_z(x, y, z, t) \tag{4.6.1}$$

其中电场强度的各个坐标分量为

$$\begin{cases} E_x(x, y, z, t) = E_{xm}(x, y, z)\cos[\omega t + \phi_x(x, y, z)] \\ E_y(x, y, z, t) = E_{ym}(x, y, z)\cos[\omega t + \phi_y(x, y, z)] \\ E_z(x, y, z, t) = E_{zm}(x, y, z)\cos[\omega t + \phi_z(x, y, z)] \end{cases} \tag{4.6.2}$$

其中：E_{xm}、E_{ym}、E_{zm} 分别为各坐标分量的振幅值；ϕ_x、ϕ_y、ϕ_z 分别为各坐标分量的初始角；ω 为角频率。

与电路理论中的处理相似，利用复数或相量来描述正弦电磁场场量，可使数学运算简化：对时变量 t 进行降阶（把微积分方程变为代数方程）减元（消去各项的共同时间因子 $e^{j\omega t}$）。例如：

$$\begin{aligned} E_x(x,\ y,\ z,\ t) &= \mathrm{Re}[E_{xm}(x,\ y,\ z)\mathrm{e}^{\mathrm{j}[\omega t+\phi_x(x,\ y,\ z)]}] \\ &= \mathrm{Re}[E_{xm}\mathrm{e}^{\mathrm{j}\phi_x}\cdot \mathrm{e}^{\mathrm{j}\omega t}] \\ &= \mathrm{Re}[\dot{E}_{xm}\cdot \mathrm{e}^{\mathrm{j}\omega t}] \end{aligned} \tag{4.6.3}$$

其中，$\dot{E}_{xm}=E_{xm}\cdot \mathrm{e}^{\mathrm{j}\phi_x}$称为复振幅，它仅是空间坐标的函数，与时间 t 完全无关。因为它包含场量的初相位，故也称为相量。E_x 为实数，而 $\dot{E}_{xm}$是复数，但是只要将其乘以因子 $\mathrm{e}^{\mathrm{j}\omega t}$并且取实部便可得到前者。这样，如下关系成立：

$$E_x(x,\ y,\ z,\ t)\leftrightarrow \dot{E}_{xm}(x,\ y,\ z) = E_{xm}(x,\ y,\ z)\cdot \mathrm{e}^{\mathrm{j}\phi_x(x,\ y,\ z)} \tag{4.6.4}$$

因此，我们也把 $\dot{E}_{xm}=E_{xm}\cdot \mathrm{e}^{\mathrm{j}\phi_x}$称为$E_x(x,\ y,\ z,\ t)=E_{xm}(x,\ y,\ z)\cos[\omega t+\phi_x(x,\ y,\ z)]$的复数形式。按照式(4.6.3)，给定函数

$$E_x(x,\ y,\ z,\ t) = E_{xm}(x,\ y,\ z)\cos[\omega t + \phi_x(x,\ y,\ z)] \tag{4.6.5}$$

有唯一的复数 $\dot{E}_{xm}=E_{xm}\cdot \mathrm{e}^{\mathrm{j}\phi_x}$与之对应；反之亦然。

由于

$$\begin{aligned} \frac{\partial E_x(x,\ y,\ z,\ t)}{\partial t} &= -E_{xm}(x,\ y,\ z)\cdot \omega \cdot \sin[\omega t + \phi_x(x,\ y,\ z)] \\ &= \mathrm{Re}[\mathrm{j}\omega\cdot \dot{E}_{xm}\cdot \mathrm{e}^{\mathrm{j}\omega t}] \end{aligned} \tag{4.6.6}$$

所以，采用复数表示时，正弦量对时间 t 的偏导数等价于该正弦量的复数形式乘以 $\mathrm{j}\omega$，即

$$\frac{\partial E_x(x,\ y,\ z,\ t)}{\partial t}\leftrightarrow \mathrm{j}\omega\cdot \dot{E}_{xm}(x,\ y,\ z) \tag{4.6.7}$$

同理，电场强度矢量也可用复数表示为

$$\begin{aligned} \boldsymbol{E}(x,\ y,\ z,\ t) &= \mathrm{Re}[(\boldsymbol{a}_x E_{xm}\mathrm{e}^{\mathrm{j}\phi_x} + \boldsymbol{a}_y E_{ym}\mathrm{e}^{\mathrm{j}\phi_y} + \boldsymbol{a}_z E_{zm}\mathrm{e}^{\mathrm{j}\phi_z})\mathrm{e}^{\mathrm{j}\omega t}] \\ &= \mathrm{Re}[(\boldsymbol{a}_x\dot{E}_{xm} + \boldsymbol{a}_y\dot{E}_{ym} + \boldsymbol{a}_z\dot{E}_{zm})\mathrm{e}^{\mathrm{j}\omega t}] \\ &= \mathrm{Re}[\dot{\boldsymbol{E}}\mathrm{e}^{\mathrm{j}\omega t}] \end{aligned} \tag{4.6.8}$$

其中，$\dot{\boldsymbol{E}}=\boldsymbol{a}_x\dot{E}_{xm}+\boldsymbol{a}_y\dot{E}_{ym}+\boldsymbol{a}_z\dot{E}_{zm}$称为电场强度的复振幅或复矢量，它只是空间坐标的函数，与时间 t 无关。这样我们就把时间 t 和空间$(x,\ y,\ z)$的四维$(x,\ y,\ z,\ t)$矢量函数简化成了空间$(x,\ y,\ z)$的三维函数，即

$$\boldsymbol{E}(x,y,z,t)\leftrightarrow \dot{\boldsymbol{E}}(x,y,z) = \boldsymbol{a}_x\dot{E}_{xm} + \boldsymbol{a}_y\dot{E}_{ym} + \boldsymbol{a}_z\dot{E}_{zm} \tag{4.6.9}$$

相反，若要由场量的复数形式获得其瞬时值，只要将其复振幅矢量乘以 $\mathrm{e}^{\mathrm{j}\omega t}$并取实部，便得到其相应的瞬时值，即

$$\boldsymbol{E}(x,y,z,t) = \mathrm{Re}[\dot{\boldsymbol{E}}(x,y,z)\mathrm{e}^{\mathrm{j}\omega t}] \tag{4.6.10}$$

［**例 4.6.1**］　将下列用复数形式表示的场矢量变换为瞬时值，或作相反的变换。

(1) $\dot{\boldsymbol{E}}=\boldsymbol{a}_x\dot{E}_0$；

(2) $\dot{\boldsymbol{E}}=\boldsymbol{a}_x\mathrm{j}\dot{E}_0\mathrm{e}^{-\mathrm{j}kz}$；

(3) $\boldsymbol{E}=\boldsymbol{a}_x E_0\cos(\omega t-kz)+2\boldsymbol{a}_y E_0\sin(\omega t-kz)$。

解　(1)
$$\boldsymbol{E}(x,\ y,\ z,\ t)=\mathrm{Re}[\boldsymbol{a}_x E_0\mathrm{e}^{\mathrm{j}\phi_x}\cdot \mathrm{e}^{\mathrm{j}\omega t}]=\boldsymbol{a}_x E_0\cos(\omega t+\phi_x)$$

(2)
$$\boldsymbol{E}(x,\ y,\ z,\ t)=\mathrm{Re}[\boldsymbol{a}_x E_0\mathrm{e}^{\mathrm{j}\left(\frac{\pi}{2}-kz\right)}\cdot \mathrm{e}^{\mathrm{j}\omega t}]=\boldsymbol{a}_x E_0\cos\left(\omega t-kz+\frac{\pi}{2}\right)$$

(3)
$$\boldsymbol{E}(x,\ y,\ z,\ t)=\mathrm{Re}[\boldsymbol{a}_x E_0\mathrm{e}^{\mathrm{j}(\omega t-kz)}-\boldsymbol{a}_y 2E_0\mathrm{e}^{\mathrm{j}\left(\omega t-kz+\frac{\pi}{2}\right)}]$$

$$\dot{\boldsymbol{E}}(x,\ y,\ z)=(\boldsymbol{a}_x-\boldsymbol{a}_y 2\mathrm{j})E_0\mathrm{e}^{-\mathrm{j}kz}$$

［例 4.6.2］ 将下列场矢量的复数形式表示为瞬时值形式。

(1) $\boldsymbol{E}=\boldsymbol{a}_z E_0 \sin(k_x x)\cdot\sin(k_y y)\cdot e^{-jk_z z}$；

(2) $\boldsymbol{E}=\boldsymbol{a}_x j2E_0\sin\theta\cdot\cos(k_x\cdot\cos\theta)e^{-jk_z\sin\theta}$。

解　(1) 根据式(4.6.3)，可得瞬时值形式

$$\begin{aligned}\boldsymbol{E}&=\mathrm{Re}[\boldsymbol{a}_z E_0\sin(k_x x)\cdot\sin(k_y y)\cdot e^{-jk_z z}]\\&=\boldsymbol{a}_z E_0\sin(k_x x)\cdot\sin(k_y y)\cdot\cos(\omega t-k_z z)\end{aligned}$$

(2)

$$\begin{aligned}\boldsymbol{E}&=\mathrm{Re}[\boldsymbol{a}_x 2E_0\sin\theta\cdot\cos(k_x\cdot\cos\theta)e^{-jk_z\sin\theta}\cdot e^{j\frac{\pi}{2}}\cdot e^{j\omega t}]\\&=\boldsymbol{a}_x 2E_0\sin\theta\cdot\cos(k_x\cdot\cos\theta)\cdot\cos\left(\omega t+\frac{\pi}{2}-k_z\sin\theta\right)\\&=-\boldsymbol{a}_x 2E_0\sin\theta\cdot\cos(k_x\cdot\cos\theta)\cdot\sin(\omega t-k_z\sin\theta)\end{aligned}$$

4.6.2　麦克斯韦方程的复数形式

复数运算中，对复数的微分和积分运算是分别对其实部和虚部进行的，并不改变其实部和虚部的性质，故

$$L(\mathrm{Re}\dot{a})=\mathrm{Re}(L\dot{a}) \tag{4.6.11}$$

其中，L 是实线性算子，如$\frac{\partial}{\partial t}$，$\nabla$，$\int\cdots\mathrm{d}t$ 等。因此

$$\nabla\times\boldsymbol{H}(r,t)=\boldsymbol{J}(r,t)+\frac{\partial\boldsymbol{D}(r,t)}{\partial t} \tag{4.6.12}$$

$$\nabla\times\mathrm{Re}[\dot{\boldsymbol{H}}(r)\cdot e^{j\omega t}]=\mathrm{Re}[\dot{\boldsymbol{J}}(r)\cdot e^{j\omega t}]+\frac{\partial}{\partial t}\mathrm{Re}[\dot{\boldsymbol{D}}(r)\cdot e^{j\omega t}] \tag{4.6.13}$$

考虑到复数运算，有

$$\begin{cases}\mathrm{Re}[\nabla\times\dot{\boldsymbol{H}}e^{j\omega t}]=\mathrm{Re}[\dot{\boldsymbol{J}}e^{j\omega t}]+\mathrm{Re}[j\omega\dot{\boldsymbol{D}}e^{j\omega t}]\\\mathrm{Re}[\nabla\times\dot{\boldsymbol{H}}e^{j\omega t}-\dot{\boldsymbol{J}}e^{j\omega t}-j\omega\dot{\boldsymbol{D}}e^{j\omega t}]=0\\\mathrm{Re}[\nabla\times\dot{\boldsymbol{H}}-\dot{\boldsymbol{J}}-j\omega\dot{\boldsymbol{D}}]=0\end{cases} \tag{4.6.14}$$

故对于 t 任意时

$$\nabla\times\dot{\boldsymbol{H}}=\dot{\boldsymbol{J}}+j\omega\dot{\boldsymbol{D}} \tag{4.6.15a}$$

同理可得式(4.3.1b)～式(4.3.1d)对应的复数形式

$$\nabla\times\dot{\boldsymbol{E}}=-j\omega\dot{\boldsymbol{B}} \tag{4.6.15b}$$

$$\nabla\cdot\dot{\boldsymbol{B}}=0 \tag{4.6.15c}$$

$$\nabla\cdot\dot{\boldsymbol{D}}=\dot{\rho} \tag{4.6.15d}$$

以及电流连续性方程的复数形式

$$\nabla\cdot\dot{\boldsymbol{J}}=-j\omega\dot{\rho} \tag{4.6.16}$$

显然，为了把瞬时值表示的麦克斯韦方程的微分形式写成复数形式，只要把场量和场源的瞬时值换成对应的复数形式，把微分形式方程中的$\frac{\partial}{\partial t}$换成 $j\omega$ 即可。并且不难看出，当用复数形式表示后，麦克斯韦方程中的场量和场源由四维(x，y，z，t)函数变成了三维(x，y，z)函数，变量的维数减少了一个，且偏微分方程(对时间 t 的偏微分)变成了代

数方程，使问题更便于求解。

4.6.3　复坡印亭矢量

坡印亭矢量 $\boldsymbol{S}(r, t)=\boldsymbol{E}(r, t)\times\boldsymbol{H}(r, t)$ 表示瞬时电磁功率流密度，它没有指定电场强度和磁场强度随时间变化的方式。对于正弦电磁场，电场强度和磁场强度的每一坐标分量都随时间作周期性的简谐变化。这时，每一点处的瞬时电磁功率流密度的时间平均值更具有实际意义。下面我们就来讨论这个问题。

对正弦电磁场，将场矢量用复数表示为

$$\boldsymbol{E}(r, t)=\mathrm{Re}[\boldsymbol{E}(r)\cdot \mathrm{e}^{\mathrm{j}\omega t}]=\frac{1}{2}[\boldsymbol{E}(r)\cdot \mathrm{e}^{\mathrm{j}\omega t}+\boldsymbol{E}^*(r)\cdot \mathrm{e}^{-\mathrm{j}\omega t}] \tag{4.6.17}$$

$$\boldsymbol{H}(r, t)=\mathrm{Re}[\boldsymbol{H}(r)\cdot \mathrm{e}^{\mathrm{j}\omega t}]=\frac{1}{2}[\boldsymbol{H}(r)\cdot \mathrm{e}^{\mathrm{j}\omega t}+\boldsymbol{H}^*(r)\cdot \mathrm{e}^{-\mathrm{j}\omega t}] \tag{4.6.18}$$

从而坡印亭矢量瞬时值可写成

$$\begin{aligned}\boldsymbol{S}(r, t)&=\boldsymbol{E}(r, t)\times\boldsymbol{H}(r, t)=\frac{1}{2}[\boldsymbol{E}\cdot \mathrm{e}^{\mathrm{j}\omega t}+\boldsymbol{E}^*\cdot \mathrm{e}^{-\mathrm{j}\omega t}]\times\frac{1}{2}[\boldsymbol{H}\cdot \mathrm{e}^{\mathrm{j}\omega t}+\boldsymbol{H}^*\cdot \mathrm{e}^{-\mathrm{j}\omega t}]\\&=\frac{1}{2}\cdot\frac{1}{2}(\boldsymbol{E}\times\boldsymbol{H}^*+\boldsymbol{E}^*\times\boldsymbol{H})+\frac{1}{2}\cdot\frac{1}{2}(\boldsymbol{E}\times\boldsymbol{H}\cdot \mathrm{e}^{\mathrm{j}2\omega t}+\boldsymbol{E}^*\times\boldsymbol{H}^*\cdot \mathrm{e}^{-\mathrm{j}2\omega t})\\&=\frac{1}{2}\mathrm{Re}[\boldsymbol{E}\times\boldsymbol{H}^*]+\frac{1}{2}\mathrm{Re}[\boldsymbol{E}\times\boldsymbol{H}\cdot \mathrm{e}^{\mathrm{j}2\omega t}]\end{aligned} \tag{4.6.19}$$

它在一个周期 $T=2\pi/\omega$ 内的平均值为

$$\boldsymbol{S}_{\mathrm{av}}=\frac{1}{T}\int_0^T\boldsymbol{S}(r, t)\mathrm{d}t=\mathrm{Re}\left[\frac{1}{2}\boldsymbol{E}(r)\times\boldsymbol{H}^*(r)\right]=\mathrm{Re}[\boldsymbol{S}(r)] \tag{4.6.20}$$

其中

$$\boldsymbol{S}(r)=\frac{1}{2}\boldsymbol{E}(r)\times\boldsymbol{H}^*(r) \tag{4.6.21}$$

$\boldsymbol{S}(r)$ 称为复坡印亭矢量，它与时间 t 无关，表示复功率流密度，其实部为平均功率流密度(有功功率流密度)，虚部为无功功率流密度。特别需要注意的是，式(4.6.20)中的电场强度和磁场强度是复振幅值而不是有效值；$\boldsymbol{E}^*$、$\boldsymbol{H}^*$ 是 $\boldsymbol{E}$、$\boldsymbol{H}$ 的共轭复数。$\boldsymbol{S}_{\mathrm{av}}$ 称为平均能流密度矢量或平均坡印亭矢量。

类似地，可得到电场能量密度、磁场能量密度和导电损耗功率密度的表示式为

$$\omega_{\mathrm{e}}(r, t)=\frac{1}{2}\boldsymbol{E}(r, t)\cdot\boldsymbol{D}(r, t)=\frac{1}{4}\mathrm{Re}[\boldsymbol{E}(r)\cdot\boldsymbol{D}^*(r)]+\frac{1}{4}\mathrm{Re}[\boldsymbol{E}(r)\cdot\boldsymbol{D}(r)\cdot \mathrm{e}^{\mathrm{j}2\omega t}] \tag{4.6.22}$$

$$\omega_{\mathrm{m}}(r, t)=\frac{1}{2}\boldsymbol{B}(r, t)\cdot\boldsymbol{H}(r, t)=\frac{1}{4}\mathrm{Re}[\boldsymbol{B}(r)\cdot\boldsymbol{H}^*(r)]+\frac{1}{4}\mathrm{Re}[\boldsymbol{B}(r)\cdot\boldsymbol{H}(r)\cdot \mathrm{e}^{\mathrm{j}2\omega t}] \tag{4.6.23}$$

$$p(r, t)=\boldsymbol{J}(r, t)\cdot\boldsymbol{E}(r, t)=\frac{1}{2}\mathrm{Re}[\boldsymbol{J}(r)\cdot\boldsymbol{E}^*(r)]+\frac{1}{2}\mathrm{Re}[\boldsymbol{J}(r)\cdot\boldsymbol{E}(r)\cdot \mathrm{e}^{\mathrm{j}2\omega t}] \tag{4.6.24}$$

上面各式中，右边第一项是各对应量的时间平均值，它们都仅是空间坐标的函数。单位体积中电场和磁场储能、导电损耗功率密度在一周期 T 内的时间平均值为

$$\omega_{\mathrm{av, e}}=\frac{1}{4}\mathrm{Re}[\boldsymbol{E}(r)\cdot\boldsymbol{D}^*(r)] \tag{4.6.25}$$

$$\omega_{\mathrm{av, m}}=\frac{1}{4}\mathrm{Re}[\boldsymbol{B}(r)\cdot\boldsymbol{H}^*(r)] \tag{4.6.26}$$

$$p_{av} = \frac{1}{2}\mathrm{Re}[\boldsymbol{J}(r) \cdot \boldsymbol{E}^*(r)] \tag{4.6.27}$$

4.6.4 复介电常量与复磁导率

介质在电磁场作用下呈现三种状态——极化、磁化和传导，它们可用一组宏观电磁参数表征，即介电常量(电容率)、磁导率和电导率。在静态场中这些参数都是实常数；而在时变电磁场作用下，反映介质电磁特性的宏观参数与场的时间变化率有关，对正弦电磁场即与频率有关。研究表明：一般情况下(特别在高频场作用下)，描述介质色散特性的宏观参数为复数，其实部和虚部都是频率的函数，且虚部总是大于零的正数，即

$$\begin{cases} \varepsilon_c = \varepsilon'(\omega) - \mathrm{j}\varepsilon''(\omega) \\ \mu_c = \mu'(\omega) - \mathrm{j}\mu''(\omega) \\ \sigma_c = \sigma'(\omega) - \mathrm{j}\sigma''(\omega) \end{cases} \tag{4.6.28}$$

其中，ε_c、μ_c 分别称为复介电常量和复磁导率。必须指出，金属导体的电导率在直到红外线的整个射频范围内均可看作实数，且与频率无关。这些复数宏观电磁参数表明：同一介质在不同频率的场作用下，可以呈现不同的介质特性。

下面讨论介质的复数电磁参数的虚部所反映的能量损耗。电导率 $\sigma \neq 0$ 的介质，电磁波的电场在其中产生的传导电流密度为 $\boldsymbol{J}_c = \sigma\boldsymbol{E}$，从而引起功率损耗，使电磁波的幅度衰减，其单位体积的导电功率损耗时间平均值为

$$p = \frac{1}{2}\mathrm{Re}[\boldsymbol{J}_c \cdot \boldsymbol{E}^*] = \frac{1}{2}\sigma E_m^2 \tag{4.6.29}$$

其中，E_m 为振幅值。

如仅考虑介质中复介电常量 $\varepsilon_c = \varepsilon' - \mathrm{j}\varepsilon''$ 的虚部所反映的能量损耗，则介质中位移电流密度为

$$\boldsymbol{J}_d = \mathrm{j}\omega\varepsilon_c\boldsymbol{E} = \mathrm{j}\omega(\varepsilon' - \mathrm{j}\varepsilon'')\boldsymbol{E} = \mathrm{j}\omega\varepsilon'\boldsymbol{E} + \omega\varepsilon''\boldsymbol{E} \tag{4.6.30}$$

其中，与 $\boldsymbol{E}$ 同相的位移电流分量也引起功率损耗。介质单位体积极化功率损耗的时间平均值可以表示为

$$\begin{aligned} p &= \frac{1}{2}\mathrm{Re}[\boldsymbol{J}_d \cdot \boldsymbol{E}^*] = \frac{1}{2}\mathrm{Re}[\mathrm{j}\omega(\varepsilon' - \mathrm{j}\varepsilon'')\boldsymbol{E} \cdot \boldsymbol{E}^*] \\ &= \frac{1}{2}\mathrm{Re}[\omega\varepsilon'' E_m^2 + \mathrm{j}\omega\varepsilon' E_m^2] \\ &= \frac{1}{2}\omega\varepsilon'' E_m^2 \end{aligned} \tag{4.6.31}$$

由式(4.6.31)可见，单位体积的极化损耗功率与 $\varepsilon''(\omega)$ 成正比；同样，$\mu''(\omega)$ 反映介质的磁化损耗，且与磁化功率成正比。

复介电常量和复磁导率的辐角称为损耗角，分别用 δ_ε 和 δ_μ 表示，且把

$$\begin{cases} \tan\delta_\varepsilon = \dfrac{\varepsilon''}{\varepsilon'} \\ \tan\delta_\mu = \dfrac{\mu''}{\mu'} \end{cases} \tag{4.6.32}$$

称为损耗角正切。由给定频率上的损耗角正切的大小，可以说明介质在该频率上的损耗大小。

对于具有复介电常量的导电介质，考虑到传导电流 $\boldsymbol{J}=\sigma\boldsymbol{E}$，式(4.3.1a)变为

$$\nabla\times\boldsymbol{H}=\sigma\boldsymbol{E}+\mathrm{j}\omega(\varepsilon'-\mathrm{j}\varepsilon'')\boldsymbol{E}=(\sigma+\omega\varepsilon'')\boldsymbol{E}+\mathrm{j}\omega\varepsilon'\boldsymbol{E}$$

$$=\mathrm{j}\omega\left[\varepsilon'-\mathrm{j}\left(\varepsilon''+\frac{\sigma}{\omega}\right)\right]\boldsymbol{E}=\mathrm{j}\omega\varepsilon_{\mathrm{c}}\boldsymbol{E}\tag{4.6.33}$$

式(4.6.33)表明：导电介质中的传导电流和位移电流可以用一个等效的位移电流代替；导电介质的电导率和介电常量的总效应可以用一个等效复介电常量表示，即

$$\varepsilon_{\mathrm{c}}=\varepsilon'-\mathrm{j}\left(\varepsilon''+\frac{\sigma}{\omega}\right)\tag{4.6.34}$$

式(4.6.34)表明：ε''与σ/ω的能量损耗作用等效。引入等效复介电常量的概念后，电导率变成等效复介电常量的虚数部分，因此可以把导体也视为一种等效的有耗电介质。引入复介电常量和复磁导率后，有耗介质和理想介质中的麦克斯韦方程组在形式上就完全相同了，因此可以采用同一种方法分析有耗介质和理想介质中的电磁波特性，只需用 ε_{c} 和 μ_{c} 分别代替理想介质情况下的 ε 和 μ。

4.6.5 复坡印亭定理

下面来研究场量用复数表示时坡印亭定理的表示式：复坡印亭定理。利用矢量恒等式：

$$\nabla\cdot(\boldsymbol{A}\times\boldsymbol{B})=\boldsymbol{B}\cdot(\nabla\times\boldsymbol{A})-\boldsymbol{A}\cdot(\nabla\times\boldsymbol{B})$$

可知

$$\nabla\cdot\left(\frac{1}{2}\boldsymbol{E}\times\boldsymbol{H}^*\right)=\frac{1}{2}\boldsymbol{H}^*\cdot(\nabla\times\boldsymbol{E})-\frac{1}{2}\boldsymbol{E}\cdot(\nabla\times\boldsymbol{H}^*)\tag{4.6.35}$$

将式(4.6.15a)和式(4.6.15b)代入式(4.6.35)得

$$\nabla\cdot\left(\frac{1}{2}\boldsymbol{E}\times\boldsymbol{H}^*\right)=\frac{1}{2}\boldsymbol{H}^*\cdot(-\mathrm{j}\omega\boldsymbol{B})-\frac{1}{2}\boldsymbol{E}\cdot(\boldsymbol{J}^*-\mathrm{j}\omega\boldsymbol{D}^*)$$

整理上式有

$$-\nabla\cdot\left(\frac{1}{2}\boldsymbol{E}\times\boldsymbol{H}^*\right)=\frac{1}{2}\boldsymbol{E}\cdot\boldsymbol{J}^*+\mathrm{j}2\omega\left(\frac{1}{4}\boldsymbol{B}\cdot\boldsymbol{H}^*-\frac{1}{4}\boldsymbol{E}\cdot\boldsymbol{D}^*\right)$$

这个公式表示了作为点函数的功率密度关系。对其两端取体积分，并应用散度定理得

$$-\oint_S\left(\frac{1}{2}\boldsymbol{E}\times\boldsymbol{H}^*\right)\cdot\mathrm{d}\boldsymbol{S}=\mathrm{j}2\omega\int_V\left(\frac{1}{4}\boldsymbol{B}\cdot\boldsymbol{H}^*-\frac{1}{4}\boldsymbol{E}\cdot\boldsymbol{D}^*\right)\mathrm{d}V+\int_V\frac{1}{2}\boldsymbol{E}\cdot\boldsymbol{J}^*\,\mathrm{d}V\tag{4.6.36}$$

这就是用复矢量表示的坡印亭定理，称为复坡印亭定理。

设宏观电磁参数 σ 为实数，磁导率和介电常量为复数，则有

$$\frac{1}{2}\boldsymbol{E}\cdot\boldsymbol{J}^*=\frac{1}{2}\sigma E^2$$

$$-\frac{\mathrm{j}\omega}{2}\boldsymbol{B}\cdot\boldsymbol{H}^*=\frac{\mathrm{j}\omega}{2}(\mu'-\mathrm{j}\mu'')\boldsymbol{H}\cdot\boldsymbol{H}^*=\frac{1}{2}\omega\mu''H^2+\frac{1}{2}\mathrm{j}\omega\mu'H^2$$

$$-\frac{\mathrm{j}\omega}{2}\boldsymbol{E}\cdot\boldsymbol{D}^*=-\frac{\mathrm{j}\omega}{2}(\varepsilon'+\mathrm{j}\varepsilon'')\boldsymbol{E}^*\cdot\boldsymbol{E}=\frac{1}{2}\omega\varepsilon''E^2-\frac{1}{2}\mathrm{j}\omega\varepsilon'E^2$$

将以上各式代入式(4.6.36)得

$$-\oint_S\left(\frac{1}{2}\boldsymbol{E}\times\boldsymbol{H}^*\right)\cdot\mathrm{d}\boldsymbol{S}=\int_V\left(\frac{1}{2}\sigma E^2+\frac{1}{2}\omega\varepsilon''E^2+\frac{1}{2}\omega\mu''H^2\right)\mathrm{d}V+\mathrm{j}2\omega\int_V\left(\frac{1}{4}\mu'H^2-\frac{1}{4}\varepsilon'E^2\right)\mathrm{d}V$$

$$=\int_V(p_{\mathrm{av,c}}+p_{\mathrm{av,e}}+p_{\mathrm{av,m}})\mathrm{d}V+\mathrm{j}2\omega\int_V(\omega_{\mathrm{av,m}}-\omega_{\mathrm{av,e}})\mathrm{d}V\tag{4.6.37}$$

其中：$p_{\text{av, c}}$、$p_{\text{av, e}}$、$p_{\text{av, m}}$分别是单位体积内的导电损耗功率、极化损耗功率和磁化损耗功率的时间平均值；$\omega_{\text{av, e}}$和$\omega_{\text{av, m}}$分别是电场和磁场能量密度的时间平均值。

［例 4.6.3］　已知无源$\rho=0$，$\boldsymbol{J}=\boldsymbol{0}$的自由空间中，时变电磁场的电场强度复矢量为

$$\boldsymbol{E}(z)=\boldsymbol{a}_y E_0 \mathrm{e}^{-\mathrm{j}kz}\ \mathrm{V/m}$$

其中，k、E_0为常数。求：

(1) 磁场强度复矢量；

(2) 坡印亭矢量的瞬时值；

(3) 平均坡印亭矢量。

解　(1) 由$\nabla\times\boldsymbol{E}=-\mathrm{j}\omega\mu_0\boldsymbol{H}$得

$$\boldsymbol{H}(z)=-\frac{1}{\mathrm{j}\omega\mu_0}\nabla\times\boldsymbol{E}(z)=-\frac{1}{\mathrm{j}\omega\mu_0}\boldsymbol{a}_z\frac{\partial}{\partial z}\times(\boldsymbol{a}_y E_0\mathrm{e}^{-\mathrm{j}kz})$$
$$=-\boldsymbol{a}_x\frac{kE_0}{\omega\mu_0}\mathrm{e}^{-\mathrm{j}kz}$$

(2) 电场、磁场的瞬时值为

$$\boldsymbol{E}(z,t)=\mathrm{Re}[\boldsymbol{E}(z)\cdot\mathrm{e}^{\mathrm{j}\omega t}]=\boldsymbol{a}_y E_0\cos(\omega t-kz)$$
$$\boldsymbol{H}(z,t)=\mathrm{Re}[\boldsymbol{H}(z)\cdot\mathrm{e}^{\mathrm{j}\omega t}]=-\boldsymbol{a}_x\frac{kE_0}{\omega\mu_0}\cos(\omega t-kz)$$

所以，坡印亭矢量的瞬时值为

$$\boldsymbol{S}(z,t)=\boldsymbol{E}(z,t)\times\boldsymbol{H}(z,t)=\boldsymbol{a}_z\frac{kE_0^2}{\omega\mu_0}\cos^2(\omega t-kz)$$

(3) 平均坡印亭矢量为

$$\boldsymbol{S}_{\text{av}}=\frac{1}{2}\mathrm{Re}[\boldsymbol{E}(z)\times\boldsymbol{H}^*(z)]=\frac{1}{2}\mathrm{Re}\left[\boldsymbol{a}_y E_0\mathrm{e}^{-\mathrm{j}kz}\times\left(-\boldsymbol{a}_x\frac{kE_0}{\omega\mu_0}\mathrm{e}^{-\mathrm{j}kz}\right)\right]$$
$$=\frac{1}{2}\mathrm{Re}\left[\boldsymbol{a}_z\frac{kE_0^2}{\omega\mu_0}\right]=\boldsymbol{a}_z\frac{1}{2}\frac{kE_0^2}{\omega\mu_0}$$

4.6.6　时变电磁场的唯一性定理

时变电磁场解的唯一性定理可表述如下：对于$t>0$的所有时刻，由曲面S所围成的闭合域V内的电磁场是由V内的电磁场$\boldsymbol{E}$、$\boldsymbol{H}$在$t=0$时刻的初始值，以及$t\geqslant 0$时刻边界面S上的切向电场或者切向磁场所唯一确定的。

证明时变电磁场的唯一性定理的方法，同静态场的唯一性定理的证明方法一样，仍采用反证法，即设两组解$\boldsymbol{E}_1$、$\boldsymbol{H}_1$和$\boldsymbol{E}_2$、$\boldsymbol{H}_2$都是体积V中满足麦克斯韦方程组和边界条件的解，在$t=0$时刻它们在V内所有点上都相等，但在$t>0$的所有时刻它们不相等。设介质是线性介质，则麦克斯韦方程组也是线性的。根据麦克斯韦方程组的线性性质，这两组解的差$\Delta\boldsymbol{E}=\boldsymbol{E}_2-\boldsymbol{E}_1$、$\Delta\boldsymbol{H}=\boldsymbol{H}_2-\boldsymbol{H}_1$也必定是麦克斯韦方程组的解。对于这组差值解，应用坡印亭定理，有

$$-\oint_S(\Delta\boldsymbol{E}\times\Delta\boldsymbol{H})\cdot\boldsymbol{n}\mathrm{d}S=\frac{\partial}{\partial t}\int_V\left(\frac{1}{2}\varepsilon|\Delta\boldsymbol{E}|^2+\frac{1}{2}\mu|\Delta\boldsymbol{H}|^2\right)\mathrm{d}V+\int_V\sigma|\Delta\boldsymbol{E}|^2\mathrm{d}V \quad (4.6.38)$$

因为在边界面S上，电场的切向分量或者磁场的切向分量已经给定，所以电场$\Delta\boldsymbol{E}$的切向分量或者磁场$\Delta\boldsymbol{H}$的切向分量必为零，即

$$\boldsymbol{n}\times\Delta\boldsymbol{E}=\boldsymbol{0}\text{ 或者 }\boldsymbol{n}\times\Delta\boldsymbol{H}=\boldsymbol{0}$$

故必有

$$\boldsymbol{n}\cdot(\Delta\boldsymbol{E}\times\Delta\boldsymbol{H})=\Delta\boldsymbol{H}\cdot(\boldsymbol{n}\times\Delta\boldsymbol{E})=\Delta\boldsymbol{E}\cdot(\Delta\boldsymbol{H}\times\boldsymbol{n})=0 \tag{4.6.39}$$

所以 $\Delta\boldsymbol{E}\times\Delta\boldsymbol{H}$ 在边界面 S 上的法向分量为零，即应用坡印亭定理所得表示式左端的积分为零。因此

$$\frac{\partial}{\partial t}\int_V\left(\frac{1}{2}\varepsilon\,|\Delta\boldsymbol{E}|^2+\frac{1}{2}\mu\,|\Delta\boldsymbol{H}|^2\right)\mathrm{d}V=-\int_V\sigma\,|\Delta\boldsymbol{E}|^2\,\mathrm{d}V \tag{4.6.40}$$

式(4.6.40)的右端总是小于或等于零的，而左端代表能量的积分在 $t>0$ 的所有时刻只能大于或等于零。这样上面的等式要成立，只能是等式两边都为零，也就是差值解 $\Delta\boldsymbol{E}=\boldsymbol{E}_2-\boldsymbol{E}_1$，$\Delta\boldsymbol{H}=\boldsymbol{H}_2-\boldsymbol{H}_1$ 在 $t\geqslant 0$ 时刻恒为零，这就意味着区域 V 内的电磁场 $\boldsymbol{E}$、$\boldsymbol{H}$ 只有唯一的一组解，即不可能有两组不同的解，定理得证。

必须注意，时变电磁场唯一性定理的条件，只是给定电场 $\boldsymbol{E}$ 或者磁场 $\boldsymbol{H}$ 在边界面上的切向分量。这就是说，对于一个被闭合面 S 包围的区域 V，如果闭合面 S 上电场 $\boldsymbol{E}$ 的切向分量给定，或者闭合面 S 上磁场 $\boldsymbol{H}$ 的切向分量给定，或者闭合面 S 上一部分区域给定电场 $\boldsymbol{E}$ 的切向分量，其余区域给定磁场 $\boldsymbol{H}$ 的切向分量，那么在区域 V 内的电磁场 $\boldsymbol{E}$、$\boldsymbol{H}$ 是唯一确定的。另一方面，为了能由麦克斯韦方程组解出时变电磁场，一般需要同时应用边界面上的电场 $\boldsymbol{E}$ 切向分量和磁场 $\boldsymbol{H}$ 切向分量边界条件。因此，对于时变电磁场，只要满足边界条件就必能保证解的唯一性。

4.7 波动方程

电磁波的存在是麦克斯韦方程组的一个重要结果。1865 年，麦克斯韦从它的方程组出发推导出了波动方程，并得到了电磁波速度的一般表示式，由此预言电磁波的存在及电磁波与光波的同一性。1887 年，赫兹用实验方法产生和检测了电磁波。下面我们由麦克斯韦方程组导出波动方程。

考虑介质均匀、线性、各向同性，且研究的区域为无源($\boldsymbol{J}=\boldsymbol{0}$，$\rho=0$)，无导电损耗($\sigma=0$)的情况，这时麦克斯韦方程组为

$$\begin{cases}\nabla\times\boldsymbol{H}=\varepsilon\dfrac{\partial\boldsymbol{E}}{\partial t} & (4.7.1\text{a})\\ \nabla\times\boldsymbol{E}=-\mu\dfrac{\partial\boldsymbol{H}}{\partial t} & (4.7.1\text{b})\\ \nabla\cdot\boldsymbol{H}=0 & (4.7.1\text{c})\\ \nabla\cdot\boldsymbol{E}=0 & (4.7.1\text{d})\end{cases}$$

对式(4.7.1b)两边取旋度，并利用矢量恒等式

$$\nabla\times\nabla\times\boldsymbol{E}=\nabla(\nabla\cdot\boldsymbol{E})-\nabla^2\boldsymbol{E}$$

得

$$\nabla\times\nabla\times\boldsymbol{E}=-\mu\nabla\times\frac{\partial\boldsymbol{H}}{\partial t}$$

$$\nabla(\nabla\cdot\boldsymbol{E})-\nabla^2\boldsymbol{E}=-\mu\frac{\partial}{\partial t}(\nabla\times\boldsymbol{H})$$

将式(4.7.1a)和式(4.7.1d)代入上式，得

$$\nabla^2\boldsymbol{E}-\mu\frac{\partial}{\partial t}\left(\varepsilon\frac{\partial\boldsymbol{E}}{\partial t}\right)=\boldsymbol{0}$$

整理后有

$$\nabla^2\boldsymbol{E}-\mu\varepsilon\frac{\partial^2\boldsymbol{E}}{\partial t^2}=\boldsymbol{0} \tag{4.7.2}$$

类似地，可推导出

$$\nabla^2\boldsymbol{H}-\mu\varepsilon\frac{\partial^2\boldsymbol{H}}{\partial t^2}=\boldsymbol{0} \tag{4.7.3}$$

式(4.7.2)和式(4.7.3)是 $\boldsymbol{E}$ 和 $\boldsymbol{H}$ 满足的无源空间的瞬时值矢量齐次波动方程。其中 ∇^2 为矢量拉普拉斯算符。无源、无耗区域中的 $\boldsymbol{E}$ 或 $\boldsymbol{H}$ 可以通过解式(4.7.2)或式(4.7.3)得到。求解这类矢量方程有两种方法：一种是直接寻求满足该矢量方程的解；另一种是设法将矢量方程分解为标量方程，通过求解标量方程来得到矢量函数的解。例如，在直角坐标系中，由 $\boldsymbol{E}$ 的矢量波动方程可以得到三个标量波动方程：

$$\begin{cases}\dfrac{\partial^2 E_x}{\partial x^2}+\dfrac{\partial^2 E_x}{\partial y^2}+\dfrac{\partial^2 E_x}{\partial z^2}-\mu\varepsilon\dfrac{\partial^2 E_x}{\partial t^2}=0\\[2ex]\dfrac{\partial^2 E_y}{\partial x^2}+\dfrac{\partial^2 E_y}{\partial y^2}+\dfrac{\partial^2 E_y}{\partial z^2}-\mu\varepsilon\dfrac{\partial^2 E_y}{\partial t^2}=0\\[2ex]\dfrac{\partial^2 E_z}{\partial x^2}+\dfrac{\partial^2 E_z}{\partial y^2}+\dfrac{\partial^2 E_z}{\partial z^2}-\mu\varepsilon\dfrac{\partial^2 E_z}{\partial t^2}=0\end{cases} \tag{4.7.4}$$

但要注意，只有在直角坐标系中才能得到每个方程中只含有一个未知函数的三个标量波动方程。在其他正交曲线坐标系中，矢量波动方程分解得到的三个标量波动方程都具有复杂的形式。

对于正弦电磁场，可由复数形式的麦克斯韦方程导出复数形式的波动方程

$$\nabla^2\boldsymbol{E}+k^2\boldsymbol{E}=\boldsymbol{0} \tag{4.7.5}$$

$$\nabla^2\boldsymbol{H}+k^2\boldsymbol{H}=\boldsymbol{0} \tag{4.7.6}$$

其中

$$k=\omega\sqrt{\mu\varepsilon} \tag{4.7.7}$$

式(4.7.5)和式(4.7.6)分别是 $\boldsymbol{E}$ 和 $\boldsymbol{H}$ 满足的无源、无耗空间的复矢量波动方程，又称为矢量齐次亥姆霍兹方程。必须指出，式(4.7.5)和式(4.7.6)的解还需要满足散度为零的条件，即必须满足

$$\nabla\cdot\boldsymbol{E}=0,\ \nabla\cdot\boldsymbol{H}=0$$

如果介质是有耗的，即介电常量和磁导率是复数，则 k 也相应地变为复数 $k_c=\omega\sqrt{\mu_c\varepsilon_c}$；对于导电介质，采用式(4.6.34)中的等效复介电常量 ε_c 代替式(4.7.7)中的 ε，波动方程形式不变。

波动方程的解表示时变电磁场将以波动形式传播，构成电磁波。波动方程在自由空间的解是一个沿某一特定方向以光速传播的电磁波。研究电磁波的传播问题都可归结为在约定边界条件和初始条件下求波动方程的解。

［例 4.7.1］　在无源区求均匀导电介质中电场强度和磁场强度满足的波动方程。

解　考虑到各向同性、线性、均匀的导电介质和无源区域，由麦克斯韦方程有

$$\nabla\times\nabla\times\boldsymbol{E}=\nabla\times\left(-\mu\frac{\partial\boldsymbol{H}}{\partial t}\right)$$

利用矢量恒等式，并且将其代入式(4.3.1a)和式(4.3.1d)，得

$$\nabla(\nabla\cdot\boldsymbol{E})-\nabla^2\boldsymbol{E}=-\mu\frac{\partial}{\partial t}(\nabla\times\boldsymbol{H})$$

$$\nabla(\nabla\cdot\boldsymbol{E})-\nabla^2\boldsymbol{E}=-\mu\frac{\partial}{\partial t}\left(\sigma\boldsymbol{E}+\varepsilon\frac{\partial\boldsymbol{E}}{\partial t}\right)$$

所以，电场强度 $\boldsymbol{E}$ 满足的波动方程为

$$\nabla^2\boldsymbol{E}-\mu\varepsilon\frac{\partial^2\boldsymbol{E}}{\partial t^2}-\mu\sigma\frac{\partial\boldsymbol{E}}{\partial t}=\boldsymbol{0}$$

同理可得磁场强度 $\boldsymbol{H}$ 满足的波动方程为

$$\nabla^2\boldsymbol{H}-\mu\varepsilon\frac{\partial^2\boldsymbol{H}}{\partial t^2}-\mu\sigma\frac{\partial\boldsymbol{H}}{\partial t}=0$$

4.8　时变电磁场的位函数

电磁理论所研究的问题中，有一类问题是根据所给定的场源，求它所产生的电磁场，此时应从麦克斯韦方程组出发。当外加场源不为零时，麦克斯韦方程组的一般形式为式(4.3.1a)～式(4.3.1d)，如果将式(4.3.1a)两边取旋度后，再将式(4.3.1b)和式(4.3.1c)代入其相关项可得

$$\nabla^2\boldsymbol{H}-\mu\varepsilon\frac{\partial^2\boldsymbol{H}}{\partial t^2}=-\nabla\times\boldsymbol{J}\tag{4.8.1}$$

用类似的方法也可获得

$$\nabla^2\boldsymbol{E}-\mu\varepsilon\frac{\partial^2\boldsymbol{E}}{\partial t^2}=\mu\frac{\partial\boldsymbol{J}}{\partial t}+\frac{\nabla\rho}{\varepsilon}\tag{4.8.2}$$

方程(4.8.1)和方程(4.8.2)称为有源区域的非齐次矢量波动方程。由于外加场源都以复杂形式出现在方程中，所以根据区域中源的分布，直接求解这两个非齐次矢量波动方程是相当困难的，为了使分析得以简化，可以如同静态场那样引入位函数。

因为$\nabla\cdot\boldsymbol{B}=0$，根据矢量恒等式$\nabla\cdot(\nabla\times\boldsymbol{A})=0$，可以令

$$\boldsymbol{B}=\nabla\times\boldsymbol{A}\tag{4.8.3}$$

将其代入式(4.3.1b)得

$$\nabla\times\boldsymbol{E}=-\frac{\partial}{\partial t}(\nabla\times\boldsymbol{A})\tag{4.8.4}$$

即

$$\nabla\times\left(\boldsymbol{E}+\frac{\partial\boldsymbol{A}}{\partial t}\right)=\boldsymbol{0}\tag{4.91.5}$$

根据矢量恒等式$\nabla\times(\nabla\varphi)=\boldsymbol{0}$，可以令

$$\boldsymbol{E}+\frac{\partial\boldsymbol{A}}{\partial t}=-\nabla\varphi\tag{4.8.6}$$

即

$$\boldsymbol{E} = -\nabla\varphi - \frac{\partial \boldsymbol{A}}{\partial t} \tag{4.8.7}$$

如果 $\boldsymbol{A}$ 和 φ 已知，则可由式(4.8.3)和式(4.8.7)确定 $\boldsymbol{B}$ 和 $\boldsymbol{E}$。

但是，满足这两式的 $\boldsymbol{A}$ 和 φ 并不是唯一的。例如，取另一组位函数

$$\begin{cases} \varphi' = \varphi - \dfrac{\partial \Psi}{\partial t} \\ \boldsymbol{A}' = \boldsymbol{A} + \nabla \Psi \end{cases} \tag{4.8.8}$$

则有

$$\begin{cases} \nabla \times \boldsymbol{A}' = \boldsymbol{B} \\ -\nabla \varphi' - \dfrac{\partial \boldsymbol{A}'}{\partial t} = \boldsymbol{E} \end{cases} \tag{4.8.9}$$

根据亥姆霍兹定理，要唯一地确定 $\boldsymbol{A}$ 和 φ，还需要知道 $\boldsymbol{A}$ 的散度的值。我们可以任意规定 $\boldsymbol{A}$ 的散度值，从而得到一组确定的 $\boldsymbol{A}$ 和 φ，再代入式(4.8.3)和式(4.8.7)后得到的电场 $\boldsymbol{E}$、磁场 $\boldsymbol{H}$ 均满足麦克斯韦方程。

可见，由 φ' 和 $\boldsymbol{A}'$ 所确定的 $\boldsymbol{E}$ 和 $\boldsymbol{H}$，与采取 φ 和 $\boldsymbol{A}$ 确定的 $\boldsymbol{E}$ 和 $\boldsymbol{H}$ 一样。这种改变辅助位函数而维持场函数不变的情况，就叫做“规范不变性”。规范不变性说明可以有很多组 φ 和 $\boldsymbol{A}$ 供选择，可以对 φ 和 $\boldsymbol{A}$ 加一些附加规范条件，以选出一组符合特定规范的 φ 和 $\boldsymbol{A}$，使方程简化。洛伦兹规范条件就是这样一种条件。事实上，根据不同的情况，还可以选取不同的规范，如在静态场中，曾选取 $\nabla \cdot \boldsymbol{A}=0$，这就是所谓的库仑规范条件。

下面推导时变磁场中矢量磁位 $\boldsymbol{A}$ 和标量位 φ 在均匀介质中满足的波动方程。把式(4.8.3)和式(4.8.7)代入式(4.3.1d)和式(4.3.1a)得

$$\nabla \cdot \boldsymbol{E} = \nabla \cdot \left(-\nabla \varphi - \frac{\partial \boldsymbol{A}}{\partial t}\right) = \frac{\rho}{\varepsilon} \tag{4.8.10}$$

$$\nabla^2 \varphi + \frac{\partial}{\partial t}(\nabla \cdot \boldsymbol{A}) = -\frac{\rho}{\varepsilon} \tag{4.8.11}$$

$$\nabla \times \boldsymbol{H} = \frac{1}{\mu} \nabla \times (\nabla \times \boldsymbol{A}) = \boldsymbol{J} + \varepsilon \frac{\partial \boldsymbol{E}}{\partial t} = \boldsymbol{J} + \varepsilon \frac{\partial}{\partial t}\left(-\nabla \varphi - \frac{\partial \boldsymbol{A}}{\partial t}\right) \tag{4.8.12}$$

整理后有

$$\nabla^2 \boldsymbol{A} - \mu\varepsilon \frac{\partial^2 \boldsymbol{A}}{\partial t^2} = -\mu \boldsymbol{J} + \nabla \left(\nabla \cdot \boldsymbol{A} + \mu\varepsilon \frac{\partial \varphi}{\partial t}\right) \tag{4.8.13}$$

于是我们得到了用位函数表示的两个方程，即式(4.8.12)和式(4.8.13)，但是这两个方程都包含有 $\boldsymbol{A}$ 和 φ，是联立方程。如果适当地选择 $\nabla \cdot \boldsymbol{A}$ 的值，就可以使这两个方程进一步简化为分别只含有一个位函数的方程。为此，我们选择

$$\nabla \cdot \boldsymbol{A} = -\mu\varepsilon \frac{\partial \varphi}{\partial t} \tag{4.8.14}$$

式(4.8.14)称为洛伦兹条件或洛伦兹规范。可以证明，洛伦兹条件符合电流连续性方程。将其代入式(4.8.11)和式(4.8.13)，得

$$\nabla^2 \varphi - \mu\varepsilon \frac{\partial^2 \varphi}{\partial t^2} = -\frac{\rho}{\varepsilon} \tag{4.8.15}$$

$$\nabla^2 \boldsymbol{A} - \mu\varepsilon \frac{\partial^2 \boldsymbol{A}}{\partial t^2} = -\mu \boldsymbol{J} \tag{4.8.16}$$

这两个彼此相似而独立的线性二阶微分方程在数学形式上称为达郎贝尔方程。式(4.8.15)和式(4.8.16)分别显示 $\boldsymbol{A}$ 的源是 $\boldsymbol{J}$，而 φ 的源是 ρ。洛伦兹条件是人为地采用的散度值。如果不采用洛伦兹条件而采用另外的 $\nabla \cdot \boldsymbol{A}$ 的值，得到的 $\boldsymbol{A}$ 和 φ 的方程将不同于式(4.8.15)和式(4.8.16)，并得到另一组 $\boldsymbol{A}$ 和 φ 的解，但最后得到的 $\boldsymbol{B}$ 和 $\boldsymbol{E}$ 是相同的。

对于正弦电磁场，上面的公式可以用复数表示为

$$\boldsymbol{B} = \nabla \times \boldsymbol{A} \tag{4.8.17}$$

$$\boldsymbol{E} = -\nabla\varphi - \mathrm{j}\omega \boldsymbol{A} \tag{4.8.18}$$

洛伦兹条件变为

$$\nabla \cdot \boldsymbol{A} = -\mathrm{j}\omega \cdot \mu\varepsilon\varphi \tag{4.8.19}$$

而 $\boldsymbol{A}$ 和 φ 的方程变为

$$\nabla^2 \boldsymbol{A} + k^2 \boldsymbol{A} = -\mu \boldsymbol{J} \tag{4.8.20}$$

$$\nabla^2 \varphi + k^2 \varphi = -\frac{\rho}{\varepsilon} \tag{4.8.21}$$

其中，$k^2 = \omega^2 \mu\varepsilon$。由此可见，采用位函数使原来求解电磁场量 $\boldsymbol{B}$ 和 $\boldsymbol{E}$ 的 6 个标量分量变为求解 $\boldsymbol{A}$ 和 φ 的 4 个标量分量。而且，因标量位 φ 可以由洛伦兹条件求得，即

$$\varphi = \frac{\nabla \cdot \boldsymbol{A}}{-\mathrm{j}\omega\mu\varepsilon} \tag{4.8.22}$$

这样只需求解 $\boldsymbol{A}$ 的 3 个标量分量，使场量的计算大为简化。而在无源区域中，还可以进一步简化。

最后要指出，描述电磁场的位函数不仅限于这一种，还有其他一些辅助位函数，不同的位函数都与相应的物理模型有关，请读者参阅其他文献。

[例 4.8.1]　已知时变电磁场中矢量磁位 $\boldsymbol{A} = \boldsymbol{a}_x A_\mathrm{m} \sin(\omega t - kz)$，其中 A_m、k 是常数，求电场强度、磁场强度和坡印亭矢量。

解　由式(4.8.17)得

$$\boldsymbol{B} = \nabla \times \boldsymbol{A} = \boldsymbol{a}_y \frac{\partial A_x}{\partial z} = -\boldsymbol{a}_y k A_\mathrm{m} \cos(\omega t - kz)$$

$$\boldsymbol{H} = -\boldsymbol{a}_y \frac{k}{\mu} A_\mathrm{m} \cos(\omega t - kz)$$

由洛伦兹条件(4.8.14)有

$$\mu\varepsilon \frac{\partial \varphi}{\partial t} = -\nabla \cdot \boldsymbol{A} = 0$$

从而

$$\varphi = c$$

对于时谐场，洛伦兹条件转化为

$$\nabla \cdot \boldsymbol{A} = -\mathrm{j}\omega \cdot \mu\varepsilon\varphi$$

而此题中

$$\nabla \cdot \boldsymbol{A} = \frac{\partial}{\partial x}[A_\mathrm{m} \sin(\omega t - kz)] = 0$$

从而有

$$\mathrm{j}\omega\mu\varepsilon\varphi=-\nabla\cdot\boldsymbol{A}=0$$

但由于 $\omega\mu\varepsilon\neq0$，因此

$$\varphi=0$$

再由式(4.8.7)得

$$\boldsymbol{E}=-\nabla\varphi-\frac{\partial\boldsymbol{A}}{\partial t}=-\boldsymbol{a}_x\omega A_{\mathrm{m}}\cos(\omega t-kz)$$

故坡印亭矢量的瞬时值为

$$\begin{aligned}\boldsymbol{S}(t)&=\boldsymbol{E}(t)\times\boldsymbol{H}(t)\\&=[-\boldsymbol{a}_x\omega A_{\mathrm{m}}\cos(\omega t-kz)]\times\left[-\boldsymbol{a}_y\frac{k}{\mu}A_{\mathrm{m}}\cos(\omega t-kz)\right]\\&=\boldsymbol{a}_z\frac{\omega k}{\mu}A_{\mathrm{m}}^2\cos^2(\omega t-kz)\end{aligned}$$

本章小结

本章主要内容如下：

(1) 法拉第电磁感应定律表明时变磁场产生电场的规律。对于磁场中任意的闭合回路

$$\mathscr{E}=-\frac{\mathrm{d}\Phi}{\mathrm{d}t}$$

即

$$\oint_l\boldsymbol{E}\cdot\mathrm{d}\boldsymbol{l}=-\int_S\frac{\partial\boldsymbol{B}}{\partial t}\cdot\mathrm{d}\boldsymbol{S}$$

其对应的微分形式为

$$\nabla\times\boldsymbol{E}=-\frac{\partial\boldsymbol{B}}{\partial t}$$

对于运动介质

$$\mathscr{E}=\oint_l\boldsymbol{E}'\cdot\mathrm{d}\boldsymbol{l}=-\int_S\frac{\partial\boldsymbol{B}}{\partial t}\cdot\mathrm{d}\boldsymbol{S}+\oint_l\boldsymbol{v}\times\boldsymbol{B}\cdot\mathrm{d}t$$

其对应的微分形式为

$$\nabla\times(\boldsymbol{E}'-\boldsymbol{v}\times\boldsymbol{B})=-\frac{\partial\boldsymbol{B}}{\partial t}$$

(2) 电位移 $\boldsymbol{D}$ 的时变率为位移电流密度，即 $\boldsymbol{J}_{\mathrm{d}}=\frac{\partial\boldsymbol{D}}{\partial t}$。安培定律中引入位移电流，表现时变电场产生磁场

$$\oint_l\boldsymbol{H}\cdot\mathrm{d}\boldsymbol{l}=\int_S\left(\boldsymbol{J}+\frac{\partial\boldsymbol{D}}{\partial t}\right)\cdot\mathrm{d}\boldsymbol{S}$$

其对应的微分形式为

$$\nabla\times\boldsymbol{H}=\boldsymbol{J}+\frac{\partial\boldsymbol{D}}{\partial t}$$

可见，包括位移电流在内的全电流是连续的。

(3) 麦克斯韦方程组、电流连续性原理和洛伦兹力公式共同构成经典电磁理论的基础。麦克斯韦方程组如下：

微分形式

$$\begin{cases}\nabla\times\boldsymbol{H}=\boldsymbol{J}+\dfrac{\partial\boldsymbol{D}}{\partial t}\\ \nabla\times\boldsymbol{E}=-\dfrac{\partial\boldsymbol{B}}{\partial t}\\ \nabla\cdot\boldsymbol{B}=0\\ \nabla\cdot\boldsymbol{D}=\rho\end{cases}$$

积分形式

$$\begin{cases}\oint_l\boldsymbol{H}\cdot\mathrm{d}\boldsymbol{l}=\int_S\left(\boldsymbol{J}+\dfrac{\partial\boldsymbol{D}}{\partial t}\right)\cdot\mathrm{d}\boldsymbol{S}\\ \oint_l\boldsymbol{E}\cdot\mathrm{d}\boldsymbol{l}=-\int_S\dfrac{\partial\boldsymbol{B}}{\partial t}\cdot\mathrm{d}\boldsymbol{S}\\ \oint_S\boldsymbol{B}\cdot\mathrm{d}\boldsymbol{S}=0\\ \oint_S\boldsymbol{D}\cdot\mathrm{d}\boldsymbol{S}=q\end{cases}$$

线性、各向同性介质中，场量间的关系用三个辅助方程

$$\boldsymbol{D}=\varepsilon\boldsymbol{E},\ \boldsymbol{B}=\mu\boldsymbol{H},\ \boldsymbol{J}=\sigma\boldsymbol{E}$$

表示，称为本构关系。电磁参量 ε、μ、σ 与位置无关的介质为均匀介质，反之为非均匀介质。对于各向异性介质，这些电磁参量为张量；非线性介质的电磁参量与场强相关。只有代入本构关系，麦克斯韦方程才是可以求解的。

(4) 在时变场情况下，由于$\dfrac{\partial\boldsymbol{B}}{\partial t}$和$\dfrac{\partial\boldsymbol{D}}{\partial t}$有限，两种介质分界面上电磁场边界条件的形式与静态场边界条件的完全相同。

法向分量的边界条件为

$$\boldsymbol{n}\cdot(\boldsymbol{D}_2-\boldsymbol{D}_1)=\rho_s,\ \boldsymbol{n}\cdot(\boldsymbol{B}_2-\boldsymbol{B}_1)=0$$

切向分量的边界条件为

$$\boldsymbol{n}\times(\boldsymbol{H}_2-\boldsymbol{H}_1)=\boldsymbol{J}_s,\ \boldsymbol{n}\times(\boldsymbol{E}_2-\boldsymbol{E}_1)=\boldsymbol{0}$$

对于 $\rho_s=0$，$\boldsymbol{J}_s=\boldsymbol{0}$ 的分界面，只需要切向分量的边界条件。

理想导体($\sigma=\infty$)表面上，若 $\boldsymbol{n}$ 为理想导体的外法向单位矢量，则上列各式中带下标 1 的场量为零。

(5) 电磁场的能量转化和守恒定律称为坡印亭定理，即每秒体积中电磁能量的增加量等于从包围体积的闭合面进入体积的功率。其数学表达式为

$$-\oint_S(\boldsymbol{E}\times\boldsymbol{H})\cdot\mathrm{d}\boldsymbol{S}=\frac{\partial}{\partial t}\int_V(\omega_m+\omega_e)\mathrm{d}V+\int_V(\boldsymbol{J}\cdot\boldsymbol{E})\mathrm{d}V$$

坡印亭矢量(能流矢量)

$$\boldsymbol{S}=\boldsymbol{E}\times\boldsymbol{H}$$

表示沿能流方向、穿过垂直于 S 的单位面积的功率的矢量，即功率流密度。

(6) 正弦电磁场是电磁场矢量的每个分量都随时间以相同的频率作正弦变化的电磁场，也称为时谐电磁场，用振幅的复数表示矢量场的每一分量。复矢量是一个矢量的三个分量的复数的组合，是一个简化书写的记号。复矢量仅与空间坐标有关。

坡印亭矢量的时间平均值

$$\boldsymbol{S}_{av}=\frac{1}{T}\int_0^T\boldsymbol{S}\mathrm{d}t=\mathrm{Re}\left[\frac{1}{2}\boldsymbol{E}\times\boldsymbol{H}^*\right]$$

其中$\left[\dfrac{1}{2}\boldsymbol{E}\times\boldsymbol{H}^*\right]$称为复坡印亭矢量。

有耗电介质用复电导率 $\varepsilon_c=\varepsilon'(\omega)-j\varepsilon''(\omega)$ 表示，ε'' 与极化损耗对应；有耗磁介质用复磁导率 $\mu_c=\mu'(\omega)-j\mu''(\omega)$ 表示，μ'' 与磁化损耗对应；等效复电导率为 $\varepsilon_c=\varepsilon'-j\left(\varepsilon''+\dfrac{\sigma}{\omega}\right)$，将电导率用等效复电导的虚部表示，$\sigma$ 与导电损耗对应。

(7) 均匀、线性、各向同性的无耗介质，无源区域($\boldsymbol{J}=\mathbf{0}$，$\rho=0$)中的电场强度矢量 $\boldsymbol{E}$ 和磁场强度矢量 $\boldsymbol{H}$ 的波动方程为

$$\nabla^2\boldsymbol{E}-\mu\varepsilon\frac{\partial^2\boldsymbol{E}}{\partial t^2}=\mathbf{0}$$

$$\nabla^2\boldsymbol{H}-\mu\varepsilon\frac{\partial^2\boldsymbol{H}}{\partial t^2}=\mathbf{0}$$

(8) 为了简化分析，引入电磁位(矢量磁值 $\mathbf{A}$ 和标量电位 φ)，它们的定义为

$$\boldsymbol{B}=\nabla\times\mathbf{A},\ \boldsymbol{E}=-\nabla\varphi-\frac{\partial\mathbf{A}}{\partial t}$$

选择洛伦兹条件

$$\nabla\cdot\mathbf{A}=-\mu\varepsilon\frac{\partial\varphi}{\partial t}$$

可得矢量磁位 $\mathbf{A}$ 和标量电位 φ 满足微分方程

$$\nabla^2\varphi-\mu\varepsilon\frac{\partial^2\varphi}{\partial t^2}=-\frac{\rho}{\varepsilon}$$

$$\nabla^2\mathbf{A}-\mu\varepsilon\frac{\partial^2\mathbf{A}}{\partial t^2}=-\mu\boldsymbol{J}$$

实际上只要求出 $\mathbf{A}$，就可以由洛伦兹条件和矢量磁位 $\mathbf{A}$、标量电位 φ 的定义确定 $\boldsymbol{E}$ 和 $\boldsymbol{B}$。

习　题

4-1　单极发电机为一个在均匀磁场 $\boldsymbol{B}$ 中绕轴旋转的金属圆盘，圆盘的半径为 a，角速度为 ω，圆盘与磁场垂直，求感应电动势。

4-2　一个电荷 Q，以恒定速度 $v(v\ll c)$ 沿半径为 a 的圆形平面 S 的轴线向此平面移动，当两者相距为 d 时，求通过 S 的位移电流。

4-3　假设电场是正弦变化的，海水的电导率为 4 S/m，$\varepsilon_r=81$，求当 $f=1$ MHz 时，确定位移电流与传导电流模的比值。

4-4　一圆柱形电容器，内导体半径为 a，外导体内半径为 b，长度为 l，电极间介质的介电常数为 ε。当外加低频电压 $u=U_m\sin\omega t$ 时，求介质中的位移电流密度及穿过半径为 r $(a<r<b)$ 的圆柱面的位移电流，并证明此位移电流等于电容器引线中的传导电流。

4-5　已知空气介质的无源区域中，电场强度 $\boldsymbol{E}=\boldsymbol{a}_x100e^{-\alpha t}\cos(\omega t-\beta z)$，其中 α、β 为常数，求磁场强度。

4-6　证明麦克斯韦方程组包含了电荷守恒定律。

4-7　证明介质分界面上没有自由面电荷和自由面电流($\rho_s=0$，$\boldsymbol{J}_s=\mathbf{0}$)时，分界面上只有两个切向分量的边界条件是独立的，法向分量的边界条件已经包含在切向分量的边界条件中。

4-8　两导体平板($z=0$ 和 $z=d$)之间的空气中传输的电磁波，其电场强度矢量为

$$\boldsymbol{E}=\boldsymbol{a}_yE_0\sin\left(\frac{\pi}{d}z\right)\cos(\omega t-k_xx)$$

其中，k_x 为常数。试求：

(1) 磁场强度矢量 $\boldsymbol{H}$；

(2) 两导体表面上的面电流密度 $\boldsymbol{J}_s$。

4-9　假设真空中的磁感应强度为

$$\boldsymbol{B}=\boldsymbol{a}_y10^{-2}\cos(6\pi\times10^8t)\cos(2\pi z)\ \text{T}$$

试求位移电流密度。

4-10　在理想导电壁($\sigma=\infty$)限定的区域($0\leqslant x\leqslant z$)内存在一个如下的电磁场：

$$E_y=H_0\mu\omega\frac{a}{\pi}\sin\left(\frac{\pi x}{a}\right)\sin(kz-\omega t)$$

$$H_x=H_0k\frac{a}{\pi}\sin\left(\frac{\pi x}{a}\right)\sin(kz-\omega t)$$

$$H_z=H_0\cos\left(\frac{\pi x}{a}\right)\cos(kz-\omega t)$$

这个电磁场满足的边界条件如何？导电壁上的电流密度的值如何？

4-11　一段由理想导体构成的同轴线，内导体半径为 a，外导体内半径为 b，长度为 L，同轴线两端用理想导体板短路。已知在 $a\leqslant r\leqslant b$，$0\leqslant z\leqslant L$ 区域内的电磁场为

$$\boldsymbol{E}=\boldsymbol{a}_r\frac{A}{r}\sin kz,\ \boldsymbol{H}=\boldsymbol{a}_\theta\frac{B}{r}\cos kz$$

(1) 确定 A、B 之间的关系；

(2) 确定 k；

(3) 求 $r=a$ 及 $r=b$ 面上的 ρ_s 和 $\boldsymbol{J}_s$。

4-12　一根半径为 a 的长直圆柱导体上通过直流电流 I。假设导体的电导率 σ 为有限值，求导体表面附近的坡印亭矢量，并计算长度为 L 的导体所损耗的功率。

4-13　将下列场矢量的瞬时值与复数值相互表示：

(1) $\boldsymbol{E}(t)=\boldsymbol{a}_xE_{ym}\cos(\omega t-kx+\alpha)+\boldsymbol{a}_xE_{xm}\sin(\omega t-kx+\alpha)$；

(2) $\boldsymbol{H}(t)=\boldsymbol{a}_xH_0k\left(\frac{a}{\pi}\right)\sin\left(\frac{ax}{\pi}\right)\sin(kz-\omega t)+\boldsymbol{a}_zH_0\cos\left(\frac{ax}{\pi}\right)\cos(kz-\omega t)$；

(3) $E_{xm}=E_0\sin(k_xx)\sin(k_yy)e^{-jk_zz}$；

(4) $E_{xm}=2jE_0\sin\theta\cos(k_x\cos\theta)e^{-jk_x\sin\theta}$。

4-14　一振幅为 50 V/m、频率为 1 GHz 的电场存在于相对介电常量为 2.5、损耗角正切为 0.001 的有耗电介质中，求每立方米介质中消耗的平均功率。

4-15　已知无源自由空间中的电场强度矢量 $\boldsymbol{E}=\boldsymbol{a}_yE_m\sin(\omega t-kz)$。

(1) 由麦克斯韦方程求磁场强度 $\boldsymbol{H}$；

(2) 证明 ω/k 等于光速；

(3) 求坡印亭矢量的时间平均值。

4-16　已知真空中电场强度为

$$\boldsymbol{E}(t)=\boldsymbol{a}_xE_0\cos k_0(z-ct)+\boldsymbol{a}_yE_0\sin k_0(z-ct)$$

其中，$k_0=2\pi/\lambda_0=\omega/c$。

(1) 求磁场强度和坡印亭矢量的瞬时值；

(2) 对于给定的 z 值(如 $z=0$)，试确定 $\boldsymbol{E}$ 随时间变化的轨迹；

(3) 求磁场能量密度、电场能量密度和坡印亭矢量的时间平均值。

4-17　设真空中同时存在两个正弦电磁场，其电场强度分别为

$$\boldsymbol{E}_1=\boldsymbol{a}_x E_{10}\mathrm{e}^{-\mathrm{j}k_1 z},\ \boldsymbol{E}_2=\boldsymbol{a}_y E_{20}\mathrm{e}^{-\mathrm{j}k_2 z}$$

试证明总的平均功率流密度等于两个正弦电磁场的平均功率流密度之和。

4-18　证明真空中无源区域的

(1) 麦克斯韦方程组；

(2) 坡印亭矢量；

(3) 能量密度在变换

$$\boldsymbol{E}'=\boldsymbol{E}\cos\theta+c\boldsymbol{B}\sin\theta$$

$$\boldsymbol{B}'=-\frac{\boldsymbol{E}}{c}\sin\theta+\boldsymbol{B}\cos\theta$$

下不变。其中 $c=1/\sqrt{\mu_0\varepsilon_0}$，$\theta$ 为任意的恒定角度。

4-19　证明均匀、线性、各向同性的导电介质中，无源区域的正弦电磁场满足波动方程

$$\nabla^2\boldsymbol{E}-\mathrm{j}\omega\mu\sigma\boldsymbol{E}+\omega^2\mu\varepsilon\boldsymbol{E}=\boldsymbol{0}$$

$$\nabla^2\boldsymbol{H}-\mathrm{j}\omega\mu\sigma\boldsymbol{H}+\omega^2\mu\varepsilon\boldsymbol{H}=\boldsymbol{0}$$

4-20　证明有源区域内电场强度矢量 $\boldsymbol{E}$ 和磁场强度矢量 $\boldsymbol{H}$ 满足有源波动方程

$$\nabla^2\boldsymbol{E}-\mu\varepsilon\frac{\partial^2\boldsymbol{E}}{\partial t^2}=\frac{1}{\varepsilon}\nabla\rho+\mu\frac{\partial\boldsymbol{J}}{\partial t}$$

$$\nabla^2\boldsymbol{H}-\mu\varepsilon\frac{\partial^2\boldsymbol{H}}{\partial t^2}=-\nabla\times\boldsymbol{J}$$

第5章　静态场分析与应用

丹麦物理学家、化学家汉斯·奥斯特受康德哲学思想的影响，一直坚信电和磁之间一定有某种关系，电一定可以转化为磁，问题是怎样找到实现这种转化的条件。奥斯特仔细地审查了库仑的论断，发现库仑研究的对象全是静电和静磁，确实不可能转化。他猜测非静电、非静磁可能是转化的条件，应该把注意力集中到电流和磁体有没有相互作用的课题上去，他决心用实验来进行探索。

1819年上半年到1820年下半年，奥斯特一面担任电、磁学讲座的主讲，一面继续研究电、磁关系。1820年4月，在一次讲演快结束的时候，奥斯特抱着试试看的心态又做了一次实验。他把一条非常细的铂导线放在一根用玻璃罩罩着的小磁针上方，接通电源的瞬间，发现磁针跳动了一下。这一跳，使有心的奥斯特喜出望外，竟激动得在讲台上摔了一跤。但是因为偏转角度很小，而且很不规则，这一跳并没有引起听众注意。之后，奥斯特用了3个月时间做了许多次实验，发现磁针在电流周围都会偏转。在导线的上方和导线的下方，磁针偏转方向相反。在导体和磁针之间放置非磁性物质，如木头、玻璃、水、松香等，不会影响磁针的偏转。1820年7月21日，奥斯特所写的《论磁针的电流撞击实验》一文，正式向学术界宣告发现了电流磁效应。奥斯特把数百年来人们一直认为风马牛不相及的两种现象联系起来，推动了电动机的发明，并推进了工业革命的发展。

通常情况下，电场和磁场是统一的电磁场的两个方面，是相互联系的。但是，当激发它们的场源(即电荷、电流)不随时间变化时，对应的电磁场也不随时间变化，称为静态电磁场。由麦克斯韦方程组可知，当场量不随时间变化时，电场与磁场分别满足它们各自的实验定律和方程。这表明在静态情况下，电场和磁场是独立存在的。例如，相对于观察者为静止的电荷，在它周围只发现有电场，而没有发现磁场；而在通有恒定电流的导体以外空间中静止的观察者，也仅发现磁场而没有发现电场。因此，在一些特殊情况下就有可能把电场和磁场从统一的电磁现象中划分出来分别研究。

静态场是电磁场的特殊形式，由静态电荷产生的静电场、在导电媒质中由恒定运动电荷形成的恒定电场以及由恒定电流产生的恒定磁场都属于静态场。

5.1　静电场的分析与应用

由矢量分析的讨论可知，一个矢量场的性质必须由它的散度和旋度来决定。静态场的基本方程就是指场量的散度与旋度应满足的方程，基本方程是麦克斯韦方程组在静态场条件下的简化。在处理实际问题时，常常需要求解基本方程在不同区域的特解，因此需要知道两种媒质分界面处电磁场应该满足的关系，即边界条件。

5.1.1　静电场的基本方程及边界条件

1. 静电场的基本方程

静电场的源是静止的量值不随时间变化的电荷，由这些电荷激发的静电场的所有场量都不随时间变化，它们只是空间坐标的函数，故麦克斯韦方程组可简化为如下微分形式和积分形式。

微分形式：

$$\begin{cases} \nabla \times \boldsymbol{E} = \boldsymbol{0} & (5.1.1\text{a}) \\ \nabla \times \boldsymbol{H} = \boldsymbol{0} & (5.1.1\text{b}) \\ \nabla \cdot \boldsymbol{D} = \rho & (5.1.1\text{c}) \\ \nabla \cdot \boldsymbol{B} = 0 & (5.1.1\text{d}) \end{cases}$$

积分形式：

$$\begin{cases} \oint_l \boldsymbol{E} \cdot \mathrm{d}\boldsymbol{l} = 0 & (5.1.2\text{a}) \\ \oint_l \boldsymbol{H} \cdot \mathrm{d}\boldsymbol{l} = 0 & (5.1.2\text{b}) \\ \oint_S \boldsymbol{D} \cdot \mathrm{d}\boldsymbol{S} = \int_V \rho \mathrm{d}V & (5.1.2\text{c}) \\ \oint_S \boldsymbol{B} \cdot \mathrm{d}\boldsymbol{S} = 0 & (5.1.2\text{d}) \end{cases}$$

上述方程中，关于电场的方程即式(5.1.1a)、式(5.1.1c)和式(5.1.2a)、式(5.1.2c)(为静电场的基本方程)中只含有电场量，而关于磁场的方程即式(5.1.1b)、式(5.1.1d)和式(5.1.2b)、式(5.1.2d)中只含有磁场量，这说明了在静态场中电场和磁场是互不依存、相互独立的。它们表明静电场是有源无旋场，从力的角度又可以把静电场看成是一种保守场。因为当在场中沿任意闭合路径移动一个电荷时，电场力做的功为0，即当电荷回到出发点时，电场能量回到原来的值，这意味着当空间电荷分布一定时，空间中电场的位能分布是一定的。这样一种性质称为静电场的守恒性质。

在静电场的分析中，有时源的分布是已知的，需要分析场的分布；有时场的分布是已知的，需要分析源的分布。下面举例说明静电场中这两类问题的分析方法。

[例 5.1.1]　某平行板电容器如图 5.1.1 所示，板间均匀分布电荷，已知板间的电场强度为 $\boldsymbol{E}=\boldsymbol{e}_x \dfrac{E_0 a}{x}$ (V/m)，求板间的电荷分布。

解　由高斯定理的微分形式可得

$$\nabla \cdot \boldsymbol{E} = \frac{\partial E_x}{\partial x} + \frac{\partial E_y}{\partial y} + \frac{\partial E_z}{\partial z} = \frac{\rho}{\varepsilon_0}$$

所以

$$\frac{\partial}{\partial x}\left(\frac{E_0 a}{x}\right) = \frac{\rho}{\varepsilon_0}$$

故板间的电荷体密度为

$$\rho = -\varepsilon_0 \frac{E_0 a}{x^2}\ \text{C/m}^3$$

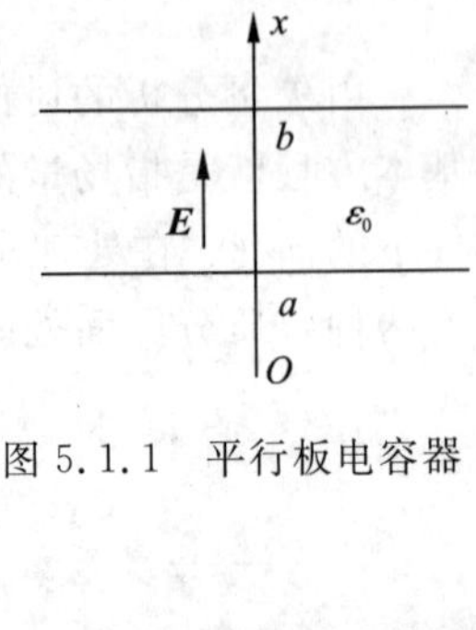

图 5.1.1　平行板电容器

本例是已知场的分布求源分布的问题，须利用高斯定理的微分形式来分析。

[例 5.1.2]　一个半径为 a 的球体均匀分布着体电荷密度 $\rho=-\rho_0$ 的电荷，球体内外介电常数均为 ε_0，如图 5.1.2 所示，求球体内外的电位移矢量 $\boldsymbol{D}$。

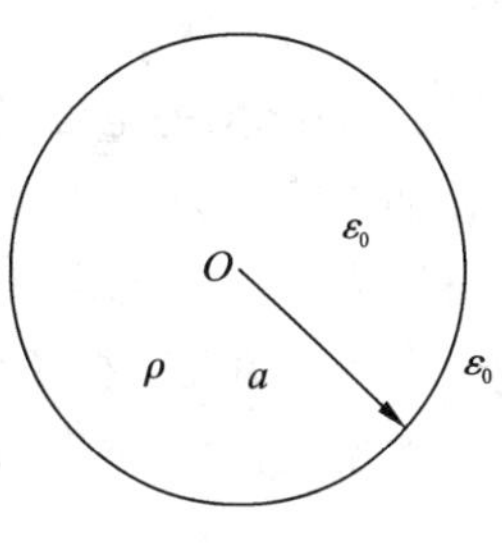

图 5.1.2　带电球体

解　因为电荷的分布具有球对称性，所以球体内外的场分布是球对称的，作与球心同心、半径为 r 的高斯面，应用高斯定理的积分形式可求出距球心 r 处的电位移矢量。

在 $r<a$ 的区域：

$$\oint_S \boldsymbol{D}\cdot d\boldsymbol{S} = 4\pi r^2 D_i \boldsymbol{e}_r\cdot\boldsymbol{e}_r = -\frac{4}{3}\pi r^3\rho_0$$

所以

$$\boldsymbol{D}_i = -\frac{r}{3}\rho_0\boldsymbol{e}_r$$

在 $r>a$ 的区域：

$$\oint_S \boldsymbol{D}\cdot d\boldsymbol{S} = 4\pi r^2 D_0 \boldsymbol{e}_r\cdot\boldsymbol{e}_r = -\frac{4}{3}\pi a^3\rho_0$$

所以

$$\boldsymbol{D}_0 = -\frac{a^3}{3r^2}\rho_0\boldsymbol{e}_r$$

[例 5.1.3]　半径为 r_0 的无限长导体柱面，单位长度上均匀分布的电荷密度为 ρ_l，试计算空间各点的电场强度。

解　电荷在柱面上分布，且柱面将空间分成柱形区域，因此选用柱坐标系。在柱坐标系中，将 z 轴置于导体柱面的轴线上，如图 5.1.3 所示。由于电荷在柱面上均匀分布，电荷和电场的分布具有轴对称性(关于 z 对称)，因此空间各点电场的方向一定在 ρ 方向上，且在任一 ρ 柱面上各点 $\boldsymbol{E}_\rho$ 值相等。

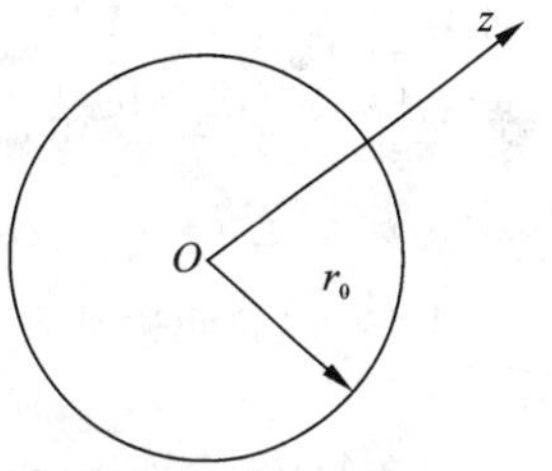

图 5.1.3　柱面电荷的电场强度计算

作一与导体柱面同轴、半径为 ρ、长为 l 的闭合面 S，应用高斯定理计算电场强度的通量。当 $\rho<r_0$ 时，由于导体内无电荷，因此 $\oint_S \boldsymbol{E}\cdot d\boldsymbol{S}=0$，故有 $\boldsymbol{E}=\boldsymbol{0}$，导体内无静电场，这与物理学的结论是一致的。

当 $\rho>r_0$ 时，由于电场只在 ρ 方向有分量，电场在两个底面上无通量，因此

$$\oint_S \boldsymbol{E}\cdot d\boldsymbol{S} = \int_S \boldsymbol{E}_\rho\boldsymbol{e}_\rho\cdot\boldsymbol{e}_\rho d\boldsymbol{S}_\rho = \int_S \boldsymbol{E}_\rho\cdot d\boldsymbol{S}_\rho = E\cdot 2\pi\rho l = \frac{\rho_l l}{\varepsilon_0}$$

即

$$\boldsymbol{E} = \frac{\rho_l}{2\pi\rho\varepsilon_0}\boldsymbol{e}_\rho$$

当 $r_0\to 0$ 时，此导体柱面变为一无限长细导线，导线上单位长度分布的电荷仍为 ρ_l。按照同样的方法可得，细导线的电场仍由 $\oint_S \boldsymbol{E}\cdot d\boldsymbol{S}=\frac{\rho_l l}{\varepsilon_0}$ 给出。这说明均匀分布在无限长柱

面上电荷的电场与无限长线电荷的电场具有相同的空间分布。

以上两个例子是已知源的分布求场分布的问题，须利用高斯定理的积分形式来分析。

2. 静电场的电位函数

如果电荷分布区域是一个复杂的区域，或电荷分布不具有任何对称性，则用矢量积分的方法来计算电场分布，这在数学上将会遇到极大的困难。由于静电场是保守场，具有无旋性，因此用动态标量位的概念引入一个标量位函数来描述静电场。由矢量恒等式可知，梯度的旋度恒等于零，即

$$\nabla \times (\nabla \varphi) = \mathbf{0} \tag{5.1.3}$$

而由静电场的基本方程可知

$$\nabla \times \boldsymbol{E} = \mathbf{0} \tag{5.1.4}$$

所以电场强度可表示为

$$\boldsymbol{E} = -\nabla \varphi \tag{5.1.5}$$

式(5.1.5)中的 φ 为电位函数，通常简称为电位，电位是标量。

静电场中某一点电位的物理意义是：电场力从该点将单位正电荷移至电位参考点(通常为零电位点)所做的功，也就是单位正电荷在该点所具有的电位能。

由式(5.1.5)可知，场中某点的电位并不是唯一的，为了能唯一地确定场中某点的电位的值，必须将场中的某个固定点确定为电位的参考点，也就是规定该点的电位为零。

电位参考点的选取应使电位的表达式有意义，还要使表达式尽可能简单。因此，当电荷分布在有限区域内时，通常选择无穷远点为参考点。但如果电荷分布到无穷远处，则不能选择无穷远点为参考点，否则空间各点的电位就是无穷大，失去了意义。故对这种情况，应选择有限远点为参考点。

静电位具有明确的物理意义。将式(5.1.5)两端点乘 $\mathrm{d}\boldsymbol{l}$，则有

$$\boldsymbol{E} \cdot \mathrm{d}\boldsymbol{l} = -\nabla \varphi \cdot \mathrm{d}\boldsymbol{l} = -\frac{\partial \varphi}{\partial l}\mathrm{d}l = -\mathrm{d}\varphi \tag{5.1.6}$$

对式(5.1.6)两边从点 A 到点 B 沿任意路径进行积分，则得到 A、B 两点之间的电位差为

$$\varphi_{AB} = \varphi_A - \varphi_B = -\int_A^B \mathrm{d}\varphi = \int_A^B \boldsymbol{E} \cdot \mathrm{d}\boldsymbol{l} \tag{5.1.7}$$

可见，场中两点之间电位差的物理意义为：把一个单位正电荷从一点沿任意路径移动到另一点的过程中，电场力所做的功。电位差又称为两点之间的电压，常用 U 来表示。

3. 静电位的泊松方程和拉普拉斯方程

在静电场中求电位(标量)要比求电场强度(矢量)方便，求得电位函数后求它的负梯度便是电场强度。静电场发散，即

$$\nabla \cdot \boldsymbol{E} = \frac{\rho}{\varepsilon} \tag{5.1.8}$$

又由于 $\boldsymbol{E}=-\nabla\varphi$，则有

$$\nabla^2 \varphi = -\frac{\rho}{\varepsilon} \tag{5.1.9}$$

这就是静电位 φ 满足的标量泊松方程，是动态标量位方程在静电场中的形式。

在无电荷分布的区域，由于 $\rho=0$，则电位 φ 满足拉普拉斯方程

$$\nabla^2\varphi = 0 \tag{5.1.10}$$

4. 静电场的边界条件

不同的电介质的极化性质一般不同，因而在不同介质的分界面上静电场的场分量一般不连续。场分量在界面上的变化规律称为边界条件。边界的存在会影响场的分布，当边界的形状和边界场的值确定时，空间各点的场和分布规律才能确定，这种实际问题称为边值问题。以下由介质中场方程的积分形式导出边界条件。

1）$\boldsymbol{E}$ 与 $\boldsymbol{D}$ 满足的边界条件

图 5.1.4 所示为两种不同媒质的分界面，媒质 1 的参数为 ε_1、μ_1 和 γ_1，媒质 2 的参数为 ε_2、μ_2 和 γ_2，取分界面的法向单位矢量 $\boldsymbol{n}$ 由媒质 2 指向媒质 1。设分界面两侧的电场强度分别为 $\boldsymbol{E}_1$、$\boldsymbol{E}_2$，在媒质分界面上任作一个跨越分界面的狭小矩形回路，两条长边分别在分界面两侧，且都与分界面平行。其长为 Δl、宽为 Δh，并令 Δh 趋于零，得到

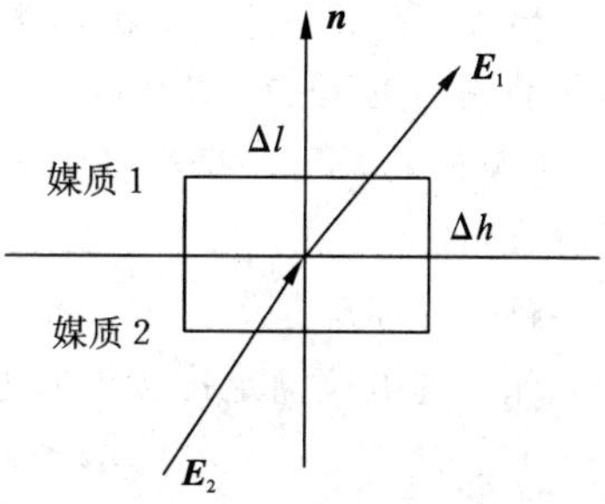

图 5.1.4　$\boldsymbol{E}$ 的边界条件

$$\oint_l \boldsymbol{E}\cdot \mathrm{d}\boldsymbol{l} = E_{1\mathrm{t}}\cdot \Delta l - E_{2\mathrm{t}}\cdot \Delta l = 0 \tag{5.1.11}$$

于是得到

$$E_{1\mathrm{t}} = E_{2\mathrm{t}} \text{ 或 } \boldsymbol{n}\times(\boldsymbol{E}_1 - \boldsymbol{E}_2) = \boldsymbol{0} \tag{5.1.12}$$

这表明电场强度在不同媒质分界面两侧的切向分量是连续的。

下面推导电位移矢量的边界条件。在分界面两侧作一个扁圆柱形闭合曲面，顶面和底面分别位于分界面两侧且都与分界面平行，其面积为 ΔS，如图 5.1.5 所示。将介质中积分形式的高斯定理应用于这个闭合面，然后令圆柱的高趋于零，此时在侧面的积分为零，于是有

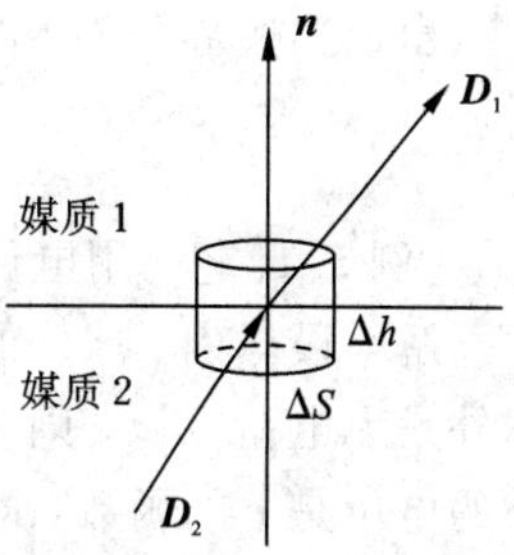

图 5.1.5　$\boldsymbol{D}$ 的边界条件

$$\boldsymbol{D}_1\cdot \boldsymbol{n}\Delta S - \boldsymbol{D}_2\cdot \boldsymbol{n}\Delta S = \sigma \tag{5.1.13}$$

即

$$D_{1\mathrm{n}} - D_{2\mathrm{n}} = \sigma \text{ 或 } \boldsymbol{n}\cdot(\boldsymbol{D}_1 - \boldsymbol{D}_2) = \sigma \tag{5.1.14}$$

其中 σ 表示分界面上的自由面电荷密度。这表明电位移矢量 $\boldsymbol{D}$ 在不同媒质分界面两侧的法向分量是不连续的，其差值恰好等于分界面上的自由面电荷密度 σ。

若分界面上不存在面电荷分布，即 $\sigma=0$，则有

$$\boldsymbol{n}\cdot(\boldsymbol{D}_1 - \boldsymbol{D}_2) = 0 \tag{5.1.15}$$

可见，分界面上不存在面电荷分布时，电位移矢量 $\boldsymbol{D}$ 的法向分量是连续的。

2）电位 φ 的边界条件

设 A 和 B 是媒质分界面两侧紧贴界面的相邻两点，其电位分别为 φ_A 和 φ_B。由于界面处的电场为有限值，当两点间的距离 Δl 趋近于零时，$\varphi_A - \varphi_B = E\cdot\Delta l$ 必然趋近于零。故边界两侧的电位相等，即

$$\varphi_A = \varphi_B \tag{5.1.16}$$

由 $\boldsymbol{n}\cdot(\boldsymbol{D}_1 - \boldsymbol{D}_2) = \sigma$ 和 $\boldsymbol{D} = -\varepsilon\nabla\varphi$ 可得

$$\varepsilon_2 \frac{\partial \varphi_2}{\partial n} - \varepsilon_1 \frac{\partial \varphi_1}{\partial n} = \sigma \tag{5.1.17}$$

式(5.1.16)和式(5.1.17)就是分界上电位的边界条件。

如果分界面无面电荷，即 $\sigma=0$，则

$$\varepsilon_2 \frac{\partial \varphi_2}{\partial n} - \varepsilon_1 \frac{\partial \varphi_1}{\partial n} = 0 \tag{5.1.18}$$

另外，在导体表面，边界条件可以简化，导体内的静电场在静电平衡时为零。设导体外部的场为 $\boldsymbol{E}$ 和 $\boldsymbol{D}$，导体的外法向为 $\boldsymbol{n}$，则导体表面的边界条件简化为 $E_t=0$ 和 $D_n=\sigma$。

[例 5.1.4] 一个半径为 a 的导体球的电位为 U，设无穷远处为零电位，求球内、外的电位分布。

解 导体球是等位体，所以球内各点的电位均为 U。

球外的电位满足拉普拉斯方程

$$\nabla^2 \varphi = \frac{1}{r^2} \frac{\mathrm{d}}{\mathrm{d}r}\left(r^2 \frac{\mathrm{d}\varphi}{\mathrm{d}r}\right) = 0$$

将上式积分两次，得通解

$$\varphi = -\frac{A}{r} + B$$

根据边界条件求常数。边界条件如下：

(1) $r=a$ 时，$\varphi=U$；

(2) $r=\infty$ 时，$\varphi=0$。

由上述边界条件，确定常数：$A=-aU$，$B=0$。故通解为

$$\varphi = \frac{aU}{r}$$

[例 5.1.5] 用电位微分方程求解例 5.1.2 中的球内、球外的电位分布和电场强度。

解 设球内、球外的电位分别为 φ_i 和 φ_o。球体内部有电荷分布，则 φ_i 满足泊松方程；球外是无电荷区域，则 φ_o 满足拉普拉斯方程。因为电荷分布均匀，场量球对称，故球内、外的电位是 r 的函数，即

$$\nabla^2 \varphi_i = \frac{1}{r^2} \frac{\partial}{\partial r}\left(r^2 \frac{\partial \varphi_i}{\partial r}\right) = \frac{\rho_0}{\varepsilon_0}$$

$$\nabla^2 \varphi_o = \frac{1}{r^2} \frac{\partial}{\partial r}\left(r^2 \frac{\partial \varphi_o}{\partial r}\right) = 0$$

将上述两个方程分别积分两次，得通解

$$\varphi_i = \frac{\rho_0}{6\varepsilon_0} r^2 - \frac{A}{r} + B,\ \varphi_o = -\frac{C}{r} + D$$

根据边界条件求常数。边界条件如下：

(1) $r=a$ 时，$\varphi_i=\varphi_o$；

(2) $r=\infty$ 时，$\varphi_o=0$(以无限远处为参考点)；

(3) $r=a$ 时，$\varepsilon_0 \dfrac{\partial \varphi_i}{\partial r} = \varepsilon_0 \dfrac{\partial \varphi_o}{\partial r}$；

(4) $r=0$ 时，$\dfrac{\partial \varphi_i}{\partial r}=0$。

由上述边界条件，确定通解中的常数：$A=0$，$B=-\dfrac{\rho_0 a^2}{2\varepsilon_0}$，$C=\dfrac{\rho_0 a^3}{3\varepsilon_0}$，$D=0$。故通解为

$$\varphi_\mathrm{i}=\frac{\rho_0 r^2}{6\varepsilon_0}-\frac{\rho_0 a^2}{2\varepsilon_0}$$

$$\varphi_\mathrm{o}=-\frac{\rho_0 a^3}{3\varepsilon_0 r}$$

由公式 $\boldsymbol{E}=-\nabla\varphi$ 可求得

$$\boldsymbol{E}_\mathrm{i}=-\frac{\partial\varphi_\mathrm{i}}{\partial r}\boldsymbol{e}_r=-\frac{\rho_0 r}{3\varepsilon_0}\boldsymbol{e}_r$$

$$\boldsymbol{E}_\mathrm{o}=-\frac{\partial\varphi_0}{\partial r}\boldsymbol{e}_r=-\frac{\rho_0 a^3}{3\varepsilon_0 r^2}\boldsymbol{e}_r$$

5.1.2　电容

静电场中的导体是等位体，导体内部没有电荷，其内部的电场强度为零，电荷只能分布在导体的表面上。假设一个孤立导体带电荷量为 Q，所产生的电位为 φ。如果将导体上的总电荷量增加 k 倍，则导体表面上各点的电荷面密度将增加同样的倍数，显然导体的电位也将增加 k 倍，即一个孤立导体的电位与它所带的总电荷量成正比。把一个孤立导体所带的总电荷量 Q 与它的电位 φ 之比

$$C=\frac{Q}{\varphi}\tag{5.1.19}$$

称为孤立导体的电容。

平行双导线、同轴线等是常见的双导体系统，通常称为电容器。双导体电容定义为二导体带有等量异性电荷时，电量与两导体间电位差之比，即

$$C=\frac{Q}{U}\tag{5.1.20}$$

计算双导体电容时可按下列步骤进行：

(1) 设两导体上分别带有等量异号电荷，电量为 $\pm Q$；

(2) 求出两导体间的电场分布；

(3) 计算两导体的电位差 U；

(4) 计算电量与电位差的比值，即为电容。

孤立导体的电容可认为是把双导体系中一个导体移至无限远处，以无限远处为参考点，则两导体间的电位差就是另一个导体的电位。它是双导体电容的一个特例。

电容(或电容量)是表征电容器容纳电荷本领的物理量。把电容器的两极板间的电势差增加 1 V 所需的电量，称为电容器的电容。电容器从物理学上讲，是一种静态电荷存储介质，它的用途较广，是电子、电力领域中不可缺少的电子元件，主要用于电源滤波、信号滤波、信号耦合、谐振、隔直流等电路中。

现在以同轴线和平行双导体为例，计算它们的电容。因为传输线的长度远大于其横截面尺寸和双导体间的距离，所以它们的场是平行平面场，只需计算单位长度的电容，与传输线长度无关。

[例 5.1.6]　置于空气中(介电常数为 ε_0)的平行双线传输线如图 5.1.6 所示，导体的

半径为 a，两导体的轴线相距为 D，且 $D \gg a$，试求传输线单位长度的电容。

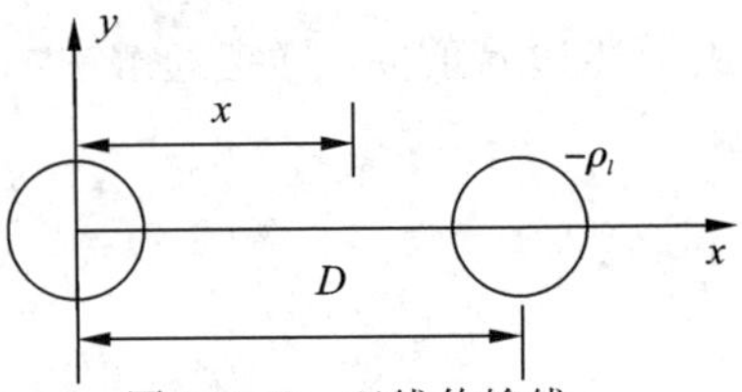

图 5.1.6　双线传输线

解　由于 $D \gg a$，可近似地认为电荷均匀分布在导线表面上。设两导线单位长度带电量分别为 ρ_l 和 $-\rho_l$，应用高斯定理可得到两导线间的平面上任意一点的电场为

$$\boldsymbol{E}(x) = \frac{\rho_l}{2\pi\varepsilon_0}\left(\frac{1}{x} + \frac{1}{D-x}\right)\boldsymbol{e}_x$$

两导线间的电压为

$$U = \int_a^{D-a} \boldsymbol{E}(x) \cdot \boldsymbol{e}_x \mathrm{d}x = \frac{\rho_l}{2\pi\varepsilon_0}\int_a^{D-a}\left(\frac{1}{x} + \frac{1}{D-x}\right)\mathrm{d}x = \frac{\rho_l}{\pi\varepsilon_0}\ln\frac{D-a}{a}$$

于是，平行双线传输线单位长度的电容为

$$C = \frac{\rho_l}{U} = \frac{\pi\varepsilon_0}{\ln\dfrac{D-a}{a}} \approx \frac{\pi\varepsilon_0}{\ln\dfrac{D}{a}}$$

如果两导体间的距离较近，导体表面的电荷分布会受邻近导体的影响而失去轴对称关系，就不能采用上述方法计算电容。

[**例 5.1.7**]　同轴线内导体半径为 a，外导体的内半径为 b，内外导体间填充介电常数为 ε 的均匀电介质，试计算同轴线单位长度的电容。

解　设同轴线的内、外导体单位长度带电量分别为 ρ_l 和 $-\rho_l$，用高斯定理可得到内外导体间的电场强度为

$$\boldsymbol{E} = \frac{\rho_l}{2\pi\varepsilon\rho}\boldsymbol{e}_\rho$$

则两导体间的电位差为

$$U_{ab} = \int_a^b \frac{\rho_l}{2\pi\varepsilon\rho}\mathrm{d}\rho = \frac{\rho_l}{2\pi\varepsilon}\ln\frac{b}{a}$$

故同轴线单位长度电容为

$$C = \frac{\rho_l}{U_{ab}} = \frac{2\pi\varepsilon}{\ln\dfrac{b}{a}}$$

这两个例子表明电容只与其本身结构(尺寸、介质、形状)有关，而与线上带电量及两导体间的电位差无关。

5.1.3　静电场的能量及能量密度

前面讲过的电容器能够储存能量，那么能量储存在哪里？把一个带电体置于静电场中，带电体会受到电场力的作用。如果没有其他外力与之平衡，电场力将使带电体移动而做功，这说明静电场中储存着能量。这些能量是在电场的建立过程中积累起来的，所以电容器能够储存能量的原因是电容器的两极板间有确定场强的静电场。将电荷由无穷远处移到静电场中，一方面外力必须反抗电场力而做功，另一方面移入新的电荷后引起电场变化，于是外力所做的功转变为电场能量储藏在静电场中。在给一个由 N 个带电导体构成的线性系统充电时，只要带电体上开始有了电量，继续向该带电系统输送新的电量就必须

做功。

点电荷 q_1 产生的电场中，将另一电荷 q_2 由无穷远移至距点电荷 q_1 为 R_{12} 处，外力反抗电场力所做的功为

$$W_2 = q_2\varphi_2 = \frac{q_1 q_2}{4\pi\varepsilon_0 R_{12}} \tag{5.1.21}$$

式中，φ_2 表示由点电荷 q_2 在 q_1 处产生的电位。若点电荷 q_2 与 q_1 互换，则外力反抗电场力所做的功为

$$W_1 = q_1\varphi_1 = \frac{q_1 q_2}{4\pi\varepsilon_0 R_{12}} \tag{5.1.22}$$

式中，q_1 表示由点电荷 q_2 在 q_1 处产生的电位。在线性介质中，电位与电荷的建立方式及其过程无关，所以上面两种方式的结果完全一样。电场能量储存在由 q_1、q_2 构成的共同系统中，电场能量可以表示为

$$W = \frac{1}{2}W_1 + \frac{1}{2}W_2 = \frac{1}{2}(q_1\varphi_1 + q_2\varphi_2) \tag{5.1.23}$$

若在此系统中另一点电荷 q_3 从无穷远处移至距离 q_1 为 R_{13}、距离 q_2 为 R_{23} 处，设 φ_3 为 q_1 和 q_2 在 q_3 处产生的电位，则外力所做的功为

$$W_3 = q_3\varphi_3 = q_3\left(\frac{q_1}{4\pi\varepsilon_0 R_{13}} + \frac{q_2}{4\pi\varepsilon_0 R_{23}}\right) \tag{5.1.24}$$

从而系统的能量为

$$W = \frac{q_1 q_2}{4\pi\varepsilon_0 R_{21}} + \frac{q_1 q_3}{4\pi\varepsilon_0 R_{13}} + \frac{q_2 q_3}{4\pi\varepsilon_0 R_{23}} \tag{5.1.25}$$

式(5.1.25)可以写成

$$\begin{aligned} W &= \frac{1}{2}\left[q_1\left(\frac{q_2}{4\pi\varepsilon_0 R_{12}} + \frac{q_3}{4\pi\varepsilon_0 R_{13}}\right) + q_2\left(\frac{q_1}{4\pi\varepsilon_0 R_{12}} + \frac{q_3}{4\pi\varepsilon_0 R_{23}}\right) + q_3\left(\frac{q_1}{4\pi\varepsilon_0 R_{13}} + \frac{q_2}{4\pi\varepsilon_0 R_{23}}\right)\right] \\ &= \frac{1}{2}(q_1\varphi_1 + q_2\varphi_2 + q_3\varphi_3) \end{aligned} \tag{5.1.26}$$

式中，q_1 处的电位 φ_1 是由点电荷 q_2 和 q_3 产生的，φ_2、φ_3 亦如此。

若系统是由 N 个点电荷构成的，则电场能量可以表示为

$$W_e = \frac{1}{2}\sum_{i=1}^{N} q_i\varphi_i \tag{5.1.27}$$

式中，φ_i 为除了 q_i 外的所有点电荷在 q_i 处产生的电位。

例如，在两个导体极板构成的电容器中，经外电源充电后，最终极板上的电量分别为 $\pm Q$，对应的电位分别为 φ_1 和 φ_2，则该电容器储存的电场能量是

$$W_e = \frac{1}{2}Q\varphi_1 - \frac{1}{2}Q\varphi_2 = \frac{1}{2}Q(\varphi_1 - \varphi_2) = \frac{1}{2}QU = \frac{1}{2}CU^2 = \frac{1}{2}\frac{Q^2}{C} \tag{5.1.28}$$

式中：U 是两极板间的电压；C 是电容器的电容。

对电荷连续分布的情况，式(5.1.23)可改写为

$$W_e = \frac{1}{2}\int_{V'}\rho\varphi \mathrm{d}V + \frac{1}{2}\oint_{S'}\sigma\varphi \mathrm{d}S' \tag{5.1.29}$$

式中：φ 为体电荷所在点和面电荷所在点的电位；ρ、σ 分别为电荷的体密度和电荷的面

密度。

以上只计算了静电场的总能量，但并没有说明能量储存在电场中的哪部分空间。但从场的观点看，凡是电场存在处，移动带电体都要做功，因此必须承认能量应储存在电场存在的空间，即有场的空间就有能量。下面就用这一观点来分析能量的分布，并引入能量密度的概念。

由高斯定理得$\nabla \cdot \boldsymbol{D}=\rho$，所以式(5.1.29)改写为

$$\begin{aligned}W_{\mathrm{e}} &= \frac{1}{2}\int_V \rho\varphi \mathrm{d}V + \frac{1}{2}\oint_{S'} \sigma\varphi \mathrm{d}S' \\ &= \frac{1}{2}\int_V \nabla\cdot(\varphi\boldsymbol{D})\mathrm{d}V - \frac{1}{2}\int_V \boldsymbol{D}\cdot\nabla\varphi \mathrm{d}V + \frac{1}{2}\sum_{i=1}^{N}\oint_{S'}\sigma_i\varphi \mathrm{d}S' \\ &= \frac{1}{2}\oint_S \varphi\boldsymbol{D}\cdot \mathrm{d}\boldsymbol{S} + \frac{1}{2}\int_V \boldsymbol{D}\cdot\boldsymbol{E}\mathrm{d}V + \frac{1}{2}\sum_{i=1}^{N}\varphi\sigma_i\end{aligned} \tag{5.1.30}$$

式(5.1.30)中的第一项可改写为

$$\frac{1}{2}\oint_S \varphi\boldsymbol{D}\cdot \mathrm{d}\boldsymbol{S} = \frac{1}{2}\int_{\text{球面}} \varphi\boldsymbol{D}\cdot \mathrm{d}\boldsymbol{S} + \frac{1}{2}\sum_{i=1}^{N}\oint_{S'}\varphi\boldsymbol{D}\cdot \mathrm{d}\boldsymbol{S}' \tag{5.1.31}$$

令球面半径趋于无限大，则因为φ按$1/R$变化，$\boldsymbol{D}$按$1/R^2$变化，球面积按R^2变化，所以当$R\to\infty$时，球面的积分为零；而包围带电体表面S_1，S_2，…，S_N的外法线方向与导体表面S_1'，S_2'，…，S_N'的外法线方向恰好相反，于是式(5.1.31)变为

$$\frac{1}{2}\oint_S \varphi\boldsymbol{D}\cdot \mathrm{d}\boldsymbol{S} = \frac{1}{2}\sum_{i=1}^{N}\oint_{S'}\varphi\boldsymbol{D}\cdot \mathrm{d}\boldsymbol{S}' = \frac{1}{2}\sum_{i=1}^{N}\varphi(-\sigma_i) \tag{5.1.32}$$

所以，式(5.1.30)中的第一项与第三项互相抵消，因而得到

$$W_{\mathrm{e}} = \frac{1}{2}\int_V \boldsymbol{D}\cdot\boldsymbol{E}\mathrm{d}V \tag{5.1.33}$$

式(5.1.33)中体积分的范围是整个有电场的空间，表示能量存在于电场中。被积函数是空间任意一点的能量密度，即

$$\omega_{\mathrm{e}} = \frac{1}{2}\boldsymbol{D}\cdot\boldsymbol{E} \tag{5.1.34}$$

也可写成

$$\omega_{\mathrm{e}} = \frac{1}{2}\varepsilon E^2 = \frac{1}{2}\frac{D^2}{\varepsilon} \tag{5.1.35}$$

[例 5.1.8] 带电荷量为q的金属球，半径为a，求该孤立带电金属球的总电场能量W_{e}。

解 电场能量分布在金属球之外的整个空间，带电球体在空间中产生的电场为

$$\boldsymbol{E} = \boldsymbol{e}_r \frac{q}{4\pi\varepsilon_0 r^2}$$

只要将$\frac{1}{2}\varepsilon E^2$对这个空间积分即可求得$W_{\mathrm{e}}$，即

$$\begin{aligned}W_{\mathrm{e}} &= \int_V \frac{1}{2}\varepsilon_0 E^2 \mathrm{d}V = \int_a^{\infty} \frac{1}{2}\varepsilon_0 E^2 \cdot 4\pi r^2 \mathrm{d}r \\ &= \int_a^{\infty} \frac{1}{2}\varepsilon_0 \left(\frac{q}{4\pi\varepsilon_0 r^2}\right)^2 4\pi r^2 \mathrm{d}r = \frac{q^2}{8\pi\varepsilon_0}\int_a^{\infty}\frac{\mathrm{d}r}{r^2} = \frac{q^2}{8\pi\varepsilon_0 a}\end{aligned}$$

5.1.4　静电场的应用

静电场在工农业生产与日常生活中有很多的应用，主要是利用静电感应、高压静电场的气体放电等效应和原理，实现多种加工工艺和加工设备。工业方面，在电力、机械、轻工、纺织、航空航天以及高技术领域有着广泛的应用；农业生产中，利用高压静电场处理植物种子或植株，可以提高产量和抗性；生活方面，静电场应用于治疗、空气除尘以及厨房抽油烟机等。

1. 静电喷涂

静电喷涂是利用静电吸附作用将聚合物涂料微粒涂敷在接地金属物体上，然后将其送入烘炉以形成厚度均匀的涂层。电晕放电电极使涂料粒子带电，在输送气力和静电力的作用下，涂料粒子飞向被涂物，粒子所带电荷与被涂物上感应电荷之间的吸附力使涂料牢固地附在被涂物上。

工作时静电喷涂的喷枪或喷盘、喷杯，涂料微粒部分接负极，工件接正极并接地，在高压电源的高电压作用下，喷枪(或喷盘、喷杯)的端部与工件之间形成一个静电场。涂料微粒所受到的电场力与静电场的电压和涂料微粒的带电量成正比，而与喷枪和工件间的距离成反比，当电压足够高时，喷枪端部附近区域形成空气电离区，空气激烈地离子化和发热，使喷枪端部锐边或极针周围形成一个暗红色的晕圈，在黑暗中能明显看见，这时空气产生强烈的电晕放电。

涂料经喷嘴雾化后喷出，被雾化的涂料微粒通过枪口的极针或喷盘、喷杯的边缘时因接触而带电，当经过电晕放电所产生的气体电离区时，将再一次增加其表面电荷密度。这些带负电荷的涂料微粒在静电场作用下向工件表面运动，并被沉积在工件表面上形成均匀的涂膜。

2. 静电复印

静电复印机的中心部件是一个可以旋转的接地铝质圆柱体，表面镀一层半导体硒，称为硒鼓。半导体硒有特殊的光电性质：没有光照射时是很好的绝缘体，能保持电荷；受到光的照射立即变成导体，将所带的电荷导走。复印每一页材料都要经过充电、曝光、显影、转印等几个步骤，这几个步骤是在硒鼓转动一周的过程中依次完成的。充电是指由电源使硒鼓表面带正电荷。曝光是利用光学系统将原稿上的字迹的像成在硒鼓上。硒鼓上字迹的像是没有光照射的地方，保持着正电荷，其他地方受到了光线的照射，正电荷被导走。这样，在硒鼓上留下了字迹的“静电潜像”。显影是带负电的墨粉被带正电的“静电潜像”吸引，并吸附在“静电潜像”上，显出墨粉组成的字迹。转印是带正电的转印电极使输纸机构送来的白纸带正电。带正电的白纸与硒鼓表面墨粉组成的字迹接触，将带负电的墨粉吸到白纸上，此后吸附了墨粉的纸送入定影区，墨粉在高温下熔化，浸入纸中，形成牢固的字迹。

3. 静电植绒

利用静电场作用力使绒毛极化并沿电场方向排列，同时被吸附在涂有黏合剂的基底上成为绒毛制品。其装置由两个平行板电极构成，其中下电极接地，并在其上放置基底材料和短纤维；上电极板施加高压直流电，两电极间形成强电场。

4. 静电吸附

利用静电将要吸附的纸张、薄膜等带上静电平展牢固吸在金属板材上，如不锈钢、铝板、木板等，也可将纸张用静电吸附平展用于照相或其他处理。

5. 矿物分选

利用静电偏转原理来分选带异种电荷的矿物。例如，在一台矿砂分选器中，磷酸盐矿砂含有磷酸盐岩石和石英，将其送入振动的进料器中，振动使得磷酸盐岩石微粒与石英颗粒发生摩擦。在摩擦过程中，石英颗粒得到正电荷，而磷酸盐颗粒得到负电荷。带异种电荷微粒的分选由平行板电容器中的电场来完成。

静电场可以造福人类，但是也有一定的危害性。例如，静电场会影响植物的同化、异化作用，以及细胞的生长和染色体的畸变。当人体穿上绝缘鞋底在高绝缘地面上行走时，可以感应产生数千伏高电压，危及生命安全。液体在流动、过滤、搅拌、喷射、灌注等剧烈晃动过程中均会产生很强的静电。不纯净的气体高速流动时，同样也会产生静电。这些静电现象有时会在工业生产过程中引起重大的工伤事故。

5.2 恒定磁场的分析与应用

恒定的磁场是由恒定电流激发的，同样是矢量场，它的分析方法和思路与静电场的相似，也是从麦克斯韦方程组中简化出其基本方程，分析其边界条件。学习恒定磁场时，可以与静电场进行对比，以加深理解。

5.2.1 恒定磁场的基本方程及边界条件

1. 恒定磁场的基本方程

由于恒定磁场的场量不随时间变化，故可由麦克斯韦方程组简化得到恒定磁场的基本方程。

微分形式为

$$\begin{cases}\nabla\times\boldsymbol{H}=\boldsymbol{J} & (5.2.1\text{a})\\ \nabla\cdot\boldsymbol{B}=0 & (5.2.1\text{b})\end{cases}$$

积分形式为

$$\begin{cases}\oint_l\boldsymbol{H}\cdot\mathrm{d}\boldsymbol{l}=I & (5.2.2\text{a})\\ \oint_S\boldsymbol{B}\cdot\mathrm{d}\boldsymbol{S}=0 & (5.2.2\text{b})\end{cases}$$

恒定磁场的基本方程表明恒定磁场是无源有旋场，电流是激发它的旋涡源，是非保守场。式(5.2.1b)和式(5.2.2b)还表明磁感应线总是一些闭合曲线，在客观上表明自然界没有孤立的磁荷存在。

直到目前为止，尚未发现孤立的磁荷存在。但是根据 Dirac 的理论，磁荷是存在的，在此理论支持下，许多物理学家正在不同的领域内探寻孤立磁荷存在的可能。

［例 5.2.1］　如图 5.2.1 所示，无限长中空导体圆柱的内、外半径分别为 a 和 b，沿轴向通以恒定的均匀电流，电流的体密度为 J，导体的磁导率为 μ，试求空间各点的磁感应强

度 $\boldsymbol{B}$。

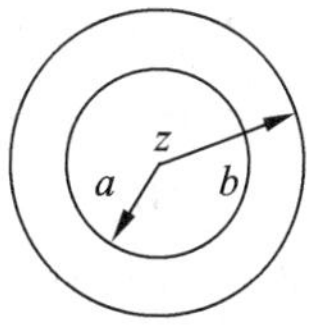

图 5.2.1　载流空心导体圆柱

解　建立圆柱坐标系，设电流的方向和 $+z$ 方向一致。根据安培环路定律，磁感应强度的方向是 ϕ 方向。

在 $\rho<a$ 的区域，有

$$\oint_l \boldsymbol{B}_1 \cdot \mathrm{d}\boldsymbol{l} = 2\pi\rho B_1 = 0$$

所以

$$\boldsymbol{B}_1 = \boldsymbol{0}$$

在 $a\leqslant\rho\leqslant b$ 的区域，有

$$\oint_l \boldsymbol{B}_2 \cdot \mathrm{d}\boldsymbol{l} = 2\pi\rho B_2 = \mu\pi(\rho^2 - a^2)J$$

所以

$$\boldsymbol{B}_2 = \frac{\mu(\rho^2 - a^2)J}{2\rho}\boldsymbol{e}_\phi$$

在 $b<\rho$ 的区域，有

$$\oint_l \boldsymbol{B}_3 \cdot \mathrm{d}\boldsymbol{l} = 2\pi\rho B_3 = \mu\pi(b^2 - a^2)J$$

所以

$$\boldsymbol{B}_3 = \frac{\mu(b^2 - a^2)J}{2\rho}\boldsymbol{e}_\phi$$

2. 矢量磁位和标量磁位

前面章节中引入了动态矢量位和标量位的概念，且磁感应强度的散度为零，即

$$\nabla \cdot \boldsymbol{B} = 0 \tag{5.2.3}$$

在矢量恒等式中有旋度的散度恒等于零，即

$$\nabla \cdot (\nabla \times \boldsymbol{A}) = 0 \tag{5.2.4}$$

于是可以用另一个矢量的旋度来描述磁感应强度 $\boldsymbol{B}$，即

$$\boldsymbol{B} = \nabla \times \boldsymbol{A} \tag{5.2.5}$$

式中，$\boldsymbol{A}$ 称为矢量磁位(或称磁矢位)。

通常情况下，恒定磁场可以用矢量磁位 $\boldsymbol{A}$ 来描述，但由于矢量磁位是一个矢量，分析求解很复杂，因此，在某些情况下考虑用标量磁位来描述磁场。

在没有传导电流的区域中，即 $\boldsymbol{J}=\boldsymbol{0}$ 的区域中，有 $\nabla\times\boldsymbol{H}=\boldsymbol{0}$。因此，在这个区域中可以把 $\boldsymbol{H}$ 用一个标量函数的梯度来表示，即

$$\boldsymbol{H} = -\nabla\varphi_{\mathrm{m}} \tag{5.2.6}$$

式中，φ_{m} 称为磁场的标量位，简称为标量磁位，式中的负号是为了与静电场相对应而附加的。

在均匀介质中可得

$$\nabla \cdot \boldsymbol{B} = \nabla \cdot (\mu\boldsymbol{H}) = -\mu\nabla \cdot (\nabla\varphi_{\mathrm{m}}) = 0 \tag{5.2.7}$$

由此可以推知

$$\nabla^2\varphi_{\mathrm{m}} = 0 \tag{5.2.8}$$

可以看出，标量磁位在此区域中满足拉普拉斯方程。

3. 恒定磁场的边界条件

磁场经过两种介质的分界面时，磁感应强度和磁场强度会发生突变。磁场分量在不同

介质分界面上的变化规律称为磁场的边界条件。这里根据恒定磁场的积分形式来导出两种介质分界面场量及矢量磁位 **A** 的边界条件。

1）***H*** 和 ***B*** 的边界条件

在分界面上作一小矩形回路，回路的两边分别位于分界面两侧，令 ***n*** 表示界面上 Δl 中点处的法向单位矢量，$\boldsymbol{l}^0$ 表示该点的切向单位矢量，***b*** 为垂直于 ***n***、$\boldsymbol{l}^0$ 的单位矢量（***b*** 也是界面的切向单位矢量，***b*** 和积分回路 ***l*** 垂直，而 $\boldsymbol{l}^0$ 位于积分回路 ***l*** 内），如图 5.2.2 所示。将恒定磁场基本方程的积分形式应用于回路上，并设该回路的高度趋于零，同样可得

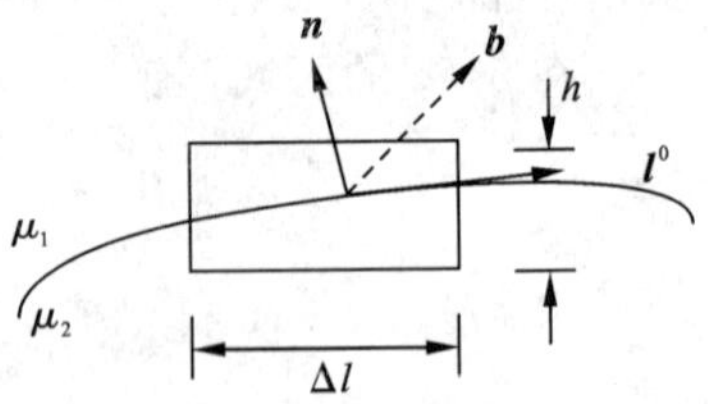

图 5.2.2　***H*** 的边界条件

$$\boldsymbol{n} \times (\boldsymbol{H}_1 - \boldsymbol{H}_2) = \boldsymbol{J}_s \tag{5.2.9}$$

或写为 $H_{1t} - H_{2t} = J_s$。这表明磁场强度 ***H*** 在不同媒质分界面两侧的切向分量是不连续的，其差值等于分界面上的电流面密度 J_s。

若分界面上不存在面电流分布，即 $\boldsymbol{J}_s = \boldsymbol{0}$，则有

$$\boldsymbol{n} \times (\boldsymbol{H}_1 - \boldsymbol{H}_2) = \boldsymbol{0} \tag{5.2.10}$$

或写为 $H_{1t} - H_{2t} = 0$。

将恒定磁场基本方程的积分形式应用于如图 5.2.3 所示的曲面 S 上，并令圆柱状小闭合面高度趋于零，同理可得

$$\boldsymbol{n} \times (\boldsymbol{B}_1 - \boldsymbol{B}_2) = \boldsymbol{0} \tag{5.2.11}$$

或写为 $B_{1n} - B_{2n} = 0$。这表明磁感应强度 ***B*** 在不同媒质的分界面两侧的法向分量是连续的。

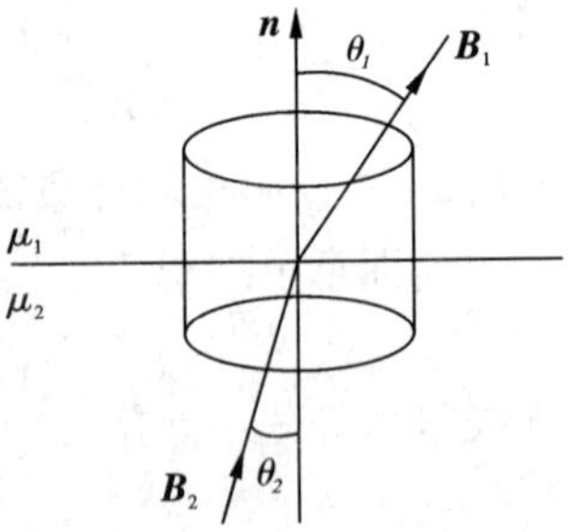

图 5.2.3　***B*** 的边界条件

2）矢量磁位的边界条件

结合矢量磁位的定义，利用同样的方法可导出矢量磁位 **A** 的边界条件。

矢量磁位 **A** 的定义式为

$$\nabla \times \boldsymbol{A} = \boldsymbol{B} \tag{5.2.12}$$

所以

$$\int_S (\nabla \times \boldsymbol{A}) \cdot \mathrm{d}\boldsymbol{S} = \oint_l \boldsymbol{A} \cdot \mathrm{d}\boldsymbol{l} = \int_S \boldsymbol{B} \cdot \mathrm{d}\boldsymbol{S} = \Phi \tag{5.2.13}$$

式中，Φ 为通过 S 面的磁通量。按照上述作矩形回路的方法，由于其宽度 Δl 足够小，高度 $\Delta h \to 0$，则矩形面积 $\Delta l \Delta h \approx 0$，所通过的磁通量 Φ 为零，于是

$$\oint_l \boldsymbol{A} \cdot \mathrm{d}\boldsymbol{l} = A_{1t} - A_{2t} = 0 \tag{5.2.14}$$

从而得到 **A** 的切向分量连续，即

$$A_{1t} = A_{2t} \tag{5.2.15}$$

又因为 $\nabla \times \boldsymbol{A} = \boldsymbol{0}$，所以

$$\int_V \nabla \cdot \boldsymbol{A} \mathrm{d}V = \oint_S \boldsymbol{A} \cdot \mathrm{d}\boldsymbol{S} = 0 \tag{5.2.16}$$

按照上述同样的方法可以得到 **A** 的法向分量连续，即

$$A_{1n} = A_{2n} \tag{5.2.17}$$

综合上述分析可知

$$\boldsymbol{A}_1 = \boldsymbol{A}_2 \tag{5.2.18}$$

即在媒质分界面上，矢量磁位 $\boldsymbol{A}$ 是连续的。

3）标量磁位 φ_m 的边界条件

在两种不同媒质的分界面上，由恒定磁场的磁场强度和磁感应强度的边界条件 $\boldsymbol{n}\times(\boldsymbol{H}_1-\boldsymbol{H}_2)=\boldsymbol{0}$ 和 $\boldsymbol{n}\times(\boldsymbol{B}_1-\boldsymbol{B}_2)=\boldsymbol{0}$ 可得到标量位 φ_m 的边界条件为

$$\varphi_{m1} = \varphi_{m2} \tag{5.2.19}$$

$$\mu_1 \frac{\partial \varphi_{m1}}{\partial n} = \mu_2 \frac{\partial \varphi_{m2}}{\partial n} \tag{5.2.20}$$

在没有传导电流的区域中解磁场问题时，可以先解标量磁位的拉普拉斯方程，求出标量磁位，然后再求磁场强度和磁感应强度。

[例 5.2.2]　如图 5.2.4 所示，磁导率分别是 μ_1 和 μ_2 的两种媒质有一个共同的边界，媒质 1 中点 P_1 处的磁场强度为 $\boldsymbol{H}_1$，且与交界面的法线成 θ_1 角，求媒质 2 中点 P_2 处的磁场强度 $\boldsymbol{H}_2$ 的大小和方向。

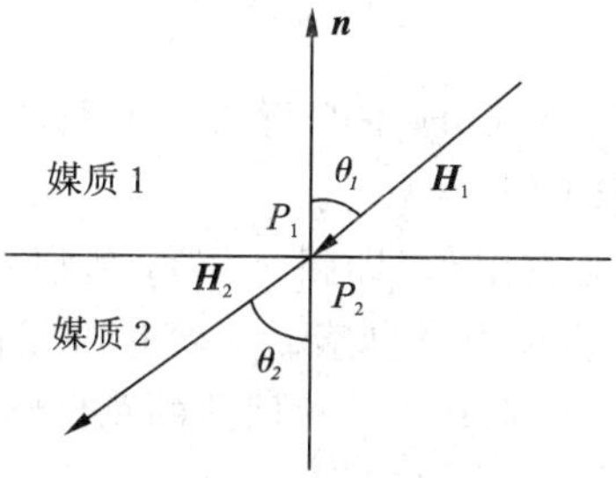

图 5.2.4　分界面上的磁场

解　设 $\boldsymbol{H}_2$ 与交界面的法线成 θ_2 角，根据边界条件 $\boldsymbol{B}$ 的法线分量连续，$\boldsymbol{H}$ 的切线分量连续，有

$$\mu_2 H_2 \cos\theta_2 = \mu_1 H_1 \cos\theta_1$$
$$H_2 \sin\theta_2 = H_1 \sin\theta_1$$

两式相除得

$$\frac{\tan\theta_2}{\tan\theta_1} = \frac{\mu_2}{\mu_1}$$

即

$$\theta_2 = \arctan\left(\frac{\mu_2}{\mu_1}\tan\theta_1\right)$$

$\boldsymbol{H}_2$ 的大小为

$$H_2 = \sqrt{(H_2\sin\theta_2)^2 + (H_2\cos\theta_2)^2} = H_1\left[\sin^2\theta_1 + \left(\frac{\mu_1}{\mu_2}\cos\theta_1\right)^2\right]^{1/2}$$

5.2.2　电感

电路的基本参量有电容、电感、电阻等。在静电场中，将导体上所带的电荷量与导体间的电位差之比定义为导体系的电容 C，在欧姆定律中，将电压与电流的比值定义为导电媒质的电阻 R，本节将在恒定磁场中定义电感 L。

在各向同性的媒质中，一个电流回路在空间激发的磁场与回路中的电流成正比，穿过回路的磁通量与磁感应强度也成正比，因此穿过回路的磁通量与回路中的电流成正比。在恒定磁场中，把这个比值称为电感，又称为电感系数。电感分为自感和互感。

1. 自感

电感是穿过回路的磁通量与回路中电流的比值，所以首先应讨论磁通量的计算。设穿过一个单匝简单线圈的磁通量为 ϕ，则对于各匝线圈紧密相贴的 N 匝密绕线圈，每匝线圈交链的磁通量都是相同的。该密绕线圈的全磁通为

$$\Phi = N\phi \tag{5.2.21}$$

有时磁通量还可以用磁矢位 $\boldsymbol{A}$ 来表示，于是应用斯托克斯定理，磁通 Φ 可写为

$$\Phi = \int_S \boldsymbol{B} \cdot \mathrm{d}\boldsymbol{S} = \int_S (\boldsymbol{\nabla} \times \boldsymbol{A}) \cdot \mathrm{d}\boldsymbol{S} = \oint_l \boldsymbol{A} \cdot \mathrm{d}\boldsymbol{l} \tag{5.2.22}$$

l 表示面积边缘的闭合曲线。因为磁通量的单位是 Wb，所以 $\boldsymbol{A}$ 的单位是 Wb/m。

在线性、各向同性的磁介质中，设有一闭合导线回路，在回路中通有电流 I 时，穿过回路的磁通为 Φ，定义穿过回路的磁通与该回路中的电流比值为

$$L = \frac{\Phi}{I} \tag{5.2.23}$$

L 就是自感或自感系数，单位为亨利(H)。自感仅与回路的几何结构、尺寸及其周围媒质的磁导率有关，而与回路中电流的大小无关。

通常情况下，导线的面积为有限值(即粗导体)，所以穿过导线外部的磁通称为外磁通，用 Φ_o 表示，由它计算的自感称为外自感 L_o；穿过导线内部的磁通称为内磁通，用 Φ_i 表示，由内磁通计算的自感称为内自感 L_i。故回路的总自感 L 为

$$L = L_o + L_i \tag{5.2.24}$$

在计算单匝线圈的外自感时，假设电流集中在导线的轴线上，把导线的内侧边线作为回路的边界，因而外磁通 Φ_o 等于 $\boldsymbol{B}$ 在 l 所围面积 S 上的面积分

$$\Phi_o = \int_S \boldsymbol{B} \cdot \mathrm{d}\boldsymbol{S} \tag{5.2.25}$$

在计算单匝线圈导线回路内自感时，导线内部的磁场可近似地认为与无限长直导线内部的磁场相同。

[例 5.2.3] 同轴线的内导体半径为 a，外导体的内半径为 b，厚度很薄可以忽略不计，如图 5.2.5 所示，所有材料的磁导率均为 μ_0，计算同轴线单位长度的自感。

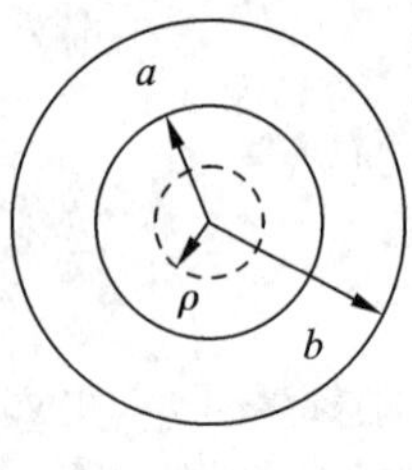

图 5.2.5　同轴线

解　设同轴线中的电流为 I，根据安培环路定律可得到内导体中的磁感应强度为

$$B_i = \frac{\mu_0}{2\pi\rho}\frac{\pi\rho^2}{\pi a^2}I = \frac{\mu_0 I\rho}{2\pi a^2} \qquad (\rho < a)$$

穿过由轴向单位长度、宽为 $\mathrm{d}\rho$ 构成的矩形面积元为 $\mathrm{d}S = 1 \cdot \mathrm{d}\rho$ 的磁通为

$$\mathrm{d}\Phi_i = \boldsymbol{B}_i \mathrm{d}\boldsymbol{S} = \frac{\mu_0 I\rho}{2\pi a^2}\mathrm{d}\rho$$

由于与 $\mathrm{d}\Phi_i$ 相交链的电流不是 I，而是 I 的一部分，即

$$I' = \frac{\pi\rho^2}{\pi a^2}I$$

所以，与 $\mathrm{d}\Phi_i$ 相应的磁通为

$$\mathrm{d}\Phi_i = \frac{I'}{I}\mathrm{d}\Phi = \boldsymbol{B}\cdot \mathrm{d}\boldsymbol{S} = \frac{\mu_0 I\rho^3}{2\pi a^4}\mathrm{d}\rho$$

内导体中单位长度的自感磁通总量为

$$\Phi_i = \int \mathrm{d}\Phi_i = \int_0^a \frac{\mu_0 I\rho^3}{2\pi a^4}\mathrm{d}\rho = \frac{\mu_0 I}{8\pi}$$

由此得到单位长度的内自感为

$$L_i = \frac{\Phi_i}{I} = \frac{\mu_0}{8\pi}$$

在内、外导体之间，由安培环路定律可得磁感应强度为

$$B_o = \frac{\mu_0 I}{2\pi\rho} \qquad (a < \rho < b)$$

此时

$$\mathrm{d}\Phi_o = \frac{\mu_0 I}{2\pi\rho}\mathrm{d}\rho$$

$$\Phi_o = \int \mathrm{d}\Phi_o = \int_a^b \frac{\mu_0 I}{2\pi\rho}\mathrm{d}\rho = \frac{\mu_0 I}{2\pi}\ln\frac{b}{a}$$

由此得到单位长度的外自感为

$$L_o = \frac{\Phi_o}{I} = \frac{\mu_0}{2\pi}\ln\frac{b}{a}$$

故同轴线单位长度的自感为

$$L = L_o + L_i = \frac{\mu_0}{8\pi} + \frac{\mu_0}{2\pi}\ln\frac{b}{a}$$

[例 5.2.4]　平行双导线如图 5.2.6 所示，导线的半径为 a，两导线的轴线相距为 D，且 $D\gg a$，试求双导线单位长度的外自感。

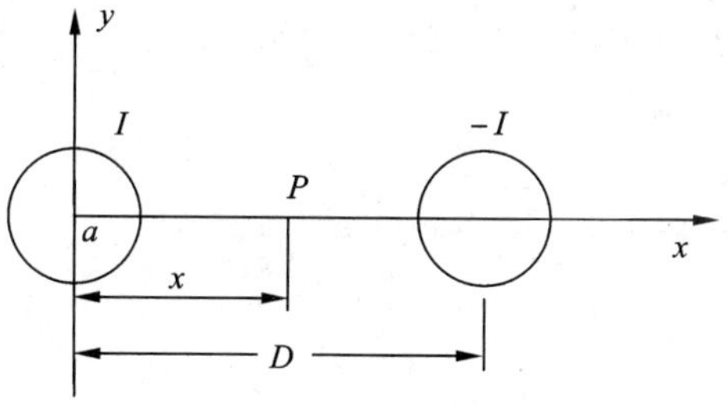

图 5.2.6　平行双导线

解　设两导线中分别流过大小相同、方向相反的电流 I，由于 $D\gg a$，因此可近似地认为电流均匀分布在导线中。应用安培环路定律可得到两导线间的平面上任意一点 P 的磁感应强度为

$$\boldsymbol{B}(x) = \frac{\mu_0 I}{2\pi}\left(\frac{1}{x} + \frac{1}{D-x}\right)\boldsymbol{e}_y$$

穿过两导线之间轴线方向为单位长度的面积的外磁通为

$$\Phi = \int_a^{D-a} \boldsymbol{B}(x)\mathrm{d}\boldsymbol{S} = \frac{\mu_0 I}{2\pi}\int_a^{D-a}\left(\frac{1}{x} + \frac{1}{D-x}\right)\mathrm{d}x = \frac{\mu_0 I}{\pi}\ln\frac{D-a}{a}$$

于是平行双导线单位长度的外自感为

$$L_o = \frac{\Phi}{I} = \frac{\mu_0}{\pi}\ln\frac{D-a}{a} \approx \frac{\mu_0}{\pi}\ln\frac{D}{a}$$

2. 互感

如图 5.2.7 所示，设有两个靠得很近的导线回路 l_1 和 l_2，回路 l_1 中通有电流 I_1 时，这一电流产生的磁感应线除了穿过本回路 l_1 外，还有一部分穿过回路 l_2。由回路电流 I_1 产生而与回路 l_2 相交链的磁通称为互感磁通 Φ_{21}。定义 Φ_{21} 与回路电流 I_1 的比值

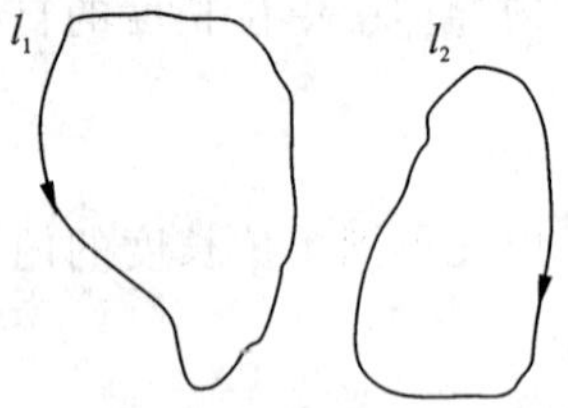

图 5.2.7　两个回路

$$M_{21} = \frac{\Phi_{21}}{I_1} \tag{5.2.26}$$

为回路 l_1 对回路 l_2 的互感(或称互感系数)。同样，回路 l_2 对回路 l_1 的互感为

$$M_{12} = \frac{\Phi_{12}}{I_2} \tag{5.2.27}$$

互感的特点如下：

(1) 互感只与回路的几何结构、尺寸、两回路的相对位置以及周围磁介质的磁导率有关，而与回路中的电流无关。

(2) 互感具有互易关系，即 $M_{12}=M_{21}$，因而可略去下标，用 M 表示两回路间的互感。

(3) 当与回路交链的互感磁通与自感磁通具有相同的符号时，互感系数 M 为正值；反之，互感系数 M 为负值。

[**例 5.2.5**]　如图 5.2.8 所示，无限长细直导线与直角三角形的导线回路在同一平面内，一边相互平行，试计算它们之间的互感。

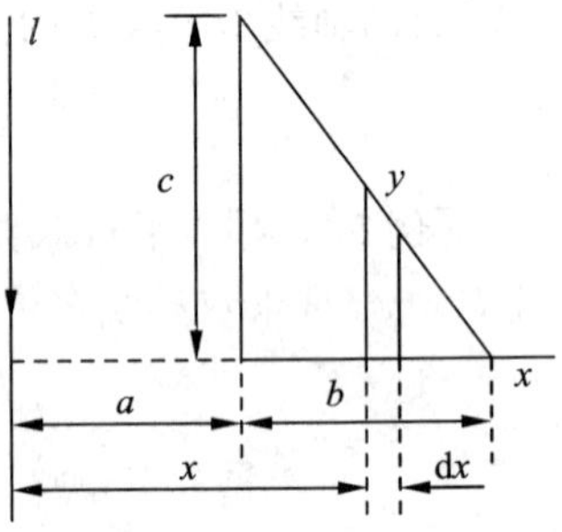

图 5.2.8　互感的计算

解　假设细长直导线中通有电流 I，先计算穿过三角形导线框的磁通，由安培环路定律求得

$$\boldsymbol{B} = \frac{\mu_0 I}{2\pi x}\boldsymbol{e}_z$$

则穿过三角形回路的磁通为

$$\mathrm{d}\Phi_{21} = \boldsymbol{B}\cdot\mathrm{d}\boldsymbol{S} = \frac{\mu_0 I}{2\pi x}\boldsymbol{e}_z\cdot\boldsymbol{e}_z y\,\mathrm{d}x$$

式中，$y=\frac{c}{b}(a+b-x)$。于是

$$\Phi_{21} = \int \mathrm{d}\Phi_{21} = \int_a^{a+b}\frac{\mu_0 I}{2\pi x}\cdot\frac{c}{b}(a+b-x)\,\mathrm{d}x = \frac{\mu_0 Ic}{2\pi}\left(\frac{a+b}{b}\ln\frac{a+b}{a}-1\right)$$

故它们之间的互感为

$$M_{21} = \frac{\Phi_{21}}{I} = \frac{\mu_0 c}{2\pi}\left(\frac{a+b}{b}\ln\frac{a+b}{a}-1\right)$$

5.2.3　磁场能量和磁能密度

前面讨论过将一群电荷组合起来需要做功，而这种功是以电场能的形式储存起来的。当然会预想到，将电流送进导体回路也需要消耗功，电流回路在恒定磁场中要受到作用

力，说明磁场和电场一样储存着能量。磁场能量是在建立磁场过程中由外力或外电源提供的，其能量也分布在整个磁场空间，因为研究的是恒定磁场的能量，所以它只与电流的终值有关，而与电流的建立过程无关。首先以电流回路为例，选择任意一个建立电流的过程来计算恒定电流磁场的能量。

1. 恒定磁场的能量

现在考虑两个闭合导线回路 l_1 和 l_2，如图 5.2.7 所示，在初始时刻，设两个回路中均没有电流，即 $i_1=i_2=0$。随着时间的增加，在外电源的作用下将 l_1 和 l_2 中的电流 i_1 和 i_2 逐渐增加至最后的恒定电流值 I_1 和 I_2，同时，空间各点的磁场也由零逐渐增加到最后的恒定值。如果导线是无耗的，则根据能量守恒定律，各外电源所做的总功应等于恒定磁场的能量。假设恒定磁场的储能需要两个步骤完成，即首先保持 $i_2=0$，使 i_1 从零增加到 I_1；然后保持 I_1 恒定，使 i_2 从零增加到 I_2。首先将 l_2 暂时开路，保持 $i_2=0$，在外电源的作用下 i_1 在 d_t 时间内有一个增量 $\mathrm{d}i_1$，因而周围磁场也随之增加，在 l_1 中产生自感电动势 $\mathscr{E}_{11}=-\mathrm{d}\Phi_{11}/\mathrm{d}t$，在 l_2 中产生互感电动势 $\mathscr{E}_{21}=-\mathrm{d}\Phi_{21}/\mathrm{d}t$。为了使回路 l_1 中的电流增加，外电源必须在 l_1 中外加一个 $-\mathscr{E}_{11}$ 的电压去抵消感应电动势 $\mathscr{E}_{11}$；为了使 l_2 回路中的电流保持为零，必须在 l_2 中外加一个 $-\mathscr{E}_{21}$ 的电压去抵消互感电动势 $\mathscr{E}_{21}$。于是在 $\mathrm{d}t$ 时间内，外电源所做的功是

$$\mathrm{d}W_1=-\mathscr{E}_{11}i_1\mathrm{d}t=\frac{\mathrm{d}\Phi_{11}}{\mathrm{d}t}i_1\mathrm{d}t=i_1\mathrm{d}\Phi_{11} \tag{5.2.28}$$

$$\mathrm{d}W_2=-\mathscr{E}_{21}i_2\mathrm{d}t=0 \tag{5.2.29}$$

因为 $\Phi_{11}=L_1i_1$，所以 $\mathrm{d}\Phi_{11}=L_1\mathrm{d}i_1$。于是在电流 i_1，从零增加到 I_1 的过程中，外电源所做的功是

$$W_1=\int_0^{I_1}L_1i_1\mathrm{d}i_1=\frac{1}{2}L_1I_1^2 \tag{5.2.30}$$

再讨论回路 l_1 中电流保持 I_1 不变化而使 i_2 从零增加到 I_2 时外电源所做的功。当 i_2 在 $\mathrm{d}t$ 时间内有一个增量 $\mathrm{d}i_2$ 时，在回路 l_2 中产生自感电动势 $\mathscr{E}_{22}=-\mathrm{d}\Phi_{22}/\mathrm{d}t$，在回路 l_1 中产生互感电动势 $\mathscr{E}_{12}=-\mathrm{d}\Phi_{12}/\mathrm{d}t$。情况与上述相同，在 $\mathrm{d}t$ 时间内，外电源在两个回路所做的功分别是

$$\mathrm{d}W_{12}=-\mathscr{E}_{12}i_1\mathrm{d}t=\frac{\mathrm{d}\Phi_{12}}{\mathrm{d}t}i_1\mathrm{d}t=Mi_1\mathrm{d}i_2 \tag{5.2.31}$$

$$\mathrm{d}W_2=-\mathscr{E}_{22}i_2\mathrm{d}t=\frac{\mathrm{d}\Phi_{22}}{\mathrm{d}t}i_2\mathrm{d}t=L_2i_2\mathrm{d}i_2 \tag{5.2.32}$$

于是外电源所做的功为

$$W_{12}+W_2=\int\mathrm{d}W_{12}+\int\mathrm{d}W_2=\int_0^{I_2}Mi_1\mathrm{d}i_2+\int_0^{I_2}L_2i_2\mathrm{d}i_2=MI_1I_2+\frac{1}{2}L_2I_2^2 \tag{5.2.33}$$

从以上的讨论可知，在回路 l_1 和 l_2 中建立起恒定电流 I_1 和 I_2 的过程中，外电源所做的总功应转换为两个恒定电流回路系统产生磁场的能量，所以磁场储能为

$$W_{\mathrm{m}}=\frac{1}{2}L_1I_1^2+MI_1I_2+\frac{1}{2}L_2I_2^2 \tag{5.2.34}$$

将式(5.2.34)改写成

$$
\begin{aligned}
W_m &= \frac{1}{2}L_1I_1^2 + \frac{1}{2}MI_1I_2 + \frac{1}{2}L_2I_2^2 + \frac{1}{2}MI_1I_2 \\
&= \frac{1}{2}I_1(L_1I_1 + MI_2) + \frac{1}{2}I_2(L_2I_2 + MI_1) \\
&= \frac{1}{2}I_1(\Phi_{11} + \Phi_{12}) + \frac{1}{2}I_2(\Phi_{22} + \Phi_{21}) \\
&= \frac{1}{2}I_1\Phi_1 + \frac{1}{2}I_2\Phi_2 = \frac{1}{2}\sum_{k=1}^{2}I_k\Phi_k
\end{aligned}
$$

式中，Φ_1 和 Φ_2 分别是穿过回路 l_1 和 l_2 的总磁通，即为自感磁通和互感磁通的代数和。若系统是由 N 个电流回路组成的，则其磁场能量可推广为

$$
W_m = \frac{1}{2}\sum_{k=1}^{N}I_k\Phi_k \tag{5.2.35}
$$

2. 磁能分布及磁场能量密度

在 N 个电流回路中，穿过第 k 个电流回路的总磁通可表示为

$$
\Phi_k = \int_{S_k}\boldsymbol{B}\cdot \mathrm{d}\boldsymbol{S} = \oint_{l_k}\boldsymbol{A}\cdot \mathrm{d}\boldsymbol{l} \tag{5.2.36}
$$

式中：l_k、S_k 分别为第 k 个回路中的周长及其所围的面积；$\boldsymbol{B}$ 和 $\boldsymbol{A}$ 是所有电流(包括 I_k)所产生的场。于是磁场能量可表示为

$$
W_m = \frac{1}{2}\sum_{k=1}^{N}I_k\oint_{l_k}\boldsymbol{A}\cdot \mathrm{d}\boldsymbol{l} = \frac{1}{2}\sum_{k=1}^{N}\oint_{l_k}I_k\boldsymbol{A}\cdot \mathrm{d}\boldsymbol{l} \tag{5.2.37}
$$

设以体电流分布的系统分布在一个有限的体积 V 中，用 $\boldsymbol{J}\mathrm{d}V$ 来代替 $I_k\mathrm{d}\boldsymbol{l}$，因而体电流分布磁场系统的磁场能量表达式可改写为

$$
W_m = \frac{1}{2}\int_V \boldsymbol{A}\cdot \boldsymbol{J}\mathrm{d}V = \frac{1}{2}\int_V \boldsymbol{A}\cdot(\nabla\times\boldsymbol{H})\mathrm{d}V \tag{5.2.38}
$$

式中的体积分区域可扩大到整个空间 V' 而不会影响它的值。因为在 V' 以外的区域里电流为零，这部分体积分为零，则

$$
W_m = \frac{1}{2}\int_V \boldsymbol{A}\cdot(\nabla\times\boldsymbol{H})\mathrm{d}V' \tag{5.2.39}
$$

利用矢量恒等式 $\nabla\cdot(\boldsymbol{A}\times\boldsymbol{B}) = \boldsymbol{B}\cdot(\nabla\times\boldsymbol{B}) - \boldsymbol{A}\cdot(\nabla\times\boldsymbol{B})$，又恒定磁场中 $\boldsymbol{B}=\nabla\times\boldsymbol{A}$，则

$$
\begin{aligned}
W_m &= \frac{1}{2}\int_{V'}\nabla(\boldsymbol{H}\times\boldsymbol{A})\mathrm{d}V' + \frac{1}{2}\int_{V'}\boldsymbol{H}\cdot\boldsymbol{B}\mathrm{d}V' \\
&= \frac{1}{2}\oint_S(\boldsymbol{H}\times\boldsymbol{A})\cdot \mathrm{d}\boldsymbol{S} + \frac{1}{2}\int_{V'}\boldsymbol{B}\cdot\boldsymbol{H}\mathrm{d}V'
\end{aligned} \tag{5.2.40}
$$

当电流分布在有限区域时，在无穷远边界面 $A\propto\frac{1}{r}$、$H\propto\frac{1}{r^2}$、$S\propto r^2$，r 是分布电流的区域 V 内一点到 S 面上任意一点的距离，所以式(5.2.40)中第一项面积分当 r 趋于无穷大时为零，故

$$
W_m = \frac{1}{2}\int_{V'}\boldsymbol{B}\cdot\boldsymbol{H}\mathrm{d}V' \tag{5.2.41}
$$

由此可见，磁场能量分布于全部有磁场的空间，磁场能量体密度为

$$
\omega_m = \frac{1}{2}\boldsymbol{B}\cdot\boldsymbol{H}\ (\mathrm{J/m^3}) \tag{5.2.42}
$$

在各向同性、线性媒质中为

$$\omega_{\mathrm{m}}=\frac{1}{2}\mu H^2=\frac{1}{2}\frac{B^2}{\mu}\ (\mathrm{J/m^3})\tag{5.2.43}$$

［例 5.2.6］ 无限长直导线的横截面如图 5.2.9 所示，半径为 a 并通有恒定电流 I，试求导线内部单位长度的磁场能量。

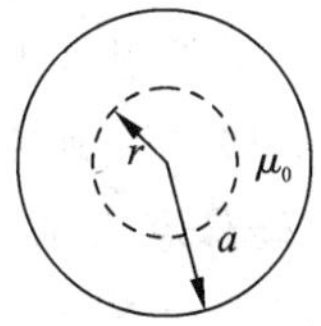

图 5.2.9　直导线的磁场能量

解　由安培环路定律可得导线内部的磁场强度大小为

$$H=\frac{I}{2\pi r}\frac{r^2}{a^2}=\frac{rI}{2\pi a^2}$$

则磁场能量密度为

$$\omega_{\mathrm{m}}=\frac{1}{2}\mu_0 H^2=\frac{\mu_0 r^2 I^2}{8\pi^2 a^4}$$

故单位长度导线内的磁场能量为

$$W_{\mathrm{m}}=\int_0^a \omega_{\mathrm{m}} 2\pi r \mathrm{d}r=\frac{\mu_0 I^2}{16\pi}$$

5.2.4　恒定磁场的应用

公元前 300 年我国发现了磁石吸铁的现象，公元初我国制成世界上第一个指南针。1820 年，丹麦人奥斯特发现了电流产生的磁场，同年法国科学家安培计算出两个电流之间的作用力。恒定磁场的应用范围非常广，发电机、电动机、电气仪表、电磁铁、示波管、显像管、磁控管、质谱仪、电子计算机、电子显微镜、回旋加速器以及磁悬浮技术等都离不开恒定磁场的应用。磁场还可用于污水处理，以清除水中的油污和杂质。经过磁场处理的磁化水，用于灌溉可以提高作物产量，用于发酵饲料可以促进家畜的成长，用于锅炉可以避免水垢的产生。

1. 磁法勘探

当地壳中存在磁铁矿、赤铁矿、玄武岩、金伯利岩或金矿时，均会导致地磁的异常变化，使用对于磁场变化十分敏感的磁力计即可探测这些矿脉，这种方法称为无源磁法勘探。探测仪表可以装在飞机上，便于大面积勘探。同样的机理，磁法勘探也可以用于考古和地质的研究。

2. 螺线管的应用

载流的螺线管会产生均匀磁场，可用于质谱仪、磁控管及回旋加速器中。在很多电气设备和仪表中，广泛使用线圈产生磁场。这种线圈产生的磁场还可用于显像管中，以控制电子束的扫描。质谱仪又称质谱计，是分离和检测不同同位素的仪器，它是根据带电粒子在电磁场中能够偏转的原理，按物质原子、分子或分子碎片的质量差异进行分离和检测物质组成的一类仪器。

3. 磁性传感器

传感器是非电测量系统中的重要组成部分。线圈的电感与线圈的匝数、尺寸及线圈中的填充物有关，因此当线圈的匝数和尺寸不变时，变更线圈中的填充物即可改变线圈的电感，这就是磁性传感器的基本原理。

4. 磁分离器

磁分离器又称磁选机，是恒定磁场的一个重要应用，是为分离磁性物质和非磁性物质而设计的。磁性物质和非磁性物质的混合物在传送带上均匀传输，传送带绕过由铁壳和激励线圈组成的磁性滑轮，激励线圈可产生磁场。非磁性物质会落入指定的料仓，而磁性物质被滑轮吸住直到传送带离开滑轮才落下，这样就实现了两种物质的分离。

5. 磁悬浮技术

磁悬浮技术是利用磁场力抵消重力的影响，从而使物体悬浮。从工作原理上，该技术可分为常导磁悬浮、超导磁悬浮和永磁体磁悬浮，其磁场分别由常导电流、超导电流和永磁体产生。超导磁悬浮又分为低温超导磁悬浮和高温超导磁悬浮，还有常导和超导以及永磁和超导相结合的混合磁悬浮。

与电场一样，磁场可以造福人类，同时对于人体也有一定的危害。人体的感官对于磁场均有反应，长期处在强磁场中的人们会感到疲劳，手脚发麻，所以大型电力变压器应该远离人群居住地。

5.3　恒定电场的分析与应用

如果将一块导体与电源的两个极板相连，则由于两个电极之间始终存在一定的电位差，在导体中形成电场，迫使自由电子维持连续不断地定向运动，从而形成电流，或者说，导体中出现了电流场。若外加电压与时间无关，导体中的电流强度恒定，则这种电流场称为恒定电流场。为了维持这种恒定电流，导体中的电场必须是恒定的，这种电场称为恒定电场，它也是时变场的一种特殊情况。在静电场的条件下，导体内不存在电场，而在外电源的作用下，导体内部不再是等位体，导体的表面也不再是等位面，导体内部存在着恒定电场。

5.3.1　恒定电场的基本方程及边界条件

1. 恒定电场的基本方程

恒定电场的源是不随时间变化的恒定电流，因而场量也不随时间变化，所以麦克斯韦方程组中电场的方程可写为

$$\begin{cases} \nabla \cdot \boldsymbol{D} = \rho & (5.3.1\text{a}) \\ \nabla \times \boldsymbol{E} = \boldsymbol{0} & (5.3.1\text{b}) \end{cases}$$

不难发现，这两个方程与静电场的方程完全相同，因而恒定电场具有与静电场相同的性质，它也是有源无旋保守场。然而由于导体内部通以恒定电流，所以恒定电场既存在于导体外部的区域，又存在于恒定电流通过的导体内部区域。

由恒定电流的定义可知，形成恒定电流的电荷虽然在运动，但其分布却不随时间而变化。因此，在恒定电场中，恒定电流的连续性方程为

$$\nabla \cdot \boldsymbol{J} = 0 \tag{5.3.2}$$

由欧姆定律的微分形式可知，导电媒质中任意一点的电流密度 $\boldsymbol{J}$ 与该点的电场强度 $\boldsymbol{E}$ 之间满足

$$\boldsymbol{J} = \gamma \boldsymbol{E} \tag{5.3.3}$$

通常情况下，在导电媒质中电荷分布是未知的，很难用式(5.3.1a)来求解导电媒质中的恒定电场。而导电媒质中的电流分布却比较容易求得，所以通常将式(5.3.1b)和式(5.3.2)作为导电媒质中恒定电场的基本方程，它们的积分形式为

$$\begin{cases}\oint_l \boldsymbol{E}\cdot \mathrm{d}\boldsymbol{l}=0 & (5.3.4\text{a})\\ \oint_S \boldsymbol{J}\cdot \mathrm{d}\boldsymbol{S}=0 & (5.3.4\text{b})\end{cases}$$

由于$\nabla\times\boldsymbol{E}=\boldsymbol{0}$，故仍然有$\boldsymbol{E}=-\nabla\varphi$存在，在导体的内部有

$$\nabla\cdot\boldsymbol{J}=\nabla\cdot(\gamma\boldsymbol{E})=0 \tag{5.3.5}$$

即

$$\nabla\cdot(\gamma\nabla\varphi)=0 \tag{5.3.6}$$

若γ为常数(如均匀的导电媒质)，则有

$$\nabla^2\varphi=0 \tag{5.3.7}$$

由此可见，在电源以外的导体内，电位函数也满足拉普拉斯方程。

2. 恒定电场的边界条件

当恒定电流通过两种导电媒质的分界面时，分界面上的电流密度和电场强度满足的关系称为恒定电场的边界条件。

与静电场中边界条件的推导方法相同，可得在两种不同导电媒质分界面上，恒定电场的边界条件：

$$\begin{cases}\boldsymbol{n}\times(\boldsymbol{E}_1-\boldsymbol{E}_2)=\boldsymbol{0} & (5.3.8\text{a})\\ \boldsymbol{n}\cdot(\boldsymbol{J}_1-\boldsymbol{J}_2)=0 & (5.3.8\text{b})\end{cases}$$

也可写为

$$\begin{cases}E_{1\mathrm{t}}=E_{2\mathrm{t}} & (5.3.9\text{a})\\ J_{1\mathrm{n}}=J_{2\mathrm{n}} & (5.3.9\text{b})\end{cases}$$

以上讨论说明，在两种导电媒质的交界面上，电场强度的切线分量连续，电流密度的法线分量连续。

由于$J_\mathrm{n}=\gamma E_\mathrm{n}$及$\boldsymbol{E}=-\nabla\varphi$，则有

$$\gamma_1E_{1\mathrm{n}}=\gamma_2E_{2\mathrm{n}}\ \text{或}\ \gamma_1\frac{\partial\varphi_1}{\partial n}=\gamma_2\frac{\partial\varphi_2}{\partial n} \tag{5.3.10}$$

由于$J_\mathrm{t}=\gamma E_\mathrm{t}$，应用推导电位边界条件的方法可得

$$\varphi_1=\varphi_2 \tag{5.3.11}$$

应注意，由于导体内存在恒定电场，根据边界条件可知，在导体表面上的电场既有法向分量又有切向分量。电场不垂直于导体表面，因而导体表面不是等位面。由边界条件$E_{1\mathrm{t}}=E_{2\mathrm{t}}$和$\gamma_1E_{1\mathrm{n}}=\gamma_2E_{2\mathrm{n}}$可导出矢量在分界面上的折射关系：

$$\boldsymbol{E}_1\sin\theta_1=\boldsymbol{E}_2\sin\theta_2 \tag{5.3.12}$$

$$\gamma_1\boldsymbol{E}_1\cos\theta_1=\gamma_2\boldsymbol{E}_2\cos\theta_2 \tag{5.3.13}$$

以上两式相除，得

$$\frac{\tan\theta_1}{\tan\theta_2}=\frac{\gamma_1}{\gamma_2} \tag{5.3.14}$$

式中，$\tan\theta_1=\dfrac{E_{1t}}{E_{1n}}$，$\tan\theta_2=\dfrac{E_{2t}}{E_{2n}}$，如图 5.3.1 所示。

若媒质 2 是良导体，媒质 1 是不良导电媒质，即 $\gamma_2 \geqslant \gamma_1$，则除 $\theta_2=90°$外，$\theta_1\approx 0$。也就是说，在靠近分界面上，不良导电媒质内电力线近似与良导体表面垂直，因而可把良导体表面近似为等位面。

若媒质 2 是导体，媒质 1 是理想介质，即 $\gamma_1=0$，则由理想介质中不存在恒定电流(即 $\boldsymbol{J}_1=\boldsymbol{0}$)可知 $J_{1n}=J_{2n}=0$ 且 $E_{2n}=J_{2n}/\gamma_2=0$。这表明在导体一侧只能存在沿切向的电流和切向的电场强度。

[例 5.3.1]　某同轴电缆填充有两层介质，内导体半径为 a，外导体半径为 c，介质的分界面半径为 b。两层介质的介电常数和电导率分别为 ε_1、γ_1 和 ε_2、γ_2。设内、外导体加电压 U，求两导体之间的电流密度和电场强度的分布。

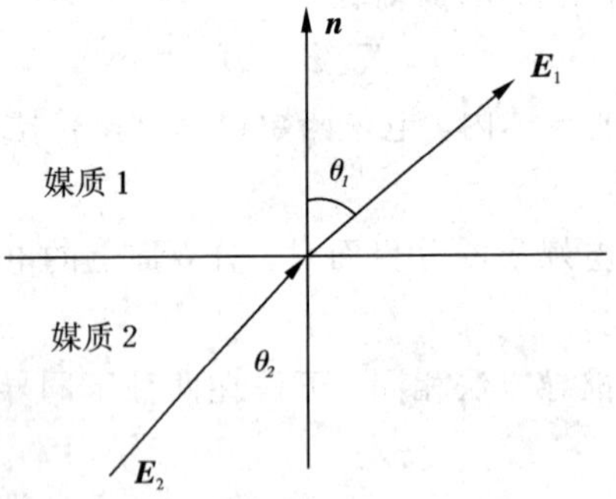

图 5.3.1　恒定电场的折射

解　由于外加电压导致电流由内导体流向外导体，在分界面上只有法向分量，所以电流密度呈轴对称分布。

假设内外导体间电流为 I，则由 $\int_S \boldsymbol{J}\cdot \mathrm{d}\boldsymbol{S}=I$ 及电流密度在介质分界面法线方向连续可得内外导体间的电流密度为

$$\boldsymbol{J}=\boldsymbol{e}_\rho \frac{I}{2\pi\rho}\qquad (a<\rho<c)$$

介质中的电场在法线方向不连续，则

$$\boldsymbol{E}_1=\frac{\boldsymbol{J}}{\gamma_1}=\boldsymbol{e}_\rho \frac{I}{2\pi\gamma_1\rho}$$

$$\boldsymbol{E}_2=\frac{\boldsymbol{J}}{\gamma_2}=\boldsymbol{e}_\rho \frac{I}{2\pi\gamma_2\rho}\qquad (a<\rho<b)$$

由于

$$U=\int_a^b E_1\cdot \mathrm{d}\rho+\int_b^c E_2\cdot \mathrm{d}\rho=\frac{I}{2\pi\gamma_1}\ln\frac{b}{a}+\frac{I}{2\pi\gamma_2}\ln\frac{c}{b}$$

故

$$I=\frac{2\pi\gamma_1\gamma_2 U}{\gamma_1\ln(b/a)+\gamma_2\ln(c/b)}$$

从而介质中的电流密度和电场强度分别为

$$\boldsymbol{J} = \boldsymbol{e}_\rho \frac{\gamma_1\gamma_2 U}{\rho[\gamma_1\ln(b/a)+\gamma_2\ln(c/b)]} \qquad (a<\rho<c)$$

$$\boldsymbol{E}_1 = \boldsymbol{e}_\rho \frac{\gamma_2 U}{\rho[\gamma_2\ln(b/a)+\gamma_1\ln(c/b)]} \qquad (a<\rho<b)$$

$$\boldsymbol{E}_2 = \boldsymbol{e}_\rho \frac{\gamma_1 U}{\rho[\gamma_2\ln(b/a)+\gamma_1\ln(c/b)]} \qquad (b<\rho<c)$$

［例 5.3.2］ 电压 U 加于面积为 S 的平行板电容器上，两块极板之间的空间填充两种有损电介质，它们的厚度、介电常数、电导率分别为 d_1、d_2、ε_1、ε_2、γ_1 和 γ_2，如图 5.3.2 所示。求：

（1）极板间的电流密度 J；

（2）在两种电介质中的电场强度 E_1 和 E_2；

（3）极板上和介质分界面的面电荷密度。

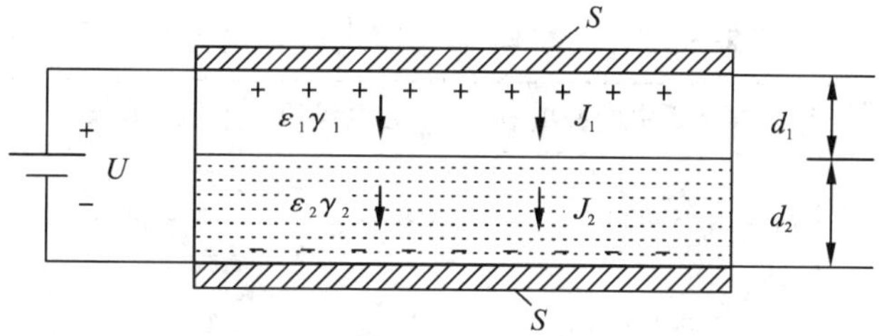

图 5.3.2　填充两种介质的电容器

解　(1) 设通过电容器的电流为 I，由于极板的电导率远大于有损介质的电导率，故介质中的电流应垂直于极板面。又由 $\boldsymbol{J}$ 的法向分量连续性保证了两种媒质中电流密度相同，即

$$J_1 = J_2 = \frac{I}{S} = J$$

由 $J=\gamma E$ 得

$$E_1 = J/\gamma_1,\ E_2 = J/\gamma_2$$

因为

$$U = E_1 d_1 + E_2 d_2 = (d_1/\gamma_1 + d_2/\gamma_2)J$$

故

$$J = \frac{U\gamma_1\gamma_2}{d_1\gamma_2 + d_2\gamma_1}$$

(2) 两种电介质中的电场强度分别为

$$E_1 = \frac{U\gamma_2}{d_1\gamma_2 + d_2\gamma_1},\ E_2 = \frac{U\gamma_1}{d_1\gamma_2 + d_2\gamma_1}$$

(3)上、下极板的面电荷密度 $\sigma_{上}$、$\sigma_{下}$ 分别为

$$\sigma_{上} = \varepsilon_1 E_{1n} = \frac{\varepsilon_1\gamma_2 U}{d_1\gamma_2 + d_2\gamma_1},\ \sigma_{下} = -\varepsilon_2 E_{2n} = -\frac{\varepsilon_2\gamma_1 U}{d_1\gamma_2 + d_2\gamma_1}$$

介质分界面上的 σ 为

$$\sigma=\left(\frac{\varepsilon_2}{\gamma_2}-\frac{\varepsilon_1}{\gamma_1}\right)J=\frac{-\varepsilon_1\gamma_2+\varepsilon_2\gamma_1}{d_1\gamma_2+d_2\gamma_1}U$$

从这些结果可以看出，$\sigma_{上}\neq\sigma_{下}$，但 $\sigma_{上}+\sigma_{下}+\sigma=0$。

5.3.2　静电场与恒定电场的比较

通过前面的讨论，将电源外导电媒质中的恒定电场 $\boldsymbol{E}$ 及恒定电流密度 $\boldsymbol{J}$ 所满足的基本方程与电介质中无体电荷区域的静电场 $\boldsymbol{E}$ 及电位移矢量 $\boldsymbol{D}$ 所满足的基本方程进行比较，容易看出它们之间在很多方面有相似之处，各量之间也有对应关系，见表 5.3.1。

由表 5.3.1 可以看出，只要把静电场中的 $\boldsymbol{D}$ 和 ε 相应地换成 $\boldsymbol{J}$ 和 γ，静电场的基本方程及关系式就变成恒定电场的方程。反之亦然，两种场中的电位函数也有相同的意义。由于静电场与恒定电场的电位都满足拉普拉斯方程，因此，在相同的边界条件下，如果一种场的解已经得到，则另一种场的解不必重新再求，只要置换两种场相对应的量即可，这种方法称为静电比拟法。

表 5.3.1　静电场与恒定电场的比较

对比内容	电介质中的静电场	导电媒质中的恒定电场	对应量
基本方程	$\nabla\times\boldsymbol{E}=\boldsymbol{0}$	$\nabla\times\boldsymbol{E}=\boldsymbol{0}$	$\boldsymbol{D}\Leftrightarrow\boldsymbol{J}$
	$\nabla\cdot\boldsymbol{D}=0$	$\nabla\cdot\boldsymbol{J}=0$	
	$\boldsymbol{E}=-\nabla\varphi$	$\boldsymbol{E}=-\nabla\varphi$	
边界条件	$E_{1t}=E_{2t}$	$E_{1t}=E_{2t}$	
	$D_{1n}=D_{2n}$	$J_{1n}=J_{2n}$	
	$\varphi_1=\phi_2$	$\varphi_1=\varphi_2$	
电位方程	$\nabla^2\varphi=0$	$\nabla^2\varphi=0$	—
$\boldsymbol{D}$、$\boldsymbol{J}$ q、I C、G	$\int_S\boldsymbol{D}\cdot d\boldsymbol{S}=\int_S\sigma\cdot dS=q$	$\int_S\boldsymbol{J}\cdot d\boldsymbol{S}=I$	$q\Leftrightarrow I$ $C\Leftrightarrow G$
	$C=\frac{q}{U}$	$G=\frac{I}{U}$	
场与介质	$\boldsymbol{D}=\varepsilon\boldsymbol{E}$	$\boldsymbol{J}=\gamma\boldsymbol{E}$	$\varepsilon\Leftrightarrow\gamma$

场量的对应关系也导致了参量的对应关系。$\boldsymbol{D}$ 与 $\boldsymbol{J}$ 对应，导致 q 与 I 对应，而 q 与 I 对应，导致电容 $C(=q/U)$ 与恒定电流电场中的电导 $G(=I/U)$ 对应。对于同一个系统，只要把电容公式中的 ε 换成 γ，电容就变成了电导，反之亦然。

[例 5.3.3]　已知双导线半径为 a，两轴线距离为 d，周围的介质电导率为 γ，求单位长度双导线的漏电导。

解　例 5.3.2 已经计算了当 $D\gg a$ 时，平行双导线单位长度的电容 C 为

$$C=\frac{\pi\varepsilon}{\ln(D/a)}$$

由于电导与电容以及介电常数和电导率的对应关系，通过参量置换便可得到双导线的漏电导为

$$G = \frac{\pi\gamma}{\ln(D/a)}$$

5.3.3　恒定电场的应用

电镀工艺、电焊工艺、电力工程、地质勘探、油井测量以及超导技术中广泛应用了恒定电场的特性。

1. 位场应用

电力工程中，通常需要获悉电气设备周围的电场分布，但在设备运行时进行现场测量是很不安全的。此时，可将设备放入电流场中，只要保证电流场的形状及其边界条件与电气设备所在的电场形状及边界条件相同，就可通过测量该电流场的分布获知原先电场的分布，这种方法称为位场模拟。例如：对于高压套管、电缆头及绝缘子等，可采用这种位场模拟方法获得其周围的电场分布特性；高压变电站地面上跨步电压的预测也可采用这种方法。

人体的心脏组织产生的微弱电流流遍全身，导致人体的各个部位具有不同的电位，测量这些电位差即可诊断心脏、动脉以及心室的状态，这就是心电图仪的工作原理。警方在审讯犯罪嫌疑人时使用的测谎仪也是基于同一机理。

2. 电导率的应用

利用导电材料的电导率不同，可以制作各种电阻元件，例如，碳质电阻、碳膜电阻和线绕电阻。调节碳棒的尺寸、碳膜的厚度以及电阻丝的粗细即可获得不同阻值的电阻元件。这些电阻元件各具特色，分别用于不同场合。

当地层中含有水分、矿物或油气时，土壤的电导率将有所不同。如果将两个电极垂直或水平放入地中，通过测量两个电极之间的电流及电位分布，即可判断电流通过区域中地层的状况，这就是电法勘探的基本原理。经验表明，地震前夕地壳的电导率通常也要发生变化，因此上述方法也可用于地震预报。

本章小结

本章主要讨论了静电场、恒定电场以及恒定磁场的分析及应用。

1. 静电场的基本方程及边界条件

微分形式：

$$\begin{cases}\nabla\times\boldsymbol{E}=\boldsymbol{0}\\ \nabla\cdot\boldsymbol{D}=\rho\end{cases}$$

积分形式：

$$\begin{cases}\oint_l \boldsymbol{E}\cdot \mathrm{d}\boldsymbol{l}=0\\ \oint_S \boldsymbol{D}\,\mathrm{d}\boldsymbol{S}=\int_V \rho\,\mathrm{d}V\end{cases}$$

边界条件：

$$\begin{cases}\boldsymbol{n}\times(\boldsymbol{E}_1-\boldsymbol{E}_2)=\boldsymbol{0}\\ \boldsymbol{n}\cdot(\boldsymbol{D}_1-\boldsymbol{D}_2)=\sigma\end{cases}$$

2. 电位函数和边界条件

电场强度：$\boldsymbol{E}=-\nabla\varphi$，$\varphi$ 称为静电场电位函数，通常简称为电位，电位是标量。

边界条件：

$$\varphi_A=\varphi_B,\ \varepsilon_2\frac{\partial\varphi_2}{\partial n}-\varepsilon_1\frac{\partial\varphi_1}{\partial n}=\sigma$$

3. 静电位的泊松方程和拉普拉斯方程

泊松方程：

$$\nabla^2\varphi=-\rho/\varepsilon$$

拉普拉斯方程：

$$\nabla^2\varphi=0$$

4. 恒定磁场的基本方程及边界条件

微分形式：

$$\begin{cases}\nabla\times\boldsymbol{H}=\boldsymbol{J}\\ \nabla\cdot\boldsymbol{B}=0\end{cases}$$

积分形式：

$$\begin{cases}\oint_l\boldsymbol{H}\cdot d\boldsymbol{l}=I\\ \oint_S\boldsymbol{B}\cdot d\boldsymbol{S}=0\end{cases}$$

边界条件：

$$\begin{cases}\boldsymbol{n}\cdot(\boldsymbol{B}_1-\boldsymbol{B}_2)=0\\ \boldsymbol{n}\times(\boldsymbol{H}_1-\boldsymbol{H}_2)=\boldsymbol{J}_s\end{cases}$$

5. 电容

在线性介质中，一个导体上的电量与导体上的电位成正比，它们的比值称为电容。孤立导体的电容为 $C=Q/\varphi$。

6. 电场能量

电场能量存在于场中，可用体积分进行计算：

$$W_e=\frac{1}{2}\int_V\boldsymbol{D}\cdot\boldsymbol{E}dV=\int_V\omega_e dV$$

式中，$\omega_e=\frac{1}{2}\varepsilon E^2=\frac{1}{2}\frac{D^2}{\varepsilon}$为电场能量密度。

7. 矢量磁位和标量磁位

矢量磁位 $\boldsymbol{A}$：$\nabla\times\boldsymbol{A}=\boldsymbol{B}$；边界条件：$\boldsymbol{A}_1=\boldsymbol{A}_2$。

标量磁位 φ_m：$\boldsymbol{H}=-\nabla\varphi_m$，在均匀介质中$\nabla^2\varphi_m=0$；边界条件：$\varphi_{m1}=\varphi_{m2}$，$\mu_1\frac{\partial\varphi_{m1}}{\partial n}=\mu_2\frac{\partial\varphi_{m2}}{\partial n}$。

8. 电感

在各向同性的媒质中，穿过回路的磁通量与回路中的电流成正比，这个比值称为电感。电感分为自感和互感。自感：$L=\frac{\Phi}{I}$；互感：$M_{12}=\frac{\Psi_{12}}{I_2}$。

9. 磁场能量

磁场能量存在于场中，可用体积分进行计算：

$$W_{\mathrm{m}} = \frac{1}{2}\int_V \boldsymbol{B}\cdot\boldsymbol{H}\mathrm{d}V = \int_V \omega_{\mathrm{m}}\mathrm{d}V$$

式中，$\omega_{\mathrm{m}}=\frac{1}{2}\boldsymbol{B}\cdot\boldsymbol{H}$ 或 $\omega_{\mathrm{m}}=\frac{1}{2}\mu H^2=\frac{1}{2}\frac{B^2}{\mu}$，称为磁场能量密度。

10. 恒定电场的基本方程和边界条件

微分形式：

$$\begin{cases}\nabla\times\boldsymbol{E}=\boldsymbol{0}\\ \nabla\cdot\boldsymbol{J}=0\end{cases}$$

积分形式：

$$\begin{cases}\oint_l \boldsymbol{E}\cdot\mathrm{d}\boldsymbol{l}=0\\ \oint_S \boldsymbol{J}\cdot\mathrm{d}\boldsymbol{S}=0\end{cases}$$

边界条件：

$$\begin{cases}\boldsymbol{n}\times(\boldsymbol{E}_1-\boldsymbol{E}_2)=\boldsymbol{0}\\ \boldsymbol{n}\cdot(\boldsymbol{J}_1-\boldsymbol{J}_2)=0\end{cases}$$

习　　题

5-1　填空题：

(1) 导体表面静电场的边界条件为________________。

(2) ________________产生的磁场称为恒定磁场。

(3) 在恒定电场中，导体内的电场强度为______________。

(4) 在恒定电场中，体电流密度的散度为______________。

(5) 矢量磁位的__________________称为磁感应强度。

5-2　选择题：

(1) 具有均匀密度的无限长直线电荷的电场随距离变化的规律为(　　)。

A. $1/r$　　B. $1/r^2$　　C. $-\ln r$

(2) 应用高斯定理求解静电场要求电场具有(　　)。

A. 线性　　B. 对称性　　C. 任意

(3) 如果某一点的电场强度为零，则该点的电位(　　)。

A. 一定为零　　B. 不一定为零　　C. 为无穷大

(4) 在不同电介质交界面上，电场强度的(　　)。

A. 法向分量和切向分量均连续　　B. 法向分量连续

C. 切向分量连续　　D. 法向分量与切向分量均不连续

(5) 静电场是(　　)。

A. 无旋场　　B. 无散场　　C. 等电位场　　D. 均匀场

5-3　平行板电容器如图所示，已知两极板相距 d，极板间的电位分布为 $\varphi=\frac{U_0}{d}x$ (0≤

$x \leqslant d$)，求电容器中的电场强度。

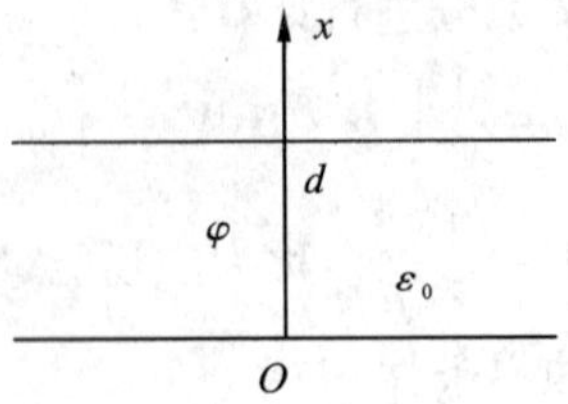

题 5-3 图

5-4　已知空间中某一区域内的电位分布为 $\varphi = ax^2\sin(2y)\text{ch}(3z)$，求此空间中的体电荷分布。

5-5　已知内、外半径分别为 a 和 b 的同心导体球壳，内外导体间的电压为 U，求两球壳间的电场分布与电位分布。

5-6　如图所示为两块无限大平行板电极，相距 d，极板上的电位分别为 0 和 U_0，板间充满体电荷密度为 $\rho = \dfrac{\rho_0 x}{d}$ 的电荷，求板间的电位分布。

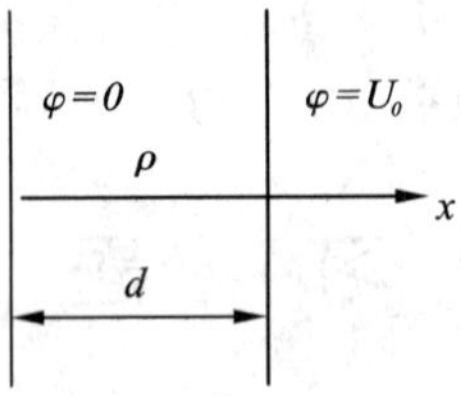

题 5-6 图

5-7　球型电容器由一个半径为 a 的内导体球和一个内壁半径为 b 的外导体组成，两导体之间充以介电常数为 ε 的电介质，求电容器的电容。

5-8　同轴电容器内、外导体的半径分别为 a 和 c，在内外导体之间部分填充介电常数为 ε 的电介质，填充的区域为大于 a 小于 b，如图所示，求单位长度的电容。

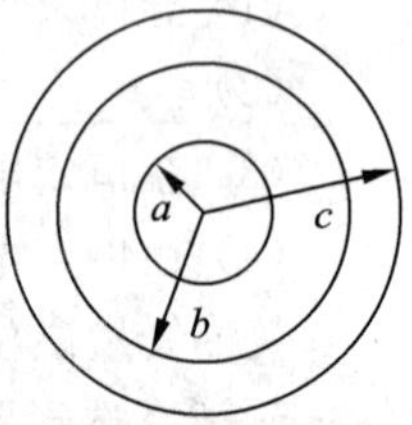

题 5-8 图

5-9　内、外半径分别为 a 和 b 的球型电容器，上半部分填充介电常数为 ε_1 的介质，下半部分填允介电常数为 ε_2 的另一种介质，如图所示，求电容器的电容。

5-10　两根距离为 d 的无限长平行细导线，通有大小相等、方向相反的电流 I，如图所示，试计算双导线所在平面内任意点的磁感应强度。

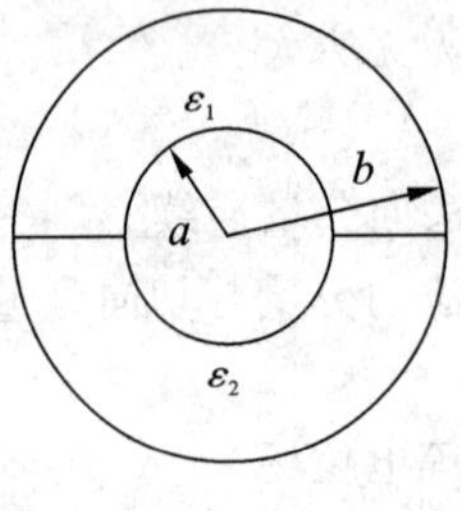

题 5-9 图

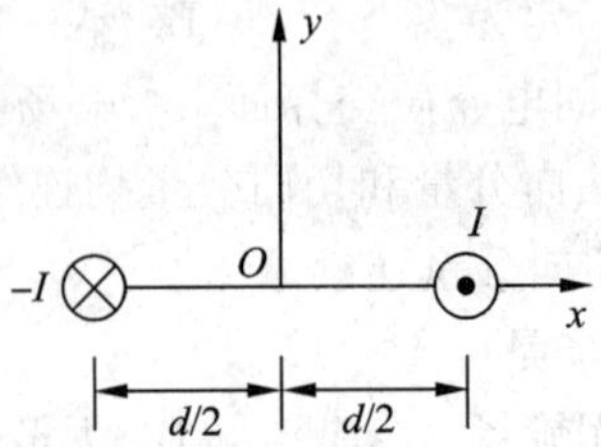

题 5-10 图

5-11　半径为 R 的无限长圆柱体内部有一个半径为 a 且轴线与圆柱体轴线平行的无限长圆洞，两者轴线相距 b，如图所示。设圆柱上有电流 I，横截面上电流密度是均匀的，求圆洞中的磁感应强度。

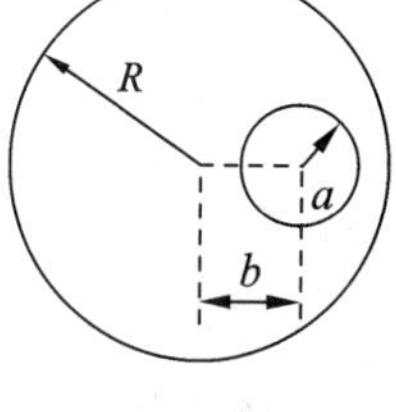

题 5-11 图

5-12　无限长沿 z 轴放置的圆柱导体，半径为 a，沿 z 方向通以电流，电流密度为 J。已知电流是均匀分布的，求空间任意一点的磁感应强度。

5-13　如图所示，两根平行直导线在远处相交成回路，在双导线平面上放一个矩形框，直导线的半径 r_0 远小于 a，试求两者之间的互感。

5-14　一根通有电流 I 的无限长细直导线与一个等边三角形导线框在同一平面内，等边三角形的高为 a，三角形平行于直导线的边至直导线的距离为 b，如图所示，试求直导线与三角形导线框间的互感。

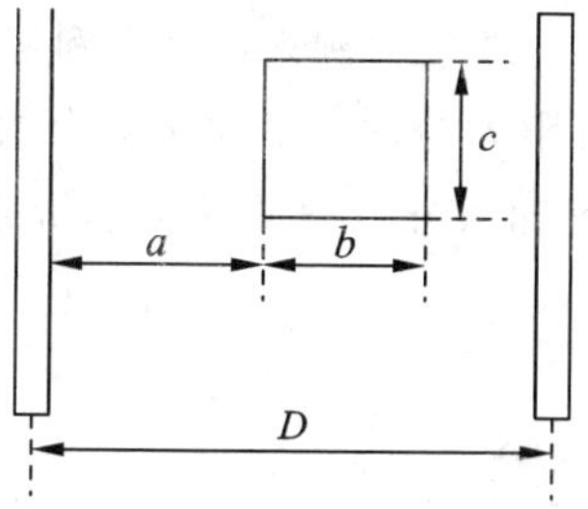

题 5-13 图

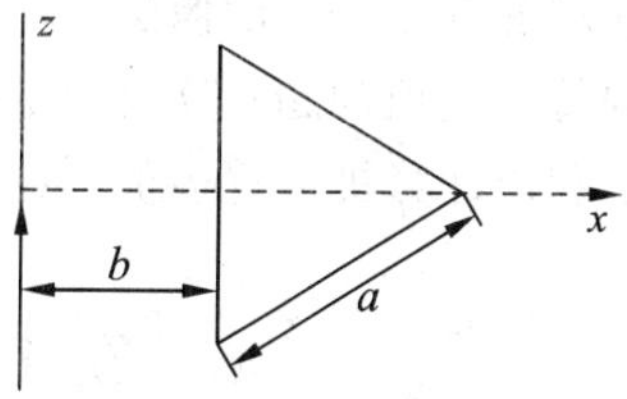

题 5-14 图

5-15　设同轴线内导体半径为 a，外导体的内半径为 b、外半径为 c，同轴线所用材料磁导率均为 μ_0，试计算同轴线单位长度的外自感。

5-16　同心导体球壳的半径分别为 a 和 b，球壳间填充两种导电媒质，上半部的电导率为 γ_1，下半部的电导率为 γ_2，如图所示，内外球壳间外加电压 U。求：

(1) 球壳间的电场强度；

(2) 导电媒质中的电流；

(3) 内外球壳间的电阻。

5-17　同心导体球壳的半径分别为 a 和 b，球壳间填充两种导电媒质，内层的电导率为 γ_1，外层的电导率为 γ_2，如图所示。内外球壳间外加电压 U，试用电位微分方程求两区域中的电位分布。

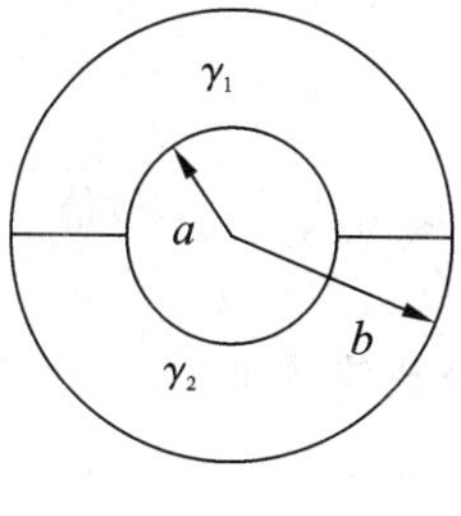

题 5-16 图

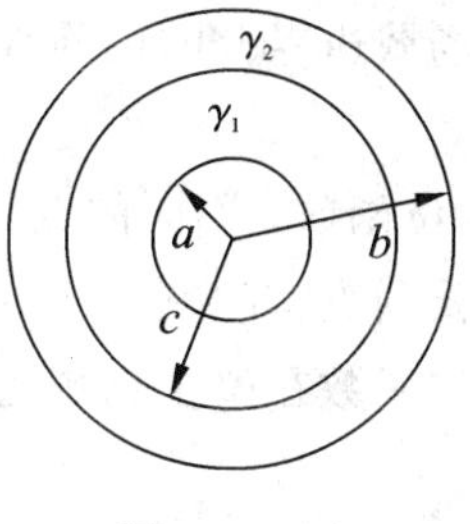

题 5-17 图

第 6 章　静态场的解

静态场是一类常见的场，可以看作时变场的特殊情形，包括通常见到的静电场、恒定电场和恒定磁场。特殊静态场可使用定义或者高斯定理、安培环路定理来求解，而更多时候静态场的分析可归结为求解场的边值问题，即求满足给定边界条件的泊松方程或拉普拉斯方程的解的问题。边值问题按已知边界条件的差异分为三类，这三类边值问题的求解方法基本相同。

实际工程中，静态场多为二维场，故本章主要以二维场为例来说明各种条件下静态场的边值问题的求解方法——镜像法、分离变量法和有限差分法。镜像法适合求解直线边界和圆形边界的特殊边值问题；分离变量法是求解二维偏微分方程的基本解析方法；有限差分法则适合于利用计算机求解边值问题。

6.1　概　　述

简单静态场问题的共同特征是电荷或电流分布具有特殊性，其场矢量(或位函数)只是一个空间坐标的函数，使用高斯定理或安培环路定律就可以很方便地求出场矢量。而实际工程中遇到的问题要复杂得多，场矢量可能是两个甚至三个空间坐标的函数，这时高斯定理和安培环路定律就无能为力了，必须采用其他求解方法。

6.1.1　边值问题及分类

静态场即静电场、恒定电流的电场和没有传导电流的空间的磁场，这类场的求解问题可总结为在给定边界条件下标量位函数和矢量位函数所满足的泊松方程或拉普拉斯方程的求解问题，即边值问题。

根据边界的已知条件，通常把边值问题分为以下三类。

(1) 给定整个场域边界上的位函数值，即

$$\varphi=f(S) \tag{6.1.1}$$

$f(S)$为边界点 S 的位函数，不同的点 S 可以有不同或相同的 $f(S)$值。这类问题称为第一类边值问题，也称狄利克雷问题。

(2) 给定待求位函数在整个场域边界上的法向导数值，即

$$\frac{\partial\varphi}{\partial n}=f(S) \tag{6.1.2}$$

$f(S)$的意义同前。例如，静电场中，若已知带电导体的电荷密度 σ，则

$$\sigma=D_{\mathrm{n}}=-\varepsilon\frac{\partial\varphi}{\partial n} \tag{6.1.3}$$

这类问题称为第二类边值问题或称诺依曼问题。

(3) 给定待求位函数部分场域边界上的位函数值和其余场域边界上的位函数的法向导数值，即

$$\varphi+f_1(S)\frac{\partial\varphi}{\partial n}=f_2(S) \tag{6.1.4}$$

这类问题称为第三类边值问题或称混合边值问题。

因为根据已知的边界条件即可确定边值问题的类型，所以确定边值问题类型的关键在于正确提出场域的边界条件。实际工程中遇到的大多是第一类边值问题，所以本节主要研究第一类边值问题的求解方法，其他类型的边值问题只做一般性介绍。

各类边值问题的分析方法有很多，大致可分为理论计算与实验研究两个方面。表 6.1.1 列出了常用的求解方法。

表 6.1.1　边值问题的常用求解方法

分析方法	求解方法	
理论计算方法	直接求解法	直接积分法
		分离变量法
		格林函数法
	间接求解法	复变函数法
		保角变换法
		镜像法
	数值法	有限差分法
		有限元法
		矩量法
		模拟电荷法
实验研究方法	数字模拟法	

严格来说，所有的电磁场都属于三维场，对应的泊松方程和拉普拉斯方程是三维空间的偏微分方程，不仅计算量大，而且很难获得精确解。

在实际工程中，很多场量沿某一方向的变化很小，可以忽略，从而使很多三维问题可以理想化为二维问题，这样不仅简化了求解过程，而且具有实际应用价值。

6.1.2　唯一性定理

在静电场的很多求解方法中，有一些间接的方法用于求解非常方便。相同的场使用不同的分析方法，其解的形式可能也不相同，但根据唯一性定理，只要它们满足相同的边界条件，这些不同形式的解就是有效的，而且彼此相等。在说明唯一性定理之前，先讨论格林定理。

1. 格林定理

唯一性定理的证明需要借助场理论中的一个重要定理：格林定理。格林定理可由散度定理得出。

令 F 等于一个标量 Φ 和一个矢量 $\nabla\psi$ 的乘积，即 $\boldsymbol{F}=\Phi\cdot\nabla\psi$，将其代入 $\int_V \nabla\cdot\boldsymbol{F}\mathrm{d}V=\oint_S \boldsymbol{F}\cdot\mathrm{d}\boldsymbol{S}$，则

$$\int_V (\Phi\,\nabla^2\psi+\nabla\Phi\cdot\nabla\psi)\mathrm{d}V=\oint_S \Phi\cdot\frac{\partial\psi}{\partial n}\mathrm{dS} \tag{6.1.5}$$

式(6.1.5)称为格林第一定理，或格林第一恒等式，其中 n 是面元 dS 的正法线。由于 Φ 和 ψ 均为标量，所以将式(6.1.5)中的 Φ 和 ψ 互换，等式仍然成立，即

$$\int_V (\psi\,\nabla^2\Phi+\nabla\psi\cdot\nabla\Phi)\mathrm{d}V=\oint_S \psi\cdot\frac{\partial\Phi}{\partial n}\mathrm{dS} \tag{6.1.6}$$

式(6.1.5)与式(6.1.6)相减，可得

$$\int_V (\Phi\,\nabla^2\psi-\psi\,\nabla^2\Phi)\mathrm{d}V=\oint_S \left(\Phi\cdot\frac{\partial\psi}{\partial n}-\psi\cdot\frac{\partial\Phi}{\partial n}\right)\mathrm{dS} \tag{6.1.7}$$

式(6.1.7)称为格林第二定理，或格林第二恒等式。

格林定理是场理论中的一个重要定理，利用格林定理可以推导出求解边值问题的一个方法：格林函数法。

2. 唯一性定理

唯一性定理是多种方法求解场边值问题的理论依据。该定理表明对于任意静电场，当整个边界上的边界条件如位函数(或边界上位函数的法向导数)已知时，空间各部分的场就被唯一地确定了，与求解它的方法无关，即拉普拉斯方程有唯一的解。下面用反证法证明第一类边值问题的解具有唯一性。

设体积 V 内电荷分布密度为 ρ，其边界面 S 上的位函数为 φ。现有两个解 φ_1 和 φ_2 同时满足该给定边界的泊松方程，即

$$\nabla^2\varphi_1=-\frac{\rho}{\varepsilon} \tag{6.1.8}$$

$$\nabla^2\varphi_2=-\frac{\rho}{\varepsilon} \tag{6.1.9}$$

且在边界面 S 上满足 $\varphi_1|_S=\varphi_0$、$\varphi_2|_S=\varphi_0$。令 $\varphi'=\varphi_1-\varphi_2$，则 φ' 在 V 内也应满足泊松方程

$$\nabla^2\varphi'=0 \tag{6.1.10}$$

且在边界面上有 $\varphi'|_S=0$。利用格林第一恒等式，令 $\Phi=\varphi=\varphi'$，则有

$$\int_V (\varphi'\cdot\nabla^2\varphi'+\nabla\varphi'\cdot\nabla\varphi')\mathrm{d}V=\oint_S \varphi'\frac{\partial\varphi'}{\partial n}\mathrm{dS} \tag{6.1.11}$$

由于 $\varphi'|_S=0$、$\nabla^2\varphi'=0$，所以(6.1.11)式变为

$$\int_V (\nabla\varphi'\cdot\nabla\varphi')\mathrm{d}V=\int_V |\nabla\varphi'|^2\mathrm{d}V=0 \tag{6.1.12}$$

对于任意函数 $|\nabla\varphi'|\geqslant 0$，所以 $\nabla\varphi'=0$，$\varphi'=C$(C 为常数)。

又由于 $\varphi'|_S=0$，则 $C=0$，即 $\varphi'=0$，从而 $\varphi'=\varphi_1-\varphi_2=0$，即 $\varphi_1=\varphi_2$。

这说明满足场域边界条件的拉氏方程的解是唯一的。

利用唯一性定理，在求一些较难的场解时，可以采用灵活的方法，甚至猜测解的形式，只要该解能够满足给定边界条件的泊松方程或拉普拉斯方程，这个解就是正确的。

6.2 镜　像　法

镜像法用于求解某些涉及直线边界或圆形边界的重要问题，它无须正规地求解泊松方程或拉普拉斯方程，而是以非常简单的形式代替了看似棘手的问题，是唯一性定理的典型运用。

镜像法的实质是把实际上分布均匀的媒质看成是完全均匀的，并对于所研究的场域，用闭合边界外虚设的较简单的场源分布代替实际边界上复杂的场源分布来进行计算。根据唯一性定理，只要虚设的场源与边界内的实际场源一起产生的场能满足给定的边界条件，这个结果就是正确的。通常称虚设的场源为镜像源，如镜像电荷。镜像源的大小和位置就像人照镜子时看到的自己一样，镜子的形状不同，像也不同。在有源场域中，镜像法不仅可用于计算场强和电位，也可用于计算静电力及感应电荷的分布等。

6.2.1 静电场中的镜像法

在实际工程中，许多问题可近似为无限大导体平面、导体球、无限长导体等静电场的边值问题，这类问题由于分界面电荷分布比较复杂，所以直接求解比较困难，此时可使用镜像法，但它只能用于相当狭窄的一类问题，并且使用时应该注意应用区域。下面以实例来说明镜像法的应用。

1. 导体平面镜像法

[例 6.2.1]　如图 6.2.1 所示，距一接地无限大导体平面 h 远处有点电荷 q，周围介质的介电常数为 ε，求介质中任意一点的电位和导体平面感应电荷的面密度。

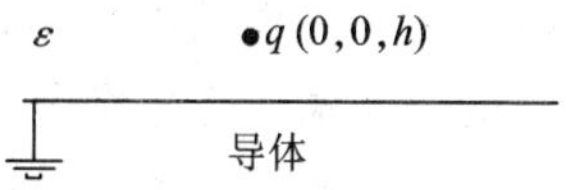

图 6.2.1　接地导体上方有点电荷 q

解　先来分析边界条件。由于点电荷 q 产生的电场会在导体表面感应出电荷，所以介质中的电场除了由点电荷 q 引起外，还有由感应电荷引起的电场，而感应电荷在整个导体平面分布不均匀，电荷密度不容易确定。在介质中，除点电荷所在处外，电位应满足拉普拉斯方程；在导体平面上电位 $\varphi=0$，以无穷远处为参考点，即在无穷远处，电位 $\varphi=0$。

利用镜像法，设想将无限大导体平面撤去，整个空间充满介电常数为 ε 的介质，且在 q 的镜像位置处放置一点电荷 $-q$，如图 6.2.2 所示，则在上半区域，除点电荷所在位置，其余各处电位均满足拉普拉斯方程，且原分界面处的电位还是零，即由电荷 q 和镜像电荷 $-q$ 在上半区域形成的电场与点电荷 q 和无限大导体平面在上半区域形成的电场是相同的。也就是说，$-q$ 可以等效导体表面的感应电荷。根据唯一性定理，因为边界条件没有发生变化，所以用镜像电荷 $-q$ 代替感应电荷，分析的结果是相同的。

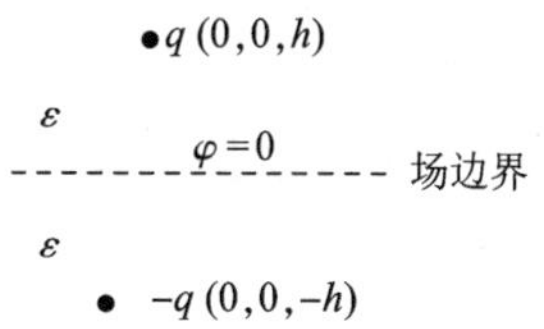

图 6.2.2　撤去导体后的等效图

在上半区域，原点电荷和镜像电荷共同作用产生的电位

$$\varphi=\varphi_q+\varphi_{-q}=\frac{1}{4\pi\varepsilon}\left(\frac{q}{R_1}-\frac{q}{R_2}\right) \tag{6.2.1}$$

其中

$$\begin{cases}R_1=[x^2+y^2+(z-h)^2]^{1/2}\\R_2=[x^2+y^2+(z+h)^2]^{1/2}\end{cases} \tag{6.2.2}$$

相应地，可求出介质中的电场强度

$$\boldsymbol{E}=\boldsymbol{E}_q+\boldsymbol{E}_{-q}=-\nabla\varphi_q-\nabla\varphi_{-q} \tag{6.2.3}$$

由运算过程可见，在不确定导体平面感应电荷的情况下，可以很方便地求出所需的场量。反过来，可由电场强度得到导体表面的感应电荷面密度

$$\sigma=D_n=\varepsilon E_n=\varepsilon\left(-\frac{\partial\varphi}{\partial n}\right)=-\varepsilon\frac{\partial\varphi}{\partial z}\bigg|_{z=0}=\frac{-qh}{2\pi(x^2+y^2+h^2)^{3/2}} \tag{6.2.4}$$

由式(6.2.4)可知，导体表面的电荷分布是不均匀的，靠近点电荷的位置感应电荷的密度大，远离点电荷的位置感应电荷的密度小，且感应电荷与点电荷极性相反。

2. 导体球面镜像法

如果点电荷位于球形导体附近，导体球面同样会出现分布不均匀的感应电荷。在导体球外的区域内，可采用镜像法求解。

［**例 6.2.2**］　设在真空中有一半径为 a 的接地导体球，点电荷 $+q$ 在距球心 $d(d>a)$ 处，如图 6.2.3 所示，求空间的电位分布。

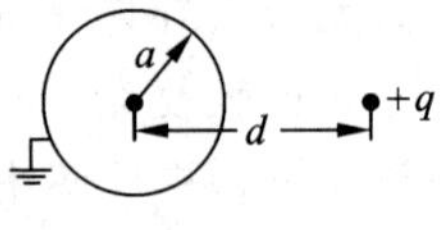

图 6.2.3　接地导体球外有点电荷

解　由于点电荷的作用，导体球面出现不均匀的感应电荷。由电场分布特点可知，感应电荷的分布关于点电荷与球心的连线轴对称。根据镜像法，用球内一镜像电荷 q' 来等效球面上的感应电荷，考虑到感应电荷的分布情况，q' 应在 $+q$ 与球心的连线上，如图 6.2.4 所示。设 q' 与球心距离为 b，由于 q 与 q' 构成的系统应使球面保持零电位，则在球面任意一点 P 处，满足

$$\varphi=\frac{q}{4\pi\varepsilon_0 R_2}+\frac{q'}{4\pi\varepsilon_0 R_1}=0 \tag{6.2.5}$$

解得

$$\frac{q}{q'}=-\frac{R_2}{R_1} \tag{6.2.6}$$

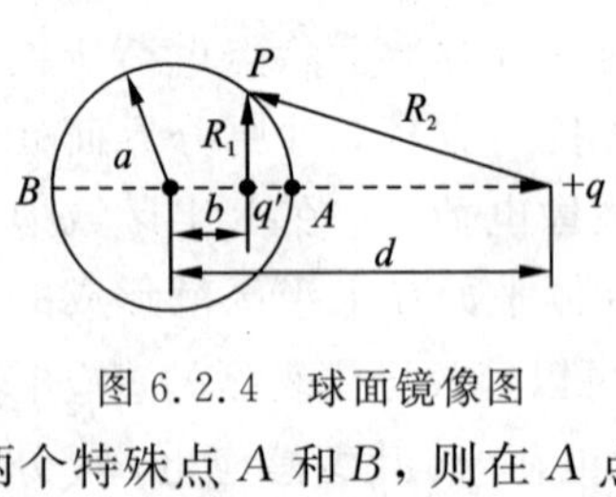

图 6.2.4　球面镜像图

为方便计算，在球面上取两个特殊点 A 和 B，则在 A 点时 $R_2=d-a$，$R_1=a-b$；在 B 点时 $R_2=d+a$，$R_1=a+b$，于是

$$\frac{q}{4\pi\varepsilon_0(d-a)}+\frac{q'}{4\pi\varepsilon_0(a-b)}=0 \tag{6.2.7}$$

$$\frac{q}{4\pi\varepsilon_0(d+a)}+\frac{q'}{4\pi\varepsilon_0(a+b)}=0 \tag{6.2.8}$$

解得

$$q'=-\frac{a}{d}q,\ b=\frac{a^2}{d} \tag{6.2.9}$$

可以验证，在点电荷 q 和 q' 的共同作用下，原导体球面上任意一点处的电位均为零。由此可推得空间任意点的电位

$$\varphi=\frac{q}{4\pi\varepsilon_0 R_2}-\frac{q}{4\pi\varepsilon_0 R_1}\frac{a}{d} \tag{6.2.10}$$

由以上结果可以看出，当距离 d 一定时，导体球的半径越大则镜像电荷 q' 亦越大。这是因为半径越大，球面离点电荷 q 就越近，所受的电场力也会增大，所以球面上的感应电荷就越多。另外，导体球半径越大，靠近点电荷 q 一侧的导体球面的感应电荷越密集，远离点电荷 q 一侧的感应电荷越稀疏，所以等效的镜像电荷越靠近 q，即 b 越大；相应地，当点电荷 q 远离导体球时，球面感应电荷的密集程度削弱，整个球面上感应电荷的面密度越来越均匀，镜像电荷越靠近导体球心，即 b 相应减小。

若导体球不接地，且球面上不带电，则导体球表面的电位不为零。q' 表示导体表面是等位面且携带有电荷，为了满足导体表面净电荷为零的边界条件，需再加入一个镜像电荷 q''，其大小应等于 $-q'$；为保证球面为等位面，q'' 只能放在球心。此时，球外任意点的电位为 $\varphi=\varphi_q+\varphi_{q'}-\varphi_{q''}$。

若导体球不接地，且球面带电荷 $+Q$，则在上述情况的基础上，为保证球面是等位面，另一个镜像电荷 q'' 仍须在球心，大小应为 $q''=Q-q'$。此时，球外任意点的电位可表示为 $\varphi=\varphi_q+\varphi_{q'}+\varphi_{q''}$。

3. 介质平面镜像法

导体表面只是镜像问题中的一类特殊情形，边界条件容易给出，分析也比较简单。若介质平面附近有点电荷，则同样可以使用镜像法。下面用一个例子来说明。

［**例 6.2.3**］　如图 6.2.5(a)所示，点电荷 q 位于距两种电介质分界面 d 处，两种电介质的介电常数分别为 ε_1、ε_2，求空间任意点的电位。

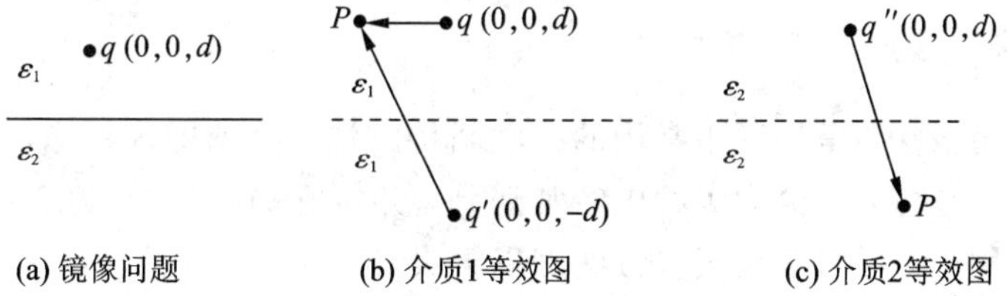

图 6.2.5　介质平面镜像

解　虽然点电荷 q 只存在于介质 1 中，但在 q 的电场作用下，电介质会被极化，在介质中和分界面上形成极化电荷，则空间电位由点电荷与极化电荷共同确定。

利用镜像法求介质 1 中的电位时，把整个空间看作均匀介质 1，用镜像电荷 q' 来代替极化电荷，为便于分析，使 q' 与 q 按分界面对称分布，如图 6.2.5(b)所示，则介质 1 中任意一点的电位可表示为

$$\varphi_1=\frac{1}{4\pi\varepsilon_1}\left(\frac{q}{R_1}+\frac{q'}{R_2}\right) \tag{6.2.11}$$

其中，R_1 与 R_2 分别为 q 和 q' 与场点 P 之间的距离。

求介质 2 中的电位时，把整个空间看作均匀介质 2，镜像电荷应位于介质 1 所在区域，

用镜像电荷 q''代替极化电荷与原电荷 q，设位置与 q 所在的位置相同，如图 6.2.5(c)所示，则介质 2 中的电位为

$$\varphi_2=\frac{q''}{4\pi\varepsilon_2 R} \tag{6.2.12}$$

式中，R 为 q''与场点 P 之间的距离。要求解空间任意一点的电位，需要先确定 q'和 q''的大小。

在介质分界面(即 $z=0$)处应满足边界条件 $E_{1t}=E_{2t}$和 $D_{1n}=D_{2n}$，即在分界面($z=0$)处满足

$$\varphi_1=\varphi_2\,,\ \varepsilon_1\frac{\partial\varphi_1}{\partial z}=\varepsilon_2\frac{\partial\varphi_2}{\partial z} \tag{6.2.13}$$

将 φ_1、φ_2 的表达式代入边界条件，可得

$$\frac{q+q'}{\varepsilon_1}=\frac{q''}{\varepsilon_2},\ q-q'=q'' \tag{6.2.14}$$

由此解得

$$q'=\frac{\varepsilon_1-\varepsilon_2}{\varepsilon_1+\varepsilon_2}q \tag{6.2.15}$$

$$q''=\frac{2\varepsilon_2}{\varepsilon_1+\varepsilon_2}q \tag{6.2.16}$$

利用求得的镜像电荷即可解得整个空间的电场。

利用上述的分析方法，借助叠加定理可以研究电荷作任意分布时的介质平面镜像问题。

镜像法的特点是镜像电荷必须在所研究的场域之外，镜像电荷所带的电量与边界面原来所具有的电荷总量相等，包括符号与数量，且只对被研究的场域有效，而对被研究场域以外的其他场域无效。使用镜像法必须先确定镜像源的大小和位置。

6.2.2 电轴法

电轴法属于镜像法，是工程中常用的一种间接方法。电轴即为镜像源。平行双传输线是两平行带电圆柱导体，在电力工程中经常遇到，分析它的电场具有实际意义。如果运用直接方法分析有困难，可以采用间接方法加以解决。

实际工程中，双传输线的导线很长，在导线的中间部分，可以忽略其边缘效应，认为其每单位长度上的电荷分布是均匀的，即将有限长的带电双传输线理想化为无限长均匀带电的双传输线。虽然导线横截面圆周上的电荷不均匀，但在与横截面平行的各个平面上，电场的分布应该是相同的，这类电场称为平行平面电场。下面通过讨论两根等量异号线电荷的电场来分析平行平面电场。

设真空中两根平行的无限长直线电荷相距 $2b$，电荷密度分别为 ρ_l 和 $-\rho_l$，如图6.2.6所示。根据高斯定理，两根线电荷在场点 P 引起的电场强度分别为

$$\boldsymbol{E}_1=\frac{\rho_l}{2\pi\varepsilon_0 r_1}\boldsymbol{e}_{r1} \tag{6.2.17}$$

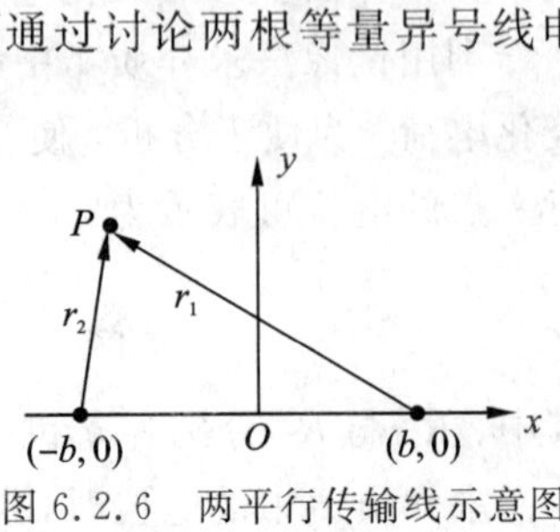

图 6.2.6　两平行传输线示意图

$$\boldsymbol{E}_2=\frac{-\rho_l}{2\pi\varepsilon_0 r_2}\boldsymbol{e}_{r2} \tag{6.2.18}$$

若选取坐标原点为零电位点，则正、负线电荷在场点 P 引起的电位可分别表示为

$$\varphi_+=\int_{r_1}^{b}\boldsymbol{E}_1\cdot \mathrm{d}\boldsymbol{r}=\frac{\rho_l}{2\pi\varepsilon_0}\ln\frac{b}{r_1} \tag{6.2.19}$$

$$\varphi_-=\int_{r_2}^{b}\boldsymbol{E}_2\cdot \mathrm{d}\boldsymbol{r}=\frac{-\rho_l}{2\pi\varepsilon_0}\ln\frac{b}{r_2}=\frac{\rho_l}{2\pi\varepsilon_0}\ln\frac{r_2}{b} \tag{6.2.20}$$

利用叠加原理，空间 P 点的电位为

$$\varphi=\varphi_++\varphi_-=\frac{\rho_l}{2\pi\varepsilon_0}\ln\frac{r_2}{r_1}=\frac{\rho_l}{2\pi\varepsilon_0}\ln\left[\frac{(x+b)^2+y^2}{(x-b)^2+y^2}\right]^{1/2} \tag{6.2.21}$$

由上式可知，若令等位面方程 $\varphi=k'$，$r_2/r_1=k$，即

$$\frac{(x+b)^2+y^2}{(x-b)^2+y^2}=\left(\frac{r_2}{r_1}\right)^2=k^2 \tag{6.2.22}$$

整理可得

$$\left(x-\frac{k^2+1}{k^2-1}b\right)^2+y^2=\left(\frac{2kb}{k^2-1}\right)^2 \tag{6.2.23}$$

这是圆的方程，表明在 xOy 平面上等位线是一簇圆，圆心在 x 轴线上，如图 6.2.7 所示。

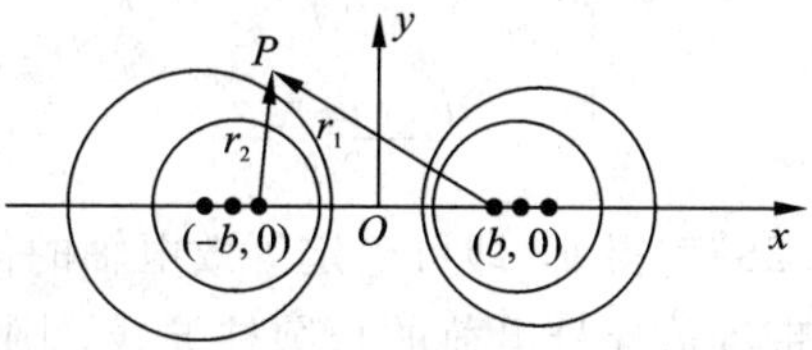

图 6.2.7　两平行传输线的等位面图

根据 $\boldsymbol{E}=\nabla\varphi$，可求得电场强度

$$\boldsymbol{E}=\frac{\rho_l}{2\pi\varepsilon_0}\frac{-4bxy\boldsymbol{e}_y+2b(y^2+b^2-x^2)\boldsymbol{e}_x}{[y^2+(x+b)^2][y^2+(x-b)^2]} \tag{6.2.24}$$

对应的矢量线是圆弧，圆心在 y 轴上。

设等位圆圆心到原点的距离为 h，圆心半径为 a，则

$$h=\frac{k^2+1}{k^2-1}b \tag{6.2.25}$$

$$a=\left|\frac{2bk}{k^2-1}\right| \tag{6.2.26}$$

上述两式表明等位圆的半径及圆心的位置都随 k 而变，等位线是一簇偏心圆。当 $k>1$ 时，等位圆在 y 轴右侧，圆上各点电位均为正；当 $k<1$ 时，等位圆在 y 轴左侧，圆上各点电位均为负；当 $k=1$ 时，等位圆圆心在无穷远处，等位圆扩展成一条直线，直线上各点电位均为零，所以在双电轴的电场中，等位面是一簇偏心的圆柱面。通常称包含零等位线的等位面为零电位面或中性面。

对式(6.2.25)和式(6.2.26)进一步分析会发现，等位圆的半径 a、圆心到原点的距离 h 与导线所在位置 b 之间的关系为 $a^2+b^2=h^2$，即

$$a^2=h^2-b^2=(h+b)(h-b) \tag{6.2.27}$$

在工程应用中，通常利用上式来确定 h、a、b 中的一个，更多的是确定等效电轴的位置，即求 b。

[**例 6.2.4**]　如图 6.2.8 所示，两根相互平行、轴线距离为 d 的长直圆柱导体带等量异号电荷，半径分别为 a_1 和 a_2，试确定其等效电轴的位置。

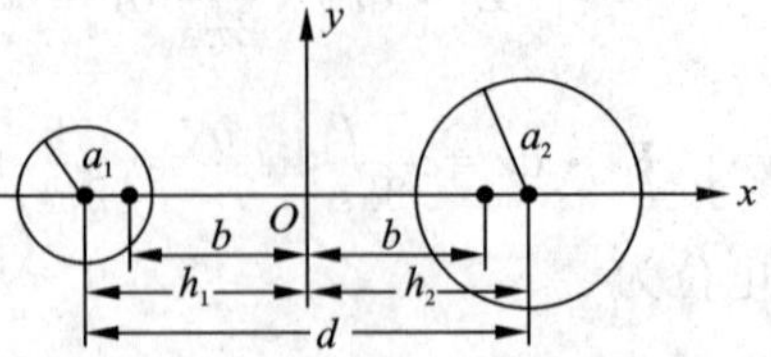

图 6.2.8　两半径不同的平行圆柱的电轴

解　建立如图 6.2.8 所示的坐标系，根据式(6.2.27)，要确定等效电轴的位置，应先确定圆柱轴心到坐标原点的距离 h。设两轴心到坐标原点的距离分别为 h_1 和 h_2，等效电轴到坐标原点的距离均为 b，则有

$$\begin{cases} b^2 = h_1^2 - a_1^2 = h_2^2 - a_2^2 \\ h_1 + h_2 = d \end{cases} \tag{6.2.28}$$

联立解之，得

$$\begin{cases} h_1 = \dfrac{d^2 + a_1^2 - a_2^2}{2d} \\ h_2 = \dfrac{d^2 + a_2^2 - a_1^2}{2d} \end{cases} \tag{6.2.29}$$

将上述结果代入式(6.2.28)解得 b，即可确定等效电轴的位置。

若有两平行的同半径且带等值异号电荷的长圆柱导线，则导体内无电场，导线表面上的电荷分布不均匀，但沿轴向每单位长度上的电荷仍相等，导体表面仍是一个等位面。这样，对于导线以外区域中的电场来说，如果将圆柱导线撤去，用两根带电细直线代替，所带电荷与原圆柱线相等，线电荷所在位置如满足式(6.2.28)所示关系，则原来的边界条件不变，根据唯一性定理，该区域的电场应不变。所以，可以把带电细线理解成原来圆柱导线表面电荷的对外作用中心线，即等效电轴。如果能够确定等效电轴的位置，就可确定两带电的平行圆柱导线的电场，这种方法即称为电轴法。

[**例 6.2.5**]　设两根无限长平行圆柱导体的半径均为 a，轴线间距离为 $2d$，求两导体间单位长度的电容。

解　建立如图 6.2.9 所示的坐标系，两圆柱的轴心坐标分别为$(d, 0)$和$(-d, 0)$，设其表面分别携带 ρ_l、$-\rho_l$ 的电荷。

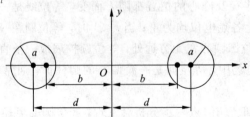

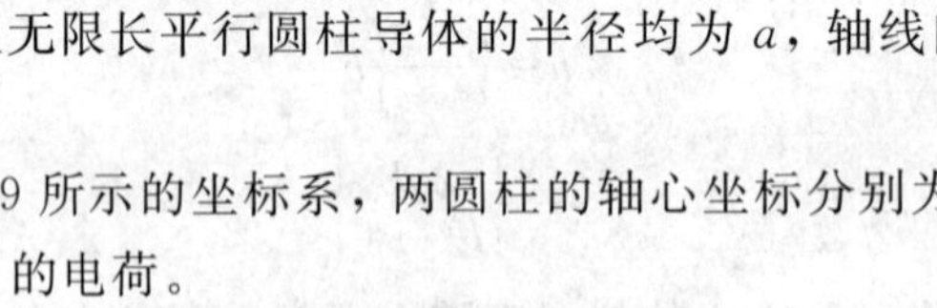

图 6.2.9　两半径相等的平行圆柱的电轴

将两圆柱用等效电轴代替，两等效电轴所在位置的坐标$(b, 0)$和$(-b, 0)$可以由式

(6.2.28)推出，即

$$b=\sqrt{d^2-a^2} \tag{6.2.30}$$

根据式(6.2.21)，携带 ρ_l 电荷圆柱表面的电位为

$$\varphi_1=\frac{\rho_l}{2\pi\varepsilon_0}\ln\frac{r_2}{r_1} \tag{6.2.31}$$

其中，r_1 和 r_2 分别为两等效电轴到一圆柱表面的距离。对应地，另一个圆柱表面的电位为

$$\varphi_2=-\varphi_1=\frac{-\rho_l}{2\pi\varepsilon_0}\ln\frac{r_2}{r_1} \tag{6.2.32}$$

则两导体间的电压为

$$U=\varphi_1-\varphi_2=\frac{\rho_l}{\pi\varepsilon_0}\ln\frac{r_2}{r_1} \tag{6.2.33}$$

因为圆柱表面为等位面，所以可取圆柱表面内侧与坐标轴相交的特殊点来计算电位。在该点处

$$\begin{cases} r_1=b-(d-a) \\ r_2=b+(d-a) \end{cases} \tag{6.2.34}$$

从而得到两圆柱导体间单位长度的电容

$$C=\frac{\rho_l}{U}=\frac{\pi\varepsilon_0}{\ln(r_2/r_1)}=\frac{\pi\varepsilon_0}{\ln[(d+\sqrt{d^2-a^2})/a]} \tag{6.2.35}$$

由于平行圆柱导线表面的电荷分布不均匀，根据上面的分析结果，等效电轴位于两导体圆柱的内侧。又由于在电场力的作用下，导体圆柱表面的电荷分布不均匀，在两导体圆柱的内侧电荷分布较多，而外侧电荷分布较少，所以等效电轴应向电荷密度较大的一侧偏移，相应地，最大场强也出现在两导体相距最近处，即两导体内侧表面处。当两导体半径不相同时，半径较小的导体表面电荷密度大，所以其内侧表面处电场强度也最大。

电轴法广泛运用于求解双传输线的电容及偏心圆柱套筒的电容问题，使用时应该注意其有效区域是导体表面以外的区域，求解的关键在于确定等效电轴的几何位置。

利用恒定磁场与静电场的比拟，可以将静电场中镜像法所求得的有关问题的结果进行相应量的替换，即将 $1/\varepsilon_1$ 换作 μ_1、$1/\varepsilon_2$ 换作 μ_2、q 换作 I，就可得到恒定磁场镜像法相应问题的求解。

6.3 分离变量法

分离变量法是直接求解偏微分方程的一种方法，适用于无源空间的求解，在解决电磁场实际工程问题时被更多采用。分离变量法就是把一个多变量的函数表示成几个单变量函数的乘积，使该函数的偏微分方程可分解为几个单变量常微分方程的方法。使用分离变量法的条件是：首先，场域边界面能够与一个适当的坐标系统的坐标面结合，或者分段地与坐标面结合；其次，在此坐标系中，所求的偏微分方程的解可以表示为 3 个函数的乘积，且每个函数分别仅是一个坐标的函数。分离变量法的一般步骤如下：

(1) 按照边界面的形状，选择适合的坐标系。

(2) 将待求位函数用 3 个仅含一个坐标变量的函数的乘积表示，即将偏微分方程分离

为几个常微分方程。

(3) 求出常微分方程的通解，然后根据给定的边界条件选择通解的形式，并确定通解中的待定系数。

由于实际工程中的位函数大多是二维场或近似二维场，因此下面讨论二维场的分离变量法。

6.3.1　直角坐标系中的分离变量法

在直角坐标系中，电场位函数的拉普拉斯方程可表示为

$$\frac{\partial^2 \varphi}{\partial x^2}+\frac{\partial^2 \varphi}{\partial y^2}+\frac{\partial^2 \varphi}{\partial z^2}=0 \tag{6.3.1}$$

令

$$\varphi(x, y, z)=X(x)\cdot Y(y)\cdot Z(z) \tag{6.3.2}$$

其中：$X(x)$仅是 x 的函数；$Y(y)$仅是 y 的函数；$Z(z)$仅是 z 的函数。将它们分别简写为 X、Y、Z，并将式(6.3.2)代入式(6.3.1)，得

$$YZX''+XZY''+XYZ''=0 \tag{6.3.3}$$

再将式(6.3.3)两边同除以 XYZ，得

$$\frac{X''}{X}+\frac{Y''}{Y}+\frac{Z''}{Z}=0 \tag{6.3.4}$$

令$\dfrac{X''}{X}=-K_x^2$、$\dfrac{Y''}{Y}=-K_y^2$、$\dfrac{Z''}{Z}=-K_z^2$，则 $K_x^2+K_y^2+K_z^2=0$。K_x、K_y、K_z 称为分离常数。K_x、K_y、K_z 的取值不同，方程的解也不同。一般有 3 种情况，以 K_x 为例。

(1) 若 $K_x^2=0$，则 X 的解为 $X=A_1x+B_1$。

(2) 若 $K_x^2>0$，则 X 的解为 $X=A_2\sin K_x x+B_2\cos K_x x$。

(3) 若 $K_x^2<0$，则 X 的解为 $X=A_3\text{sh}(|K_x|x)+B_3\text{ch}(|K_x|x)$。

由式(6.3.4)可知，Y 和 Z 的解同样有这 3 种形式。

由于拉普拉斯方程是线性的，满足条件的分离常数有无穷多个，记为 K_n，因此解中的相应系数也有无穷多个，利用叠加原理，可用上述 X、Y、Z 的解的线性组合来作为式(6.3.1)的解。因为在二维场中，位函数可看成是 x、y 的函数，而与变量 z 无关，即 $K_z=0$、$K_x^2+K_y^2=0$，此时位函数 φ 的通解可表示为

$$\begin{aligned}\varphi=&\sum_{n=1}^{\infty}(A_n\sin K_{xn}x+B_n\cos K_{xn}x)(C_n\text{sh}K_{xn}y+D_n\text{ch}K_{xn}y)\\&+\sum_{n=1}^{\infty}(A_n'\sin K_{xn}x+B_n'\cos K_{xn}x)(C_n'\text{sh}K_{xn}y+D_n'\text{ch}K_{xn}y)\\&+(A_0x+B_0)(C_0y+D_0)\end{aligned} \tag{6.3.5}$$

由于第(2)种和第(3)种情况只能出现一种，所以式(6.3.5)中的第一项和第二项只能取一项。选择的方法是：如果某一坐标对应的边界条件具有周期性，则该坐标的分离常数一定是实数，其解只能具有三角函数形式，而不可能是双曲函数。确定解的通式后，再根据给定的边界条件，通过确定系数和取舍函数，便可得到位函数的准确解答。

[例 6.3.1]　横截面为矩形的长直接地导体槽，顶盖电位 $\varphi=\mu_0$，求槽内的电位分布。

解　设导体槽的长度远大于横截面尺寸，则中间区域的电场可近似为一个二维场，即

电位大小与 z 无关。建立如图 6.3.1 所示坐标系，可得如下边界条件：

(1) $\varphi(x,0)=0(0\leqslant x\leqslant a)$；

(2) $\varphi(0,y)=0(0\leqslant y\leqslant b)$；

(3) $\varphi(a,y)=0(0\leqslant y\leqslant b)$；

(4) $\varphi(x,b)=\mu_0(0\leqslant x\leqslant a)$。

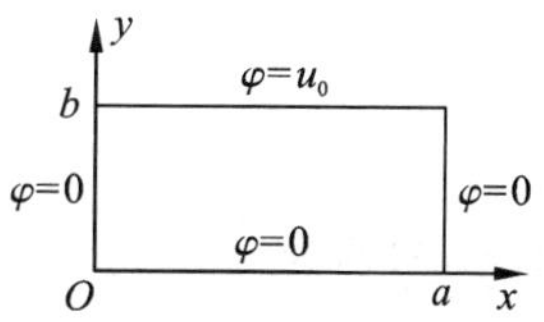

图 6.3.1　矩形截面长直导体槽

根据边界条件，在 $x=0$ 和 $x=a$ 处，电位相同，分离变量 K_x^2 应大于 0，由式(6.3.5)可知通解形式为

$$\varphi=\sum_{n=1}^{\infty}(A_n\sin K_{xn}x+B_n\cos K_{xn}x)(C_n\text{sh}K_{xn}y+D_n\text{ch}K_{xn}y)+(A_0x+B_0)(C_0y+D_0) \tag{6.3.6}$$

下面根据边界条件来确定通解中的系数和分离常数。

由边界条件(1)知 $D_0=0$、$D_n=0$，由边界条件(2)知 $B_0=0$、$B_n=0$，则式(6.3.6)可简化为

$$\varphi=\sum_{n=1}^{\infty}A_n\sin K_{xn}x\cdot C_n\text{sh}K_{xn}y+A_0x\cdot C_0y \tag{6.3.7}$$

由边界条件(3)可得 $A_0C_0=0$，$K_{xn}a=n\pi$，即 $K_{xn}=\dfrac{n\pi}{a}$，所以

$$\varphi=\sum_{n=1}^{\infty}A_n\sin\frac{n\pi}{a}x\cdot C_n\text{sh}\frac{n\pi}{a}y \tag{6.3.8}$$

这时，如果能求出系数 A_nC_n，即得解。

由边界条件(4)得

$$u_0=\sum_{n=1}^{\infty}A_n\sin\frac{n\pi}{a}x\cdot C_n\text{sh}\frac{n\pi}{a}y=\sum_{n=1}^{\infty}G_n\sin\frac{n\pi}{a}x \tag{6.3.9}$$

其中，$G_n=A_nC_n\text{sh}\dfrac{n\pi}{a}b$。

下面使用三角函数的正交归一性来解 G_n。对式(6.3.9)两边同乘以 $\sin\dfrac{m\pi}{a}x$，然后从 $x=0$到 $x=a$ 进行积分，得

$$\int_0^a u_0\sin\frac{m\pi}{a}x\,\mathrm{d}x=\int_0^a\sum_{n=1}^{\infty}G_n\sin\frac{n\pi x}{a}\sin\frac{m\pi x}{a}\mathrm{d}x \tag{6.3.10}$$

左边积分的结果为

$$\begin{cases}\dfrac{2au_0}{m\pi} & (m\text{ 为奇数})\\ 0 & (m\text{ 为偶数})\end{cases} \tag{6.3.11}$$

而右边积分的结果为

$$\begin{cases}a\dfrac{G_n}{2} & (m=n)\\ 0 & (m\neq n)\end{cases} \tag{6.3.12}$$

由左右两边相等，可得

$$G_n=\begin{cases}4\dfrac{u_0}{n\pi} & (n\text{ 为奇数})\\ 0 & (n\text{ 为偶数})\end{cases} \tag{6.3.13}$$

故 A_nC_n 的解为

$$A_nC_n=\frac{G_n}{\text{sh}\,\dfrac{n\pi b}{a}}=\frac{4u_0}{n\pi\text{sh}\,\dfrac{n\pi b}{a}} \qquad (n\text{ 为奇数})$$

n 为偶数时，$A_nC_n=0$。

由此可得 φ 的最终解为

$$\varphi=\sum_{n=1}^{\infty}\frac{4u_0}{(2n+1)\pi}\frac{1}{\text{sh}\,\dfrac{(2n+1)\pi b}{a}}\sin\frac{(2n+1)\pi x}{a}\text{sh}\,\frac{(2n+1)\pi}{a}y \tag{6.3.14}$$

式(6.3.14)表明该例的解是一无穷级数，要想得到精确解，n 需取到无穷大，这显然是不可能的，不过，从式中可以发现，n 的取值越大，第 n 项的值就越小，通常认为取前2～4项的和就能达到足够的精确度。

6.3.2 圆柱坐标系中的分离变量法

在圆柱坐标系中，位函数的拉普拉斯方程可表示为

$$\frac{1}{\rho}\frac{\partial}{\partial\rho}\left(\rho\frac{\partial\varphi}{\partial\rho}\right)+\frac{1}{\rho^2}\frac{\partial^2\varphi}{\partial\phi^2}+\frac{\partial^2\varphi}{\partial z^2}=0 \tag{6.3.15}$$

设 $\varphi=R(\rho)\Phi(\phi)Z(z)$，将其代入式(6.3.15)得

$$\Phi Z\frac{1}{\rho}\frac{\mathrm{d}}{\mathrm{d}\rho}\left(\rho\frac{\mathrm{d}R}{\mathrm{d}\rho}\right)+\frac{RZ}{\rho^2}\frac{\mathrm{d}^2\Phi}{\mathrm{d}\phi^2}+R\Phi\frac{\mathrm{d}^2Z}{\mathrm{d}z^2}=0 \tag{6.3.16}$$

用 $\rho^2/(R\Phi Z)$ 乘以上式得

$$\frac{\rho}{R}\frac{\mathrm{d}}{\mathrm{d}\rho}\left(\rho\frac{\mathrm{d}R}{\mathrm{d}\rho}\right)+\frac{1}{\Phi}\frac{\mathrm{d}^2\Phi}{\mathrm{d}\phi^2}+\rho^2\frac{1}{Z}\frac{\mathrm{d}^2Z}{\mathrm{d}z^2}=0 \tag{6.3.17}$$

现在依次分析式(6.3.17)中的三项。首先看第二项，显然它仅是 ϕ 的函数，要使所有的 ρ、ϕ、z 都满足上式，第二项只能等于一个常数，不妨设 $\Phi''/\Phi=-K_\phi^2$，即

$$\frac{\mathrm{d}^2\Phi}{\mathrm{d}\phi^2}+K_\phi^2\Phi=0 \tag{6.3.18}$$

其中，K_ϕ 为分离常数。式(6.3.18)的解为

$$\Phi=B_1\sin K_\phi\phi+B_2\cos K_\phi\phi \tag{6.3.19}$$

其中 ϕ 的取值范围为[0, 2π]，而 Φ 取值为单值，需满足 $\Phi(\phi+2\pi)=\Phi(\phi)$。因为

$$\Phi=A\sin(K_\phi\phi+2K_\phi\pi)+B\cos(K_\phi\phi+2K_\phi\pi)=A\sin K_\phi\phi+B\cos K_\phi\phi \tag{6.3.20}$$

所以 K_ϕ 只能为整数，于是令 $K_\phi=n$，则

$$\Phi=B_1\sin n\phi+B_2\cos n\phi \tag{6.3.21}$$

将 $\Phi''/\Phi=-n^2$ 代入式(6.3.17)，并将式(6.3.17)除以 ρ^2，可得

$$\left[\frac{1}{\rho R}\frac{\mathrm{d}}{\mathrm{d}\rho}\left(\rho\frac{\mathrm{d}R}{\mathrm{d}\rho}\right)-\frac{n^2}{\rho^2}\right]+\frac{1}{Z}\frac{\mathrm{d}^2Z}{\mathrm{d}z^2}=0 \tag{6.3.22}$$

同理，式(6.3.22)中的两项各自都只是一个变量的函数，要使其对任意 ρ 和 z 都成立的条件是每项只能等于一个常量。

令$\dfrac{Z''}{Z}=-K_z^2$，即有$\dfrac{d^2Z}{dz^2}+K_z^2Z=0$，那么

当 $K_z^2>0$ 时，$Z=C\sin K_z z+D\cos K_z z$；

当 $K_z^2<0$ 时，$Z=C'\text{sh}K_z z+D'\text{ch}K_z z$。

最后，由$\dfrac{1}{\rho R}\dfrac{d}{d\rho}\left(\rho\dfrac{dR}{d\rho}\right)-\dfrac{n^2}{\rho^2}=-\dfrac{Z''}{Z}=K_z^2$，得

$$\frac{1}{\rho}\frac{d}{d\rho}\left(\rho\frac{dR}{d\rho}\right)-\left(\frac{n^2}{\rho^2}+K_z^2\right)R=0 \tag{6.3.23}$$

式(6.3.23)为贝塞尔方程，方程的解为 n 阶第一类和第二类贝塞尔函数。

由于实际工程中大多是二维场，不妨令位函数与坐标 z 无关，即 $K_z=0$，则式(6.3.23)可简化为

$$\frac{1}{\rho}\frac{d}{d\rho}\left(\rho\frac{dR}{d\rho}\right)-\frac{n^2}{\rho^2}R=0 \tag{6.3.24}$$

即

$$\frac{d^2R}{d\rho}+\frac{dR}{\rho d\rho}-\frac{n^2}{\rho^2}R=0 \tag{6.3.25}$$

设 $R=\rho^\alpha$，将其代入式(6.3.25)，得

$$\alpha(\alpha-1)\rho^{\alpha-2}+\alpha\rho^{\alpha-2}-n^2\rho^{\alpha-2}=(\alpha^2-n^2)\rho^{\alpha-2}=0 \tag{6.3.26}$$

所以 $\alpha=\pm n$，即

$$R=A_1\rho^n+A_2\rho^{-n} \tag{6.3.27}$$

同直角坐标系一样，分离常数也有无穷多个，同时考虑到分离常数也可以为零的特殊情形，最终圆柱坐标系中位函数的通解为

$$\varphi=R\Phi=\sum_{n=1}^{\infty}(A_{1n}\rho^n+A_{2n}\rho^{-n})(B_{1n}\sin n\phi+B_{2n}\cos n\phi)+(A_{10}+B_{20}\ln\rho) \tag{6.3.28}$$

式中的所有系数由边界条件决定。

实际工程中的同轴线、圆波导等具有圆柱形边界，对应场域也具有圆柱形边界，都适合应用圆柱坐标系。

[例 6.3.2]　一无限长直介质圆柱体半径为 a，介电常数为 ε_1，放置于均匀电场 $\boldsymbol{E}_0$ 中，圆柱体轴向与 $\boldsymbol{E}_0$ 方向垂直，如图 6.3.2 所示。圆柱体外介质的介电常数为 ε_2，求空间的电位及电场强度。

解　若直圆柱体的长度远大于其横截面的半径，则对于中间区段，可以认为是二维场，场的大小只与 ρ、ϕ 有关，而与 z 无关。

因为在圆柱体内、外均无自由电荷分布，所以圆柱体内、外电位均满足拉普拉斯方程，即

$$\nabla^2\varphi=\frac{1}{\rho}\frac{\partial}{\partial\rho}\left(\rho\frac{\partial\varphi}{\partial\rho}\right)+\frac{1}{\rho^2}\frac{\partial^2\varphi}{\partial\phi^2}=0 \tag{6.3.29}$$

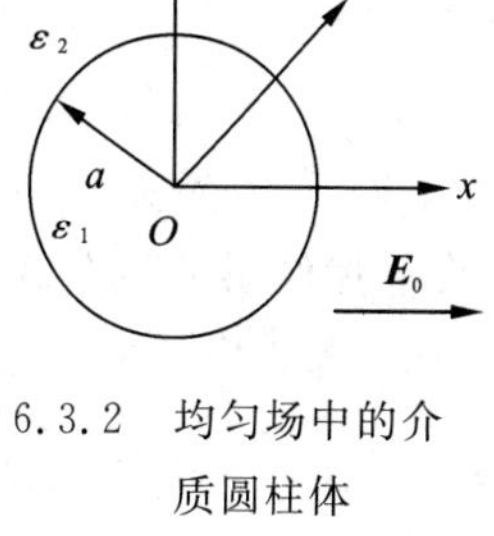

图 6.3.2　均匀场中的介质圆柱体

故电位函数应具有式(6.3.28)所示的通解形式。设圆柱体内、外的电位分别为 φ_2 和 φ_1，电场强度分别为 $\boldsymbol{E}_2$ 和 $\boldsymbol{E}_1$，取坐标原点为电位参考点。

首先分析圆柱体外的电位。介质圆柱体表面的电荷会使原来的场发生畸变，但在无限

远处仍是均匀的，即在无限远处电场满足

$$-\frac{\partial\varphi_1}{\partial x}\bigg|_{\rho\to a}=E_0 \tag{6.3.30}$$

则在无限远处 $\varphi_1=-E_0x=-E_0\rho\cdot\cos\phi$。与式(6.3.28)相比，$n$ 只能取1，且 $B_{1n}=0$，则式(6.3.28)可简化为

$$\varphi_1=(A_1\rho+A_2\rho^{-1})\cos\phi \tag{6.3.31}$$

对应边界条件 $\varphi_1=-E_0x=-E_0\rho\cdot\cos\phi$，可知 $A_1=-E_0$，所以圆柱体外的电位为

$$\varphi_1=(-E_0\rho+A_2\rho^{-1})\cos\phi \tag{6.3.32}$$

再讨论圆柱体内的电位。在圆柱体表面，即 $\rho=a$ 处，应满足分界面的边界条件

$$\varphi_1=\varphi_2 \tag{6.3.33}$$

由此可得，当 $\rho=a$ 时

$$\varphi_1=\varphi_2=\left(-E_0a+\frac{A_2}{a}\right)\cos\phi \tag{6.3.34}$$

所以，φ_2 也仅含 $n=1$ 项且 $B_{1n}=0$，即

$$\varphi_2=\left(A_1'\rho+\frac{A_2'}{\rho}\right)\cos\phi \tag{6.3.35}$$

由于在 $\rho=a$ 处，φ_2 不可能为无穷大，所以 $A_2'=0$，即

$$\varphi_2=A_1'\rho\cos\phi \tag{6.3.36}$$

则在 $\rho=a$ 处

$$\varphi_1=\varphi_2=\left(-E_0a+\frac{A_2}{a}\right)\cos\phi=A_1'a\cos\phi \tag{6.3.37}$$

再根据分界面边界条件，在 $\rho=a$ 处

$$\varepsilon_1\frac{\partial\varphi_2}{\partial\rho}=\varepsilon_2\frac{\partial\varphi_1}{\partial\rho} \tag{6.3.38}$$

即

$$\varepsilon_1A_1'\cos\phi=\varepsilon_2\cos\phi\left(-E_0-\frac{A_2}{\rho^2}\right) \tag{6.3.39}$$

可得

$$A_2-A_1'a^2=E_0a^2 \tag{6.3.40}$$

$$A_2\varepsilon_2+A_1'\varepsilon_1a^2=-\varepsilon_2a^2E_0 \tag{6.3.41}$$

解得

$$A_2=\frac{\varepsilon_1-\varepsilon_2}{\varepsilon_1+\varepsilon_2}a^2E_0 \tag{6.3.42}$$

$$A_1'=\frac{-2\varepsilon_2}{\varepsilon_1+\varepsilon_2}E_0 \tag{6.3.43}$$

将上述结果分别代入式(6.3.37)和式(6.3.35)，得到

$$\varphi_1=\left(-\rho+\frac{\varepsilon_1-\varepsilon_2}{\varepsilon_1+\varepsilon_2}a^2\rho^{-1}\right)E_0\cos\phi \tag{6.3.44}$$

$$\varphi_2=\frac{-2\varepsilon_2}{\varepsilon_1+\varepsilon_2}E_0\rho\cos\phi \tag{6.3.45}$$

进而

$$\boldsymbol{E}_1=\left(1+\frac{\varepsilon_1-\varepsilon_2}{\varepsilon_1+\varepsilon_2}\frac{a^2}{\rho^2}\right)E_0\cos\phi\boldsymbol{e}_\rho-\left(1-\frac{\varepsilon_1-\varepsilon_2}{\varepsilon_1+\varepsilon_2}\frac{a^2}{\rho^2}\right)E_0\sin\phi\boldsymbol{e}_\phi \tag{6.3.46}$$

$$\boldsymbol{E}_2=\frac{2\varepsilon_2}{\varepsilon_1+\varepsilon_2}E_0(\cos\phi\boldsymbol{e}_\rho-\sin\phi\boldsymbol{e}_\phi) \tag{6.3.47}$$

由上述结果可知 $E_2=\frac{2\varepsilon_2}{\varepsilon_1+\varepsilon_2}E_0$，说明圆柱体内的电场是均匀场，场强的大小受到极化电荷的影响。当 $\varepsilon_2<\varepsilon_1$ 时，$E_2<E_0$，圆柱体内的电场会被削弱，如图 6.3.3 所示。

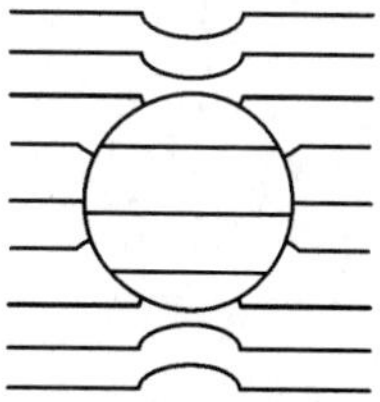

图 6.3.3　介质圆柱体周围的场分布

实际工程中，使用上述原理用铁磁材料制成外壳来进行磁屏蔽，μ 越大，屏蔽腔越厚，屏蔽效果越好。常采用多层铁壳把进入腔内的残余磁场多次屏蔽。

6.3.3　球坐标系中的分离变量法

在求解空间场时，如果场域为球形空间或边界为球面，最好采用球坐标。球坐标中电位的拉普拉斯方程为

$$\nabla^2\varphi=\frac{1}{r^2}\frac{\partial}{\partial r}\left(r^2\frac{\partial\varphi}{\partial r}\right)+\frac{1}{r^2\sin\theta}\frac{\partial}{\partial\theta}\left(\sin\theta\frac{\partial\varphi}{\partial\theta}\right)+\frac{1}{r^2\sin^2\theta}\frac{\partial^2\varphi}{\partial\phi^2}=0 \tag{6.3.48}$$

同样设 $\varphi=R(r)\Theta(\theta)\Phi(\phi)$，对式(6.3.48)乘以 $r^2\sin^2\theta$，再除以 $R\Theta\Phi$，得

$$\frac{\sin^2\theta}{R}\frac{\partial}{\partial r}\left(r^2\frac{\partial R}{\partial r}\right)+\frac{\sin\theta}{\Theta}\frac{\partial}{\partial\theta}\left(\sin\theta\frac{\partial\Theta}{\partial\theta}\right)+\frac{1}{\Phi}\frac{\partial^2\Phi}{\partial\phi^2}=0 \tag{6.3.49}$$

对于式(6.3.49)中的第三项，要使所有的 r、θ 都满足上式，必有

$$\frac{\Phi''}{\Phi}=-n^2 \tag{6.3.50}$$

即

$$\Phi=C_{1n}\sin n\phi+C_{2n}\cos n\phi\qquad(n\ \text{为整数}) \tag{6.3.51}$$

将式(6.3.50)代入式(6.3.49)，并除以 $\sin^2\theta$，得

$$\frac{1}{R}\frac{\partial}{\partial r}\left(r^2\frac{\partial R}{\partial r}\right)+\left[\frac{1}{\Theta\sin\theta}\frac{\partial}{\partial\theta}\left(\sin\theta\frac{\partial\Theta}{\partial\theta}\right)-n^2\right]=0 \tag{6.3.52}$$

该式成立的条件是两项均等于常数。

实际工程中，电场多是与 ϕ 无关的二维场，即 $n^2=0$，则令

$$\frac{1}{\Theta\sin\theta}\frac{\partial}{\partial\theta}\left(\sin\theta\frac{\partial\Theta}{\partial\theta}\right)=-K^2 \tag{6.3.53}$$

改写为

$$\frac{\mathrm{d}}{\mathrm{d}\theta}\left(\sin\theta\frac{\mathrm{d}\Phi}{\mathrm{d}\theta}\right)+K^2\Theta\sin\theta=0 \tag{6.3.54}$$

其解在 $0\leqslant\theta\leqslant\pi$ 的条件下为有界函数的条件是

$$K=n(n+1) \tag{6.3.55}$$

式(6.3.54)可记为

$$\frac{\mathrm{d}}{\mathrm{d}\theta}\left(\sin\theta\frac{\mathrm{d}\Theta}{\mathrm{d}\theta}\right)+n(n+1)\Theta\sin\theta=0 \tag{6.3.56}$$

式(6.3.56)称为勒让德方程，具有幂级数解，其解为勒让德多项式，记为 $P_n(\cos\theta)$。

若 n 为偶数，勒让德多项式只有偶次项；若 n 为奇数，勒让德多项式只有奇次项。前几个勒让德多项式的值为

$$P_0(\cos\theta)=1 \tag{6.3.57}$$

$$P_1(\cos\theta)=\cos\theta \tag{6.3.58}$$

$$P_2(\cos\theta)=\frac{1}{2}(3\cos^2\theta-1) \tag{6.3.59}$$

$$P_3(\cos\theta)=\frac{1}{2}(5\cos^3\theta-3\cos\theta) \tag{6.3.60}$$

所以

$$\Theta(\theta)=B_nP_n(\cos\theta) \tag{6.3.61}$$

最后由式(6.3.52)得出

$$\frac{1}{R}\frac{\mathrm{d}}{\mathrm{d}r}\left(r^2\frac{\mathrm{d}R}{\mathrm{d}r}\right)=K^2=n(n+1) \tag{6.3.62}$$

利用圆柱坐标系分离变量法的结论，R 的解为

$$R=A_{1n}r^n+A_{2n}r^{-(n+1)} \tag{6.3.63}$$

所以，在二维场中，电位函数的通解为

$$\varphi=R\Theta=\sum\left[A_{1n}r^n+A_{2n}r^{-(n+1)}\right]P_n(\cos\theta) \tag{6.3.64}$$

[例 6.3.3]　在均匀电场 $\boldsymbol{E}_0$ 中，放置一半径为 a 的介质球，其介电常数为 ε，球外为空气，求空间各处的电位。

解　如图 6.3.4 所示，介质球的球心与坐标原点重合，使用球坐标系。空间各点的电位均满足

$$\nabla^2\varphi=0$$

由于 E_0 均匀分布，所以 φ 与 ϕ 无关，φ 应具有式(6.3.64)所示的通解形式。设球内、外的电位分别为 φ_1 和 φ_2。

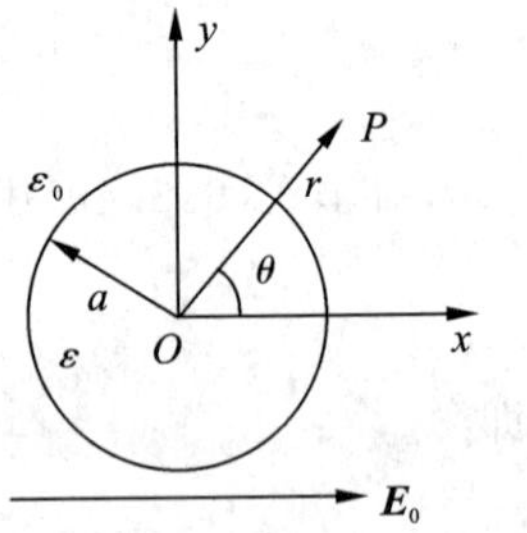

图 6.3.4　均匀场中的介质球

当 $r\to\infty$ 时，

$$\varphi_2=-E_0r\cos\theta=\sum_{n=1}^{\infty}\left[\left(A_{1n}r^n+A_{2n}r^{-(n+1)}\right)P_n(\cos\theta)\right]_{r\to\infty}$$

$$=\sum_{n=1}^{\infty}A_{1n}r^nP_n(\cos\theta)=-E_0rP_1(\cos\theta) \tag{6.3.65}$$

可推出 $n=1$，且 $A_{11}=-E_0$，则

$$\varphi_2=(A_{11}r+A_{21}r^{-2})\cos\theta=(-E_0r+A_{21}r^{-2})\cos\theta \tag{6.3.66}$$

在球面上，即 $r=a$ 时，一方面 $\varphi_1=\varphi_2$，所以两电位的形式应相同，即

$$\varphi_1=(B_{11}r+B_{21}r^{-2})\cos\theta \tag{6.3.67}$$

由于 $r=0$ 时，球内电位为有限值，所以 $B_{21}=0$，即

$$\varphi_1=B_{11}r\cos\theta \tag{6.3.68}$$

在球面上，式(6.3.68)与式(6.3.66)相等，即

$$B_{11}r\cos\theta\big|_{r=a}=(-E_0r+A_{21}r^{-2})\cos\theta\big|_{r=a} \tag{6.3.69}$$

得

$$B_{11}a=-E_0a+A_{21}a^{-2} \tag{6.3.70}$$

另一方面，$\varepsilon\dfrac{\partial\varphi_2}{\partial r}=\varepsilon_0\dfrac{\partial\varphi_1}{\partial r}$，即

$$\varepsilon B_{11}\cos\theta=-\varepsilon_0 E_0\cos\theta-2\varepsilon_0 A_{21}a^{-3}\cos\theta \tag{6.3.71}$$

得

$$\varepsilon B_{11}=-\varepsilon_0 E_0-2\varepsilon_0 A_{21}a^{-3} \tag{6.3.72}$$

将式(6.3.70)和式(6.3.72)联立，解得

$$A_{21}=\frac{\varepsilon-\varepsilon_0}{\varepsilon+2\varepsilon_0}E_0 a^3 \tag{6.3.73}$$

$$B_{11}=\frac{-3\varepsilon_0}{\varepsilon+2\varepsilon_0}E_0 \tag{6.3.74}$$

由此得到空间各点电位

$$\varphi_1=\frac{-3\varepsilon_0}{\varepsilon+2\varepsilon_0}E_0 r\cos\theta \tag{6.3.75}$$

$$\varphi_2=\left(-E_0 r+\frac{\varepsilon-\varepsilon_0}{\varepsilon+2\varepsilon_0}a^3 E_0 r^{-2}\right)\cos\theta \tag{6.3.76}$$

[例 6.3.4] 如果将例 6.3.3 中的介质球换成一个携带电荷 Q 的导体球，求球内、外的电位。

解 因为无穷远处的电位不为零，而导体球内部无电荷，所以 $E_1=0$、$\varphi_1=0$。

对于导体球外部，即 $r\to\infty$ 时

$$\varphi_2=-E_0 r\cos\theta=\sum_{n=0}^{\infty}A_n r^n P_n(\cos\theta)=-E_0 rP_1(\cos\theta) \tag{6.3.77}$$

可得 $A_1=-E_0$，即

$$\varphi_2=-E_0 r\cos\theta+\sum_{n=0}^{\infty}A_{2n}r^{-(n+1)}P_n(\cos\theta) \tag{6.3.78}$$

在球面上，即 $r=a$ 时，球面为等位面，设球面上的电位为 φ_0，则根据边界条件，一方面 $\varphi_2|_{r=a}=\varphi_0$，即

$$\begin{aligned}\varphi_2&=-E_0 a\cos\theta+\sum_{n=0}^{\infty}A_{2n}a^{-(n+1)}P_n(\cos\theta)\\&=-E_0 a\cos\theta+\frac{A_{20}}{a}P_0(\cos\theta)+\frac{A_{21}}{a^2}P_1(\cos\theta)+\cdots\\&=\frac{A_{20}}{a}+\left(\frac{A_{21}}{a^2}-E_0 a\right)\cos\theta+\cdots\\&=\varphi_0\end{aligned} \tag{6.3.79}$$

所以，$\dfrac{A_{20}}{a}=\varphi_0$，即 $A_{20}=a\varphi_0$；$\dfrac{A_{21}}{a^2}-E_0 a=0$，即 $A_{21}=E_0 a^3$；$A_{2n}=0(n\geqslant 2)$。于是

$$\varphi_2=-E_0 r\cos\theta+\frac{E_0 a^3}{r^2}\cos\theta+\frac{\varphi_0 a}{r} \tag{6.3.80}$$

另一方面，根据高斯定理有 $-\int_S\varepsilon_0\dfrac{\partial\varphi}{\partial n}\mathrm{d}S=Q$，则在球面上可求得 $\varphi_0=\dfrac{Q}{4\pi\varepsilon_0 a}$，将其代入式(6.3.80)，可得球外的电位

$$\varphi_2=-E_0 r\cos\theta+\frac{E_0 a^3}{r^2}\cos\theta+\frac{Q}{4\pi\varepsilon_0 r} \tag{6.3.81}$$

6.4 有限差分法

前面讨论的几种方法都可以得到精确解，但需满足一定的边界条件才能使用。而许多实际问题并不都是那么理想或者符合规则的，所以往往不能得到问题的精确解。但可以利用其他方法得到其近似解，有限差分法便是应用最早的一种数值计算方法，适合求解那些具有比较复杂几何边界形状的场域情形，其特点是概念清晰，方法简单直观。

6.4.1 有限差分法概述

设函数 $f(x)$，当其独立变量 x 有一个很小的增量 h 时，相应的函数 $f(x)$的增量为

$$\Delta f(x)=f(x+h)-f(x) \tag{6.4.1}$$

称之为函数 $f(x)$的一阶差分。因为差分是有限量的差，所以通常被称为有限差分。

有限差分法是基于差分原理的应用，将所求场域离散化为网格离散节点的集合，以各离散点上函数的差商近似代替该点的偏导数，将偏微分方程的求解问题转化为相应差分方程组的求解问题。应用有限差分法的一般步骤如下：

(1) 将场域按一定方式离散化，即确定离散点的分布方式，也称场域的网格剖分方式。为简化所得差分方程，一般离散点分布采用完全有规则的网格节点，以便在每个离散点上可以得到相同形式的差分方程。其中，正方形网格剖分是最常用的剖分方法，如图 6.4.1 所示。根据实际问题，也可以采用矩形、正三角形等网格形式。网格线的交点称为网格节点，网格线间的距离 h 称为步距。

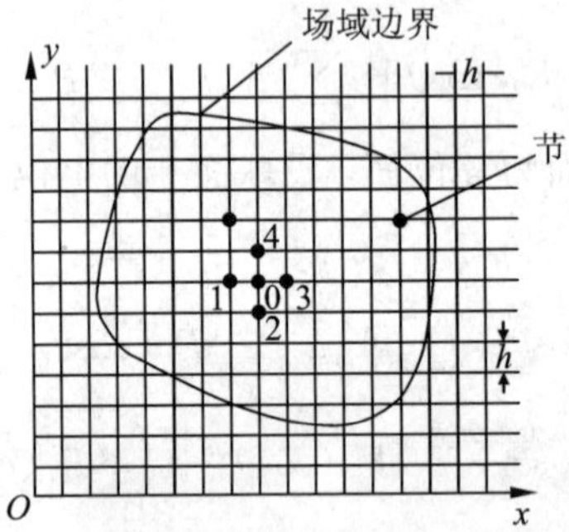

图 6.4.1 场域的网格剖分

(2) 构造差分方程，即根据差分原理，对场域内的偏微分方程和定解条件进行差分离散化。

(3) 根据差分方程，选择合适的代数方程的解法，求得离散解，更多的是通过编制程序由计算机来完成。

6.4.2 二维泊松方程的差分离散化

泊松方程实际上就是偏微分方程，边值问题的实质是偏微分方程的定解问题。下面根据正方形网格剖分方法说明二维泊松方程的离散化方法，即与二维泊松方程和拉普拉斯方程对应差分方程的建立过程。

1. 有限差分法的实质

对于函数 $f(x)$的一阶差分

$$\Delta f(x)=f(x+h)-f(x) \tag{6.4.2}$$

当 h 足够小时，

$$\frac{\Delta f(x)}{\Delta x}=\frac{f(x+h)-f(x)}{h}\approx\frac{\mathrm{d}f(x)}{\mathrm{d}x} \tag{6.4.3}$$

$\frac{\Delta f(x)}{\Delta x}$称为一阶前向差商。可见，一阶差商与一阶微分近似相等。也可将一阶微分表示为

$$\frac{\mathrm{d}f(x)}{\mathrm{d}x}\approx\frac{\Delta f(x)}{\Delta x}=\frac{f(x+h)-f(x-h)}{2h} \tag{6.4.4}$$

称为一阶中心差商。相应地，二阶导数可用二阶差商表示为

$$\begin{aligned}\frac{\mathrm{d}^2 f(x)}{\mathrm{d}x^2}&=\frac{\Delta^2 f(x)}{(\Delta x)^2}=\frac{\Delta f(x+h)-\Delta f(x)}{h^2}\\&=\frac{[f(x+h)-f(x)]-[f(x)-f(x-h)]}{h^2}\\&=\frac{f(x+h)-2f(x)+f(x+h)}{h^2}\end{aligned} \tag{6.4.5}$$

对应地，偏导数也可用相同的方式表示。这样，给定的偏微分方程就可以转化为差分方程，这就是有限差分法的实质。显然，步距越小，用差商替代偏导数的精确度就越高。

2. 偏微分方程离散化

下面以二维静态场第一类边值问题为例来说明有限差分法的应用过程。

设在以正方形网格剖分的二维场域内，如图 6.4.1 所示，电位函数 φ 满足拉普拉斯方程，各边界上的电位已知。由图可知，除场域边界附近的节点外，位于场域内的其他正方形网格的节点对于与其相邻的节点都具有相同的特征，这种特征称为对称星形。设在对称星形节点 0 上的位函数为 $\varphi_0=\varphi(x_i, y_i)$，则周围相邻节点 1、2、3、4 的位函数可表示为

$$\begin{cases}\varphi_1=\varphi(x_{i-1}, y_i)\\\varphi_2=\varphi(x_i, y_{i-1})\\\varphi_3=\varphi(x_{i+1}, y_i)\\\varphi_4=\varphi(x_i, y_{i+1})\end{cases} \tag{6.4.6}$$

从而

$$\frac{\partial^2\varphi}{\partial x^2}=\frac{\varphi_1-2\varphi_0+\varphi_3}{h^2},\ \frac{\partial^2\varphi}{\partial y^2}=\frac{\varphi_2-2\varphi_0+\varphi_4}{h^2} \tag{6.4.7}$$

场域内的二维拉普拉斯方程可近似离散化为

$$\nabla^2\varphi=\frac{\partial^2\varphi}{\partial x^2}+\frac{\partial^2\varphi}{\partial y^2}=\frac{1}{h^2}(\varphi_1-2\varphi_0+\varphi_3)+\frac{1}{h^2}(\varphi_2-2\varphi_0+\varphi_4)=0 \tag{6.4.8}$$

即

$$\varphi_1+\varphi_2+\varphi_3+\varphi_4=4\varphi_0 \tag{6.4.9}$$

也就是说，节点 0 处的位函数值等于它周围 4 个相邻节点的位函数值的平均值，常称为五点差分格式。

若二维泊松方程表示为

$$\nabla^2\varphi=F,\ F=-\frac{\rho(x,\ y)}{\varepsilon} \tag{6.4.10}$$

即

$$\nabla^2\varphi=\frac{\partial^2\varphi}{\partial x^2}+\frac{\partial^2\varphi}{\partial y^2}=\frac{1}{h^2}(\varphi_1-2\varphi_0+\varphi_3)+\frac{1}{h^2}(\varphi_2-2\varphi_0+\varphi_4)=F \tag{6.4.11}$$

可得二维泊松方程的差分离散化结果：

$$\varphi_1+\varphi_2+\varphi_3+\varphi_4-4\varphi_0=h^2F \tag{6.4.12}$$

6.4.3 边界条件的离散化

求解边值问题，除了对泊松方程离散差分化外，还需要对边界条件进行差分离散化处理。

1. 第一类边值问题的边界条件的差分离散化

第一类边值问题给出的边界条件是所有场域边界的位函数值，即 $\varphi(s)=f(s)$。具体可分两种情况。

(1) 网格节点落在边界上。若划分网格时有网格节点正好落在边界上，即图 6.4.2 所示的节点 4，则只须把已知的位函数赋值给相应的边界节点，即 $\varphi_4=\varphi_4(s)=f_4(s)$，满足

$$-\varphi_4=-\varphi_4(s)=-f(s)=\varphi_1+\varphi_2+\varphi_3-4\varphi_0 \tag{6.4.13}$$

这是最简单的情形。

(2) 网格节点未落在边界上。若场域边界不规则，大部分边界与网格线的交点不在网格节点上，即图 6.4.2 所示的节点 5 和节点 6，对于相邻的典型节点 3，由于 $h_1\neq h_2\neq h$，节点 0、5、6、7 构成一个不对称的星形。此时，可采用泰勒公式进行差分离散化，精确导出节点 3 的差分计算格式。

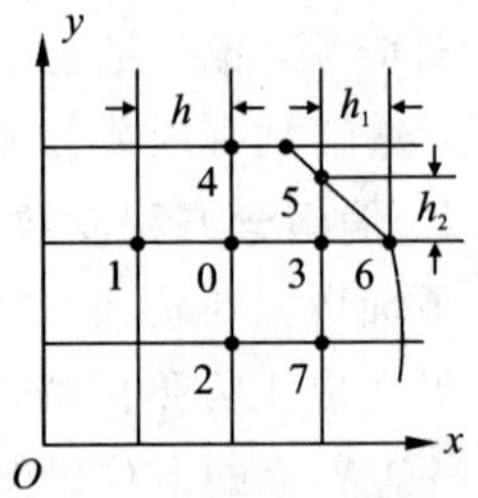

图 6.4.2 场域边界上的节点

根据二元函数的泰勒公式，节点 0 的电位为

$$\varphi_0=\varphi_3-h\left(\frac{\partial\varphi}{\partial x}\right)_3+\frac{1}{2!}h^2\left(\frac{\partial^2\varphi}{\partial x^2}\right)_3-\frac{1}{3!}h^2\left(\frac{\partial^3\varphi}{\partial x^3}\right)_3+\frac{1}{4!}h^2\left(\frac{\partial^4\varphi}{\partial x^4}\right)_3 \tag{6.4.14}$$

节点 6 的电位为

$$\varphi_6=\varphi_3+h_1\left(\frac{\partial\varphi}{\partial x}\right)_3+\frac{1}{2!}h_1^2\left(\frac{\partial^2\varphi}{\partial x^2}\right)_3+\frac{1}{3!}h_1^3\left(\frac{\partial^3\varphi}{\partial x^3}\right)_3+\frac{1}{4!}h_1^4\left(\frac{\partial^4\varphi}{\partial x^4}\right)_3+\cdots \tag{6.4.15}$$

分别用 h_1 和 h 与式(6.4.14)和式(6.4.15)相乘，再相加，去掉二次以上的高次项，整理得

$$hh_1\left(\frac{\partial^2\varphi}{\partial x^2}\right)_3\approx\frac{2h}{h+h_1}\varphi_6+\frac{2h_1}{h+h_1}\varphi_0-2\varphi_3 \tag{6.4.16}$$

同理可得

$$hh_2\left(\frac{\partial^2\varphi}{\partial y^2}\right)_3\approx\frac{2h}{h+h_2}\varphi_5+\frac{2h_2}{h+h_2}\varphi_7-2\varphi_3 \tag{6.4.17}$$

令 $h_1=ah$、$h_2=bh$，将其代入式(6.4.16)和式(6.4.17)，可得

$$ah^2\left(\frac{\partial^2\varphi}{\partial x^2}\right)_3\approx\frac{2}{1+a}\varphi_6+\frac{2a}{1+a}\varphi_0-2\varphi_3 \tag{6.4.18}$$

$$bh^2\left(\frac{\partial^2\varphi}{\partial y^2}\right)_3\approx\frac{2}{1+b}\varphi_5+\frac{2b}{1+b}\varphi_7-2\varphi_3 \tag{6.4.19}$$

将式(6.4.18)和式(6.4.19)整理后代入泊松方程，在节点 3 处

$$\nabla^2\varphi=\frac{\partial^2\varphi}{\partial x^2}+\frac{\partial^2\varphi}{\partial y^2}\approx\frac{1}{1+a}\varphi_0+\frac{1}{1+b}\varphi_5+\frac{1}{a(1+a)}\varphi_6+\frac{1}{b(1+b)}\varphi_7-\left(\frac{1}{a}+\frac{1}{b}\right)\varphi_3=\frac{1}{2}h^2F \tag{6.4.20}$$

再稍作整理，即得节点 3 的差分格式。

2. 第二类边值问题的边界条件的差分离散化

第二类边值问题给出的边界条件是所有场域边界的位函数的法向导数值，即$\dfrac{\partial\varphi}{\partial n}=f(s)$。同样可分为两种情况进行讨论。

(1) 网格节点落在边界上。若网格节点正好落在边界上，则差分离散化结果与边界在该节点的外法线方向和网格线是否重合有关。

若边界在节点处的外法线与网格线重合，如图 6.4.3 所示，则法向导数$\dfrac{\partial\varphi}{\partial n}$可用差商来近似表示，即

$$\frac{\varphi_0-\varphi_1}{h}=f(s) \tag{6.4.21}$$

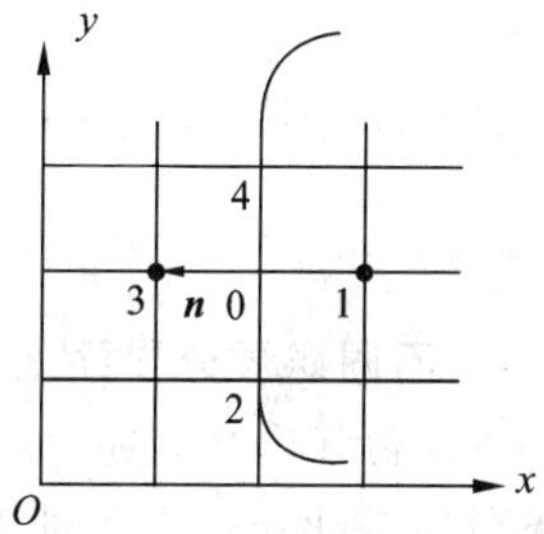

图 6.4.3　外法线与网格线重合

借助虚设节点 3，可以确定节点 0 的差分格式

$$\frac{\varphi_3-\varphi_1}{2h}=f(s) \tag{6.4.22}$$

即

$$\varphi_3=\varphi_1+2hf(s) \tag{6.4.23}$$

根据 $4\varphi_0=\varphi_1+\varphi_2+\varphi_3+\varphi_4$，节点 0 的差分格式为

$$\varphi_0=\frac{1}{4}(\varphi_1+\varphi_2+\varphi_3+\varphi_4)=\frac{1}{4}[2\varphi_1+\varphi_2+\varphi_4+2hf(s)] \tag{6.4.24}$$

若边界在节点处的外法线与网格线不重合，如图 6.4.4(a)所示，则有

$$\begin{aligned}\left(\frac{\partial\varphi}{\partial n}\right)_0&=\left[\frac{\partial\varphi}{\partial x}\cos(n,\ e_x)+\frac{\partial\varphi}{\partial y}\cos(n,\ e_y)\right]_0\\&=\frac{\varphi_1-\varphi_0}{h}\cos(\pi+\alpha)+\frac{\varphi_2-\varphi_0}{h}\cos(\pi-\beta)\\&=f(s)\end{aligned} \tag{6.4.25}$$

由此可建立边界节点 0 与相邻节点 1、2 之间的差分格式。

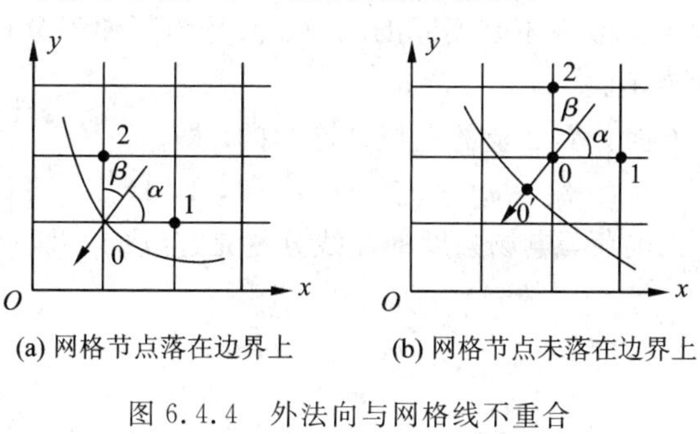

(a) 网格节点落在边界上　　(b) 网格节点未落在边界上

图 6.4.4　外法向与网格线不重合

(2) 网格节点未落在边界上。若网格节点未落在边界上，如图 6.4.4 (b)所示，则对于

边界节点 0′可以用与其邻近的节点 0 来近似表示。取节点 0′处的外法向作为节点 0 处的外法向，节点 0 仍按上述所示的方法列出差分格式即可。

3. 第三类边值问题的边界条件的差分离散化

第三类边值问题给出的边界条件是部分场域边界的位函数和其余场域边界位函数的法向导数值，即 $\varphi+f_1(s)\dfrac{\partial\varphi}{\partial n}=f_2(s)$。可直接参照第二类边值问题得到边界节点的差分格式。

(1) 若边界节点的外法向与网格线重合，则

$$\varphi_0+f_1(s)\frac{\varphi_0-\varphi_1}{h}=f_2(s) \tag{6.4.26}$$

(2) 若边界节点的外法向与网格线不重合，则

$$\varphi_0+f_1(s)\left(\frac{\varphi_0-\varphi_1}{h}\cos\alpha+\frac{\varphi_0-\varphi_2}{h}\cos\beta\right)=f_2(s) \tag{6.4.27}$$

4. 不同媒质分界面上边界条件的差分离散化

在实际工程中，还会出现不同媒质分界面上的边界条件等问题，不同媒质分界面的边界条件离散化是边界条件差分离散化的一个重要部分。这里仍以二维场的情况说明其差分格式的构造。

1) 媒质分界面与网格线重合

若媒质分界面与网格线重合，如图 6.4.5 所示，设节点 0、2、4 位于介电常数分别为 ε_1 和 ε_2 的两种媒质分界面上，两种媒质中的电位分别用 φ_a、φ_b 表示，且在媒质 1 中均匀分布有密度为 ρ 的电荷，令 $F=-\rho/\varepsilon_1$，即

$$\begin{cases}\nabla^2\varphi_a=F\\ \nabla^2\varphi_b=0\end{cases} \tag{6.4.28}$$

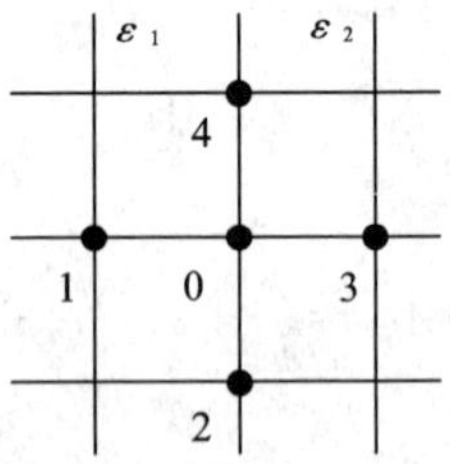

图 6.4.5　媒质分界面与网格线重合

为了便于分析，若将媒质 ε_2 换作媒质 ε_1，则 0 点的位函数 φ_{a0} 可表示为

$$\varphi_{a0}=\frac{1}{4}(\varphi_{a1}+\varphi_{a2}+\varphi_{a3}+\varphi_{a4}-h^2F) \tag{6.4.29}$$

同理，若将媒质 ε_1 换作媒质 ε_2，则 0 点的位函数 φ_{b0} 可表示为

$$\varphi_{b0}=\frac{1}{4}(\varphi_{b1}+\varphi_{b2}+\varphi_{b3}+\varphi_{b4}) \tag{6.4.30}$$

这里的两个 0 点的位函数并不是实际的电位，而是为了便于分析虚设的，利用分界面上的边界条件可以将两者消去。

根据边界条件，一方面分界面上的电位是连续的，即

$$\varphi_{an}=\varphi_{bn}=\varphi_n \qquad (n=0,\ 2,\ 4) \tag{6.4.31}$$

另一方面，设分界面上无电荷，电场强度的法线分量是连续的，即

$$\varepsilon_1\frac{\partial\varphi_a}{\partial x}=\varepsilon_2\frac{\partial\varphi_b}{\partial x} \tag{6.4.32}$$

用差分格式可表示为

$$\varepsilon_1(\varphi_{a1}-\varphi_{a3})=\varepsilon_2(\varphi_{b1}-\varphi_{b3}) \tag{6.4.33}$$

或记为

$$\varepsilon_1\varphi_{a1}+\varepsilon_2\varphi_{b3}=\varepsilon_2\varphi_{b1}+\varepsilon_1\varphi_{a3} \tag{6.4.34}$$

将式(6.4.29)和式(6.4.30)分别乘以 ε_1 和 ε_2 后相加，再代入式(6.4.31)和式(6.4.34)，两边同时除以 ε_2，并令 $k=\varepsilon_1/\varepsilon_2$，则得

$$4(1+k)\varphi_0=2k\varphi_{a1}+(1+k)\varphi_2+2\varphi_{b3}+(1+k)\varphi_4-kh^2F \tag{6.4.35}$$

即节点 0 的差分离散化结果为

$$\varphi_0=\frac{1}{4}\left(\frac{2k}{1+k}\varphi_{a1}+\varphi_2+\frac{2}{1+k}\varphi_{b3}+\varphi_4-\frac{k}{1+k}h^2F\right) \tag{6.4.36}$$

2) 媒质分界面与网格对角线重合

若媒质分界面与网格对角线重合，如图 6.4.6 所示，最简单的方法是将网格线旋转 45°，并将步距延长为 $\sqrt{2h}$，就可直接套用式(6.4.36)，即

$$\varphi_0=\frac{1}{4}\left(\frac{2k}{1+k}\varphi_{a5}+\varphi_6+\frac{2}{1+k}\varphi_{b3}+\varphi_8-\frac{k}{1+k}h^2F\right) \tag{6.4.37}$$

也可引入辅助节点 M、N，用 φ_1、φ_2、φ_3、φ_4 表示。在分界面上

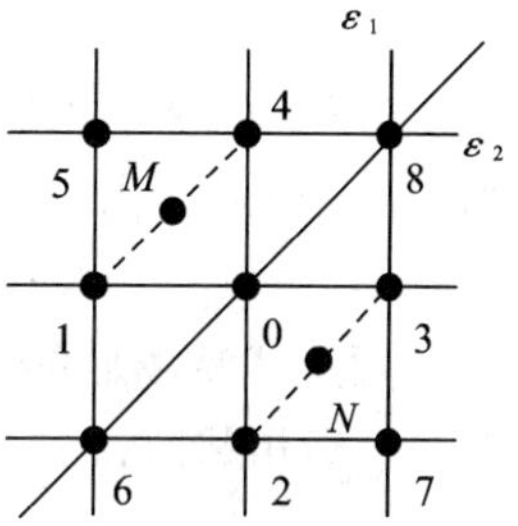

图 6.4.6　媒质分界面与网格对角线重合

$$\varphi_{an}=\varphi_{bn}=\varphi_n \qquad (n=0) \tag{6.4.38}$$

$$\varepsilon_1(\varphi_{aM}-\varphi_{aN})=\varepsilon_2(\varphi_{bM}-\varphi_{bN}) \tag{6.4.39}$$

其中，虚设值为

$$\begin{cases}\varphi_{aM}=\dfrac{1}{2}(\varphi_{a1}+\varphi_{a4})\\[2mm]\varphi_{bN}=\dfrac{1}{2}(\varphi_{b2}+\varphi_{b3})\end{cases} \tag{6.4.40}$$

实际值为

$$\begin{cases}\varphi_{bM}=\dfrac{1}{2}(\varphi_{b1}+\varphi_{b4})\\[2mm]\varphi_{aN}=\dfrac{1}{2}(\varphi_{a2}+\varphi_{a3})\end{cases} \tag{6.4.41}$$

将式(6.4.40)和式(6.4.41)代入式(6.4.39)，整理得

$$\varepsilon_1(\varphi_{a1}+\varphi_{a4})+\varepsilon_2(\varphi_{b2}+\varphi_{b3})=\varepsilon_1(\varphi_{a2}+\varphi_{a3})+\varepsilon_2(\varphi_{b1}+\varphi_{b4}) \tag{6.4.42}$$

假设整个场域为单一媒质，有

$$\varepsilon_1(\varphi_{a1}+\varphi_{a2}+\varphi_{a3}+\varphi_{a4}-4\varphi_0)=\varepsilon_1h^2F \tag{6.4.43}$$

$$\varepsilon_2(\varphi_{b1}+\varphi_{b2}+\varphi_{b3}+\varphi_{b4}-4\varphi_0)=0 \tag{6.4.44}$$

二式相加，消去虚设值，并整理得到差分格式为

$$\varphi_0=\frac{1}{4}\left[\frac{2k}{1+k}(\varphi_{a1}+\varphi_{a4})+\frac{2}{1+k}(\varphi_{b2}+\varphi_{b3})-\frac{k}{1+k}h^2F\right] \tag{6.4.45}$$

6.4.4　差分方程组的求解

当原始的偏微分方程近似地用差分方程代替后，就可以通过解差分方程组来求解场域中任意点的位函数。下面以第一类边值问题来说明求解的过程。

在具体求解时，由于数值解的精度要求，希望选取的步距 h 越小越好，而步距的减小

会使网格内节点数迅速增加，所以对于大型代数方程组，应该根据其特点，寻求合适的代数解法。

1. 同步迭代法

同步迭代法是最简单的迭代方式。因差分格式有较高的规律性和重复性，所以用迭代法编制的程序比较简单，存储量和运算量都比较少。同步迭代法的步骤如下：

(1) 给指定场域内的每一个节点设定一初始值，将其作为第 0 次近似值，记为 $\varphi^{(0)}$，初始值是任意设置的。在具体操作时，应根据实际情况设定一个最佳值，以减少迭代次数。

(2) 根据式(6.4.12)，用周围相邻节点的电位算出中心节点的新的电位值，将其作为第 1 次近似值 $\varphi^{(1)}$，若遇到边界节点上的值，就用已知量代替，再将 $\varphi^{(1)}$ 代入得到第 2 次近似值 $\varphi^{(2)}$，依次迭代下去，即

$$\varphi_{i,j}^{(n+1)}=[\varphi_{i+1,j}^{(n)}+\varphi_{i-1,j}^{(n)}+\varphi_{i,j+1}^{(n)}+\varphi_{i,j-1}^{(n)}-h^2F]/4 \tag{6.4.46}$$

一般迭代从场域的左下角开始。

(3) 当相邻两次迭代解 $\varphi_{i,j}^{(n+1)}$ 与 $\varphi_{i,j}^{(n)}$ 间的误差满足精度要求时，迭代过程就可以结束了。

同步迭代法的特点是收敛速度慢，在每个节点产生新值时不能立刻冲掉旧值，而是下次迭代才会用到，所以需要的存储空间较大。

2. 松弛迭代法

松弛迭代法又称为塞德尔(Seidel)迭代法，是对简单迭代法的改进，在计算每个节点电位时充分利用已经得到的新值，每个节点得到新值后就立刻冲掉旧值。迭代方程可表示为

$$\varphi_{i,j}^{(n+1)}=[\varphi_{i+1,j}^{(n)}+\varphi_{i-1,j}^{(n+1)}+\varphi_{i,j+1}^{(n)}+\varphi_{i,j-1}^{(n+1)}-h^2F]/4 \tag{6.4.47}$$

由于提前使用了更新值，松弛迭代法的收敛速度比简单迭代法快一倍，而且程序实现更方便，对存储空间的要求更低。

[**例 6.4.1**]　如图 6.4.7 所示的长直接地金属槽，顶板的电位为 100 V，侧壁与底板均接地，求槽内的电位分布。

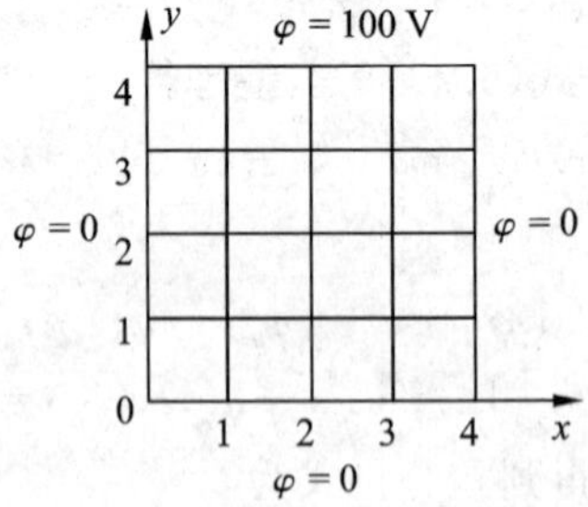

图 6.4.7　长直接地金属槽

解　这个问题属于二维场的第一类边值问题，且边界条件简单。使用正方形网格将场域划分为 16 个网格，如图 6.4.7 所示。下面使用同步迭代法来计算节点的电位。

设内部节点上电位的 0 次近似值为

$$\varphi_{1,1}^{(0)}=\varphi_{2,1}^{(0)}=\varphi_{3,1}^{(0)}=25$$

$$\varphi_{1,2}^{(0)}=\varphi_{2,2}^{(0)}=\varphi_{3,2}^{(0)}=50$$

$$\varphi_{1,3}^{(0)}=\varphi_{2,3}^{(0)}=\varphi_{3,3}^{(0)}=75$$

依次迭代，得到结果见表 6.4.1。如果只取小数点后 3 位，迭代到第 28 次时，与第 27 次的迭代结果是一致的，即达到精度要求。

表 6.4.1　同步迭代法结果(设定合理初值)

	$\varphi_{1,1}$	$\varphi_{2,1}$	$\varphi_{3,1}$	$\varphi_{1,2}$	$\varphi_{2,2}$	$\varphi_{3,2}$	$\varphi_{1,3}$	$\varphi_{2,3}$	$\varphi_{3,3}$
0	25	25	25	50	50	50	75	75	75
1	18.75	25	18.75	37.5	50	37.5	56.25	75	56.25
2	15.625	21.875	15.625	31.25	43.75	31.25	53.125	65.625	53.125
⋮	⋮	⋮	⋮	⋮	⋮	⋮	⋮	⋮	⋮
27	7.144	9.823	7.144	18.751	25.002	18.751	42.875	52.680	42.857
28	7.144	9.823	7.144	18.751	25.002	18.751	42.875	52.680	42.857

若使用松弛迭代法，设内部节点上电位的第 0 次近似值均为 0，迭代到第 14 次时即可达到表 6.4.1 所示精度。

有限差分法的应用范围很广，不仅能够求解均匀和不均匀线性媒质中的位场，还能求解非线性媒质中的场；既能求解恒定场和似稳场，又能求解时变场。在计算机存储容量允许的情况下，可采取较精细的网格，使离散化模型能够精确地接近真实问题，获得具有足够精度的数值解。

磁场的磁矢位与电场的电位是一对对偶量，所以以上的分析均适用于求解磁矢位，而且只需将对偶量直接代入即可。

本章小结

本章共介绍了 3 种静态场的分析方法，每种方法都有各自的特点。

(1) 镜像法适用于点源与线源分布时的有源空间的场分析。根据边界条件确定镜像源是镜像法的求解关键。利用静电场与稳恒磁场的对偶关系，可以方便地将电场的结论直接应用于磁场。

(2) 分离变量法适用于无源空间的场分析。作为一种纯数学方法，其难点是表达式复杂，求解过程繁琐，优点是可以得到场域中任意一点的精确解。

(3) 有限差分法也适用于无源空间的场分析。和分离变量法不同的是，有限差分法对场域的边界形状没有要求，若借助于计算机求解，有限差分法的应用会更广泛。其难点是边界形状复杂时的边界条件离散化。

习　题

6-1　填空题：

(1) 静态场边值问题分为__________、_________和__________三类。

(2) 唯一性定理表明__________是唯一的。

(3) 一无限大导体平面折成 90°角，角域内有一点电荷，则其镜像电荷有____个。

(4) 接地导体球面外距球心 d 处的点电荷 $+q$ 的镜像电荷大小为______。

(5) 分离变量法的实质是______________。

6-2 选择题：

(1) 如果空间中某一点的电位为零，则该点的电场强度(　　)为零。

A. 一定　　B. 不一定

(2) 求解电位函数的泊松方程或拉普拉斯方程时，(　　)条件需已知。

A. 电场强度　　B. 电位　　C. 电位移矢量　　D. 边界条件

(3) 把一个距无穷大接地导体平面为 D 的点电荷 Q 移到无穷远处的问题属于(　　)。

A. 第一类边值问题　　B. 第二类边值问题

C. 第三类边值问题

(4) 镜像法的理论依据是(　　)定理。

A. 斯托克斯　　B. 唯一性　　C. 高斯　　D. 库仑

(5) 一个矩形边界的场域在采用有限差分法时应使用(　　)剖分方式。

A. 三角形　　B. 矩形　　C. 正方形　　D. 星形

6-3 如图所示，点电荷 q 位于接地的直角形导体域内的点(d, d)处，求场域内的电位大小。

6-4 在均匀外电场 $\boldsymbol{E}=\boldsymbol{e}_z E_0$ 中，有一点电荷 q 如图所示，当 q 与导体平面相距多远时，q 所受的电场力正好为零。

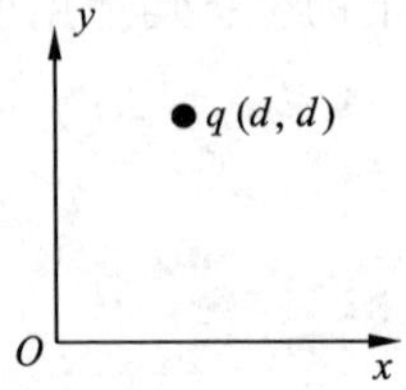

题 6-3 图

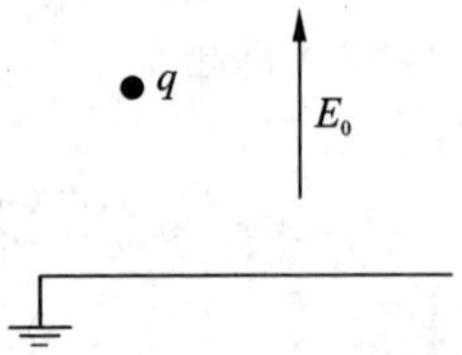

题 6-4 图

6-5 半径为 R 的圆柱导线位于均匀介质中，其轴线离墙壁的距离为 b，如图所示，确定其镜像电荷的位置。

6-6 如图所示，一个接地的无限大导体平面上有一半径为 a 的半球形凸起部分，在凸起部分上方距平面 d 处有一点电荷 q，且 $d>a$，求导体上半空间的电位。

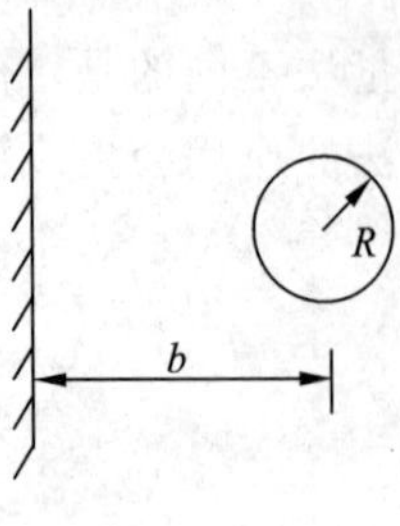

题 6-5 图

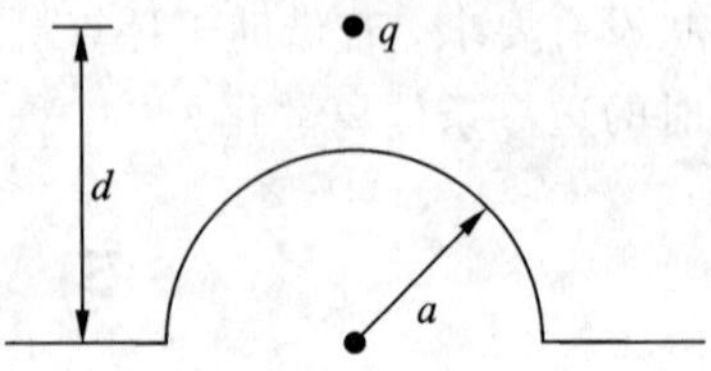

题 6-6 图

6-7 空气中有一内、外半径分别为 R_1 和 R_2 的导体球壳，此球壳原不带电，内腔内介质的介电常数为 ε，若在壳内距球心 b 处放置一点电荷 q，如图所示，求球壳内、外的电场强度和电位。

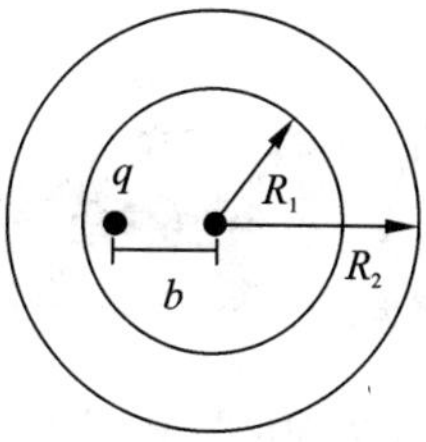

题 6-7 图

6-8　两根长直圆柱导体平行放置于空气中，半径均为 6 cm，两轴线间距离为 70 cm，如图所示。若外加电压为 1000 V，求两圆柱体表面电荷密度的最大值和最小值。

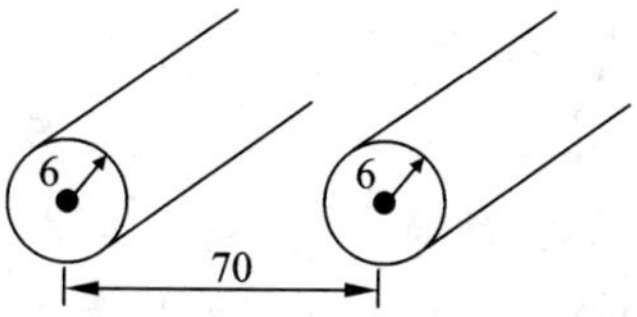

题 6-8 图

6-9　截面为矩形的长金属管由 4 块相互绝缘的平板组成，表面电位如图所示，求管内的电位分布。

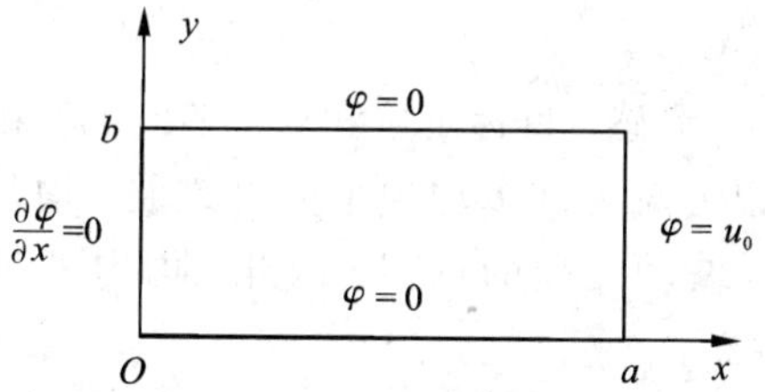

题 6-9 图

6-10　外加电场 $\boldsymbol{E}_0$ 中，垂直于电场方向放置一个半径为 a、接地的无限长直导体圆柱，导体内介电常数为 ε，试求导体圆柱表面面电荷的最大值。

6-11　有均匀电场 $\boldsymbol{E}_0$，在其中放入一个半径为 a 的介质球，介质球的介电常数为 ε，求介质球内、外的电场和电位。

6-12　一个半径为 a 的球面上的电位为 $\varphi=u_0\cos\theta$，求球外的电位及电场。

第7章　平面电磁波基础

德国物理学家赫兹在柏林大学学物理时，依照麦克斯韦理论(电扰动能辐射电磁波)，根据电容器经电火花隙会产生振荡的原理，设计了一套电磁波发生器，他将一感应线圈的两端接于发生器两铜棒上。当感应线圈的电流突然中断时，其感应高电压使电火花隙之间产生火花；瞬间后，电荷便经电火花隙在锌板间振荡，频率高达数百万周。由麦克斯韦理论，此火花应产生电磁波，于是赫兹设计了一个简单的检波器来探测此电磁波。他将一小段导线弯成圆形，线的两端点间留有小电火花隙。电磁波应在此小线圈上产生感应电压，而使电火花隙产生火花。检波器距振荡器 10 m 远。结果他发现检波器的电火花隙间确有小火花产生。赫兹在暗室远端的墙壁上覆有可反射电波的锌板，入射波与反射波重叠应产生驻波，他也以检波器在距振荡器不同距离处侦测加以证实。赫兹先求出振荡器的频率，又以检波器量得驻波的波长，二者的乘积即电磁波的传播速度。正如麦克斯韦预测的一样，电磁波传播的速度等于光速。1888 年，赫兹的实验成功了，而麦克斯韦理论也因此获得了无上的光彩。

电磁波传播是无线通信、遥感、目标定位和环境监测的基础。实际存在的电磁波(球面电磁波、柱面电磁波)均可以分解为许多均匀平面电磁波。均匀平面电磁波是麦克斯韦方程组最简单的解和许多实际波动问题的近似。因此，均匀平面电磁波是研究电磁波的基础，具有十分重要的实际意义。

本章从麦克斯韦方程组出发，导出波动方程以及这些方程在一定的边界条件和初始条件下的解，即电磁场在给定条件下的空间分布和随时间的变化规律——电磁波，主要介绍均匀平面电磁波，并讨论其在不同媒质中的传播特性。

7.1　波动方程

波动是时变电磁场运动的主要特征。若在导线(天线)上馈以时变电流，则时变电流会在其周围激发出时变磁场，时变磁场会激发出时变电场，时变电磁场相互激发并向外延伸传播即形成电磁波。下面从麦克斯韦方程组导出波动方程。

考虑媒质均匀、线性、各向同性的无源区域($J=0$、$\rho=0$)且 $\gamma=0$ 的情况，麦克斯韦方程组变为

$$\begin{cases} \nabla\times\boldsymbol{H}=\varepsilon\dfrac{\partial\boldsymbol{E}}{\partial t} & (7.1.1\text{a}) \\ \nabla\times\boldsymbol{E}=-\mu\dfrac{\partial\boldsymbol{H}}{\partial t} & (7.1.1\text{b}) \\ \nabla\cdot\boldsymbol{H}=0 & (7.1.1\text{c}) \\ \nabla\cdot\boldsymbol{E}=0 & (7.1.1\text{d}) \end{cases}$$

对式(7.1.1b)两边取旋度，并利用矢量恒等式

$$\nabla \times \nabla \times \boldsymbol{E} = -\mu \nabla \times \frac{\partial \boldsymbol{H}}{\partial t} \tag{7.1.2}$$

$$\nabla \times \nabla \times \boldsymbol{E} = \nabla (\nabla \cdot \boldsymbol{E}) - \nabla^2 \boldsymbol{E} \tag{7.1.3}$$

可得

$$\nabla (\nabla \cdot \boldsymbol{E}) - \nabla^2 \boldsymbol{E} = -\mu \frac{\partial}{\partial t}(\nabla \times \boldsymbol{H}) \tag{7.1.4}$$

将式(7.1.1a)和式(7.1.1b)代入式(7.1.4)，得

$$\nabla^2 \boldsymbol{E} - \mu\varepsilon \frac{\partial^2 \boldsymbol{E}}{\partial t^2} = \boldsymbol{0} \tag{7.1.5}$$

同理，对磁场强度可推导出

$$\nabla^2 \boldsymbol{H} - \mu\varepsilon \frac{\partial^2 \boldsymbol{H}}{\partial t^2} = \boldsymbol{0} \tag{7.1.6}$$

式(7.1.5)和式(7.1.6)是 $\boldsymbol{E}$ 和 $\boldsymbol{H}$ 满足的无源空间的瞬时值矢量齐次波动方程。无源区域中的 $\boldsymbol{E}$ 和 $\boldsymbol{H}$ 可以通过解式(7.1.5)或式(7.1.6)得到。

对于正弦电磁场，可由复数形式的麦克斯韦方程组导出复数形式的波动方程：

$$\nabla^2 \boldsymbol{E} + k^2 \boldsymbol{E} = \boldsymbol{0} \tag{7.1.7}$$

$$\nabla^2 \boldsymbol{H} + k^2 \boldsymbol{H} = 0 \tag{7.1.8}$$

式中，

$$k = \omega\sqrt{\mu\varepsilon} \tag{7.1.9}$$

式(7.1.7)和式(7.1.8)分别是 $\boldsymbol{E}$ 和 $\boldsymbol{H}$ 满足的无源空间的复数矢量波动方程，又称为矢量齐次亥姆霍兹方程。如果媒质是有耗的，即介电常数和磁导率均是复数，则 k 也相应地变为复数 k_c($k_c=\omega\sqrt{\mu_c\varepsilon_c}$)。对于导电媒质，可用等效复介电常数 ε_c 代替式(7.1.9)中的 ε，波动方程形式不变。波动方程的解表示时变电磁场将以波动形式传播，构成电磁波。波动方程的解是一个在自由空间沿某一个特定方向以光速传播的电磁波。研究电磁波的传播问题可归结为在给定边界条件和初始条件下求解波动方程。

7.2　理想介质中的均匀平面波

7.2.1　平面波的场

均匀平面波是指电场和磁场矢量只沿传播方向变化，在与波的传播方向垂直的无限大平面内，电场和磁场的方向、振幅、相位保持不变的波。下面来研究理想介质($\gamma=0$，ε、μ 为实常数)中无源区平面电磁波波动方程的解。

设无源区中充满理想介质，为简单起见，选择坐标使电场强度 $\boldsymbol{E}$ 沿 x 轴方向，即 $\boldsymbol{E}=\boldsymbol{e}_x E_x$。如图 7.2.1 所示，在直角坐标系中，假设均匀平面电磁波沿 z 轴方向传播，则因场矢量在 $x-y$ 平面内各点无变化，电场强度 $\boldsymbol{E}$ 只是直角坐标 z 的函数，则波动方程(7.1.7)可以简化为

$$\frac{\mathrm{d}^2 E_x(z)}{\mathrm{d}z^2} + k^2 E_x(z) = 0 \tag{7.2.1}$$

式(7.2.1)为二阶常微分方程，其解为

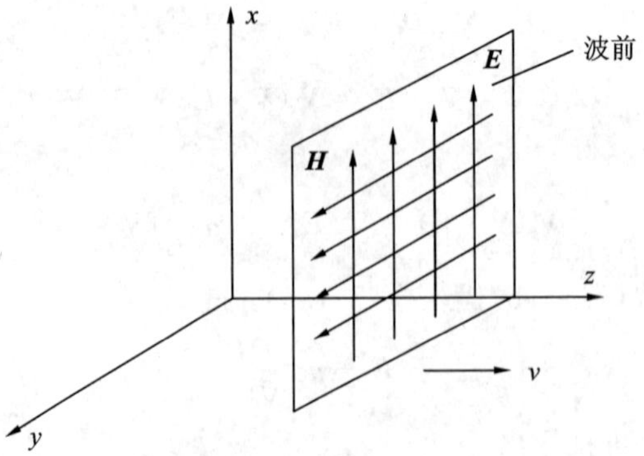

图 7.2.1 均匀平面电磁波的传播

$$E_x(z) = E_0^+ \mathrm{e}^{-\mathrm{j}kz} + E_0^- \mathrm{e}^{+\mathrm{j}kz} \tag{7.2.2}$$

则

$$\boldsymbol{E} = \boldsymbol{e}_x E_x(z) = \boldsymbol{e}_x (E_0^+ \mathrm{e}^{-\mathrm{j}kz} + E_0^- \mathrm{e}^{+\mathrm{j}kz}) \tag{7.2.3}$$

由麦克斯韦方程组可求得均匀平面波的磁场强度为

$$\begin{aligned}\boldsymbol{H} &= \frac{\mathrm{j}}{\omega\mu}(\nabla \times \boldsymbol{E}) = \frac{\mathrm{j}}{\omega\mu}\begin{vmatrix} \boldsymbol{e}_x & \boldsymbol{e}_y & \boldsymbol{e}_z \\ \dfrac{\partial}{\partial x} & \dfrac{\partial}{\partial y} & \dfrac{\partial}{\partial z} \\ E_x(z) & 0 & 0 \end{vmatrix} = \frac{\mathrm{j}}{\omega\mu}\boldsymbol{e}_y \frac{\partial E_x(z)}{\partial z} \\ &= \frac{\mathrm{j}}{\omega\mu}\boldsymbol{e}_y[(-\mathrm{j}k)E_0^+ \mathrm{e}^{-\mathrm{j}kz} + (\mathrm{j}k)E_0^- \mathrm{e}^{+\mathrm{j}kz}] \\ &= \frac{\mathrm{j}}{\omega\mu}\boldsymbol{e}_y(-\mathrm{j}k)(E_0^+ \mathrm{e}^{-\mathrm{j}kz} - E_0^- \mathrm{e}^{+\mathrm{j}kz}) = \boldsymbol{e}_y \frac{1}{\eta}(E_0^+ \mathrm{e}^{-\mathrm{j}kz} - E_0^- \mathrm{e}^{+\mathrm{j}kz}) \\ &= \boldsymbol{e}_y (H_0^+ \mathrm{e}^{-\mathrm{j}kz} + H_0^- \mathrm{e}^{+\mathrm{j}kz}) \end{aligned} \tag{7.2.4}$$

式中，

$$\eta = \frac{E_0^+}{H_0^+} = -\frac{E_0^-}{H_0^-} = \frac{\omega\mu}{k} = \sqrt{\frac{\mu}{\varepsilon}} \tag{7.2.5}$$

由于无界媒质中不存在反射波，所以正弦均匀平面电磁波的复场量可以表示为

$$\boldsymbol{E} = \boldsymbol{e}_x E_x = \boldsymbol{e}_x E_0 \mathrm{e}^{\mathrm{j}kz} \tag{7.2.6}$$

$$\boldsymbol{H} = \boldsymbol{e}_y E_y = \boldsymbol{e}_y \frac{E_0}{\eta} \mathrm{e}^{-\mathrm{j}kz} = \boldsymbol{e}_y H_0 \mathrm{e}^{-\mathrm{j}kz} \tag{7.2.7}$$

这是一个向 $+z$ 方向传播的行波，其瞬时形式为

$$\boldsymbol{E}(z,t) = \mathrm{Re}[\boldsymbol{e}_x E_0 \mathrm{e}^{\mathrm{j}(\omega t - kz)}] = \boldsymbol{e}_x E_{0\mathrm{m}} \cos(\omega t - kz + \phi_0) \tag{7.2.8}$$

$$\begin{aligned}\boldsymbol{H}(z,t) &= \mathrm{Re}\left[\boldsymbol{e}_y \frac{E_0}{\eta} \mathrm{e}^{\mathrm{j}(\omega t - kz)}\right] = \boldsymbol{e}_y \frac{E_{0\mathrm{m}}}{\eta}\cos(\omega t - kz + \phi_0) \\ &= \boldsymbol{e}_y H_{0\mathrm{m}} \cos(\omega t - kz + \phi_0)\end{aligned} \tag{7.2.9}$$

式中：$E_0 = E_{0\mathrm{m}} \mathrm{e}^{-\mathrm{j}\phi_0}$ 为 $z=0$ 处的复振幅；$E_{0\mathrm{m}}$ 是实常数，表示电场强度的振幅；$H_{0\mathrm{m}}$ 表示磁场强度的振幅；ωt 称为时间相位；kz 称为空间相位。空间相位相同的点组成的曲面称为等相位面(波前或波面)。平面电磁波的等相位面为平面，即 z 为常数的波面。

图 7.2.2 所示表示在 $t=0$ 时刻电场强度矢量和磁场强度矢量在空间沿 $+z$ 轴的分布(初始相位 $\phi_0=0$)。

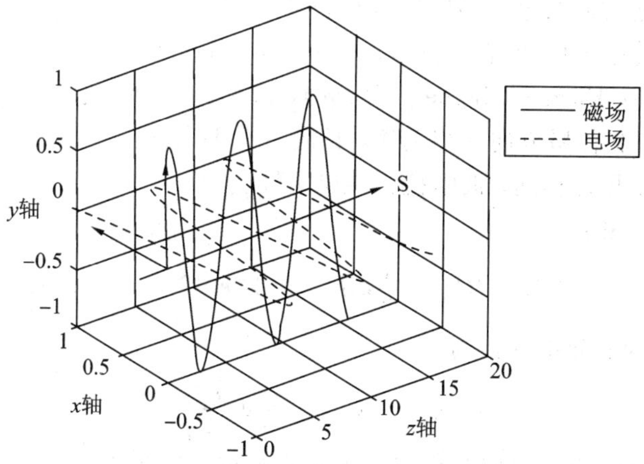

图 7.2.2　理想介质中均匀平面电磁波的电场和磁场空间分布

7.2.2　均匀平面波的参数

1. 媒质的波阻抗(或本征阻抗)η

由式(7.2.5)可知，η 具有阻抗的量纲，单位为欧姆(Ω)，它的值与媒质参数有关。将真空中的介电常数和磁导率($\varepsilon_0=\frac{1}{36\pi}\times10^{-9}$ F/m、$\mu_0=4\pi\times10^{-7}$ H/m)代入式(7.2.5)，可得电磁波在真空中的本征阻抗

$$\eta_0=\sqrt{\frac{\mu_0}{\varepsilon_0}}=120\ \pi\approx377\ \Omega \tag{7.2.10}$$

2. 传播速度

正弦均匀平面电磁波等相位面行进的速度称为相速，以 v_p 表示。由相速和等相位面的定义可得

$$v_p=\frac{dz}{dt}=\frac{1}{\sqrt{\mu\varepsilon}} \tag{7.2.11}$$

3. 波数

式(7.1.9)表示的 k 称为波数。空间相位 kz 变化 2π 相当于一个全波，k 表示单位长度内所具有的全波数目。k 也称为电磁波的相位常数，因为它表示传播方向上波行进单位距离时相位变化的大小。

4. 波长、周期、频率

空间相位 kz 变化 2π 所经过的距离称为波长，以 λ 表示。按此定义有 $k\lambda=2\pi$，所以

$$\lambda=\frac{2\pi}{k} \tag{7.2.12}$$

时间相位 ωt 变化 2π 所经历的时间称为周期，以 T 表示。一秒内相位变化 2π 的次数称为频率，以 f 表示。由 $\omega t=2\pi$ 得

$$f=\frac{1}{T}=\frac{\omega}{2\pi} \tag{7.2.13}$$

7.2.3　均匀平面波的传播特性

通过 7.2.2 节分析可以总结出均匀平面电磁波的如下传播特性：

(1) 均匀平面电磁波的电场强度矢量和磁场强度矢量均与传播方向垂直，没有传播方向的分量，即对于传播方向而言，电磁场只有横向分量，没有纵向分量。这种电磁波称为横电磁波(Transverse Electro-Magnetic Wave)，或称为 TEM 波。

(2) 电场、磁场和传播方向互相垂直，且满足右手定则。

(3) 电场和磁场相位相同，波阻抗为纯电阻性。

(4) 复坡印廷矢量为

$$\boldsymbol{S}=\frac{1}{2}\boldsymbol{E}\times\boldsymbol{H}^{*}=\frac{1}{2}\boldsymbol{e}_{x}E_{0}\mathrm{e}^{-\mathrm{j}kz}\times\boldsymbol{e}_{y}\frac{E_{0}^{*}}{\eta}\mathrm{e}^{\mathrm{j}kz}=\boldsymbol{e}_{z}\frac{E_{0\mathrm{m}}^{2}}{2\eta}\tag{7.2.14}$$

从而得坡印廷矢量的时间平均值为

$$S_{\mathrm{uv}}=\mathrm{Re}[\boldsymbol{S}]=\boldsymbol{e}_{z}\frac{E_{0\mathrm{m}}^{2}}{2\eta}\tag{7.2.15}$$

平均功率密度为常数，表明与传播方向垂直的所有平面上，每单位面积通过的平均功率都相同，电磁波在传播过程中没有能量损失(沿传播方向电磁波无衰减)。

(5) 电场和磁场能量密度的瞬时值分别为

$$\omega_{\mathrm{e}}(t)=\frac{1}{2}\boldsymbol{D}\cdot\boldsymbol{E}=\frac{1}{2}\varepsilon E^{2}=\frac{1}{2}\varepsilon E_{0\mathrm{m}}^{2}\cos^{2}(\omega t-kz+\phi_{0})\tag{7.2.16}$$

$$\omega_{\mathrm{m}}(t)=\frac{1}{2}\mu H^{2}(t)=\frac{1}{2}\mu H_{0\mathrm{m}}^{2}\cos^{2}(\omega t-kz+\phi_{0})=\omega_{\mathrm{e}}(t)\tag{7.2.17}$$

可见，任意时刻电场能量密度和磁场能量密度相等，各为总电磁能量的一半。电磁能量的时间平均值为

$$\begin{cases}\omega_{\mathrm{av,\,e}}=\dfrac{1}{4}\varepsilon E_{0\mathrm{m}}^{2}\\[2ex]\omega_{\mathrm{av,\,m}}=\dfrac{1}{4}\mu H_{0\mathrm{m}}^{2}\end{cases}\tag{7.2.18}$$

所以

$$\omega_{\mathrm{av}}=\omega_{\mathrm{av,\,e}}+\omega_{\mathrm{av,\,m}}=\frac{1}{2}\varepsilon E_{0\mathrm{m}}^{2}\tag{7.2.19}$$

在等相位面上电场和磁场均等幅，且任一时刻、任一处能量密度相等。均匀平面电磁波的能量传播速度为

$$v_{\mathrm{e}}=\frac{|S_{\mathrm{av}}|}{\omega_{\mathrm{av}}}=\frac{E_{0\mathrm{m}}^{2}/2\eta}{\varepsilon E_{0\mathrm{m}}^{2}/2}=\frac{1}{\sqrt{\mu\varepsilon}}=v_{\mathrm{p}}\tag{7.2.20}$$

可见，电磁场是电磁能量的携带者。

[例 7.2.1] 已知无界理想媒介质($\varepsilon=9\varepsilon_0$、$\mu=\mu_0$、$\gamma=0$)中正弦均匀平面电磁波的频率 $f=10^8$ Hz，电场强度 $\boldsymbol{E}=\boldsymbol{e}_x 4\mathrm{e}^{-\mathrm{j}kz}+\boldsymbol{e}_y 3\mathrm{e}^{-\mathrm{j}kz+\mathrm{j}\pi/3}$ (V/m)，试求均匀平面电磁波的相速 v_{p}、波长 λ、相移常数 k 和波阻抗 η。

解　相速 v_{p}、波长 λ、相移常数 k 和波阻抗 η 分别为

$$v_{\mathrm{p}}=\frac{1}{\sqrt{\mu\varepsilon}}=\frac{1}{\sqrt{9\mu_0\varepsilon_0}}=\frac{c}{\sqrt{9}}=\frac{3\times10^8}{\sqrt{9}}=10^8\ \mathrm{m/s}$$

$$\lambda=\frac{v_{\mathrm{p}}}{f}=1\ \mathrm{m}$$

$$k=\omega\sqrt{\mu\varepsilon}=\frac{\omega}{v_{\mathrm{p}}}=2\pi\ \mathrm{rad/s}$$

$$\eta=\sqrt{\frac{\mu}{\varepsilon}}=\sqrt{\frac{\mu_0}{9\varepsilon_0}}=\eta_0\sqrt{\frac{1}{9}}=\frac{\eta_0}{3}=40\pi\ \Omega$$

7.2.4　沿任意方向传播的均匀平面波

7.2.3 节讨论的是沿 z 轴正向传播的均匀平面波，本节讨论沿任意方向传播的均匀平面波。首先定义均匀平面波的波矢量(或称传播矢量)$\boldsymbol{k}$ 为

$$\boldsymbol{k}=\boldsymbol{e}_k k \tag{7.2.21}$$

其中：k 为波数；$\boldsymbol{e}_k$ 为均匀平面波传播方向的单位矢量。

图 7.2.3 所示的均匀平面电磁波，$\boldsymbol{r}$ 为等相位面上任意一场点 $P(\boldsymbol{r})$ 的位置矢量，则等相位平面方程可写为

$$\boldsymbol{k}\cdot\boldsymbol{r}=C \tag{7.2.22}$$

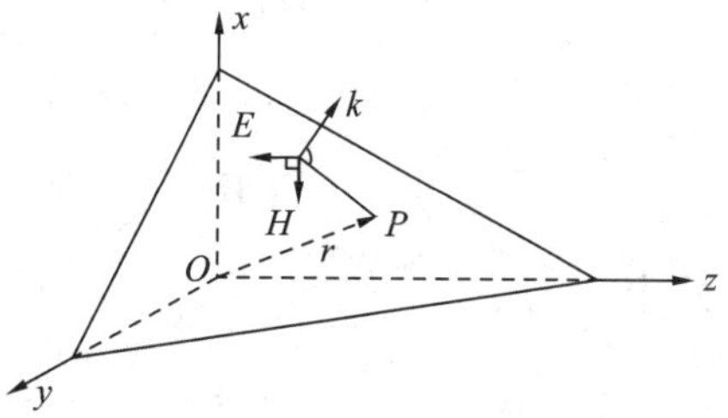

图 7.2.3　沿任意方向传播的电磁波

这样，位于等相位面的任意一场点 $P(\boldsymbol{r})$ 处的电场强度可以写为

$$\boldsymbol{E}_P=\boldsymbol{E}_0\mathrm{e}^{-\mathrm{j}\boldsymbol{k}\boldsymbol{r}} \tag{7.2.23}$$

式中，$\boldsymbol{E}_0$ 为坐标原点处给定的电场强度。同理，可以得到任意场点的磁场强度为

$$\boldsymbol{H}_P=\boldsymbol{H}_0\mathrm{e}^{-\mathrm{j}\boldsymbol{k}\boldsymbol{r}} \tag{7.2.24}$$

进一步可以得到电场强度、磁场强度以及波矢量之间的关系

$$\boldsymbol{H}_P=\frac{1}{\eta}\boldsymbol{e}_k\times\boldsymbol{E}_P=\frac{1}{\omega\mu}\boldsymbol{k}\times\boldsymbol{E}_P \tag{7.2.25}$$

7.3　有耗媒质中的均匀平面波

7.3.1　有耗媒质中平面波的传播特性

有耗媒质又称导电媒质($\gamma\neq0$，ε、μ 为实常数)，电磁波在导电媒质中传播时，根据欧姆定律，将出现传导电流 $\boldsymbol{J}_c=\gamma\boldsymbol{E}$，则在无源、无界的导电媒质中有

$$\nabla\times\boldsymbol{H}=\gamma\boldsymbol{E}+\mathrm{j}\omega\varepsilon\boldsymbol{E}=\mathrm{j}\omega\left(\varepsilon-\mathrm{j}\frac{\gamma}{\omega}\right)\boldsymbol{E}=\mathrm{j}\omega\varepsilon_c\boldsymbol{E} \tag{7.3.1}$$

其中

$$\varepsilon_c=\varepsilon-\mathrm{j}\frac{\gamma}{\omega}=\varepsilon\left(1-\mathrm{j}\frac{\gamma}{\omega\varepsilon}\right) \tag{7.3.2}$$

称为导电媒质的复介电常数，是一个等效的复介电常数。可见，引入等效复介电常数后，导电媒质中的麦克斯韦方程组和无损耗媒质中的麦克斯韦方程组具有完全相同的形式。因此就电磁波在其中的传播而言，可以把导电媒质等效地看成是一种媒质，其等效介电常数为复数。与无源理想介质中的方法相同，可以得到波动方程

$$\nabla^2\boldsymbol{E}+k_c^2\boldsymbol{E}=\boldsymbol{0} \tag{7.3.3}$$

$$\nabla^2\boldsymbol{H}+k_c^2\boldsymbol{H}=\boldsymbol{0} \tag{7.3.4}$$

其中，k_c 称为传播常数，$k_c^2=\omega^2\mu\varepsilon_c$。在直角坐标系中，对于沿 $+z$ 方向传播的均匀平面波，

如果假定电场强度只有 x 分量 E_x，那么式(7.3.3)的一个解为

$$\boldsymbol{E} = \boldsymbol{e}_x E_0 \mathrm{e}^{-\mathrm{j}k_c z} \tag{7.3.5}$$

令 $k_c = \beta - \mathrm{j}\alpha$，则

$$\boldsymbol{E} = \boldsymbol{e}_x E_0 \mathrm{e}^{-\mathrm{j}(\beta-\mathrm{j}\alpha)z} = \boldsymbol{e}_x E_0 \mathrm{e}^{-\alpha z}\mathrm{e}^{-\mathrm{j}\beta z} \tag{7.3.6}$$

式中：α 称为电磁波的衰减常数(单位为 Np/m)；β 表示每单位距离落后的相位，称为相位常数。由 k_c 和 ε_c 的表达式可得

$$\alpha = \omega\sqrt{\frac{\mu\varepsilon}{2}\left[\sqrt{1+\left(\frac{\gamma}{\omega\varepsilon}\right)^2}-1\right]},\ \beta = \omega\sqrt{\frac{\mu\varepsilon}{2}\left[\sqrt{1+\left(\frac{\gamma}{\omega\varepsilon}\right)^2}+1\right]} \tag{7.3.7}$$

将式(7.3.5)代入式(7.3.1)可得磁场强度

$$\boldsymbol{H} = \frac{\mathrm{j}}{\omega\mu}\nabla\times\boldsymbol{E} = \boldsymbol{e}_y\frac{E_0}{\eta_c}\mathrm{e}^{-\mathrm{j}k_c z} = \boldsymbol{e}_y\frac{E_0}{\eta_c}\mathrm{e}^{-\alpha z}\mathrm{e}^{-\mathrm{j}\beta z} \tag{7.3.8}$$

式中

$$\eta_c = \sqrt{\frac{\mu}{\varepsilon - \mathrm{j}\dfrac{\gamma}{\omega}}} = \sqrt{\frac{\mu}{\varepsilon}}\left(1-\mathrm{j}\frac{\gamma}{\omega\varepsilon}\right)^{-1/2} = |\eta_c|\mathrm{e}^{\mathrm{j}\theta} \tag{7.3.9}$$

称为导电媒质的波阻抗，它是一个复数，说明电场和磁场不同相。对于导电媒质

$$|\eta_c| = \sqrt{\frac{\mu}{\varepsilon}}\left[1+\left(\frac{\gamma}{\omega\varepsilon}\right)^2\right]^{-1/4} < \sqrt{\frac{\mu}{\varepsilon}} \tag{7.3.10}$$

$$\theta = \frac{1}{2}\arctan\frac{\gamma}{\omega\varepsilon} = 0 \sim \pi/4 \tag{7.3.11}$$

导电媒质的波阻抗是一个复数，其模小于理想介质的本征阻抗，辐角在 $0\sim\pi/4$ 之间变化，具有感性相角。这意味着电场强度和磁场强度在空间上虽然仍互相垂直，但在时间上有相位差，二者不再同相，电场强度相位超前磁场强度相位，如图 7.3.1 所示。

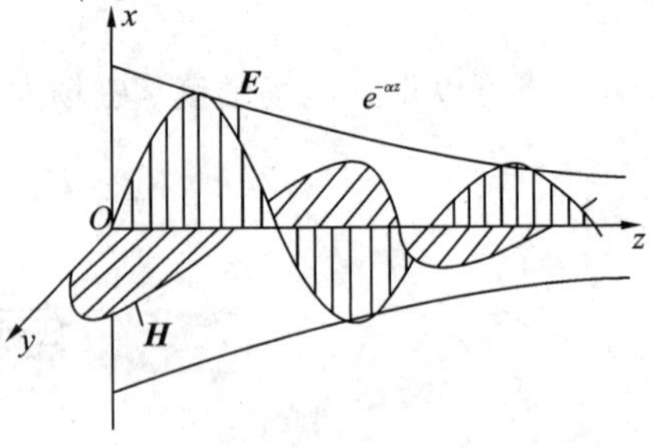

图 7.3.1　导电媒质中平面波的电磁场

电场强度和磁场强度的瞬时值可以表示为

$$\boldsymbol{E}(z,t) = \boldsymbol{e}_x E_m \mathrm{e}^{-\alpha z}\cos(\omega t - \beta z + \phi_0) \tag{7.3.12}$$

$$\boldsymbol{H}(z,t) = \boldsymbol{e}_y \frac{E_m}{\eta_c}\mathrm{e}^{-\alpha z}\cos(\omega t - \beta z + \phi_0 - \theta) \tag{7.3.13}$$

其中，E_m、ϕ_0 分别表示电场强度的振幅值和初相角，即 $E_0 = E_m \mathrm{e}^{\mathrm{j}\phi_0}$。由电磁场表达式可知，场强振幅随 z 的增加按指数规律不断衰减，因为传播中一部分电磁能转变成了热能损耗掉了。

导电媒质中均匀平面波的相速和波长分别为

$$v_p = \frac{\mathrm{d}z}{\mathrm{d}t} = \frac{\omega}{\beta} = \frac{1}{\sqrt{\mu\varepsilon}}\left[\frac{2}{\sqrt{1-\left(\dfrac{\gamma}{\omega\varepsilon}\right)^2}+1}\right] < \frac{1}{\sqrt{\mu\varepsilon}} \tag{7.3.14}$$

$$\lambda = \frac{2\pi}{\beta} = \frac{v_p}{f} \tag{7.3.15}$$

可见，均匀平面波在导电媒质中传播时，波的相速及波长比介电常数和磁导率相同的理想介质的情况慢和短，且 γ 愈大，相速愈慢，波长愈短。

相速和波长随频率而变化，频率低，则相速慢。这样，携带信号的电磁波其不同的频率分量将以不同的相速传播，经过一段距离后，它们的相位关系也将发生变化，从而导致信号失真(形变)。这种现象称为色散，所以导电媒质是色散媒质。

磁场强度矢量与电场强度矢量互相垂直，并都垂直于传播方向，因此导电媒质中的平面波是横电磁波。导电媒质中的坡印廷矢量、能量密度和能量传播速度可仿照 7.1 节中相关内容求得，这里不再赘述。

7.3.2　趋肤效应

通常，按$\frac{\gamma}{\omega\varepsilon}$(媒质的损耗角正切)的值将媒质分为三类：电介质$\left(\frac{\gamma}{\omega\varepsilon}\ll 1\right)$、不良导体$\left(\frac{\gamma}{\omega\varepsilon}\approx 1\right)$和良导体$\left(\frac{\gamma}{\omega\varepsilon}\gg 1\right)$。电介质中均匀平面波的相关参数可以近似为

$$\begin{cases}\alpha\approx\dfrac{\gamma}{2}\sqrt{\dfrac{\mu}{\varepsilon}}\\ \beta\approx\omega\sqrt{\mu\varepsilon}\\ \eta\approx\sqrt{\dfrac{\mu}{\varepsilon}}\end{cases}\tag{7.3.16}$$

此时相移常数和波阻抗与在理想介质中的相同，衰减常数与频率无关，正比于电导率。在良导体中，有关表达式可以用泰勒级数简化并近似表达为

$$\begin{cases}\alpha=\beta=\sqrt{\dfrac{\omega\mu\gamma}{2}}\\ v_{\mathrm{p}}=\sqrt{\dfrac{2\omega}{\mu\gamma}}\\ \lambda=2\pi\sqrt{\dfrac{2}{\omega\mu\gamma}}\\ \eta_{\mathrm{c}}=\sqrt{\dfrac{\omega\mu}{2\gamma}}(1+\mathrm{j})=\sqrt{\dfrac{\omega\mu}{\gamma}}\mathrm{e}^{\mathrm{j}\frac{\pi}{4}}\end{cases}\tag{7.3.17}$$

可见，高频率电磁波进入良导体后，由于其电导率一般在 10^7 S/m 量级，所以电磁波在良导体中衰减极快，往往在微米量级的距离内就衰减得近于零了。因此高频电磁场只能存在于良导体表面的一个薄层内，这种现象称为趋肤效应。电磁波场强振幅衰减到表面处 $1/e$ 的深度称为趋肤深度(穿透深度)，以 δ 表示，定义为

$$\delta=\frac{1}{\alpha}=\sqrt{\frac{2}{\omega\mu\gamma}}=\sqrt{\frac{1}{\pi f\mu\gamma}}\ \mathrm{m}\tag{7.3.18}$$

可见，导电性能越好(电导率 γ 越大)，工作频率越高，则趋肤深度越小。

7.3.3　工程应用

1. 屏蔽

利用高频电磁波在良导体中衰减极快的原理对两个空间区域之间进行金属的隔离，以控制电场、磁场和电磁波由一个区域对另一个区域的感应和辐射。具体来讲，就是用屏蔽体将元部件、电路、组合件、电缆或整个系统的干扰源包围起来，防止干扰电磁场向外扩

散；用屏蔽体将接收电路、设备或系统包围起来，防止它们受到外界电磁场的影响。

2. 电磁治疗

采用电磁波加热作为治疗肿瘤的新手段，因其安全有效且几乎无副作用而得到了越来越广泛的应用。电磁波进入人体组织后，人体可以看成是一般导体，有两种物理效应可将电磁能转换成热能：一是组织中的自由电子、离子等带电粒子沿电场或逆电场方向运动产生焦耳热；二是组织中大量的极性分子在交变电磁场中随电磁场方向的变化快速扭动产生分子摩擦而生热。在采用高频电磁波进行热疗时，极性分子在电磁场中因扭动摩擦而生热才是组织温升的主要原因。此外，从辐射器射出的微波，一般可近似看成是点源发出的近似球面波，电场矢量在空间某一点的振幅与该点到微波源的距离成反比。

3. 趋肤效应的应用

(1) 大功率短波发射机的振荡线圈是用空心紫铜管来绕制的。短波的频率最高达十几兆赫兹，趋肤效应很明显。为了有效利用材料，同时节约成本，故振荡线圈不用实心铜线来绕制。特别需要注意的是，凡是大功率发射机或者其他高频机器，勿触及振荡级的各个元件，否则有可能灼伤皮肤。

(2) 中波收音机的天线线圈和中频线圈所用的导线不是单股导线，而是由多股互相绝缘的导线绞合而成的，其问题关键是趋肤效应。高频电流只在铜线的表层里流通，用多股互相绝缘的导线，则表层数就相应增加，总截面增大，信号能量损耗减小，收音机灵敏度相应得到提高。

[例 7.3.1]　频率为 550 kHz 的平面波在有耗媒质中传播，已知媒质的损耗角正切为 0.02，相对介电常数为 2.5，求该平面波的衰减常数 α、相移常数 β 及相速 v_p。

解　由 $\dfrac{\gamma}{\omega\varepsilon}=\dfrac{\gamma}{(2\pi\times550\times10^3)\times(2.5\times10^{-9}/36\pi)}=0.02$ 可知，此时为电介质，对应的衰减常数 α 为

$$\alpha=\frac{\gamma}{2}\sqrt{\frac{\mu}{\varepsilon}}=\frac{1.53\times10^{-6}}{2}\cdot\frac{377}{\sqrt{2.5}}=1.82\times10^{-4}\ \text{Np/m}$$

相移常数 β 为

$$\beta\approx\omega\sqrt{\varepsilon\mu}\left(1+\frac{\gamma^2}{8\omega^2\varepsilon^2}\right)=0.02\ \text{rad/m}$$

相速 v_p 为

$$v_p=\frac{\omega}{\beta}=\frac{1}{\sqrt{\mu\varepsilon}\left(1+\dfrac{\gamma^2}{8\omega^2\varepsilon^2}\right)}=1.897\times10^8\ \text{m/s}$$

[例 7.3.2]　海水 $\gamma=4$ S/m、$\varepsilon_r=81$、$\mu=\mu_0$，求频率为 10 MHz 的电磁波在海水中的透入深度。

解

$$\frac{\gamma}{\omega\varepsilon_r\varepsilon_0}=\frac{4}{2\pi\times10^7\times81\times8.85\times10^{-12}}\approx88.8\gg1$$

在 10 MHz 下，海水可以视作良导体，故电磁波在海水中的透入深度为

$$\delta=\sqrt{\frac{2}{\omega\mu\gamma}}\approx0.08\ \text{m}$$

7.4　电磁波的极化

在讨论平面波传播特性时，认为电磁波场强的方向与时间无关，事实上，平面波场强的方向可能会随时间按一定规律变化。把电场强度的方向随时间变化的方式称为电磁波的极化。根据电场强度矢量末端的轨迹形状，电磁波的极化分为线极化、圆极化和椭圆极化三类。

7.4.1　线极化

电场强度矢量的表达式为

$$\boldsymbol{E} = \boldsymbol{e}_x E_x + \boldsymbol{e}_y E_y = (\boldsymbol{e}_x E_{\alpha x} + \boldsymbol{e}_y E_{\alpha y})\mathrm{e}^{-\mathrm{j}kz} = (\boldsymbol{e}_x E_{x\mathrm{m}}\mathrm{e}^{\mathrm{j}\phi_x} + \boldsymbol{e}_y E_{y\mathrm{m}}\mathrm{e}^{\mathrm{j}\phi_y})\mathrm{e}^{-\mathrm{j}kz} \tag{7.4.1}$$

两个分量的瞬时值为

$$E_x = E_{x\mathrm{m}}\cos(\omega t - kz + \phi_x) \tag{7.4.2}$$

$$E_y = E_{y\mathrm{m}}\cos(\omega t - kz + \phi_y) \tag{7.4.3}$$

当 E_x 和 E_y 同相或反相，即 $\phi_x = \phi_y = \phi$ 或 $\phi_y - \phi_x = \pi$ 时，则

$$E = \sqrt{E_x^2 + E_y^2} = \sqrt{E_{x\mathrm{m}}^2 + E_{y\mathrm{m}}^2}\cos(\omega t + \phi) \tag{7.4.4}$$

合成电磁波的电场强度矢量与 x 轴正向夹角 α 的正切为

$$\tan\alpha = \frac{E_y}{E_x} = \pm\frac{E_{y\mathrm{m}}}{E_{x\mathrm{m}}} \tag{7.4.5}$$

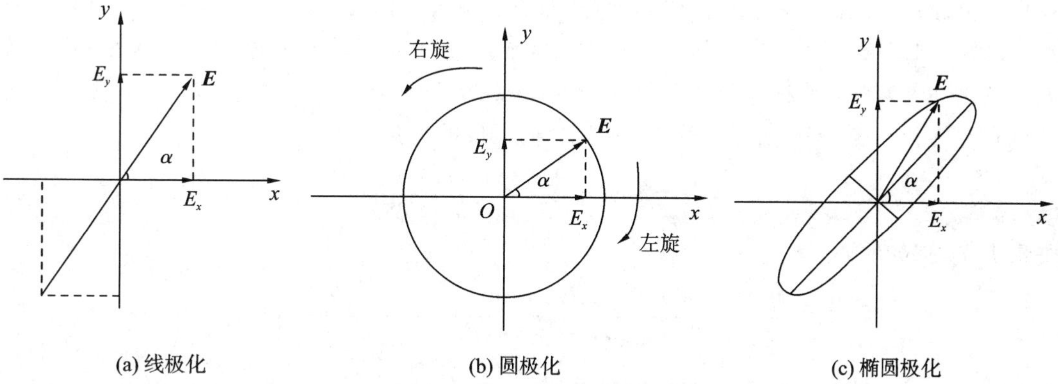

图 7.4.1　电磁波极化

可见，合成波电场的方向保持在原方向，如图 7.4.1(a)所示("+"号情况)。因为 $\boldsymbol{E}$ 的矢端轨迹是一直线，故称为线极化波。

7.4.2　圆极化

当 $E_{x\mathrm{m}} = E_{y\mathrm{m}} = E_\mathrm{m}$、$\phi_x - \phi_y = \pm\pi/2$、$z=0$ 时，有

$$E_x = E_\mathrm{m}\cos(\omega t + \phi_x) \tag{7.4.6}$$

$$E_y = E_\mathrm{m}\cos\left(\omega t + \phi_y \mp \frac{\pi}{2}\right) = \pm E_\mathrm{m}\sin(\omega t + \phi_y) \tag{7.4.7}$$

消去 t 得

$$\left(\frac{E_x}{E_\mathrm{m}}\right)^2 + \left(\frac{E_y}{E_\mathrm{m}}\right)^2 = 1 \tag{7.4.8}$$

则合成波的电场强度矢量 $\boldsymbol{E}$ 的模和辐角分别为

$$E = \sqrt{E_x^2 + E_y^2} = E_{\rm m} \tag{7.4.9}$$

$$\alpha = \arctan\left[\frac{\pm \sin(\omega t + \phi_x)}{\cos(\omega t + \phi_x)}\right] = \pm (\omega t + \phi_x) \tag{7.4.10}$$

可见，合成波电场强度矢量的大小不随时间变化，而其与 x 轴所成的正向夹角 α 将随时间变化，因此合成电场强度矢量的矢端轨迹为圆，故称为圆极化(Circular Polarization)。如果 $\alpha = +(\omega t + \phi_x)$，则矢量 $\boldsymbol{E}$ 将以角频率 ω 在 xOy 平面上沿逆时针做等角速旋转；如果 $\alpha = -(\omega t + \phi_x)$，则矢量 $\boldsymbol{E}$ 将以角频率 ω 在 xOy 平面上沿顺时针做等角速旋转。所以，圆极化波有左旋和右旋之分，规定将大拇指指向电磁波的传播方向，其余四指指向电场强度矢量 $\boldsymbol{E}$ 的矢端旋转方向，符合右手螺旋关系的称为右旋圆极化波，符合左手螺旋关系的称为左旋圆极化波，如图 7.4.1(b)所示。

7.4.3 椭圆极化

最一般的情况是 E_x 和 E_y 及 ϕ_x 和 ϕ_y 之间为任意关系。在 $z=0$ 处，消去式(7.4.2)和式(7.4.3)中的 t 得

$$\left(\frac{E_x}{E_{x\rm m}}\right)^2 - 2\frac{E_x}{E_{x\rm m}}\frac{E_y}{E_{y\rm m}}\cos\phi + \left(\frac{E_y}{E_{y\rm m}}\right)^2 = \sin^2\phi \tag{7.4.11}$$

式中 $\phi = \phi_x - \phi_y$。式(7.4.11)是一般形式的椭圆方程，因方程中不含一次项，故椭圆中心在直角坐标系原点。当 $\phi = \pm\pi/2$ 时，椭圆的长短轴与坐标轴一致，而 $\phi \neq \pm\pi/2$ 时则不一致，如图 7.4.1(c)所示，在空间固定点上，合成电场强度矢量 $\boldsymbol{E}$ 不断改变其大小和方向，其矢端轨迹为椭圆，故称为椭圆极化(Elliptical Polarization)。和圆极化波一样，椭圆极化波也有左旋和右旋之分。矢量 $\boldsymbol{E}$ 与 x 轴正方向所成的夹角 α 为

$$\alpha = \arctan\frac{E_{y\rm m}\cos(\omega t + \phi_y)}{E_{x\rm m}\cos(\omega t + \phi_x)} \tag{7.4.12}$$

矢量 $\boldsymbol{E}$ 的旋转角速度为

$$\frac{{\rm d}\alpha}{{\rm d}t} = \frac{E_{x\rm m}E_{y\rm m}\omega\sin(\phi_x - \phi_y)}{E_{x\rm m}^2\cos^2(\omega t + \phi_x) + E_{y\rm m}^2\cos^2(\omega t + \phi_y)} \tag{7.4.13}$$

当 $0 < \alpha < \pi$ 时，$\frac{{\rm d}\alpha}{{\rm d}t} > 0$，为右旋椭圆极化；当 $-\pi < \alpha < 0$ 时，$\frac{{\rm d}\alpha}{{\rm d}t} < 0$，为左旋椭圆极化。此外，矢量 $\boldsymbol{E}$ 的旋转角速度不再是常数，而是时间的函数。

平面波可以是线极化波、圆极化波或椭圆极化波。无论何种极化波，都可以用两个极化方向相互垂直的线极化波叠加而成；反之亦然。线极化和圆极化可看成是椭圆极化的特例。

7.4.4 电磁波极化特性的工程应用

讨论电磁波的极化有着重要的意义。

(1) 一个与地面平行放置的线天线的远区场是电场强度平行于地面的线极化波，称为水平极化。例如，电视信号的发射常采用水平极化方式。因此，电视接收天线应调整到与地面平行的位置，使电视接收天线的极化状态与入射电磁波的极化状态匹配，以获得最佳的接收效果。相反，一个线天线与地面垂直放置，其远区电场强度矢量与地面垂直，称为垂直极化。例如，调幅电台发射的远区电磁波的电场强度矢量是与地面垂直的垂直极化

波。因此，为了获得最佳的接收效果，应该将收音机的天线调整到与入射电场强度矢量平行的位置，即与地面垂直，此时收音机天线的极化状态与入射电磁波的极化状态匹配。

（2）很多情况下，系统必须利用圆极化才能进行正常工作。一个线极化波可以分解为两个振幅相等、旋向相反的圆极化波，所以，不同取向的线极化波都可由圆极化天线得到。因此，现代战争中都采用圆极化天线进行电子侦察和实施电子干扰。另外，火箭等飞行器在飞行过程中，其状态和位置在不断地改变，因此火箭上天线的极化状态也在不断地改变。此时，如果用线极化的发射信号来控制火箭，则在某些情况下会因火箭上的线极化天线收不到地面控制信号而造成火箭失控。如果改用圆极化的发射和接收，就不会出现这种情况。卫星通信系统中，卫星上的天线和地面站的天线均采用圆极化进行工作。

［例 7.4.1］　设空气中的均匀平面波 $\boldsymbol{E}(x,t)=\boldsymbol{e}_y 100\sin(\omega t-kx)-\boldsymbol{e}_z 200\cos(\omega t-kx)$ V/m，试分析该电磁波的极化特性。

解　由 $\boldsymbol{E}(x,t)$ 的表达式可知，该电磁波的传播方向为 x 方向，当 $x=0$ 时，有

$$\frac{E_y^2}{100^2}+\frac{E_z^2}{200^2}=1$$

极化图如图 7.4.2 所示，电磁波为右旋椭圆极化波。

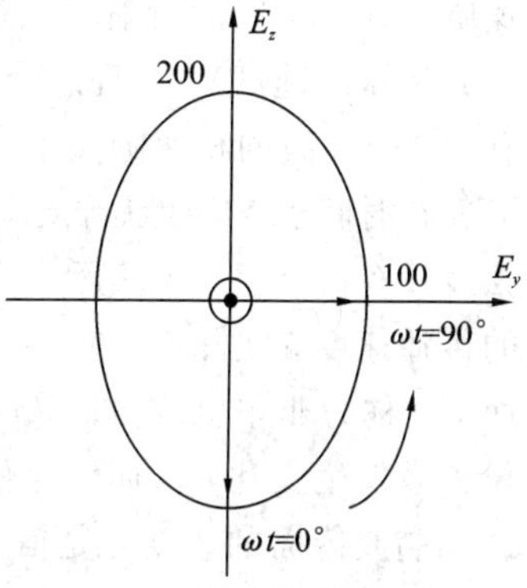

图7.4.2　例 7.4.1 中的椭圆极化波

［例 7.4.2］　电磁波在真空中传播，其电场强度矢量的复数表达式为

$$\boldsymbol{E}=(\boldsymbol{e}_x-\mathrm{j}\boldsymbol{e}_y)10^{-4}\mathrm{e}^{-\mathrm{j}20\pi z}\ \text{V/m}$$

（1）求工作频率 f；

（2）求磁场强度矢量的复数表达式；

（3）求坡印廷矢量的瞬时值和时间平均值；

（4）此电磁波是何种极化？旋向如何？

解　（1）由电场强度矢量的复数表达式可得

$$f=20\pi=\frac{2\pi}{\lambda}$$

即

$$f=\frac{c}{\lambda}=3\times10^9\ \text{Hz}$$

其瞬时值为

$$\boldsymbol{E}(z,t)=10^{-4}[\boldsymbol{e}_x\cos(\omega t-kz)+\boldsymbol{e}_y\sin(\omega t-kz)]$$

（2）磁场强度复矢量为

$$\boldsymbol{H}=\frac{1}{\eta_0}\boldsymbol{e}_z\times\boldsymbol{E}=\frac{1}{\eta_0}(\boldsymbol{e}_y+\mathrm{j}\boldsymbol{e}_x)10^{-4}\mathrm{e}^{-20\pi z},\ \eta_0=\sqrt{\frac{\mu_0}{\varepsilon_0}}=120\pi$$

磁场强度的瞬时值为

$$\boldsymbol{H}(z,t)=\mathrm{Re}[\boldsymbol{H}(z)\mathrm{e}^{\mathrm{j}\omega t}]=\frac{10^{-4}}{\eta_0}[\boldsymbol{e}_y\cos(\omega t-kz)+\boldsymbol{e}_x\sin(\omega t-kz)]$$

（3）坡印廷矢量的瞬时值和时间平均值分别为

$$\boldsymbol{S}(z,t)=\boldsymbol{E}(z,t)\times\boldsymbol{H}(z,t)=\frac{10^{-8}}{\eta_0}[\boldsymbol{e}_z\cos^2(\omega t-kz)-\boldsymbol{e}_z\sin^2(\omega t-kz)]$$

$$\boldsymbol{S}_{av} = \mathrm{Re}\left[\frac{1}{2}\boldsymbol{E}(z) \times \boldsymbol{H}^*(z)\right] = \boldsymbol{e}_z \frac{1}{2} \cdot \frac{10^{-8}}{\eta_0} \cdot (1+1) = \frac{10^{-8}}{\eta_0}\boldsymbol{e}_z$$

(4) 此均匀平面波的电场强度矢量在 x 方向和 y 方向的分量振幅相等，且 x 方向的分量比 y 方向的分量相位超前 $\pi/2$，故为右旋圆极化波。

7.5 色散和群速

7.5.1 色散现象与群速

在光学中，一束光射在三棱镜上会看到七色光散开的图像，因为不同频率的光在同一媒质中具有不同的折射率，即不同的相速(前面已经定义了相速为单一频率的平面波等相位面传播的速度)。在理想介质中，相速是与频率无关的常数；在导电媒质中，相速与频率有关，这种波的相速随频率变化的现象称为色散，所以导电媒质又称为色散媒质。

在时间、空间上无限延伸的单一频率的电磁波称为单色波。在通信中，单一频率的正弦波没有信息量，无实际意义。一个信号总是由许多频率成分组成，用相速无法确定信号的传播速度。实际工程中的电磁波在时间和空间上是有限的，它由不同频率的正弦波叠加而成，称为非单色波。非单色波在传播过程中，由于各谐波分量的相速不同而使其相对相位关系发生变化，从而引起信号畸变。携带信息的都是具有一定带宽的已调非单色波，因此调制波传播的速度才是信号传递的速度。

假设色散媒质中同时存在着两个电场强度方向相同、振幅相同、频率不同，向 z 方向传播的正弦线极化电磁波，它们的角频率和相位常数分别为 $\omega_0+\Delta\omega$ 和 $\omega_0-\Delta\omega$、$\beta_0+\Delta\beta$ 和 $\beta_0-\Delta\beta$，且有 $\Delta\omega \ll \omega_0$、$\Delta\beta \ll \beta_0$，则电场强度表达式分别为

$$\begin{aligned} E_1 &= E_0\cos[(\omega_0+\Delta\omega)t-(\beta_0+\Delta\beta)z] \\ E_2 &= E_0\cos[(\omega_0-\Delta\omega)t-(\beta_0-\Delta\beta)z] \end{aligned} \tag{7.5.1}$$

合成波的场强表达式为

$$\begin{aligned} E(t) &= E_0\cos[(\omega_0+\Delta\omega)t-(\beta_0+\Delta\beta)z]+E_0\cos[(\omega_0-\Delta\omega)t-(\beta_0-\Delta\beta)z] \\ &= 2E_0\cos(t\Delta\omega - z\Delta\beta)\cos(\omega_0 t-\beta_0 z) \end{aligned} \tag{7.5.2}$$

合成波的振幅随时间按余弦变化，是调幅波，调制频率为 $\Delta\omega$。这个按余弦变化的调幅波称为包络，如图 7.5.1 所示。

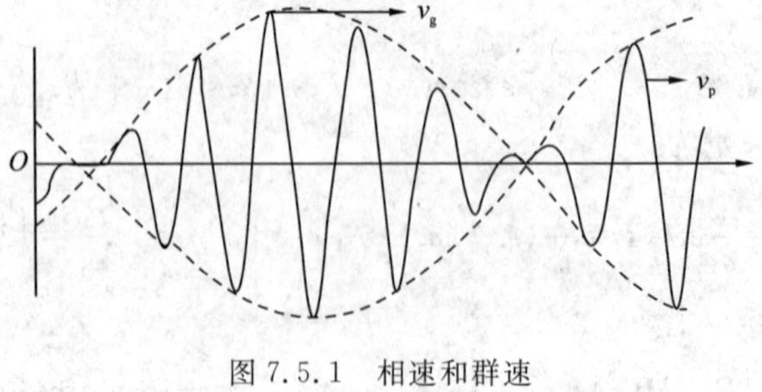

图 7.5.1　相速和群速

包络上某恒定相位点移动的速度定义为群速。令调制波的相位 $t\Delta\omega - z\Delta\beta$ 为常数，可得

$$v_g = \frac{dz}{dt} = \frac{\Delta\omega}{\Delta\beta} \tag{7.5.3}$$

当 $\Delta\omega \leqslant \omega$ 时，式(7.5.3)可写为

$$v_g = \frac{d\omega}{d\beta} \tag{7.5.4}$$

由于群速是包络上一个点的传播速度，因此只有当包络的形状不随波的传播而变化时，群速才有意义。

7.5.2　相速与群速的关系

由色散媒质中相速 $v_p = \omega/\beta$ 可得

$$v_g = \frac{d\omega}{d\beta} = \frac{d(v_p\beta)}{d\beta} = v_p + \beta\frac{dv_p}{d\beta} = v_p + \frac{\omega}{v_p}\frac{dv_p}{d\omega}v_g \tag{7.5.5}$$

从而得

$$v_g = \frac{v_p}{1 - \dfrac{\omega}{v_p}\dfrac{dv_p}{d\omega}} \tag{7.5.6}$$

显然，群速和相速之间存在以下 3 种关系：

(1) $\dfrac{dv_p}{d\omega}=0$，即相速与频率无关时，$v_p = v_g$，为无色散；

(2) $\dfrac{dv_p}{d\omega}<0$，即频率越高、相速越小时，$v_p < v_g$，为正常色散；

(3) $\dfrac{dv_p}{d\omega}>0$，即频率越高、相速越大时，$v_p > v_g$，为反常色散。

本章小结

本章主要讨论了均匀平面电磁波，研究了均匀平面波在理想介质中以及不同有耗媒质中的传播规律和特点。

(1) 无源空间的瞬时值矢量齐次波动方程为

$$\nabla^2 \boldsymbol{E} - \mu\varepsilon\frac{\partial^2 \boldsymbol{E}}{\partial t^2} = \boldsymbol{0}$$

$$\nabla^2 \boldsymbol{H} - \mu\varepsilon\frac{\partial^2 \boldsymbol{H}}{\partial t^2} = \boldsymbol{0}$$

(2) 理想介质中均匀平面波的传播参数如下：

媒质的波阻抗：

$$\eta = \frac{E_0^+}{H_0^+} = -\frac{E_0^-}{H_0^-} = \frac{\omega\mu}{k} = \sqrt{\frac{\mu}{\varepsilon}}$$

相速：

$$v_p = \frac{dz}{dt} = \frac{\omega}{k} = \frac{1}{\sqrt{\mu\varepsilon}}$$

(3) 有耗媒质中均匀平面波的传播参数如下：

衰减常数：

$$\alpha = \omega\sqrt{\frac{\mu\varepsilon}{2}\left[\sqrt{1+\left(\frac{\gamma}{\omega\varepsilon}\right)^2} - 1\right]}$$

相位常数：

$$\beta=\omega\sqrt{\frac{\mu\varepsilon}{2}\left[\sqrt{1+\left(\frac{\gamma}{\omega\varepsilon}\right)^2}+1\right]}$$

导电媒质的波阻抗：

$$\eta_c=\sqrt{\frac{\mu}{\varepsilon-\mathrm{j}\dfrac{\gamma}{\omega}}}=\sqrt{\frac{\mu}{\varepsilon}}\left(1-\mathrm{j}\frac{\gamma}{\omega\varepsilon}\right)^{-1/2}=|\eta_c|\mathrm{e}^{\mathrm{j}\theta}$$

导电媒质的趋肤深度：

$$\delta=\frac{1}{\alpha}=\sqrt{\frac{2}{\omega\mu\gamma}}=\sqrt{\frac{1}{\pi f\mu\gamma}}$$

(4) 电磁波的极化是指电场强度矢量方向随时间的变化方式。当电场垂直分量与水平分量同相或反相时为线极化；当电场垂直分量与水平分量相位差 $\pi/2$ 时为圆极化；任意情况为椭圆极化。

(5) 电磁波的相速为等相位面传播的速度，群速表示信号包络的传播速度。

在色散媒质中

$$v_p=\frac{\omega}{\beta},\ v_g=\frac{\mathrm{d}\omega}{\mathrm{d}\beta},\ v_g=\frac{v_p}{1-\dfrac{\omega}{v_p}\dfrac{\mathrm{d}v_p}{\mathrm{d}\omega}}$$

习　　题

7-1　填空题：

(1) 理想介质中均匀平面波的电场、磁场方向相互____________。

(2) 良导体满足的条件为____________。

(3) 等相位面的传播速度为____________。

(4) 平面电磁波的极化形式通常有____________。

(5) ____________指信号包络上恒定相位点的移动速度，即包络波的相速。

7-2　选择题：

(1) 在真空中，电磁波的相速与波的频率（　　）。

A. 成正比　　B. 成反比　　C. 相等　　D. 无关

(2) 理想介质中能速与相速相比（　　）。

A. 能速高于相速　　B. 能速低于相速

C. 能速与相速相等　　D. 不定

(3) 媒质的导电性能越好，工作频率越高，则趋肤深度（　　）。

A. 越小　　B. 越大　　C. 不变　　D. 不定

(4) 坡印廷矢量的向量形式为（　　）。

A. $\boldsymbol{E}\cdot\boldsymbol{H}$　　B. $\boldsymbol{E}\cdot\boldsymbol{H}^*$　　C. $\boldsymbol{E}\times\boldsymbol{H}^*$　　D. $\boldsymbol{E}\times\boldsymbol{H}$

(5) 沿 z 方向传播的右旋极化波是（　　）。

A. $\boldsymbol{E}=E_0(\boldsymbol{e}_x-\mathrm{j}\boldsymbol{e}_y)\mathrm{e}^{-\mathrm{j}kz}$　　B. $\boldsymbol{E}=E_0(\boldsymbol{e}_z+\mathrm{j}\boldsymbol{e}_y)\mathrm{e}^{-\mathrm{j}kz}$

C. $\boldsymbol{E}=E_0(\boldsymbol{e}_x-\boldsymbol{e}_y)\mathrm{e}^{-\mathrm{j}kz}$　　D. $\boldsymbol{E}=E_0(\boldsymbol{e}_x+\boldsymbol{e}_y)\mathrm{e}^{-\mathrm{j}kz}$

7-3　已知真空中传播的平面电磁波电场为 $E_x=100\cos(\omega t-2\pi z)$ V/m，试求电磁波的波长、频率、相速、磁场强度以及平均能量流密度矢量。

7-4　空气中某一均匀平面波的波长为 12 cm，当该平面波进入某无耗媒质中传播时，其波长减小为 8 cm，且已知在媒质中 $\boldsymbol{E}$ 和 $\boldsymbol{H}$ 的振幅分别为 50 V/m 和 0.1 A/m，求无耗媒质的 μ_r 及 ε_r。

7-5　理想介质中某一平面电磁波的电场强度矢量为

$$\boldsymbol{E}(t)=\boldsymbol{e}_x 5\cos 2\pi(10^8 t-z)\ \text{V/m}$$

(1) 求该电磁波媒质中及自由空间中的波长；

(2) 已知媒质 $\mu=\mu_0$、$\varepsilon=\varepsilon_0\varepsilon_r$，求媒质的 ε_r。

(3) 写出电磁场强度矢量的瞬时表达式。

7-6　电磁波在真空中传播，其电磁场强度矢量的复数表达式为

$$\boldsymbol{E}=(\boldsymbol{e}_x-\text{j}\boldsymbol{e}_y)10^{-4}\text{e}^{-\text{j}20\pi z}\ \text{V/m}$$

求：

(1) 工作频率 f；

(2) 磁场强度矢量的复数表达式；

(3) 坡印廷矢量的瞬时值和时间平均值。

7-7　已知海水的 $\gamma=4.5$ S/m、$\varepsilon_r=80$，求 $f=1$ MHz 和 $f=100$ MHz 时电磁波在海水中的波长、衰减常数和波阻抗。

7-8　设均匀平面波电场 $\boldsymbol{E}$ 的有效值为 100 mV/m，垂直于海面传播，已知海水的 $\gamma=1$ S/m、$\mu_r=1$、$\varepsilon_r=80$，求当 $f=10$ kHz 和 $f=100$ MHz 时海水的透入深度。

7-9　判断下列平面电磁波的极化方式，并指出其旋向。

(1) $\boldsymbol{E}=\boldsymbol{e}_x E_0\sin(\omega t-kz)+\boldsymbol{e}_y E_0\cos(\omega t-kz)$；

(2) $\boldsymbol{E}=\boldsymbol{e}_x E_0\sin(\omega t-kz)+\boldsymbol{e}_y 2E_0\sin(\omega t-kz)$；

(3) $\boldsymbol{E}=\boldsymbol{e}_x E_0\sin(\omega t-kz+\pi/4)+\boldsymbol{e}_y E_0\cos(\omega t-kz-\pi/4)$；

(4) $\boldsymbol{E}=\boldsymbol{e}_x E_0\sin(\omega t-kz-\pi/4)+\boldsymbol{e}_y E_0\cos(\omega t-kz)$。

7-10　在自由空间传播的均匀平面波的电场强度复矢量为

$$\boldsymbol{E}=\boldsymbol{e}_x\times10^{-4}\text{e}^{-\text{j}20\pi z}+\boldsymbol{e}_y\times10^{-4}\text{e}^{-\text{j}(20\pi z-\pi/2)}\ \text{V/m}$$

求：

(1) 平面波的传播方向；

(2) 工作频率；

(3) 波的极化方式；

(4) 磁场强度 $\boldsymbol{H}$；

(5) 流过沿传播方向单位面积的平均功率。

第 8 章　平面电磁波的反射与透射

在二战期间的某个夜晚，由数百架英国重型轰炸机组成的巨大编队向德国汉堡方向飞来。德国的雷达及时发现了这批飞机，并迅速报告了指挥部，但突然间出现了一种奇怪的现象，雷达显示器屏幕上的目标信号急剧增加，整个荧光屏上一片雪花，似乎有成千上万架飞机铺天盖地而来。德军雷达操纵员一时无法判断来袭英军轰炸机的数量和准确的方位。德军指挥员急得满头大汗，却无计可施，只好命令高炮向夜空盲目射击，起飞迎敌的战斗机也由于缺乏正确的目标方位而屡屡扑空，英军轰炸机则乘机顺利地进行了大规模空袭。为什么会出现这种奇怪的现象呢？说来也许令人难以相信，掩护英军顺利实施轰炸的竟是小小的箔条。

箔条是指具有一定长度和频率响应特性，能强烈反射电磁波，用金属或镀敷金属介质制成的细丝、箔片、条带的总称，是一种雷达无源干扰器材。将大量箔条投放到空中，能对雷达发射的电磁波产生强烈反射，可在雷达显示器荧光屏上产生类似噪声的杂乱回波，掩盖真实目标回波，对雷达形成压制性干扰或者产生假的目标信息，以形成欺骗性干扰。在汉堡空袭之战中，英国轰炸机之所以取得了压倒性的胜利，正是凭借在汉堡上空撒下的箔条，严重干扰了德军的雷达，使其完全丧失探测和引导能力。空袭汉堡一战开创了现代战争中大规模使用箔条干扰的先河。

通常情况下，当电磁波在传播过程中遇到两种不同波阻抗的媒质分界面时，在媒质分界面上将有一部分电磁能量被反射回来，形成反射波；另一部分电磁能量可能透过分界面继续传播，形成透射波。本章要解决的问题是在已知入射波频率、振幅、极化、传播方向和两种媒质特性的条件下，确定反射波和透射波，进而研究不同媒质中合成电磁波的传播规律和特性。由于任意极化的入射波总可以分解为两个相互垂直的线极化波，所以，本章只讨论线极化均匀平面电磁波向无限大不同媒质分界面垂直入射和斜入射时的反射与透射。

8.1　平面波向平面分界面的垂直入射

8.1.1　平面波向理想导体的垂直入射

如图 8.1.1 所示，Ⅰ区为理想介质，Ⅱ区为理想导体，它们具有无限大的平面分界面（$z=0$ 的无限大平面），设均匀平面波沿 $+z$ 方向投射到分界面上，入射电磁波的电场和磁场分别为

$$\boldsymbol{E}_{\mathrm{i}} = \boldsymbol{e}_x E_{\mathrm{i0}} \mathrm{e}^{-\mathrm{j}k_1 z} \tag{8.1.1a}$$

$$\boldsymbol{H}_{\mathrm{i}} = \boldsymbol{e}_y \frac{1}{\eta_1} E_{\mathrm{i0}} \mathrm{e}^{-\mathrm{j}k_1 z} \tag{8.1.1b}$$

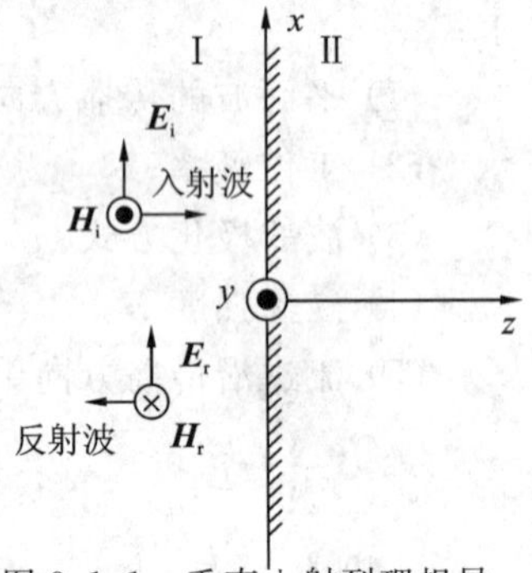

图 8.1.1　垂直入射到理想导体上的平面波

式中，$k_1=\omega\sqrt{\mu_1\varepsilon_1}$，$\eta_1=\omega\sqrt{\mu_1/\varepsilon_1}$，$E_{\mathrm{i0}}$ 为 $z=0$ 处入射波的振幅。由于理想导体中不存在电场和磁场，即 $\boldsymbol{E}_2=\mathbf{0}$ 和 $\boldsymbol{H}_2=\mathbf{0}$，因此入射波将被分界面全部反射回媒质Ⅰ中，形成反射

场 $\boldsymbol{E}_r$和 $\boldsymbol{H}_r$。为满足分界面上切向电场为零的边界条件，设反射与入射波有相同的频率且沿 x 方向极化，则反射波的电场和磁场分别为

$$\boldsymbol{E}_r = \boldsymbol{e}_x E_{r0} e^{jk_1 z} \tag{8.1.2a}$$

$$\boldsymbol{H}_r = -\boldsymbol{e}_y \frac{1}{\eta_1} E_{r0} e^{jk_1 z} \tag{8.1.2b}$$

式中，E_{r0}为 $z=0$ 处反射波的振幅。式(8.1.2)中的指数均为 jkz，表示反射波向$-z$ 方向传播。

由于分界面两侧 $\boldsymbol{E}$ 的切向分量连续，所以总的切向电场应为零，从而可得

$$E_{i0} = -E_{r0} \tag{8.1.3}$$

媒质Ⅰ中总的合成电磁场为

$$\boldsymbol{E}_1 = \boldsymbol{E}_i + \boldsymbol{E}_r = \boldsymbol{e}_x E_{i0}(e^{-jk_1 z} - e^{jk_1 z}) = -\boldsymbol{e}_x E_{i0} 2j\sin k_1 z \tag{8.1.4a}$$

$$\boldsymbol{H}_1 = \boldsymbol{H}_i + \boldsymbol{H}_r = \boldsymbol{e}_y \frac{E_{i0}}{\eta_1}(e^{-jk_1 z} + e^{jk_1 z}) = \boldsymbol{e}_y \frac{2E_{i0}}{\eta_1}\cos k_1 z \tag{8.1.4b}$$

它们相应的瞬时值为

$$\boldsymbol{E}_1(z,t) = \mathrm{Re}[\boldsymbol{E}_1 e^{j\omega t}] = \boldsymbol{e}_x 2E_{i0}\sin k_1 z \sin\omega t \tag{8.1.5a}$$

$$\boldsymbol{H}_1(z,t) = \mathrm{Re}[\boldsymbol{H}_1 e^{j\omega t}] = \boldsymbol{e}_y \frac{2E_{i0}}{\eta_1}\cos k_1 z \cos\omega t \tag{8.1.5b}$$

由式(8.1.5)可见，对任意时刻 t，Ⅰ区中的合成电场在 $k_1 z=-n\pi$ 或 $z=-n\lambda/2$($n=0, 1, 2, \cdots$)处出现零值(磁场出现最大值)；在 $k_1 z=-(2n+1)\pi/2$ 或 $z=-(2n+1)\lambda/4$($n=0, 1, 2, \cdots$)处出现最大值(磁场出现零值)。这些最大值的位置不随时间变化，称为波腹点；同样这些零值的位置也不随时间变化，称为波节点。如图 8.1.2 所示，从图中可以看到，空间各点的电场都随时间按 $\sin\omega t$ 作简谐变化，但其波腹点处电场振幅总是最大，波节点处电场总是零，而且这种状态不随时间沿 z 移动。这种波腹点和波节点位置都固定不变的电磁波称为驻波。这说明两个振幅相等、传播方向相反的行波合成的结果是驻波。

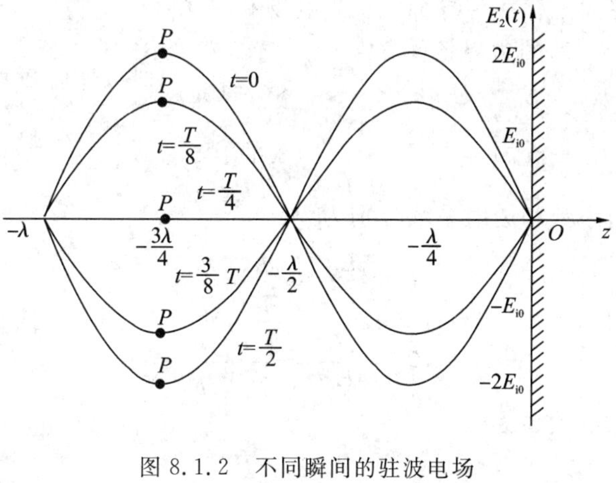

图 8.1.2　不同瞬间的驻波电场

由于Ⅱ区中无电磁场，在理想导体表面两侧的磁场切向分量不连续，所以分界面上存在面电流。根据磁场切向分量的边界条件可得面电流密度为

$$\boldsymbol{J}_s = \boldsymbol{e}_z \times \left(\boldsymbol{0} - \boldsymbol{e}_y 2\frac{E_{i0}}{\eta_1}\cos k_1 z\right)\bigg|_{z=0} = \boldsymbol{e}_x \frac{2E_{i0}}{\eta_1} \tag{8.1.6}$$

驻波不传输能量，其坡印廷矢量的时间平均值为

$$\boldsymbol{S}_{\mathrm{av1}} = \mathrm{Re}\left[\frac{1}{2}\boldsymbol{E}_1 \times \boldsymbol{H}_1^*\right] = \mathrm{Re}\left[-\boldsymbol{e}_z \mathrm{j}\frac{4E_{\mathrm{i0}}^2}{\eta_1}\sin k_1 z\cos k_1 z\right] = \boldsymbol{0} \tag{8.1.7}$$

其瞬时值为

$$\boldsymbol{S}(z,t) = \boldsymbol{E}(z,t) \times \boldsymbol{H}(z,t) = \boldsymbol{e}_z \frac{E_{\mathrm{i0}}^2}{\eta_1}\sin 2k_1 z\sin 2\omega t \tag{8.1.8}$$

此式表明，瞬时功率流随时间按周期变化，但是仅在两个波节点之间进行电场能量和磁场能量之间的交换，并不发生电磁能量的单项传输。

8.1.2　平面波向理想介质的垂直入射

设区域Ⅰ和区域Ⅱ中都是理想介质，则当 x 方向极化、沿 z 轴正向传播的均匀平面波由区域Ⅰ向无限大分界平面($z=0$)垂直入射时，因媒质参数不同(波阻抗不连续)，到达分界面上的一部分入射波被分界面反射，形成 z 轴负向传播的反射波；另一部分入射波透过分界面进入区域Ⅱ进行传播，形成沿 z 轴正向传播的透射波。由于分界面两侧电场强度的切向分量连续，所以反射波和透射波的电场强度矢量也只有 x 分量，即反射波和透射波沿 x 方向极化，如图 8.1.3 所示。

区域Ⅰ中入射波、反射波及合成波的电场和磁场表达式均与 8.1.1 节的相同。区域Ⅱ中透射波的电场和磁场分别为

$$\boldsymbol{E}_{\mathrm{t}} = \boldsymbol{e}_x E_{\mathrm{t0}} \mathrm{e}^{\mathrm{j}k_2 z} \tag{8.1.9a}$$

$$\boldsymbol{H}_{\mathrm{t}} = \boldsymbol{e}_y \frac{1}{\eta_2} E_{\mathrm{t0}} \mathrm{e}^{\mathrm{j}k_2 z} \tag{8.1.9b}$$

式中，$k_2=\omega\sqrt{\mu_2\varepsilon_2}$，$\eta_2=\omega\sqrt{\mu_2/\varepsilon_2}$，$E_{\mathrm{t0}}$ 为 $z=0$ 处透射波的振幅。

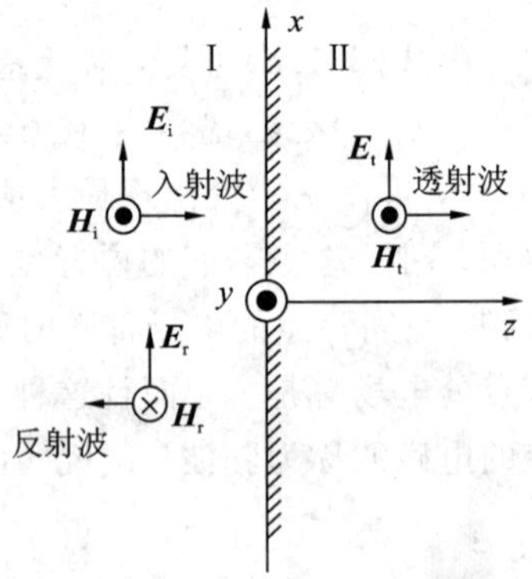

图 8.1.3　垂直入射到理想介质上的平面电磁波

理想介质的分界面不存在传导面电流，电场和磁场满足 $E_{1\mathrm{t}}=E_{2\mathrm{t}}$ 和 $H_{1\mathrm{t}}=H_{2\mathrm{t}}$ 的边界条件，故

$$E_{\mathrm{i0}} + E_{\mathrm{r0}} = E_{\mathrm{t0}} \tag{8.1.10a}$$

$$\frac{1}{\eta_1}(E_{\mathrm{i0}} + E_{\mathrm{r0}}) = \frac{1}{\eta_2}E_{\mathrm{t0}} \tag{8.1.10b}$$

解得分界面上的反射系数和透射系数分别为

$$\Gamma = \frac{E_{\mathrm{r0}}}{E_{\mathrm{i0}}} = \frac{\eta_2 - \eta_1}{\eta_2 + \eta_1} \tag{8.1.11a}$$

$$T = \frac{E_{\mathrm{t0}}}{E_{\mathrm{i0}}} = \frac{2\eta_2}{\eta_2 + \eta_1} \tag{8.1.11b}$$

反射系数和透射系数的关系为

$$1 + \Gamma = T \tag{8.1.12}$$

如果媒质Ⅱ为理想导体，则其波阻抗 $\eta_2=0$，从而解得反射系数 $\Gamma=-1$，透射系数 $T=0$。此时，入射波被理想导体表面全部反射，并在媒质Ⅰ中形成驻波，这正是上节分析的问题。

区域Ⅰ中任意点的合成电场强度可表示为

$$\begin{aligned}\boldsymbol{E}_1 &= \boldsymbol{E}_i + \boldsymbol{E}_r = \boldsymbol{e}_x E_{i0}(e^{jk_1 z} + \Gamma e^{jk_1 z}) = \boldsymbol{e}_x E_{i0}[(1+\Gamma)e^{-jk_1 z} + \Gamma(e^{jk_1 z} - e^{-jk_1 z})] \\ &= \boldsymbol{e}_x E_{i0}(T e^{-jk_1 z} + j2\Gamma \sin k_1 z)\end{aligned} \tag{8.1.13}$$

从式(8.1.13)可以看出，式中第一项是沿着 z 方向传播的行波，第二项是驻波。这种既有行波成分又有驻波成分的电磁波称为行驻波。因为有行波成分存在，所以行驻波的场强在离分界面的某些固定位置处的最小值不再是零，但仍存在最大值和最小值。

区域Ⅰ中电场强度的振幅为(设 $E_{i0}=E_m$ 为实数)

$$|\boldsymbol{E}_1| = E_1 = E_m(1+\Gamma^2 \pm 2|\Gamma|\cos 2k_1 z)^{1/2} \tag{8.1.14}$$

当 $0<\Gamma(\eta_1<\eta_2)$、$z=-n\cdot\lambda_1/2(n=0, 1, 2, \cdots)$时，电场振幅最大，出现波腹点

$$E_1 = E_{max} = E_m(1+|\Gamma|) \tag{8.1.15}$$

而当 $z=-(2n+1)\lambda_1/4$ 时，电场振幅最小，出现波节点

$$E_1 = E_{min} = E_m(1-|\Gamma|) \tag{8.1.16}$$

定义驻波比 S 为波电场振幅的最大值和最小值之比，即

$$S = \frac{E_{max}}{E_{min}} = \frac{1+|\Gamma|}{1-|\Gamma|} \tag{8.1.17}$$

它反映了行驻波状态的驻波成分大小。

区域Ⅱ中的电磁波仅有透射波，将透射系数引入后，其电场和磁场可以表示为

$$\boldsymbol{E}_2 = \boldsymbol{E}_t = \boldsymbol{e}_x T E_{i0} e^{-jk_2 z} \tag{8.1.18a}$$

$$\boldsymbol{H}_2 = \boldsymbol{H}_t = \boldsymbol{e}_y \frac{1}{\eta_2} T E_{i0} e^{-jk_2 z} \tag{8.1.18b}$$

显然，区域Ⅱ中的电磁波为向 z 方向传播的行波。

区域Ⅰ中，入射波向 z 方向传输的平均功率密度矢量为

$$\boldsymbol{S}_{av,i} = \mathrm{Re}\left[\frac{1}{2}\boldsymbol{E}_i \times \boldsymbol{H}_i^*\right] = \boldsymbol{e}_z \frac{1}{2}\frac{E_{i0}^2}{\eta_1} \tag{8.1.19a}$$

反射波向 $-z$ 方向传输的平均功率密度矢量为

$$\boldsymbol{S}_{av,r} = \mathrm{Re}\left[\frac{1}{2}\boldsymbol{E}_r \times \boldsymbol{H}_r^*\right] = -\boldsymbol{e}_z \frac{1}{2}\frac{|\Gamma|^2 E_{i0}^2}{\eta_1} = -|\Gamma|^2 \boldsymbol{S}_{av,i} \tag{8.1.19b}$$

区域Ⅰ中合成场向 z 方向传输的平均功率密度矢量为

$$\boldsymbol{S}_{av1} = \mathrm{Re}\left[\frac{1}{2}\boldsymbol{E}_1 \times \boldsymbol{H}_1^*\right] = \boldsymbol{e}_z \frac{1}{2}\frac{E_{i0}^2}{\eta_1}(1-|\Gamma|^2) = \boldsymbol{S}_{av,i}(1-|\Gamma|^2) \tag{8.1.19c}$$

即区域Ⅰ中向 z 方向传输的平均功率密度实际上等于入射波传输的功率减去反射波沿相反方向传输的功率。

区域Ⅱ中向 z 方向传输的平均功率密度矢量为

$$\boldsymbol{S}_{av2} = \boldsymbol{S}_{av,t} = \mathrm{Re}\left[\frac{1}{2}\boldsymbol{E}_t \times \boldsymbol{H}_t^*\right] = \boldsymbol{e}_z \frac{1}{2}\frac{|T|^2 E_{i0}^2}{\eta_2} = \frac{\eta_1}{\eta_2}|T|^2 \boldsymbol{S}_{av,i} \tag{8.1.19d}$$

并且有

$$\boldsymbol{S}_{av,t} = \boldsymbol{S}_{av,i}(1-|\Gamma|^2) = \frac{\eta_1}{\eta_2}|T|^2 \boldsymbol{S}_{av,i} = \boldsymbol{S}_{av,2} \tag{8.1.19e}$$

即区域Ⅰ中的入射波功率等于区域Ⅰ中的反射波功率和区域Ⅱ中的透射波功率之和，符合能量守恒定律。

[例 8.1.1]　频率为 $f=300$ MHz 的线极化均匀平面电磁波，其电场强度振幅值为

2 V/m，从空气垂直入射到 $\varepsilon_r=4$、$\mu_r=1$ 的理想介质平面上。求：

(1) 反射系数、透射系数、驻波比；

(2) 入射波、反射波和透射波的电场与磁场；

(3) 入射波、反射波和透射波的平均功率密度。

解 设入射波为 x 方向的线极化波，沿 z 方向传播。

(1) 波阻抗为

$$\eta_1=\sqrt{\frac{\mu_0}{\varepsilon_0}}=120\pi,\ \eta_2=\sqrt{\frac{\mu_0}{\varepsilon_r\varepsilon_0}}=\sqrt{\frac{\mu_0}{4\varepsilon_0}}=60\pi$$

反射系数、透射系数和驻波比分别为

$$\Gamma=\frac{\eta_2-\eta_1}{\eta_2+\eta_1}=-\frac{1}{3},\ T=\frac{2\eta_2}{\eta_1+\eta_2}=\frac{2}{3},\ S=\frac{1+|\Gamma|}{1-|\Gamma|}=2$$

(2) 当 $f=300$ MHz 时，

$$\lambda_1=\frac{c}{f}=1\ \text{m},\ \lambda_2=\frac{v_2}{f}=\frac{c}{\sqrt{\varepsilon_r}f}=0.5\ \text{m}$$

$$k_1=\frac{2\pi}{\lambda_1}=2\pi,\ k_2=\frac{2\pi}{\lambda_2}=4\pi$$

所以

$$\boldsymbol{E}_i=\boldsymbol{e}_xE_{i0}\mathrm{e}^{-jk_1z}=\boldsymbol{e}_x2\mathrm{e}^{-j2\pi z},\ \boldsymbol{H}_i=\boldsymbol{e}_y\frac{1}{\eta_1}E_{i0}\mathrm{e}^{-jk_1z}=\boldsymbol{e}_y\frac{1}{60\pi}\mathrm{e}^{-j2\pi z}$$

$$\boldsymbol{E}_r=\boldsymbol{e}_x\Gamma E_{i0}\mathrm{e}^{jk_1z}=-\boldsymbol{e}_x\frac{2}{3}\mathrm{e}^{j2\pi z},\ \boldsymbol{H}_r=-\boldsymbol{e}_y\frac{1}{\eta_1}\Gamma E_{i0}\mathrm{e}^{jk_1z}=\boldsymbol{e}_y\frac{1}{180\pi}\mathrm{e}^{j2\pi z}$$

$$\boldsymbol{E}_t=\boldsymbol{e}_xTE_{i0}\mathrm{e}^{-jk_2z}=\boldsymbol{e}_x\frac{4}{3}\mathrm{e}^{-j4\pi z},\ \boldsymbol{H}_t=\boldsymbol{e}_y\frac{1}{\eta_2}TE_{i0}\mathrm{e}^{-jk_2z}=\boldsymbol{e}_y\frac{1}{450\pi}\mathrm{e}^{-j4\pi z}$$

(3) 入射波、反射波、透射波的平均功率密度为

$$\boldsymbol{S}_{av,i}=\boldsymbol{e}_z\frac{E_{i0}^2}{2\eta_1}=\boldsymbol{e}_z\frac{1}{60\pi}\ \text{W/m}^2$$

$$\boldsymbol{S}_{av,r}=-\boldsymbol{e}_z\frac{E_{r0}^2}{2\eta_1}=-\boldsymbol{e}_z\frac{|\Gamma E_{i0}|^2}{2\eta_1}=-\boldsymbol{e}_z\frac{1}{540\pi}\ \text{W/m}^2$$

$$\boldsymbol{S}_{av,t}=\boldsymbol{e}_z\frac{E_{r0}^2}{2\eta_2}=\boldsymbol{e}_z\frac{|TE_{i0}|^2}{2\eta_2}=\boldsymbol{e}_z\frac{2}{135\pi}\ \text{W/m}^2$$

显然

$$|\boldsymbol{S}_{av,i}|-|\boldsymbol{S}_{av,r}|=|\boldsymbol{S}_{av,i}|(1-|\Gamma|^2)=|\boldsymbol{S}_{av,t}|$$

8.2 平面波对理想介质的斜入射

8.2.1 相位匹配条件和 Snell 定律

均匀平面电磁波向理想介质分界面 $z=0$ 处斜入射时，将产生反射波和透射波，如图 8.2.1 所示。设入射波、反射波和透射波的波矢量分别为

$$\boldsymbol{k}_i=\boldsymbol{e}_{ki}k_i=\boldsymbol{e}_xk_{ix}+\boldsymbol{e}_yk_{iy}+\boldsymbol{e}_zk_{iz} \tag{8.2.1a}$$

$$\boldsymbol{k}_r=\boldsymbol{e}_{kr}k_r=\boldsymbol{e}_xk_{rx}+\boldsymbol{e}_yk_{ry}+\boldsymbol{e}_zk_{rz} \tag{8.2.1b}$$

$$\boldsymbol{k}_{\mathrm{t}} = \boldsymbol{e}_{k\mathrm{t}} k_{\mathrm{t}} = \boldsymbol{e}_x k_{\mathrm{t}x} + \boldsymbol{e}_y k_{\mathrm{t}y} + \boldsymbol{e}_z k_{\mathrm{t}z} \tag{8.2.1c}$$

式中：$k_{\mathrm{i}} = k_{\mathrm{r}} = k_1 = \omega\sqrt{\mu_1 \varepsilon_1}$；$k_{\mathrm{t}} = k_2 = \omega\sqrt{\mu_2 \varepsilon_2}$；$\boldsymbol{e}_{k\mathrm{i}}$、$\boldsymbol{e}_{k\mathrm{r}}$、$\boldsymbol{e}_{k\mathrm{t}}$分别是入射波、反射波和透射波在传播方向上的单位矢量。

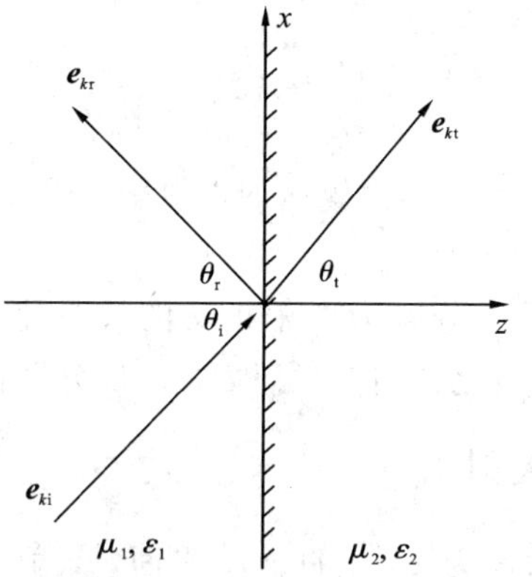

图 8.2.1　平面波的斜入射

入射波、反射波和透射波的电场强度矢量可分别写为

$$\boldsymbol{E}_{\mathrm{i}} = \boldsymbol{e}_{k\mathrm{i}} E_{\mathrm{i0}} \mathrm{e}^{-\mathrm{j}\boldsymbol{k}_{\mathrm{i}} \cdot \boldsymbol{r}} \tag{8.2.2a}$$

$$\boldsymbol{E}_{\mathrm{r}} = \boldsymbol{e}_{k\mathrm{r}} E_{\mathrm{r0}} \mathrm{e}^{-\mathrm{j}\boldsymbol{k}_{\mathrm{r}} \cdot \boldsymbol{r}} \tag{8.2.2b}$$

$$\boldsymbol{E}_{\mathrm{t}} = \boldsymbol{e}_{k\mathrm{t}} E_{\mathrm{t0}} \mathrm{e}^{-\mathrm{j}\boldsymbol{k}_{\mathrm{t}} \cdot \boldsymbol{r}} \tag{8.2.2c}$$

由于分界面 $z=0$ 处两侧电场强度的切向分量应连续，所以有

$$E_{\mathrm{i0}}^{\mathrm{t}} \mathrm{e}^{-\mathrm{j}(k_{\mathrm{i}x}x + k_{\mathrm{i}y}y)} + E_{\mathrm{r0}}^{\mathrm{t}} \mathrm{e}^{-\mathrm{j}(k_{\mathrm{r}x}x + k_{\mathrm{r}y}y)} = E_{\mathrm{t0}}^{\mathrm{t}} \mathrm{e}^{-\mathrm{j}(k_{\mathrm{t}x}x + k_{\mathrm{t}y}y)} \tag{8.2.3}$$

式中，上标 t 表示切向分量。对分界面上的任意点，式(8.2.3)均成立，于是有

$$E_{\mathrm{i0}}^{\mathrm{t}} + E_{\mathrm{r0}}^{\mathrm{t}} = E_{\mathrm{t0}}^{\mathrm{t}} \tag{8.2.4a}$$

$$k_{\mathrm{i}x}x + k_{\mathrm{i}y}y = k_{\mathrm{r}x}x + k_{\mathrm{r}y}y = k_{\mathrm{t}x}x + k_{\mathrm{t}y}y \tag{8.2.4b}$$

由此确定相位匹配条件为

$$k_{\mathrm{i}x} = k_{\mathrm{r}x} = k_{\mathrm{t}x},\ k_{\mathrm{i}y} = k_{\mathrm{r}y} = k_{\mathrm{t}y} \tag{8.2.5}$$

设入射面(入射线与平面边界法线构成的平面)为 $y=0$ 的平面，由式(8.2.5)还可以得到

$$k_1 \cos\alpha_{\mathrm{i}} = k_1 \cos\alpha_{\mathrm{r}} = k_2 \cos\alpha_{\mathrm{t}} \tag{8.2.6a}$$

$$0 = k_1 \cos\beta_{\mathrm{r}} = k_2 \cos\beta_{\mathrm{t}} \tag{8.2.6b}$$

由式(8.2.6b)可知

$$\beta_{\mathrm{r}} = \beta_{\mathrm{t}} = \frac{\pi}{2} \tag{8.2.7}$$

上式说明反射线和透射线也位于入射面内，于是有

$$\alpha_{\mathrm{i}} = \frac{\pi}{2} / - \theta_{\mathrm{i}},\ \alpha_{\mathrm{r}} = \frac{\pi}{2} - \theta_{\mathrm{r}},\ \alpha_{\mathrm{t}} = \frac{\pi}{2} - \theta_{\mathrm{t}} \tag{8.2.8}$$

将其代入式(8.2.6a)得

$$k_1 \sin\theta_{\mathrm{i}} = k_1 \sin\theta_{\mathrm{r}} = k_2 \sin\theta_{\mathrm{t}} \tag{8.2.9}$$

由此得到

$$\theta_{\mathrm{i}} = \theta_{\mathrm{r}} \tag{8.2.10}$$

式(8.2.10)表明，入射角(入射线与平面边界法线的夹角)等于反射角(反射线与平面

边界法线的夹角)，称为反射定律。由式(8.2.9)的第二等式可得

$$\frac{\sin\theta_t}{\sin\theta_i}=\frac{k_1}{k_2}=\sqrt{\frac{\mu_1\varepsilon_1}{\mu_2\varepsilon_2}} \tag{8.2.11}$$

当 $\mu_1=\mu_2$时，可以得到

$$\frac{\sin\theta_t}{\sin\theta_i}=\sqrt{\frac{\varepsilon_1}{\varepsilon_2}}=\frac{n_1}{n_2} \tag{8.2.12}$$

式中，$n_1=c\sqrt{\mu_1\varepsilon_1}$，$n_2=c\sqrt{\mu_2\varepsilon_2}$，称为媒质的折射率。把式(8.2.12)称为斯奈尔(Snell)折射定律。

斜入射的均匀平面波都可以分解为两个正交的线极化波：一个极化方向与入射面垂直，称为垂直极化波；另一个极化方向在入射面内，称为平行极化波。

8.2.2 垂直极化波的斜入射

如图 8.2.2 所示，设入射面为 $y=0$ 的 xOz 平面，入射波的电磁场为

$$\boldsymbol{E}_i=\boldsymbol{e}_yE_{i0}\mathrm{e}^{-\mathrm{j}k_1(x\sin\theta_i+z\cos\theta_i)} \tag{8.2.13a}$$

$$\boldsymbol{H}_i=\frac{E_{i0}}{\eta_1}\mathrm{e}^{-\mathrm{j}k_1(x\sin\theta_i+z\cos\theta_i)}(-\boldsymbol{e}_x\cos\theta_i+\boldsymbol{e}_z\sin\theta_i) \tag{8.2.13b}$$

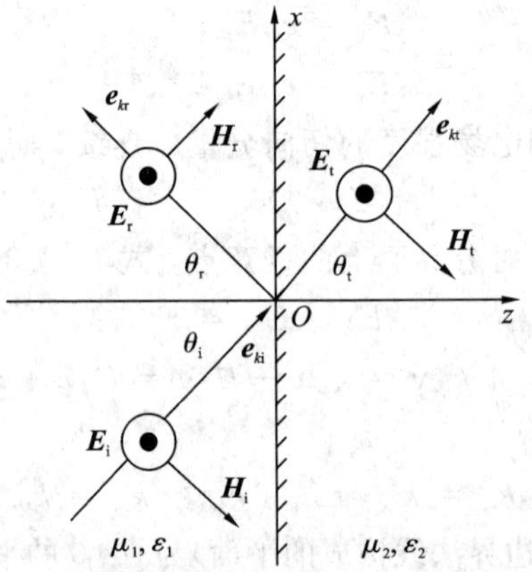

图 8.2.2 垂直极化的入射、反射和透射

考虑到反射定律，反射波的电磁场为

$$\boldsymbol{E}_r=\boldsymbol{e}_yE_{r0}\mathrm{e}^{-\mathrm{j}k_1(x\sin\theta_r-z\cos\theta_r)} \tag{8.2.14a}$$

$$\boldsymbol{H}_r=\frac{E_{r0}}{\eta_1}\mathrm{e}^{-\mathrm{j}k_1(x\sin\theta_r-z\cos\theta_r)}(\boldsymbol{e}_x\cos\theta_r+\boldsymbol{e}_z\sin\theta_r) \tag{8.2.14b}$$

透射波的电磁场为

$$\boldsymbol{E}_t=\boldsymbol{e}_yE_{t0}\mathrm{e}^{-\mathrm{j}k_2(x\sin\theta_t+z\cos\theta_t)} \tag{8.2.15a}$$

$$\boldsymbol{H}_t=\frac{E_{t0}}{\eta_2}\mathrm{e}^{-\mathrm{j}k_2(x\sin\theta_t+z\cos\theta_t)}(-\boldsymbol{e}_x\cos\theta_t+\boldsymbol{e}_z\sin\theta_t) \tag{8.2.15b}$$

根据分界面 $z=0$ 处电场强度切向分量和磁场强度切向分量在分界面两侧连续的边界条件，可求得 $\boldsymbol{E}_i$垂直入射面时的反射系数和透射系数分别为

$$\Gamma_\perp=\frac{E_{r0}}{E_{i0}}=\frac{\eta_2\cos\theta_i-\eta_1\cos\theta_t}{\eta_2\cos\theta_i+\eta_1\cos\theta_t} \tag{8.2.16a}$$

$$T_{\perp} = \frac{E_{t0}}{E_{i0}} = \frac{2\eta_2\cos\theta_i}{\eta_2\cos\theta_i + \eta_1\cos\theta_t} \tag{8.2.16b}$$

$\Gamma_{\perp}$ 和 $T_{\perp}$ 的关系同样满足 $1+\Gamma_{\perp}=T_{\perp}$。当 $\mu_1=\mu_2$ 时，有

$$\Gamma_{\perp} = \frac{\eta_1\cos\theta_i - \eta_2\cos\theta_t}{\eta_1\cos\theta_i + \eta_2\cos\theta_t} = -\frac{\sin(\theta_i-\theta_t)}{\sin(\theta_i+\theta_t)} = \frac{\cos\theta_i - \sqrt{\varepsilon_2/\varepsilon_1 - \sin^2\theta_i}}{\cos\theta_i + \sqrt{\varepsilon_2/\varepsilon_1 - \sin^2\theta_i}} \tag{8.2.17a}$$

$$T_{\perp} = \frac{2\eta_1\cos\theta_i}{\eta_1\cos\theta_i + \eta_2\cos\theta_t} = \frac{2\cos\theta_i\sin\theta_t}{\sin(\theta_i+\theta_t)} = \frac{2\cos\theta_i}{\cos\theta_i + \sqrt{\varepsilon_2/\varepsilon_1 - \sin^2\theta_i}} \tag{8.2.17b}$$

上述反射系数和透射系数公式称为垂直极化波的菲涅尔(A. J. Fresnel)公式。

8.2.3　平行极化波的斜入射

如图 8.2.3 所示，入射波、反射波和透射波电磁场如下：

$$\boldsymbol{E}_i = E_{i0}\mathrm{e}^{-jk_1(x\sin\theta_i + z\cos\theta_i)}(\boldsymbol{e}_x\cos\theta_i - \boldsymbol{e}_z\sin\theta_i) \tag{8.2.18a}$$

$$\boldsymbol{H}_i = \boldsymbol{e}_y\frac{E_{i0}}{\eta_1}\mathrm{e}^{-jk_1(x\sin\theta_i + z\cos\theta_i)} \tag{8.2.18b}$$

$$\boldsymbol{E}_r = -E_{r0}\mathrm{e}^{-jk_1(x\sin\theta_r - z\cos\theta_r)}(\boldsymbol{e}_x\cos\theta_r + \boldsymbol{e}_z\sin\theta_r) \tag{8.2.18c}$$

$$\boldsymbol{H}_r = \boldsymbol{e}_y\frac{E_{r0}}{\eta_1}\mathrm{e}^{-jk_1(x\sin\theta_r - z\cos\theta_r)} \tag{8.2.18d}$$

$$\boldsymbol{E}_t = E_{t0}\mathrm{e}^{-jk_2(x\sin\theta_t + z\cos\theta_t)}(\boldsymbol{e}_x\cos\theta_t - \boldsymbol{e}_z\sin\theta_t) \tag{8.2.18e}$$

$$\boldsymbol{H}_t = \boldsymbol{e}_y\frac{E_{t0}}{\eta_2}\mathrm{e}^{-jk_2(x\sin\theta_t + z\cos\theta_t)} \tag{8.2.18f}$$

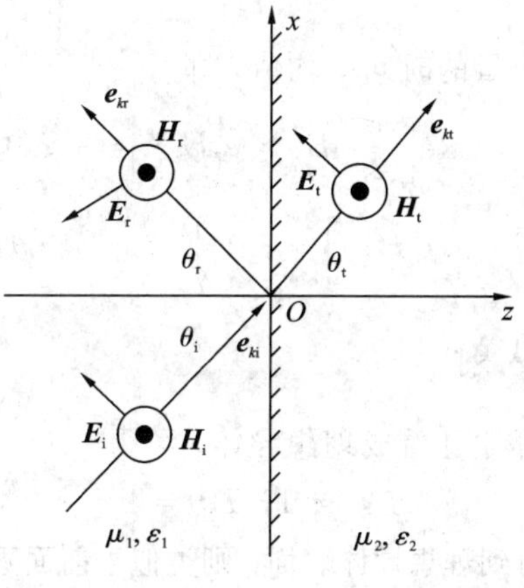

图 8.2.3　平行极化的入射、反射和透射

仿照垂直极化波，利用边界条件可求出反射系数、透射系数为

$$\Gamma_{\parallel} = \frac{E_{r0}}{E_{i0}} = \frac{\eta_1\cos\theta_i - \eta_2\cos\theta_t}{\eta_1\cos\theta_i + \eta_2\cos\theta_t} \tag{8.2.19a}$$

$$T_{\parallel} = \frac{E_{t0}}{E_{i0}} = \frac{2\eta_2\cos\theta_t}{\eta_1\cos\theta_i + \eta_2\cos\theta_t} \tag{8.2.19b}$$

当 $\mu_1=\mu_2$ 时，式(8.2.19)可化为

$$\Gamma_{\parallel} = \frac{\eta_2\cos\theta_i - \eta_1\cos\theta_t}{\eta_2\cos\theta_i + \eta_1\cos\theta_t} = \frac{\varepsilon_2\cos\theta_i/\varepsilon_1 - \sqrt{\varepsilon_2/\varepsilon_1 - \sin^2\theta_i}}{\varepsilon_2\cos\theta_i/\varepsilon_1 + \sqrt{\varepsilon_2/\varepsilon_1 - \sin^2\theta_i}} \tag{8.2.20a}$$

$$T_{\parallel}=\frac{2\eta_1\cos\theta_i}{\eta_2\cos\theta_i+\eta_1\cos\theta_t}=\frac{2\sqrt{\varepsilon_2\cos\theta_i/\varepsilon_1}}{\varepsilon_2\cos\theta_i/\varepsilon_1+\sqrt{\varepsilon_2/\varepsilon_1-\sin^2\theta_i}} \tag{8.2.20b}$$

上述有关垂直极化和平行极化的公式有许多重要应用，并且如果把介电常数 ε 换成复介电常数，这些公式也可以推广到有耗媒质。

8.3　平面波对理想导体的斜入射

8.3.1　垂直极化波的斜入射

在图 8.2.3 中，将媒质Ⅱ看成理想导体(波阻抗 $\eta_2=0$)，可得

$$\Gamma_{\perp}=-1,\ T_{\perp}=0 \tag{8.3.1}$$

平面波经区域Ⅱ的理想导体表面反射后，媒质Ⅰ($z<0$)中的合成电磁波为

$$\begin{aligned}\boldsymbol{E}_1&=\boldsymbol{E}_i+\boldsymbol{E}_r=\boldsymbol{e}_yE_{i0}\left[e^{-jk_1z\cos\theta_i}-e^{jk_1z\cos\theta_i}\right]e^{-j(k_1\sin\theta_i)x}\\&=-\boldsymbol{e}_y2jE_{i0}\sin[(k_1\cos\theta_i)z]e^{-j(k_1\sin\theta_i)x}=\boldsymbol{e}_yE_y\end{aligned} \tag{8.3.2a}$$

$$\begin{aligned}\boldsymbol{H}_1&=-\frac{1}{\eta_1}2E_{i0}\{\boldsymbol{e}_x\cos\theta_i\cos[(k_1\cos\theta_i)z]+\boldsymbol{e}_zj\sin\theta_i\sin[(k_1\cos\theta_i)z]\}e^{-j(k_1\sin\theta_i)x}\\&=\boldsymbol{e}_xH_x+\boldsymbol{e}_zH_z\end{aligned} \tag{8.3.2b}$$

可以总结出媒质Ⅰ中的合成波具有下列性质：

(1) 合成波是沿 x 方向传播的 TE 波。

(2) 合成波的振幅与 z 有关，所以为非均匀平面电磁波，即合成波沿 z 方向的分布是驻波。

(3) 坡印廷矢量有两个分量的时间平均值，即

$$\boldsymbol{S}_{av,z}=\mathrm{Re}\left[\frac{1}{2}\boldsymbol{e}_yE_y\times\boldsymbol{e}_xH_x^*\right]=-\boldsymbol{e}_z0=\boldsymbol{0} \tag{8.3.3a}$$

$$\boldsymbol{S}_{av,x}=\mathrm{Re}\left[\frac{1}{2}\boldsymbol{e}_yE_y\times\boldsymbol{e}_zH_z^*\right]=\boldsymbol{e}_x2\frac{1}{\eta_1}|E_{i0}|^2\sin\theta_i\sin^2[(k_1\cos\theta_i)z] \tag{8.3.3b}$$

8.3.2　平行极化波的斜入射

在图 8.2.3 中，同样将媒质Ⅱ看成理想导体，可得

$$\Gamma_{\parallel}=1,\ T_{\parallel}=0 \tag{8.3.4}$$

如果 $\boldsymbol{E}_i$ 平行入射面斜入射到理想导体表面，则类似于前面垂直极化的分析，可知媒质中的合成电磁波是沿 x 方向传播的 TM 波，垂直理想导体表面的 z 方向合成电磁波仍然是驻波。

[例 8.3.1]　如果定义功率反射系数、功率透射系数分别为

$$\Gamma_p=\frac{|\boldsymbol{S}_{av,r}\cdot\boldsymbol{e}_z|}{\boldsymbol{S}_{av,i}\cdot\boldsymbol{e}_z},\ T_p=\frac{\boldsymbol{S}_{av,t}\cdot\boldsymbol{e}_z}{\boldsymbol{S}_{av,i}\cdot\boldsymbol{e}_z}$$

试证明 $\Gamma_p+T_p=1$，即在垂直分界面的方向，入射波、反射波、透射波的平均功率密度满足能量守恒关系。

证明　不论 $\boldsymbol{E}_i$ 是垂直入射面还是平行入射面，均有

$$\boldsymbol{S}_{av,i}=\mathrm{Re}\left[\frac{1}{2}\boldsymbol{E}_{i0}\times\boldsymbol{H}_{i0}^*\right]=\frac{1}{2\eta_1}\mathrm{Re}[\boldsymbol{E}_{i0}\times(\boldsymbol{e}_{ki}\times\boldsymbol{H}_{i0}^*)]=\frac{1}{2\eta_1}\boldsymbol{e}_{ki}(\boldsymbol{E}_{i0}\cdot\boldsymbol{E}_{i0}^*)$$

上式中已经考虑了 $\boldsymbol{e}_{ki}\cdot\boldsymbol{E}_{i0}=0$。类似地，有(垂直极化和水平极化的反射系数和透射系数统一用 Γ 和 T 表示)

$$\boldsymbol{S}_{av,r}=\frac{1}{2\eta_1}\boldsymbol{e}_{kr}(\boldsymbol{E}_{r0}\cdot\boldsymbol{E}_{r0}^*)=\boldsymbol{e}_{kr}|\Gamma|\cdot\frac{1}{2\eta_1}(\boldsymbol{E}_{i0}\cdot\boldsymbol{E}_{i0}^*)$$

$$\boldsymbol{S}_{av,t}=\frac{1}{2\eta_2}\boldsymbol{e}_{kt}(\boldsymbol{E}_{t0}\cdot\boldsymbol{E}_{t0}^*)=\boldsymbol{e}_{kt}|T|\cdot\frac{\eta_1}{\eta_2}\frac{1}{2\eta_1}(\boldsymbol{E}_{i0}\cdot\boldsymbol{E}_{i0}^*)$$

将以上三式代入功率反射系数和功率透射系数的定义，并且考虑到

$$\boldsymbol{e}_{ki}=\boldsymbol{e}_x\sin\theta_i+\boldsymbol{e}_z\cos\theta_i$$

$$\boldsymbol{e}_{kr}=\boldsymbol{e}_x\sin\theta_r-\boldsymbol{e}_z\cos\theta_r$$

$$\boldsymbol{e}_{kt}=\boldsymbol{e}_x\sin\theta_t+\boldsymbol{e}_z\cos\theta_t$$

有

$$\Gamma_p=|\Gamma|^2$$

和

$$T_p=\frac{\eta_1\cos\theta_t}{\eta_2\cos\theta_i}|T|^2$$

将垂直极化或平行极化的反射系数和透射系数代入上式，可得

$$\Gamma_p+T_p=1$$

8.4　平面波的全透射与全反射

通过分析均匀平面波向媒质分界面的斜入射可知，不论垂直极化还是平行极化的斜入射，如果反射系数为零，那么斜入射电磁波将全部透入媒质Ⅱ，即发生全透射；如果反射系数的模为 1，那么斜入射电磁波将被分界面全部反射，即发生全反射。

8.4.1　全透射

对于平行极化波，要使 $\Gamma_{\perp}=0$，则入射角应满足

$$\theta_i=\arcsin\sqrt{\frac{\varepsilon_2}{\varepsilon_2+\varepsilon_1}}=\theta_B \tag{8.4.1}$$

式中，θ_B称为布儒斯特角(Brewster Angle)。由式(8.4.1)可知

$$\theta_B+\theta_t=\frac{\pi}{2} \tag{8.4.2}$$

从而

$$\sqrt{\frac{\varepsilon_2}{\varepsilon_1}}=\frac{\sin\theta_B}{\sin\theta_t}=\frac{\sin\theta_B}{\sin(\pi/2-\theta_B)}=\tan\theta_B \text{ 或 } \theta_B=\arctan\sqrt{\frac{\varepsilon_2}{\varepsilon_1}} \tag{8.4.3}$$

对于垂直极化波的斜入射，其反射系数 $\Gamma_{\perp}=0$ 发生于

$$\cos\theta_i=\sqrt{\frac{\varepsilon_2}{\varepsilon_1-\sin^2\theta_i}} \tag{8.4.4}$$

上式成立时要求 $\varepsilon_2=\varepsilon_1$。因此，当 $\varepsilon_2\neq\varepsilon_1$，以任何入射角向两种不同媒质分界面垂直极化斜入射时，都不会发生全透射。当均匀平面波以平行极化斜入射且入射角等于布儒斯特角时，将产生全透射。

8.4.2 全反射

由斜入射的反射系数公式可知，只要

$$\frac{\varepsilon_2}{\varepsilon_1} = \sin^2\theta_i \tag{8.4.5}$$

即

$$\theta_i = \arcsin\sqrt{\frac{\varepsilon_2}{\varepsilon_1}} = \theta_c \tag{8.4.6}$$

则无论是平行极化斜入射，还是垂直极化斜入射，均有 $\Gamma_\perp = \Gamma_\parallel = 1$。当入射角继续增大时，即 $\theta_c < \theta_i \leqslant 90°$，反射系数成为复数而其模仍为1，即 $|\Gamma_\perp| = |\Gamma_\parallel| = 1$。式(8.4.6)成立时必然要求 $\varepsilon_2 < \varepsilon_1$，角 θ_c 称为临界角(Critical Angle)。因此，当入射波从介电常数较大的光密媒质斜入射到介电常数较小的光疏媒质($\varepsilon_2 < \varepsilon_1$)，且入射角等于或大于临界角时，将产生全反射。

当 $\theta_i = \theta_c$ 时，由折射定律 $\sin\theta_t = \sqrt{\varepsilon_1/\varepsilon_2}\sin\theta_i$ 可知，$\theta_t = \pi/2$；当 $\theta_i > \theta_c$ 时，$\sin\theta_t = \sqrt{\varepsilon_1/\varepsilon_2}\sin\theta_i > \sqrt{\varepsilon_1/\varepsilon_2}\sin\theta_c = 1$，即 θ_t 无解，表明没有电磁能量传入媒质Ⅱ中。媒质Ⅱ中虽然没有电磁波传入，但由于分界面两侧切向场量连续，媒质Ⅱ中应有场量存在，并沿离开分界面的 z 方向作指数规律衰减。但是与欧姆损耗引起的衰减不同，沿 z 方向没有能量损耗。

光导纤维是一种比头发丝还细的直径只有几微米到10纳米的能导光的纤维，它由芯线和包层组成，芯线的折射率比包层的折射率大得多，当光的入射角大于临界角时，光在芯线和包层界面上不断发生全反射，光从一端传输到另一端。制作光纤的材料可以是玻璃、石英、塑料等。光纤的传像功能是由数万根细光纤紧密排列在一起完成的，输入端的图像被分解成许多像元，经光纤传输后在输出端再集成，成为传输的图像。光导纤维在医学、工业、通信领域有着广泛的应用，如光纤通信、潜望镜、内窥镜等。

[例 8.4.1] 设空气中有一块很大的介质平板，其媒质参量 $\varepsilon_r = 2.5$、$\mu_r = 1$。

(1) 若电磁波由空气斜入射到介质平板上，求使电磁波中平行于入射面的电场不产生反射波的入射角大小；

(2) 若电磁波由介质平板斜入射到空气中，求在介质平板与空气的分界面处电磁波产生全反射的临界角。

解 (1) $\varepsilon = \varepsilon_r\varepsilon_0 = 2.5\,\varepsilon_0$，当电磁波以布儒斯特角 θ_B 入射时，电磁波中平行于入射面的电场不产生反射波。其布儒斯特角为

$$\theta_B = \arcsin\sqrt{\frac{\varepsilon}{\varepsilon_0 + \varepsilon}} = \arctan\sqrt{\frac{\varepsilon}{\varepsilon_0}} = 1.01\ \text{rad}$$

即不产生反射波的入射角为1.01 rad。

(2) 由临界角的定义可知

$$\theta_c = \arcsin\sqrt{\frac{\varepsilon_0}{\varepsilon}} = \arcsin\sqrt{\frac{1}{2.5}} = 0.68\ \text{rad}$$

本章小结

本章主要讨论了均匀平面波对平面分界面的反射与透射问题。

(1) 均匀平面波向理想导体垂直入射时入射波、反射波场及媒质 Ⅰ 中总的合成电磁场分别为

$$\boldsymbol{E}_{\mathrm{i}}=\boldsymbol{e}_x E_{\mathrm{i0}}\mathrm{e}^{-\mathrm{j}k_1 z},\ \boldsymbol{H}_{\mathrm{i}}=\boldsymbol{e}_y\frac{1}{\eta_1}E_{\mathrm{i0}}\mathrm{e}^{-\mathrm{j}k_1 z}$$

$$\boldsymbol{E}_{\mathrm{r}}=\boldsymbol{e}_x E_{\mathrm{r0}}\mathrm{e}^{\mathrm{j}k_1 z},\ \boldsymbol{H}_{\mathrm{r}}=-\boldsymbol{e}_y\frac{1}{\eta_1}E_{\mathrm{r0}}\mathrm{e}^{\mathrm{j}k_1 z}$$

$$\boldsymbol{E}_1=\boldsymbol{E}_{\mathrm{i}}+\boldsymbol{E}_{\mathrm{r}}=\boldsymbol{e}_x E_{\mathrm{i0}}(\mathrm{e}^{-\mathrm{j}k_1 z}-\mathrm{e}^{\mathrm{j}k_1 z})=-\boldsymbol{e}_x E_{\mathrm{i0}}2\mathrm{j}\sin k_1 z$$

$$\boldsymbol{H}_1=\boldsymbol{H}_{\mathrm{i}}+\boldsymbol{H}_{\mathrm{r}}=\boldsymbol{e}_y\frac{E_{\mathrm{i0}}}{\eta_1}(\mathrm{e}^{-\mathrm{j}k_1 z}+\mathrm{e}^{\mathrm{j}k_1 z})=\boldsymbol{e}_y\frac{2E_{\mathrm{i0}}}{\eta_1}\cos k_1 z$$

(2) 均匀平面波对理想介质垂直入射时反射系数和透射系数分别为

$$\Gamma=\frac{E_{\mathrm{r0}}}{E_{\mathrm{i0}}}=\frac{\eta_2-\eta_1}{\eta_2+\eta_1}$$

$$T=\frac{E_{\mathrm{t0}}}{E_{\mathrm{i0}}}=\frac{2\eta_2}{\eta_2+\eta_1}$$

反射系数和透射系数的关系为

$$1+\Gamma=T$$

(3) 均匀平面波对理想介质斜入射时，对垂直极化波，反射系数和透射系数分别为

$$\Gamma_{\perp}=\frac{E_{\mathrm{r0}}}{E_{\mathrm{i0}}}=\frac{\eta_2\cos\theta_{\mathrm{i}}-\eta_1\cos\theta_{\mathrm{t}}}{\eta_2\cos\theta_{\mathrm{i}}+\eta_1\cos\theta_{\mathrm{t}}},\ T_{\perp}=\frac{E_{\mathrm{t0}}}{E_{\mathrm{i0}}}=\frac{2\eta_2\cos\theta_{\mathrm{i}}}{\eta_2\cos\theta_{\mathrm{i}}+\eta_1\cos\theta_{\mathrm{t}}}$$

对平行极化波，反射系数和透射系数分别为

$$\Gamma_{\parallel}=\frac{E_{\mathrm{r0}}}{E_{\mathrm{i0}}}=\frac{\eta_1\cos\theta_{\mathrm{i}}-\eta_2\cos\theta_{\mathrm{t}}}{\eta_1\cos\theta_{\mathrm{i}}+\eta_2\cos\theta_{\mathrm{t}}},\ T_{\parallel}=\frac{E_{\mathrm{t0}}}{E_{\mathrm{i0}}}=\frac{2\eta_2\cos\theta_{\mathrm{t}}}{\eta_1\cos\theta_{\mathrm{i}}+\eta_2\cos\theta_{\mathrm{t}}}$$

(4) 均匀平面波对理想导体斜入射时，对垂直极化波有 $\Gamma_{\perp}=-1$，$T_{\perp}=0$；对水平极化波有 $\Gamma_{\parallel}=1$，$T_{\parallel}=0$。

(5) 当均匀平面波以平行极化斜入射，且入射角等于布儒斯特角时，将产生全透射；当入射波从介电常数较大的光密媒质斜入射到介电常数较小的光疏媒质，且入射角大于或等于临界角时，将产生全反射。

习　题

8-1　填空题：

(1) 均匀平面波垂直入射到理想导体表面，导体表面处是电场的__________，磁场的__________。

(2) 对于斜入射的均匀平面波，不论采用何种极化方式，都可以分解为两个正交的__________波。

(3) 均匀平面波对理想导体斜入射的两种基本形式是__________。

(4) 布儒斯特角公式为__________。

(5) 发生全反射时，入射角__________临界角。

8-2　选择题：

(1) 平面波垂直入射到理想导体表面，则导体中的电场和磁场为(　　)。

A. $E=0$，$H\neq0$　　B. $E\neq0$，$H=0$

C. $E=0$，$H=0$　　D. $E\neq0$，$H\neq0$

(2) 平面波向理想导体垂直入射时，反射波振幅与入射波振幅之间的关系为(　　)。

A. 无关　　B. 相等　　C. 相反

(3) 均匀平面波垂直入射理想介质时，媒质Ⅰ中的合成波为(　　)。

A. 行驻波　　B. 行波　　C. 驻波

(4) 发生全透射时，反射系数为(　　)。

A. 0　　B. 1　　C. -1

(5) 发生全反射时，反射系数满足(　　)。

A. $|\Gamma|=1$　　B. $|\Gamma|=0$　　C. $|\Gamma|=\infty$

8-3　空气中的电场 $\boldsymbol{E}=(\boldsymbol{e}_x E_{xm}+\mathrm{j}\boldsymbol{e}_y E_{ym})\mathrm{e}^{-\mathrm{j}kz}$ 的均匀平面电磁波垂直投射到理想导体表面($z=0$)，其中 E_{xm}、E_{ym} 是不相等的实常数，求反射波的极化状态。

8-4　设有两种无耗非磁性媒质，均匀平面波自媒质Ⅰ投射到媒质分界面，如果反射波电场振幅是入射波的 1/3，试确定 η_1/η_2 的值。

8-5　频率为 100 MHz、y 方向极化的均匀平面波从空气中垂直入射到位于 $x=0$ 的理想导体平面上，假设电场强度振幅为 6 V/m，写出入射波、反射波及空气中合成波的电场强度表达式。

8-6　频率为 10 GHz 的雷达有一个由 $\mu_r=1$、$\varepsilon_r=2.25$ 的媒质薄板构成的天线罩。假设天线罩的媒质损耗可以忽略不计，为使它对垂直入射到其上的电磁波不产生反射，试确定媒质薄板的厚度。

8-7　在 $\mu_r=1$、$\varepsilon_r=5$ 的玻璃上涂一层薄膜以消除红外线($\lambda_0=0.75\ \mu$m)的反射，试确定媒质薄膜的厚度和相对介电常数(玻璃和薄膜可视为理想媒质)。

8-8　某一圆极化平面电磁波自媒质Ⅰ向媒质Ⅱ斜入射，若已知 $\mu_1=\mu_2$。

(1) 分析 $\varepsilon_1<\varepsilon_2$ 情况下反射波和透射波的极化。

(2) 当 $\varepsilon_2=4\varepsilon_1$ 时，欲使反射波为线极化波，入射角应取多大。

8-9　某一圆极化平面电磁波自折射率为 3 的媒质斜入射到折射率为 1 的媒质，若发生全透射且透射波为线极化波，求入射波的极化方向(入射角 $\theta_i=60°$)。

第9章　导行电磁波

由第8章的讨论可知，当电磁波斜入射到导体或介质界面时，将形成一个沿界面传播的电磁波，因此导体或介质在一定条件下可以引导电磁波。一般地讲，凡用来沿指定方向无辐射地传送电磁能量的系统称为波导系统。

本章主要讨论柱形规则波导，其中包括横电磁波传输线，以及由截面为矩形和圆柱形的空心金属管构成的规则波导。

9.1　规则波导传输的基本理论

规则波导是指无阻长的均匀直波导，即其横截面几何形状、壁结构和所填充媒质在其轴线方向都不改变的波导。而不规则或非均匀波导的波导参数沿纵向有变化。规则波导最简单、最重要的形式是无限长，内壁是完全导电的空心金属管或同轴线，其他任何规则的传输线都有与之同样的性质和类似的处理方法。

图9.1.1是任意形状横截面的均匀波导。当电磁波在波导中传播时，其一般方法是求解满足边界条件的麦克斯韦方程组。如果波导壁是理想导体，波导内为无源空间，并充有介电常数 ε、磁导率 μ 的无耗理想媒质，则波导内电磁场满足波动方程

$$\nabla^2\boldsymbol{E}+k^2\boldsymbol{E}=\boldsymbol{0} \tag{9.1.1a}$$

$$\nabla^2\boldsymbol{H}+k^2\boldsymbol{H}=\boldsymbol{0} \tag{9.1.1b}$$

式中

$$k=\omega\sqrt{\varepsilon\mu}=\frac{2\pi}{\lambda} \tag{9.1.2}$$

是电磁波在无限大相应媒质中传播时的传播常数，又称为波数。

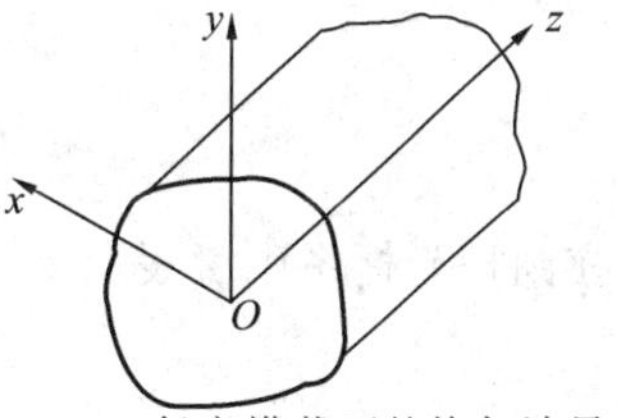

图9.1.1　任意横截面的均匀波导

式(9.1.1)表明：要求波导内的场量，需解六个标量方程，用边界条件确定各有关常数，这很繁琐。实际上，$\boldsymbol{E}$、$\boldsymbol{H}$ 各分量间通过麦克斯韦方程相联系，而彼此并非完全独立。因此，求解这类问题常采用纵向场法和赫兹矢量法。

9.1.1　纵向场法

纵向场法是指先求解纵向场(即电磁波传播方向)的波动方程，然后通过横向场与纵向场间的关系来求得全部场分量的方法。为此，可将场分量分解为横向和纵向两部分，设纵向场的单位矢为 $\boldsymbol{e}_z$，即有

$$\boldsymbol{E}=\boldsymbol{E}_{\mathrm{T}}+E_z\boldsymbol{e}_z \tag{9.1.3a}$$

$$\boldsymbol{H}=\boldsymbol{H}_{\mathrm{T}}+H_z\boldsymbol{e}_z \tag{9.1.3b}$$

由矢量运算式

$$e_z \times (\nabla \times E) = e_z \times \left[\left(\nabla_T + e_z \frac{\partial}{\partial z} \right) \times (E_T + e_z E_z) \right]$$

$$= e_z \times \left[\nabla_T \times E_T + \nabla_T E_T \times e_z + e_z \times \frac{E_T}{\partial z} \right] \quad (9.1.4)$$

式中已考虑到场沿纵向有指数形式解，γ 为传播常数，对无耗媒质 $\gamma = j\beta$，故

$$\frac{\partial}{\partial z} = -\gamma \quad (9.1.5)$$

将式(9.1.4)应用于麦克斯韦方程组，得

$$\nabla_T E_z + \gamma E_T = -j\omega\mu e_z \times H_T \quad (9.1.6a)$$

$$\nabla_T H_z + \gamma H_T = -j\omega\mu e_z \times E_T \quad (9.1.6b)$$

对于电波或横磁波，因 $H_z = 0$，由式(9.1.6b)有

$$Z_E = \frac{\gamma}{j\omega\varepsilon} \quad (9.1.7)$$

Z_E是电波的波阻抗，表示横向电场与垂直于它的横向磁场之比。

将式(9.1.7)代入式(9.1.6a)，可得

$$E_T = -\frac{\gamma}{k_c^2} \nabla_T E_z \quad (9.1.8)$$

式中

$$k_c^2 = k^2 + \gamma^2 \quad (9.1.9)$$

式(9.1.8)是在任何坐标系中电磁波的横向场分量与纵向场分量间的普遍关系式。在直角坐标系中也可表示为

$$E_x = -\frac{\gamma}{k_c^2} \frac{\partial E_z}{\partial x} \quad (9.1.10a)$$

$$E_y = -\frac{\gamma}{k_c^2} \frac{\partial E_z}{\partial y} \quad (9.1.10b)$$

$$H_x = \frac{j\omega\varepsilon}{k_c^2} \frac{\partial E_z}{\partial y} \quad (9.1.10c)$$

$$H_y = -\frac{j\omega\varepsilon}{k_c^2} \frac{\partial E_z}{\partial x} \quad (9.1.10d)$$

在圆柱坐标系中可表示为

$$E_r = -\frac{\gamma}{k_c^2} \frac{\partial E_z}{\partial r} \quad (9.1.11a)$$

$$E_\phi = -\frac{\gamma}{k_c^2} \frac{1}{r} \frac{\partial E_z}{\partial \phi} \quad (9.1.11b)$$

$$H_r = \frac{j\omega\varepsilon}{k_c^2} \frac{1}{r} \frac{\partial E_z}{\partial \phi} \quad (9.1.11c)$$

$$H_\phi = -\frac{j\omega\varepsilon}{k_c^2} \frac{\partial E_z}{\partial r} \quad (9.1.11d)$$

因此，只要求解纵向场分量 E_z满足的波动方程，即可得到全部场分量。由式(9.1.11)有

$$\nabla^2 E_z + k^2 E_z = 0 \quad (9.1.12)$$

考虑到$\frac{\partial}{\partial z} = -\gamma$，纵向场分量 E_z可由

$$\nabla_{\mathrm{T}}^{2}E_z + k_{\mathrm{c}}^{2}E_z = 0 \tag{9.1.13}$$

求得。

对于磁波或横电波，$E_z = 0$，利用电磁场的对偶原理或类似上述方法可得到用纵向场分量表示的横向场分量表达式：

$$\boldsymbol{E}_{\mathrm{T}} = -\frac{\mathrm{j}\omega\mu}{\gamma}\boldsymbol{e}_z \times \boldsymbol{H}_r \tag{9.1.14}$$

$$\boldsymbol{H}_{\mathrm{T}} = -\frac{\gamma}{k_{\mathrm{c}}^{2}}\boldsymbol{\nabla}_{\mathrm{T}}H_z \tag{9.1.15}$$

$$Z_H = \frac{\mathrm{j}\omega\mu}{\gamma} \tag{9.1.16}$$

Z_H是磁波的波阻抗，表示磁波横向电场与垂直于它的横向磁场之比。

式(9.1.14)和式(9.1.15)在直角坐标系中表示为

$$E_x = \frac{-\mathrm{j}\omega\mu}{k_{\mathrm{c}}^{2}}\frac{\partial H_z}{\partial y} \tag{9.1.17a}$$

$$E_y = \frac{\mathrm{j}\omega\mu}{k_{\mathrm{c}}^{2}}\frac{\partial H_z}{\partial x} \tag{9.1.17b}$$

$$H_x = -\frac{\gamma}{k_{\mathrm{c}}^{2}}\frac{\partial H_z}{\partial x} \tag{9.1.17c}$$

$$H_y = -\frac{\gamma}{k_{\mathrm{c}}^{2}}\frac{\partial H_z}{\partial y} \tag{9.1.17d}$$

在圆柱坐标系中表示为

$$E_r = -\frac{\mathrm{j}\omega\mu}{k_{\mathrm{c}}^{2}}\frac{1}{r}\frac{\partial H_z}{\partial \phi} \tag{9.1.18a}$$

$$E_\phi = \frac{\mathrm{j}\omega\mu}{k_{\mathrm{c}}^{2}}\frac{\partial H_z}{\partial r} \tag{9.1.18b}$$

$$H_r = -\frac{r}{k_{\mathrm{c}}^{2}}\frac{\partial H_z}{\partial r} \tag{9.1.18c}$$

$$H_\phi = -\frac{\gamma}{k_{\mathrm{c}}^{2}}\frac{1}{r}\frac{\partial H_z}{\partial \phi} \tag{9.1.18d}$$

纵向场分量 H_z可由波动方程

$$\nabla_{\mathrm{T}}^{2}H_z + k_{\mathrm{c}}^{2}H_z = 0 \tag{9.1.19}$$

求得。

对于纵向场分量均不为零的波型，其场分量可由式(9.1.13)和式(9.1.19)的解的场量叠加求得。此时，在直角坐标系中表示为

$$E_x = -\frac{1}{k_{\mathrm{c}}^{2}}\left(\mathrm{j}\omega\mu\frac{\partial H_z}{\partial y} + \gamma\frac{\partial E_z}{\partial x}\right) \tag{9.1.20a}$$

$$E_y = \frac{1}{k_{\mathrm{c}}^{2}}\left(\mathrm{j}\omega\mu\frac{\partial H_z}{\partial x} - \gamma\frac{\partial E_z}{\partial y}\right) \tag{9.1.20b}$$

$$H_x = \frac{1}{k_{\mathrm{c}}^{2}}\left(\mathrm{j}\omega\varepsilon\frac{\partial H_z}{\partial y} - \gamma\frac{\partial H_z}{\partial x}\right) \tag{9.1.20c}$$

$$H_y = -\frac{1}{k_{\mathrm{c}}^{2}}\left(\mathrm{j}\omega\varepsilon\frac{\partial E_z}{\partial x} + \gamma\frac{\partial H_z}{\partial y}\right) \tag{9.1.20d}$$

在圆柱坐标系中表示为

$$E_r = -\frac{1}{k_c^2}\left(\frac{j\omega\mu}{r}\frac{\partial H_z}{\partial \phi} + \gamma\frac{\partial E_z}{\partial r}\right) \tag{9.1.21a}$$

$$E_\phi = -\frac{1}{k_c^2}\left(-j\omega\mu\frac{\partial H_z}{\partial r} + \frac{\gamma}{r}\frac{\partial E_z}{\partial r}\right) \tag{9.1.21b}$$

$$H_r = -\frac{1}{k_c^2}\left(\frac{j\omega\varepsilon}{r}\frac{\partial E_z}{\partial r} - \gamma\frac{\partial H_z}{\partial r}\right) \tag{9.1.21c}$$

$$H_\phi = -\frac{1}{k_c^2}\left(j\omega\varepsilon\frac{\partial E_z}{\partial r} + \frac{\gamma}{r}\frac{\partial H_z}{\partial \phi}\right) \tag{9.1.21d}$$

对于其他坐标系，可用类似方法导出用纵向场分量表示的横向场分量表达式。这种先由纵向场分量的波动方程来求解纵向场分量，然后由它与横向场分量的关系求解横向场分量的方法称为纵向场法。纵向场法直接利用场矢量来求解波导问题，显得直观简便，特别是在研究具有纵向场分量的传输系统时尤为方便。但是，对于无纵向场分量的横电磁波，此法中的表示式将变为不定式，横向场分量仍必须由二维波动方程来求解。

9.1.2 赫兹矢量法

赫兹矢量法是一种先求赫兹电矢量或赫兹磁矢量所满足的波动方程，再根据它与场之间的固有关系来求场量的方法。因此，此法的基础是应用赫兹矢量。

场和矢量势之间的关系为

$$\boldsymbol{E} = \frac{\nabla\nabla\cdot\boldsymbol{A}}{j\omega\varepsilon_0\mu} - j\omega\boldsymbol{A} \tag{9.1.22a}$$

$$\boldsymbol{H} = \frac{1}{\mu}\nabla\times A \tag{9.1.22b}$$

1. 电波

对于电波，设赫兹电矢量

$$\boldsymbol{\Pi}_e = \frac{\boldsymbol{A}}{j\omega\varepsilon\mu} \tag{9.1.23}$$

将其代入式(9.1.22)，可得

$$\boldsymbol{E} = \nabla\nabla\cdot\boldsymbol{\Pi}_e + k^2\boldsymbol{\Pi}_e \tag{9.1.24a}$$

$$\boldsymbol{H} = j\omega\varepsilon\nabla\times\boldsymbol{\Pi}_e \tag{9.1.24b}$$

将式(9.1.23)代入时变场的达朗贝尔方程，得

$$\nabla^2\boldsymbol{\Pi}_e + k^2\boldsymbol{\Pi}_e = j\frac{\boldsymbol{J}}{\omega\varepsilon} \tag{9.1.25}$$

即赫兹电矢量满足达朗贝尔方程。在无源空间，赫兹电矢量同样满足亥姆霍兹方程，故有

$$\nabla^2\boldsymbol{\Pi}_e + k^2\boldsymbol{\Pi}_e = \boldsymbol{0} \tag{9.1.26}$$

这样，只需通过赫兹电矢量的波动方程(9.1.26)求出 $\boldsymbol{\Pi}_e$，再通过式(9.1.24)即可求得场的全部分量。这些方程可用于任何坐标系，具有普遍性。赫兹电矢量描述了电偶极子的电场。其方向与极轴相重合。

2. 磁波

对于磁波，可引入赫兹磁矢量 $\boldsymbol{\Pi}_m$，它与矢量势 $\boldsymbol{A}$ 间的关系定义为

$$\boldsymbol{\Pi}_{\mathrm{m}} = \frac{\boldsymbol{A}}{\mathrm{j}\omega\varepsilon\mu} \tag{9.1.27}$$

赫兹磁矢量同样满足达朗贝尔方程，即

$$\nabla^2\boldsymbol{\Pi}_{\mathrm{m}} + k^2\boldsymbol{\Pi}_{\mathrm{e}} = \mathrm{j}\frac{\boldsymbol{J}}{\omega\mu} \tag{9.1.28}$$

对于无源区域，赫兹磁矢量同样满足亥姆霍兹方程，有

$$\nabla^2\boldsymbol{\Pi}_{\mathrm{m}} + k^2\boldsymbol{\Pi}_{\mathrm{m}} = \boldsymbol{0} \tag{9.1.29}$$

将赫兹磁矢量 $\boldsymbol{\Pi}_{\mathrm{m}}$代入式(9.1.22)，得场量和赫兹磁矢量 $\boldsymbol{\Pi}_{\mathrm{m}}$间关系为

$$\boldsymbol{E} = -\mathrm{j}\omega\mu\nabla\times\boldsymbol{\Pi}_{\mathrm{e}} \tag{9.1.30a}$$

$$\boldsymbol{H} = \nabla\nabla\cdot\boldsymbol{\Pi}_{\mathrm{m}} + k^2\boldsymbol{\Pi}_{\mathrm{m}} \tag{9.1.30b}$$

可见，对于磁波，只需求解赫兹磁矢量 $\boldsymbol{\Pi}_{\mathrm{m}}$ 的波动方程式(9.1.29)，然后再由式(9.1.30)求得其场量。同样地，这些方程适用于任何坐标系，具有普遍性。赫兹磁矢量描述了磁偶极子的场，其方向与磁偶极子的轴相重合。

对于纵向场分量均不为零的波型，其场分量可用式(9.1.24)和式(9.1.30)对应场叠加求得。但对于无纵向分量的 TEM 波，不能采用这种方法。

为了简化运算，现用 $\boldsymbol{\Pi}$ 表示两个赫兹矢量，则需求解的波动方程为

$$\nabla^2\boldsymbol{\Pi} + k^2\boldsymbol{\Pi} = \boldsymbol{0} \tag{9.1.31}$$

令

$$\boldsymbol{\Pi} = \boldsymbol{\Pi}_{\mathrm{T}}F(z) \tag{9.1.32}$$

则有

$$F(z)\,\nabla_{\mathrm{T}}^2\boldsymbol{\Pi}_{\mathrm{T}} + \boldsymbol{\Pi}_{\mathrm{T}}\frac{\mathrm{d}^2F(z)}{\mathrm{d}z^2} + k^2\boldsymbol{\Pi}_{\mathrm{T}}F(z) = \boldsymbol{0} \tag{9.1.33}$$

$$\frac{\nabla_{\mathrm{T}}^2\boldsymbol{\Pi}_{\mathrm{T}}}{\boldsymbol{\Pi}_{\mathrm{T}}} = -\left[\frac{1}{F(z)}\frac{\mathrm{d}^2F(z)}{\mathrm{d}z^2} + k^2\right] = -k_{\mathrm{c}}^2 \tag{9.1.34}$$

故

$$\nabla^2\boldsymbol{\Pi}_{\mathrm{T}} + k_{\mathrm{c}}^2\boldsymbol{\Pi}_{\mathrm{T}} = \boldsymbol{0} \tag{9.1.35}$$

$$\frac{\mathrm{d}^2F(z)}{\mathrm{d}z^2} - (k_{\mathrm{c}}^2 - k^2)F(z) = 0 \tag{9.1.36}$$

若场沿纵向有指数解，则有

$$k^2 + \gamma^2 = k_{\mathrm{c}}^2 \tag{9.1.37}$$

上述两种方法表明：场量沿纵向有指数解，即满足与低频传输线方程相同的形式；传播常数 γ 具有在传输线中相同的意义，但与之不同的是：电磁波沿波导传播时，其传播常数包含 k_{c}^2和 k^2两部分，在电磁波频率一定的情况下，k 取决于波导中的媒质特性，k_{c}取决于波导中传播的波型和波导的几何尺寸。因此，不同形状的波导，不同波型及波导中填充不同的媒质都将使电磁波的传播常数不同。对于场在纵向上的分布，可采用分离变量法来求解波动方程

$$\nabla_{\mathrm{T}}^2\boldsymbol{L} + k_{\mathrm{c}}^2\boldsymbol{L} = \boldsymbol{0} \tag{9.1.38}$$

式中，L 表示纵向电场或磁场，或表示赫兹电矢量或磁矢量。

根据波长的定义：电磁波在一振荡周期内沿波导所走过的路程是电磁波在波导中的波长，并称为波导波长，即

$$\lambda_g = v_p T = \frac{v_p}{f} \tag{9.1.39}$$

而相移常数

$$\beta = \frac{\omega}{v_p} = \frac{2\pi}{\lambda_g} \tag{9.1.40}$$

可知，由于波导中传播常数取决于 k_c^2 和 k^2 两部分，波在波导中的相速与波在自由空间中的相速将不相等，这样，对于一定频率 f(不论波在自由空间还是在波导中传播，频率都是不变的)，其对应的自由空间波长和波导波长将不相等，因而必须放弃把波长作为一个常数的概念，放弃把它当作单值表征振荡器的特性。

根据式(9.1.9)，设

$$k_c = \frac{2\pi}{\lambda_c} \tag{9.1.41}$$

在无耗情况下，式(9.1.9)可改写为

$$\left(\frac{2\pi}{\lambda}\right)^2 \varepsilon_r \mu_r - \left(\frac{2\pi}{\lambda_g}\right)^2 = \left(\frac{2\pi}{\lambda_c}\right)^2 \tag{9.1.42}$$

则 λ_g 和 v_p 分别为

$$\lambda_g = \frac{\lambda}{\sqrt{\varepsilon_r \mu_r}\sqrt{1 - \dfrac{\lambda^2}{\lambda_c^2 \varepsilon_r \mu_r}}} \tag{9.1.43a}$$

$$v_p = \frac{c}{\sqrt{\varepsilon_r \mu_r}\sqrt{1 - \dfrac{\lambda^2}{\lambda_c^2 \varepsilon_r \mu_r}}} \tag{9.1.43b}$$

如波导内充空气，则有

$$\lambda_g = \frac{\lambda}{\sqrt{1 - \dfrac{\lambda^2}{\lambda_c^2}}} \tag{9.1.44a}$$

$$v_p = \frac{c}{\sqrt{1 - \dfrac{\lambda^2}{\lambda_c^2}}} \tag{9.1.44b}$$

当 $\lambda \geqslant \lambda_c$ 时，λ_g、v_p 将趋于无穷或变为虚数，且传播常数为实数，波导中场按指数规律衰减，波最终被终止，而不能沿波导传播。很明显，只有在 $\lambda < \lambda_c$ 时，传播常数为虚数，波在波导中才可无衰减地传播。因此，电磁波在波导中的传输条件为

$$\lambda < \lambda_c \tag{9.1.45a}$$

$$f > f_c \tag{9.1.45b}$$

这样，λ_c 表示在波导中电磁波能否传播的波长的临界值，并被称为截止波长或临界波长。相应地，k_c 称为截止波数或临界波数。

由于波的相速与频率有关，因此，电磁波在这类波导中传播时有色散现象，并称之为色散波。由式(9.1.43a)和式(9.1.43b)知，色散波的相速是大于光速的；而它的群速

$$v_g = \frac{d\omega}{d\beta} = \frac{c}{\sqrt{\varepsilon_r \mu_r}}\sqrt{1 - \frac{\lambda^2}{\lambda_c^2 \varepsilon_r \mu_r}} \tag{9.1.46}$$

是能量传播速度，它是小于光速的。

由式(9.1.43a)、式(9.1.43b)和式(9.1.46)知，群速和相速的乘积为

$$v_g \cdot v_p = v^2 \tag{9.1.47}$$

式中，$v = \dfrac{c}{\sqrt{\varepsilon_r \mu_r}}$ 是光在相应的无界媒质中的传播速度。

在真空中

$$v_g = c\sqrt{1 - \left(\frac{\lambda}{\lambda_c}\right)^2} \tag{9.1.48}$$

$$v_g \cdot v_p = c^2 \tag{9.1.49}$$

电磁波沿波导传播时，其相速可大于光速，原因是电磁波在波导壁上不断反射向前传播的结果。相速是电磁波等相位面的移动速度，而群速是电磁波能量的传播速度，由图 9.1.2可解释这一现象。

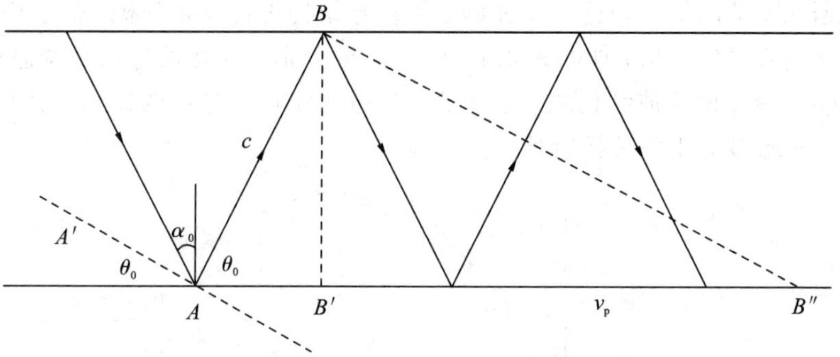

图 9.1.2　电磁波沿波导传播示意图

在波导中当电磁波以光速 c 由 A 点传至 B 点时，波的相位面以相速 v_p 由 AA' 面移至 BB' 面，即等相位面沿波导移动了距离 AB'。由直角$\triangle ABB'$知

$$v_p = \frac{c}{\cos\theta_0} = \frac{c}{\sin\alpha_0} \tag{9.1.50}$$

式中，θ_0 是电磁波传播方向与波导轴(z 轴)之间的夹角，α_0 是电磁波的入射角。它们之间的关系为

$$\alpha_0 + \theta_0 = \pi/2 \tag{9.1.51}$$

与此同时，电磁波的能量沿波导仅从 A 点传至 B'' 点，从$\triangle ABB''$知，电磁波群速

$$v_g = c\cos\theta_0 = c\sin\alpha_0 \tag{9.1.52}$$

比较式(9.1.44b)、式(9.1.48)和式(9.1.50)、式(9.1.52)，可得

$$\cos\theta_0 = \sqrt{1 - \left(\frac{\lambda}{\lambda_c}\right)^2} = \sqrt{1 - \sin^2\theta_0} \tag{9.1.53}$$

故

$$\sin\theta_0 = \cos\alpha_0 = \frac{\lambda}{\lambda_c} = \frac{f_c}{f} \tag{9.1.54}$$

它表明，入射角的大小取决于电磁波频率和在波导中的截止频率。

当入射角 $\alpha_0 = 0(\theta_0 = \pi/2)$ 时，$\lambda = \lambda_c$，波沿横向来回反射形成驻波，波导中产生自由振荡，沿 z 轴无能量传输。

当入射角 $\alpha_0 = \pi/2(\theta_0 = 0)$ 时，$\lambda_c \to \infty$，即波导内为无截止的波(TEM 波)，但这种波不

能满足边界条件，在波导中是不能传播的。

当入射角在 0°～90°之间时，$\lambda<\lambda_c$。但入射角越小，相速越大，在波导壁上来回反射次数越多，导体损耗越大。而$\lambda>\lambda_c$的波是不可能传播的，因这时θ无解($\sin\theta>1$)，v_p、λ_g为虚数，波将全被衰减。

在实际工作中，为了方便，通常称

$$G=\sqrt{1-\left(\frac{k_c}{k}\right)^2}=\sqrt{1-\left(\frac{\lambda}{\lambda_c}\right)^2}=\sqrt{1-\left(\frac{f_c}{f}\right)^2} \tag{9.1.55}$$

为波导因子。

9.2 矩形波导中的导行电磁波

下面根据 9.1 节的统一理论对几种典型的波导结构进行具体分析。矩形波导是横截面为矩形的管状空心导体结构，如图 9.2.1 所示。a、b 分别是矩形波导内壁宽边和窄边尺寸。矩形波导是使用最多的导波结构之一。本节首先分析矩形波导中的模式及其场结构，然后讨论电磁波在矩形波导中的传播特性。

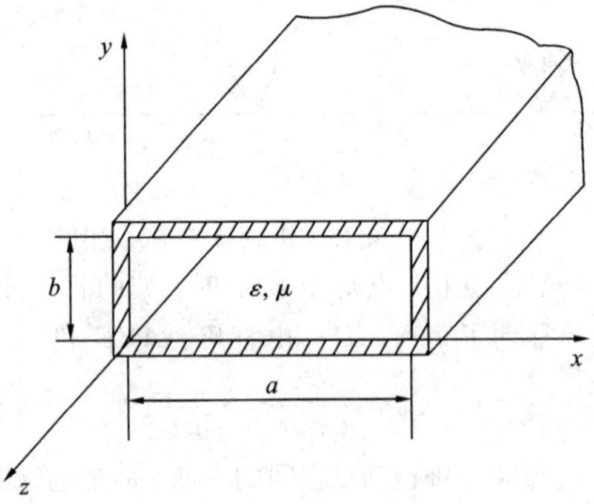

图 9.2.1 矩形波导

9.2.1 矩形波导中的模式及其场表达式

采用直角坐标系(x, y, z)，则式(9.1.13)可写成

$$\frac{\partial^2 H_z}{\partial x^2}+\frac{\partial^2 H_z}{\partial y^2}=-k_c^2 H_z \tag{9.2.1}$$

$$\frac{\partial^2 E_z}{\partial x^2}+\frac{\partial^2 E_z}{\partial y^2}=-k_c^2 E_z \tag{9.2.2}$$

首先考虑式(9.2.1)，应用分离变量法，令

$$H_z(x,y,z)=X(x)Y(y)\mathrm{e}^{-\mathrm{j}\beta z} \tag{9.2.3}$$

将其代入式(9.2.1)，得到

$$\frac{X''}{X}+\frac{Y''}{Y}=-k_c^2 \tag{9.2.4}$$

其中，X''和Y''分别是X对x、Y对y的二阶导数。

由于式(9.2.4)左边两项分别只是 x 和 y 的函数，要想对于任意的 x、y 它们的和始终等于常数，则该两项分别等于常数，令

$$\frac{X''}{X}=-k_x^2 \quad 或 \quad X''+k_x^2X=0 \tag{9.2.5}$$

和

$$\frac{Y''}{Y}=-k_y^2 \quad 或 \quad Y''+k_y^2Y=0 \tag{9.2.6}$$

显然应有

$$k_x^2+k_y^2=k_c^2 \tag{9.2.7}$$

式(9.2.5)和式(9.2.6)的解分别为

$$X(x)=a_1\cos(k_xx)+a_2\sin(k_xx) \tag{9.2.8}$$

$$Y(x)=b_1\cos(k_yy)+b_2\sin(k_yy) \tag{9.2.9}$$

因此式(9.2.1)的每个特解可表示为

$$H_z=[a_1\cos(k_xx)+a_2\sin(k_xx)][b_1\cos(k_yy)+b_2\sin(k_yy)] \tag{9.2.10}$$

同理可得式(9.2.2)的每个特解为

$$E_z=[c_1\cos(k_xx)+c_2\sin(k_xx)][d_1\cos(k_yy)+d_2\sin(k_yy)] \tag{9.2.11}$$

在直角坐标系中，式(9.1.20)可写成

$$E_x=-\frac{1}{k_c^2}\left[\mathrm{j}\beta\frac{\partial E_z}{\partial x}+\mathrm{j}\omega\mu\frac{\partial H_z}{\partial y}\right] \tag{9.2.12a}$$

$$E_y=-\frac{1}{k_c^2}\left[\mathrm{j}\beta\frac{\partial E_z}{\partial y}-\mathrm{j}\omega\mu\frac{\partial H_z}{\partial x}\right] \tag{9.2.12b}$$

$$H_x=-\frac{1}{k_c^2}\left[\mathrm{j}\beta\frac{\partial H_z}{\partial x}-\mathrm{j}\omega\varepsilon\frac{\partial E_z}{\partial y}\right] \tag{9.2.12c}$$

$$H_y=-\frac{1}{k_c^2}\left[\mathrm{j}\beta\frac{\partial H_z}{\partial y}+\mathrm{j}\omega\varepsilon\frac{\partial E_z}{\partial x}\right] \tag{9.2.12d}$$

有了 E_z 和 H_z，就可以利用式(9.2.12)求横向场分量。下面分别对 TE 模和 TM 模进行讨论。

1. TE 模

由于 $E_z=0$、$H_z\neq0$，式(9.2.12)变成

$$E_x=-\frac{\mathrm{j}\omega\mu}{k_c^2}\frac{\partial H_z}{\partial y} \tag{9.2.13a}$$

$$E_y=\frac{\mathrm{j}\omega\mu}{k_c^2}\frac{\partial H_z}{\partial x} \tag{9.2.13b}$$

$$H_x=-\frac{\mathrm{j}\beta}{k_c^2}\frac{\partial H_z}{\partial x} \tag{9.2.13c}$$

$$H_y=-\frac{\mathrm{j}\beta}{k_c^2}\frac{\partial H_z}{\partial y} \tag{9.2.13d}$$

波导内壁上边界条件为

$$E_y\Big|_{\substack{x=0\\x=a}}=0 \quad \left(即\frac{\partial H_z}{\partial x}\Bigg|_{\substack{x=0\\x=a}}=0\right) \tag{9.2.14a}$$

$$E_x\Big|_{\substack{y=0\\y=a}}=0 \quad \left(即\frac{\partial H_z}{\partial y}\Bigg|_{\substack{y=0\\y=a}}=0\right) \tag{9.2.14b}$$

由式(9.2.10)得

$$\frac{\partial H_z}{\partial x}=[-a_1k_x\sin(k_xx)+a_2k_x\cos(k_xx)][b_1\cos(k_yy)+b_2\sin(k_yy)]\mathrm{e}^{-\mathrm{j}\beta z} \tag{9.2.15}$$

$$\frac{\partial H_z}{\partial y}=[a_1\cos(k_xx)+a_2\sin(k_xx)][-b_1k_y\sin(k_yy)+b_2k_y\cos(k_yy)]\mathrm{e}^{-\mathrm{j}\beta z} \tag{9.2.16}$$

由于 $x=0$ 时，$\partial H_z/\partial x=0$，对区间 $0<y<b$ 的任意 y 应有

$$a_2k_x[b_1\cos(k_yy)+b_2\sin(k_yy)]=0 \tag{9.2.17}$$

所以有

$$a_2=0 \tag{9.2.18}$$

又由于 $x=a$ 时，$\partial H_z/\partial x=0$，对任意的 y 应有

$$-a_1k_x\sin(k_xa)[b_1\cos(k_yy)+b_2\sin(k_yy)]=0 \tag{9.2.19}$$

则得到

$$k_xa=m\pi \text{ 或 } k_x=\frac{m\pi}{a} \qquad (m=0,1,2,\cdots) \tag{9.2.20}$$

同理，由 $y=0$ 和 $y=b$ 处$\partial H_z/\partial y=0$ 可得

$$b_2=0,\ k_yb=n\pi \text{ 或 } k_y=\frac{n\pi}{b} \qquad (n=0,1,2,\cdots) \tag{9.2.21}$$

最后得到 H_z的任一特解为

$$H_z=H_{mn}\cos\left(\frac{m\pi}{a}x\right)\cos\left(\frac{n\pi}{b}y\right)\mathrm{e}^{-\mathrm{j}\beta_{mn}z} \tag{9.2.22}$$

其中，$H_{mn}=a_1b_1$为任意常数，m、n 可取任意整数。将式(9.2.22)代入式(9.2.13)，可得所有场分量：

$$E_x=\frac{\mathrm{j}\omega\mu}{k_c^2}\frac{n\pi}{b}H_{mn}\cos\left(\frac{m\pi}{a}x\right)\sin\left(\frac{n\pi}{b}y\right)\mathrm{e}^{-\mathrm{j}\beta_{mn}z} \tag{9.2.23a}$$

$$E_y=\frac{-\mathrm{j}\omega\mu}{k_c^2}\frac{m\pi}{a}H_{mn}\sin\left(\frac{m\pi}{a}x\right)\cos\left(\frac{n\pi}{b}y\right)\mathrm{e}^{-\mathrm{j}\beta_{mn}z} \tag{9.2.23b}$$

$$E_z=0 \tag{9.2.23c}$$

$$H_x=\frac{\mathrm{j}\beta}{k_c^2}\frac{m\pi}{a}H_{mn}\sin\left(\frac{m\pi}{a}x\right)\cos\left(\frac{n\pi}{b}y\right)\mathrm{e}^{-\mathrm{j}\beta_{mn}z} \tag{9.2.23d}$$

$$H_y=\frac{\mathrm{j}\beta}{k_c^2}\frac{n\pi}{b}H_{mn}\cos\left(\frac{m\pi}{a}x\right)\sin\left(\frac{n\pi}{b}y\right)\mathrm{e}^{-\mathrm{j}\beta_{mn}z} \tag{9.2.23e}$$

$$H_z=H_{mn}\cos\left(\frac{m\pi}{a}x\right)\cos\left(\frac{n\pi}{b}y\right)\mathrm{e}^{-\mathrm{j}\beta_{mn}z} \tag{9.2.23f}$$

其中

$$k_c^2=k_x^2+k_y^2=\left(\frac{m\pi}{a}\right)^2+\left(\frac{n\pi}{b}\right)^2 \tag{9.2.24}$$

$$\beta_{mn}=\sqrt{k^2-k_c^2}=\sqrt{k^2-\left[\left(\frac{m\pi}{a}\right)^2+\left(\frac{n\pi}{b}\right)^2\right]} \tag{9.2.25}$$

可见，矩形波导中的TE模有无穷多个，每一个 m、n 的组合对应着一个 TE 模，记为 TE_{mn}模。注意，并不存在 m、n 同时取 0 的 TE_{00}模，因为此时所有的场分量都将为 0。因此，最低次(截止波数最小，即截止频率最低)的 TE 模是 TE_{10}或 TE_{01}，视 a、b 的相对大小而定。

2. TM 模

此时，$H_z=0$、$E_z\neq0$。与 TE 模场分量的求解过程完全相同，可得 TE 模的场分量：

$$E_x=\frac{-j\beta}{k_c^2}\frac{m\pi}{a}E_{mn}\cos\left(\frac{m\pi}{a}x\right)\sin\left(\frac{n\pi}{b}y\right)e^{-j\beta_{mn}z} \tag{9.2.26a}$$

$$E_y=\frac{-j\beta}{k_c^2}\frac{n\pi}{b}E_{mn}\sin\left(\frac{m\pi}{a}x\right)\cos\left(\frac{n\pi}{b}y\right)e^{-j\beta_{mn}z} \tag{9.2.26b}$$

$$E_z=E_{mn}\sin\left(\frac{m\pi}{a}x\right)\sin\left(\frac{n\pi}{b}y\right)e^{-j\beta_{mn}z} \tag{9.2.26c}$$

$$H_x=\frac{j\omega\varepsilon}{k_c^2}\frac{n\pi}{b}E_{mn}\sin\left(\frac{m\pi}{a}x\right)\cos\left(\frac{n\pi}{b}y\right)e^{-j\beta_{mn}z} \tag{9.2.26d}$$

$$H_y=\frac{j\omega\varepsilon}{k_c^2}\frac{m\pi}{a}E_{mn}\cos\left(\frac{m\pi}{a}x\right)\sin\left(\frac{n\pi}{b}y\right)e^{-j\beta_{mn}z} \tag{9.2.26e}$$

$$H_z=0 \tag{9.2.26f}$$

对于 TM 模，式(9.2.24)和式(9.2.25)的关系仍然成立。与 TE 模一样，矩形波导中的 TM 模也有无穷多个，记为 TM_{mn}。注意，m、n 都不能取 0，否则所有的场分量都将为 0。所以，最低次的 TM 模是 TM_{11} 模。

任何一个 TE 模或 TM 模都是导波方程满足边界条件的一个解，因此都可以存在于矩形波导中。不仅如此，它们的任何线性组合也满足波导方程和边界条件，故也可以存在。反过来说，矩形波导中任何一种实际存在的波都可以看做是这些基本模式的某种组合。

根据 9.1 节得到一般公式，对矩形波导中 TE_{mn} 和 TM_{mn} 模有：

截止频率

$$f_c=\frac{k_c}{\sqrt{\mu\varepsilon}}=\frac{v}{2\pi}\sqrt{\left(\frac{m\pi}{a}\right)^2+\left(\frac{n\pi}{b}\right)^2}=\frac{v}{2}\sqrt{\left(\frac{m}{a}\right)^2+\left(\frac{n}{b}\right)^2} \tag{9.2.27}$$

截止波长

$$\lambda_c=\frac{v}{f_c}=\frac{2\pi}{\sqrt{\left(\frac{m\pi}{a}\right)^2+\left(\frac{n\pi}{b}\right)^2}}=\frac{2}{\sqrt{\left(\frac{m}{a}\right)^2+\left(\frac{n}{b}\right)^2}} \tag{9.2.28}$$

相速

$$v_p=\frac{\omega}{\frac{2\pi}{\lambda}\sqrt{1-\left(\frac{\lambda}{\lambda_c}\right)^2}}=\frac{v}{\sqrt{1-\left(\frac{\lambda}{\lambda_c}\right)^2}}=\frac{v}{\sqrt{1-\left(\frac{f_c}{f}\right)^2}} \tag{9.2.29}$$

波导波长

$$\lambda_g=\frac{v_p}{f}=\frac{\lambda}{\sqrt{1-\left(\frac{f_c}{f}\right)^2}}=\frac{\lambda}{\sqrt{1-\left(\frac{\lambda}{\lambda_c}\right)^2}} \tag{9.2.30}$$

波导中不同的模式具有相同的截止波长(或截止频率)的现象称为波导模式的简并现象。在矩形波导中，除 TE_{m0} 模和 TE_{0n} 模外，都一定有简并模。由前面的分析知，TE_{mn} 模和 TM_{mn} 模(m、$n\neq0$)是相互简并的。

波导中截止波长最长(截止频率最低)的模称为波导的主模(或基模)，其他的模则称为高次模。显然，矩形波导的主模是 TE_{10} 模(如果 $a>b$)，其截止波长为 $2a$。

不同模式的截止波长是不同的，而当波导尺寸和信号频率一定时，只有满足 $\lambda<\lambda_c$ 的那

些模才能传播。例如，对于 BJ－100 型的矩形波导，可以得到如图 9.2.2 所示的截止波长分布图。由图可以看出，在一个较大的波长范围内，波导中只能传输 TE_{10} 模，可以实现单模工作。

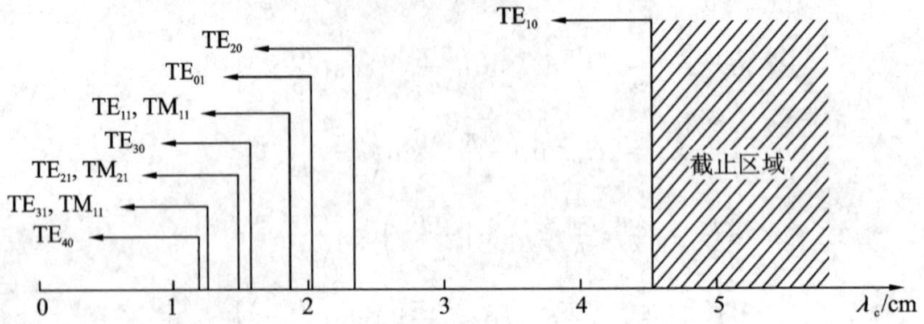

图 9.2.2　矩形波导中模式的截止波长分布图

9.2.2　矩形波导模式的场结构

所谓场结构，是指电力线和磁力线的形状和分布情况，对直观了解各模式的形态很有帮助。

电场和磁场的矢量线方程分别为

$$\frac{dx}{E_x}=\frac{dy}{E_y}=\frac{dz}{E_z} \tag{9.2.31}$$

$$\frac{dx}{H_x}=\frac{dy}{H_y}=\frac{dz}{H_z} \tag{9.2.32}$$

根据各场分量的表达式和上述方程可以严格地画出电力线和磁力线，但这通常比较麻烦。实际中，常常是由场分量的表达式粗略地画出电力线和磁力线。

1. TE 模的场结构

对于 TE 模，由于 $E_z=0$、$H_z\neq0$，所以电力线仅分布在横截面内，而磁力线却是空间闭合曲线。

首先考虑最低次的 TE_{10} 模的场结构。由式(9.2.23)可得其场分量为

$$E_y=\frac{-j\omega\mu}{k_c^2}\frac{\pi}{a}H_{10}\sin\left(\frac{\pi}{a}x\right)e^{-j\beta_{10}z} \tag{9.2.33a}$$

$$H_x=\frac{j\beta}{k_c^2}\frac{\pi}{a}H_{10}\sin\left(\frac{\pi}{a}x\right)e^{-j\beta_{10}z} \tag{9.2.33b}$$

$$H_z=H_{10}\cos\left(\frac{\pi}{a}x\right)e^{-j\beta_{10}z} \tag{9.2.33c}$$

$$E_x=E_z=H_y=0 \tag{9.2.33d}$$

瞬时值为

$$E_y=\frac{\omega\mu}{k_c^2}\frac{\pi}{a}H_{10}\sin\left(\frac{\pi}{a}x\right)\sin(\omega t-\beta_{10}z) \tag{9.2.34a}$$

$$H_x=-\frac{\beta}{k_c^2}\frac{\pi}{a}H_{10}\sin\left(\frac{\pi}{a}x\right)\sin(\omega t-\beta_{10}z) \tag{9.2.34b}$$

$$H_z=H_{10}\cos\left(\frac{\pi}{a}x\right)\cos(\omega t-\beta_{10}z) \tag{9.2.34c}$$

$$E_x = E_z = H_y = 0 \tag{9.2.34d}$$

可见，矩形波导 TE_{10} 模只有 E_y、H_x 和 H_z 三个分量，且均与 y 无关。这表明电磁场沿 y 方向无变化。E_y 沿 x 方向呈正弦变化，在 $0\sim a$ 内有半个驻波分布，在 $x=0$ 和 $x=a$ 处为 0，在 $x=a/2$ 处最大；E_y 沿 z 方向按正弦规律变化，如图 9.2.3 所示。

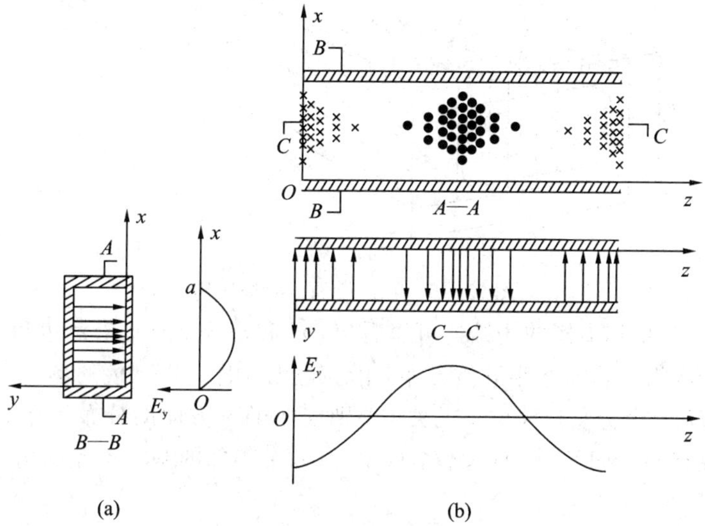

图 9.2.3　TE_{10} 模的电场结构

TE_{10} 模的磁场有 H_x 和 H_z 两个分量。H_x 沿 x 方向呈正弦变化，在 $0\sim a$ 内有半个驻波分布，在 $x=0$ 和 $x=a$ 处为 0，在 $x=a/2$ 处最大；H_z 沿 x 方向呈余弦变化，在 $0\sim a$ 内有半个驻波分布，在 $x=0$ 和 $x=a$ 处最大，在 $x=a/2$ 处为 0，如图 9.2.4 (a)所示。H_x 沿 z 方向按正弦规律变化，H_z 沿 z 方向按余弦规律变化，H_x 和 H_z 在 xOz 平面形成闭合曲线，如图 9.2.4 (b)所示。E_y 和 H_x 沿 z 方向同相，而 H_z 与它们存在 90°相位差。图 9.2.5 是 TE_{10} 模的电磁场立体结构图。

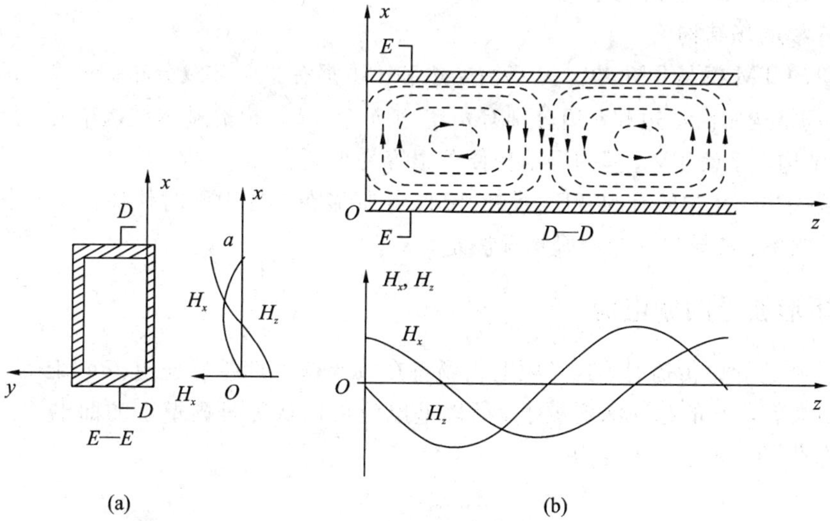

图 9.2.4　TE_{10} 模的磁场结构

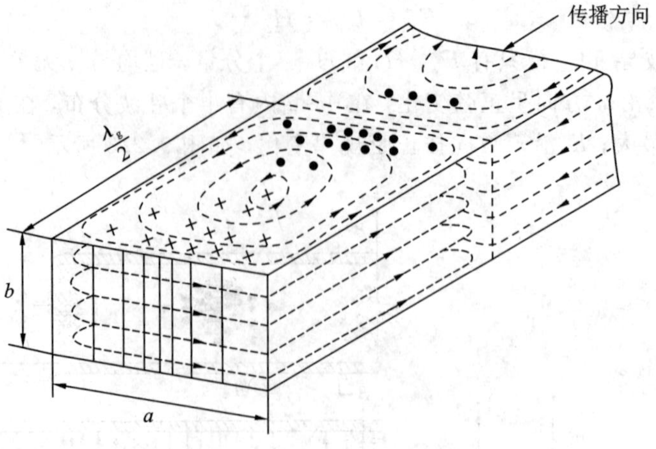

图 9.2.5　TE_{10}模的电磁场结构

由式(9.2.23)和 TE_{10}模的场结构可以看出，m 和 n 分别是场沿 a 边和 b 边分布的半驻波数。TE_{10}模的场沿 a 边有半个驻波分布，沿 b 边无变化。TE_{m0}模的场与 TE_{10}模相似，也只有 E_y、H_x、H_z三个分量，且与 y 无关，差别仅在于 x 方向的分布，沿 a 边有 m 个半驻波分布，或者说有 m 个 TE_{10}模的基本结构单元(两个相邻的基本单元的场相位相反)，沿 b 边变化。

TE_{0n}模的场只有 E_x、H_y和 H_z三个分量，且与 x 无关，沿 b 边有 n 个半驻波分布，沿 a 边变化，与 TE_{m0}模的差异只是场的极化面旋转了 90°。

从上述讨论可以看出，下标 m、n 的意义分别是电磁场沿 a 边和沿 b 边变化的半驻波数。$m=0$ 表示沿 a 边无变化，$n=0$ 表示沿 b 边无变化。m 和 n 都不为 0 时的 TE_{mn}模的场结构更为复杂，其中以 TE_{11}模最为简单。其场沿 a 边和 b 边都有半个驻波分布。m 和 n 都大于 1 的 TE_{mn}模的场结构则沿 a 边和 b 边分别有 m 个和 n 个 TE_{11}模的基本结构单元，不过此时的场都具有五个场分量。可见，只要掌握了 TE_{10}模、TE_{01}模和 TE_{11}模的场结构，就不难画出任意 TE_{mn}模的场结构。

2. TM 模的场结构

最简单的 TM 模是 TM_{11}模，其场沿 a 边和 b 边都有半个驻波分布。m 和 n 都大于 1 的 TM_{mn}模的场结构则沿 a 边和 b 边分别有 m 个和 n 个 TM_{11}模的基本结构单元，只要掌握了 TM_{11}的场结构，任意 TM_{mn}模的场结构便可很容易得到。

有必要指出，并非所有的 TE_{mn}模和 TM_{mn}模都能在波导中同时传播，波导中存在哪些模，由信号频率、波导尺寸与激励情况决定。

9.2.3　矩形波导的壁电流

当微波在波导中传播时，其高频电磁场将在波导壁上产生感应电流，因为波导壁是良导体，在微波频段它的趋肤深度极小，所以壁电流可以认为是内壁上的面电流。由导体表面的边界条件知，面电流密度为

$$\boldsymbol{J}_s = \boldsymbol{n} \times \boldsymbol{H}_t \tag{9.2.35}$$

其中：$\boldsymbol{n}$ 是波导内壁外法线方向的单位矢量；$\boldsymbol{H}_t$是内壁处的切向磁场。

当传输主模 TE_{10}时，由式(9.2.33)和式(9.2.35)可得在波导的下壁($y=0$，$\boldsymbol{n}=\boldsymbol{e}_y$)和

上壁($y=b$, $\boldsymbol{n}=-\boldsymbol{e}_y$)的电流密度分别为

$$\boldsymbol{J}_s\big|_{y=0}=\boldsymbol{e}_y\times(\boldsymbol{e}_xH_x+\boldsymbol{e}_zH_z)=\boldsymbol{e}_xH_z-\boldsymbol{e}_zH_x$$

$$=\left[H_{10}\cos\left(\frac{\pi}{a}x\right)\boldsymbol{e}_x-\mathrm{j}\frac{\beta a}{\pi}H_{10}\sin\left(\frac{\pi}{a}x\right)\boldsymbol{e}_z\right]\mathrm{e}^{-\mathrm{j}\beta z} \tag{9.2.36}$$

$$\boldsymbol{J}_s\big|_{y=b}=-\boldsymbol{e}_y\times(\boldsymbol{e}_xH_x+\boldsymbol{e}_zH_z)=-\boldsymbol{e}_xH_z+\boldsymbol{e}_zH_x$$

$$=\left[-H_{10}\cos\left(\frac{\pi}{a}x\right)\boldsymbol{e}_x+\mathrm{j}\frac{\beta a}{\pi}H_{10}\sin\left(\frac{\pi}{a}x\right)\boldsymbol{e}_z\right]\mathrm{e}^{-\mathrm{j}\beta z} \tag{9.2.37a}$$

$$\boldsymbol{J}_s\big|_{x=a}=-\boldsymbol{e}_x\times\boldsymbol{e}_zH_z=\boldsymbol{e}_yH_z=H_{10}\boldsymbol{e}_y\mathrm{e}^{-\mathrm{j}\beta z} \tag{9.2.37b}$$

可见，当矩形波导传输 TE_{10} 模时，在左右侧壁上电流密度只有 $\boldsymbol{J}_y$ 分量，且大小相等、方向相反；在上壁和下壁上，电流密度有 $\boldsymbol{J}_x$ 和 $\boldsymbol{J}_z$ 两个分量，且大小相等、方向相反，如图 9.2.6 所示。

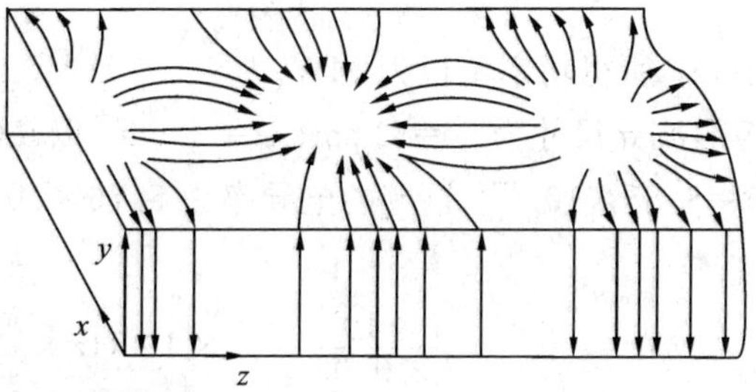

图 9.2.6 TE_{10} 模的壁电流分布

了解波导壁电流分布对设计波导元件非常有益。当需要在波导联上开槽而又希望不影响传输模式的传输性能时，不应该切断该模式的壁电流通路。如传输 TE_{10} 模时应在波导宽边中心($x=a/2$)处开槽，这样不会改变波导内的场分布。反之，为了开槽产生强辐射，槽缝应切断电流线，如在波导的窄边开纵向槽可以构成缝隙天线。

9.2.4 矩形波导的传输功率和功率容量

矩形波导中，TE_{mn} 模的传输功率可由下式求得：

$$P=\frac{ab\omega\mu\beta_{mn}}{2\varepsilon_{0m}\varepsilon_{0n}k_{cmn}^2}H_{mn}^2 \tag{9.2.38}$$

其中

$$\varepsilon_{0i}=\begin{cases}1, & i=0\\ 2, & i\neq 0\end{cases}$$

对 TM_{mn} 模，有

$$P=\frac{ab\omega\mu\beta_{mn}}{8k_{cmn}^2}E_{mn}^2 \tag{9.2.39}$$

由式(9.2.38)得 TE_{10} 模的传输功率为

$$P=\frac{ab\omega\mu\beta_{10}}{4k_{c10}^2}H_{10}^2=\frac{ab}{4\eta}\sqrt{1-\left(\frac{\lambda}{2a}\right)^2}\left(\frac{\omega\mu a}{\pi}H_{10}\right)^2 \tag{9.2.40a}$$

在宽壁中心，$|E_y|$ 达到最大值 $|E_0|=\frac{\omega\mu a}{\pi}|H_{10}|$，可利用波导中电场的最大值表示 TE_{10} 模的传输功率，即

$$P = \frac{ab}{4\eta}\sqrt{1-\left(\frac{\lambda}{2a}\right)^2}\,|E_0|^2 \tag{9.2.40b}$$

当波导中某处的电场达到或超过所填充介质的击穿场强 E_{br} 时，介质将发生击穿，这会导致波导不能正常工作，从而限制了波导的最大传输功率。当波导中的最大电场 $|E_0|$ 等于介质的击穿场强时，对应的传输功率就称为波导的功率容量 P_{br}。故由式(9.2.40b)可得 TE_{10} 模的功率容量为

$$P_{br} = \frac{ab}{4\eta}\sqrt{1-\left(\frac{\lambda}{2a}\right)^2}\,E_{br}^2 \tag{9.2.41a}$$

对于空气填充波导，$\eta=\sqrt{\mu/\varepsilon}=120\pi$，$E_{br}=30\ \mathrm{kV/cm}$，则

$$P_{br} = 0.6ab\sqrt{1-\left(\frac{\lambda}{2a}\right)^2}\ \mathrm{MW} \tag{9.2.41b}$$

其中 a、b 和 λ 的单位为 cm，所得功率单位为 MW。

［**例 9.2.1**］ 空心矩形波导尺寸为 $a=3$ cm、$b=2$ cm，以 6 GHz 的 TE_{10} 激励。空气损耗正切为 0.001，$\tan\delta=8.85\times10^{-12}$，铜壁的电导率为 5.76×10^7 S/m。计算衰减常数。

解 截止频率为

$$f_{c10} = \frac{c}{2a} = \frac{3\times10^8}{2\times0.03} = 5\times10^9\ \mathrm{Hz}$$

相位常数为

$$\beta_{10} = \omega\sqrt{\mu\varepsilon}\sqrt{1-\left(\frac{f_{c10}}{f}\right)^2} = 2\pi\times6\times10^9\ \frac{1}{3\times10^8}\sqrt{1-\left(\frac{5\times10^9}{6\times10^9}\right)^2} = 69.5\ \mathrm{rad/m}$$

趋肤深度为

$$\delta_c = \frac{1}{\sqrt{\sigma_c\mu f\pi}} = \frac{1}{\sqrt{5.76\times10^7\times4\pi\times10^{-7}\times6\times10^9\pi}} = 0.856\ \mu\mathrm{m}$$

空气的电导率为

$$\sigma_d = \omega\varepsilon\tan\delta = 2\pi\times6\times10^9\times0.001\times8.85\times10^{-12} = 3.336\times10^{-4}\ \mathrm{S/m}$$

有限电导率壁的衰减常数为

$$\alpha_{c10} = \frac{1+\dfrac{2\times0.02}{0.03}\left(\dfrac{5\times10^9}{6\times10^9}\right)^2}{5.76\times10^7\times8.56\times10^{-7}\times377\times0.02\sqrt{1-\left(\dfrac{5}{6}\right)^2}} = 9.372\times10^{-3}\ \mathrm{Np/m}$$

介质的衰减常数为

$$\alpha_{d10} = \frac{1}{2}\times3.336\times10^{-4}\times377\sqrt{1-\left(\frac{5}{6}\right)^2} = 0.035\ \mathrm{Np/m}$$

9.3 圆 波 导

圆波导是横截面为圆形的金属波导，如图 9.3.1 所示。圆波导具有较小的损耗和双极化特性，常用于天线馈线和圆柱形谐振腔。其分析方法基本上与矩形波导相同，但适合于采用圆柱坐标系(r，ϕ，z)。

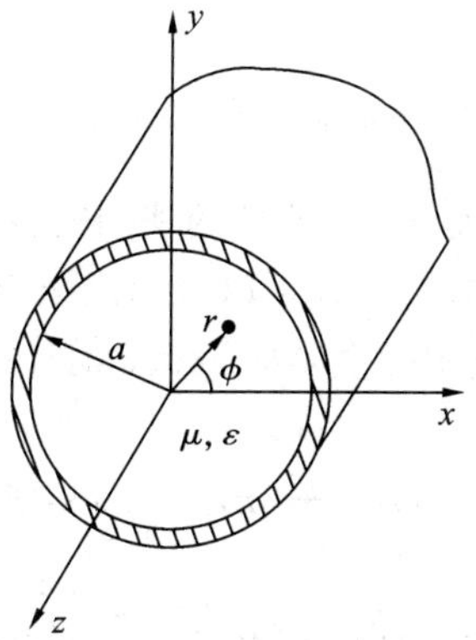

图 9.3.1　圆波导及其坐标系

9.3.1　传输模式与场分量

与矩形波导一样，圆波导不能传输 TEM 模而只能传输 TE 模和 TM 模。在圆柱坐标系中，度量系数为 $h_1=1$、$h_2=r$、$h_3=1$，各场分量如下：

$$\begin{cases} E_r = -\dfrac{1}{k_c^2}\left(\mathrm{j}\beta\dfrac{\partial E_z}{\partial r} + \dfrac{\mathrm{j}\omega\mu}{r}\dfrac{\partial H_z}{\partial \phi}\right) \\ E_\phi = -\dfrac{1}{k_c^2}\left(\dfrac{\mathrm{j}\beta}{r}\dfrac{\partial E_z}{\partial \phi} - \mathrm{j}\omega\mu\dfrac{\partial H_z}{\partial r}\right) \\ H_r = -\dfrac{1}{k_c^2}\left(\mathrm{j}\beta\dfrac{\partial H_z}{\partial r} - \dfrac{\mathrm{j}\omega\varepsilon}{r}\dfrac{\partial E_z}{\partial \phi}\right) \\ H_\phi = -\dfrac{1}{k_c^2}\left(\dfrac{\mathrm{j}\beta}{r}\dfrac{\partial H_z}{\partial \phi} + \mathrm{j}\omega\varepsilon\dfrac{\partial E_z}{\partial r}\right) \end{cases} \tag{9.3.1}$$

对于 TM 模和 TE 模，纵向场分量分别满足亥姆霍兹方程

$$\frac{\partial^2 E_z}{\partial r^2} + \frac{1}{r}\frac{\partial E_z}{\partial r} + \frac{1}{r^2}\frac{\partial^2 E_z}{\partial \phi^2} + k_c^2 E_z = 0 \tag{9.3.2}$$

$$\frac{\partial^2 H_z}{\partial r^2} + \frac{1}{r}\frac{\partial H_z}{\partial r} + \frac{1}{r^2}\frac{\partial^2 H_z}{\partial \phi^2} + k_c^2 H_z = 0 \tag{9.3.3}$$

下面用分离变量法分别求解 TE 模和 TM 模的场分量。

1. TE 模的场分量

由于此时 $E_z=0$，只需求解 H_z。令

$$H_z(r,\phi,z) = R(r)\varphi(\phi)\mathrm{e}^{-\mathrm{j}\beta z} \tag{9.3.4}$$

将其代入式(9.2.33)，得

$$\frac{r^2}{R}\frac{\mathrm{d}^2 R}{\mathrm{d}r^2} + \frac{r}{R}\frac{\mathrm{d}R}{\mathrm{d}r} + k_c^2 r^2 = -\frac{1}{\varphi}\frac{\mathrm{d}^2\varphi}{\mathrm{d}\phi^2} \tag{9.3.5}$$

上式左边仅为 r 的函数，右边仅为 ϕ 的函数，要想此式成立，它们必须等于一个共同的常数。令此常数为 m^2，则得两个常微分方程：

$$\frac{\mathrm{d}^2\varphi}{\mathrm{d}\phi^2} + m^2\phi = 0 \tag{9.3.6}$$

$$r^2\frac{\mathrm{d}^2 R}{\mathrm{d}r^2} + r\frac{\mathrm{d}R}{\mathrm{d}r} + (k_c^2 r^2 - m^2)R = 0 \tag{9.3.7}$$

式(9.3.7)的解为

$$\varphi(\phi) = B_1\cos m\phi + B_2\sin m\phi = B\begin{cases}\cos m\phi\\ \sin m\phi\end{cases} \tag{9.3.8}$$

式中两项的差别仅在于极化面相差 $\pi/2$，即使两项同时存在，也可以写成 $\cos(m\phi+\varphi)$ 的形式，通过建立坐标系时选择 ϕ 起始点 φ 总可以表示成只有 $\cos m\phi(\varphi=0)$ 或只有 $\sin m\phi(\varphi=\pi/2)$ 的形式。由于相差 2π 的两点实际上是同一点，而任一点上的场一定是单值的，所以 φ 必须是以 2π 为周期的函数，即

$$\cos m\phi = \cos[m(\phi+2\pi)] = \cos(m\phi + m\cdot 2\pi) \tag{9.3.9a}$$

或

$$\sin m\phi = \sin[m(\phi+2\pi)] = \sin(m\phi + m\cdot 2\pi) \tag{9.3.9b}$$

可见，m 必须为整数，即 $m = 1, 2, 3, \cdots$。

式(9.3.7)是贝塞尔方程，其通解为

$$R = A_1 J_m(k_c r) + A_2 N_m(k_c r) \tag{9.3.10}$$

其中：$J_m(x)$ 为 m 阶第一类贝塞尔函数；$N_m(x)$ 为 m 阶第二类贝塞尔函数(或纽曼函数)。

圆波导的边界条件要求如下：

① 当 $0\leqslant r\leqslant a$ 时，H_z 应为有限值；

② 在波导内壁上 $r=a$ 处，$E_\phi=E_z=0$。

因为 $r\to 0$ 时，$N_m(k_c r)\to -\infty$，根据条件①，必须有 $A_2=0$。至于条件②，由于 TE 模已自然满足了 $E_z=0$，所以只需考虑 $E_\phi=0$。根据式(9.1.47)，应有

$$\left.\frac{\partial H_z}{\partial r}\right|_{r=a} = A_1 k_c J'_m(k_c a) B\begin{cases}\cos m\phi\\ \sin m\phi\end{cases} e^{-j\beta z} = 0 \tag{9.3.11}$$

对任意的 ϕ 都成立，这就要求 $J'_m(k_c a)=0$。令 $J'_m(x)=0$ 的第 n 个根为 u'_{mn}，可得

$$k_c a = u'_{mn} \text{ 或 } k_c = \frac{u'_{mn}}{a} \quad (n = 1, 2, \cdots) \tag{9.3.12}$$

从而可得 H_z 的解为

$$H_z = H_{mn} J_m\left(\frac{u'_{mn}}{a} r\right)\begin{cases}\cos m\phi\\ \sin m\phi\end{cases} e^{-j\beta_{mn} z} \tag{9.3.13}$$

其中，$H_{mn}=A_1 B$。根据式(9.3.1)可得 TE 模的所有场分量：

$$\begin{cases}
E_r = -\dfrac{j\omega\mu m}{k_{cmn}^2\cdot r} H_{mn} J_m\left(\dfrac{u'_{mn}}{a} r\right)\begin{Bmatrix}-\sin m\phi\\ \cos m\phi\end{Bmatrix} e^{-j\beta_{mn} z}\\
E_\phi = -\dfrac{j\omega\mu}{k_{cmn}^2} H_{mn} J'_m\left(\dfrac{u'_{mn}}{a} r\right)\begin{Bmatrix}-\sin m\phi\\ \cos m\phi\end{Bmatrix} e^{-j\beta_{mn} z}\\
E_z = 0\\
H_r = -\dfrac{j\beta_{mn}}{k_{cmn}^2} H_{mn} J'_m\left(\dfrac{u'_{mn}}{a} r\right)\begin{Bmatrix}\cos m\phi\\ \sin m\phi\end{Bmatrix} e^{-j\beta_{mn} z} \qquad (m\geqslant 0,\ n\geqslant 1)\\
H_\phi = -\dfrac{j\beta_{mn} m}{k_{cmn}^2\cdot r} H_{mn} J_m\left(\dfrac{u'_{mn}}{a} r\right)\begin{Bmatrix}-\sin m\phi\\ \cos m\phi\end{Bmatrix} e^{-j\beta_{mn} z}\\
H_z = H_{mn} J_m\left(\dfrac{u'_{mn}}{a} r\right)\begin{Bmatrix}\cos m\phi\\ \sin m\phi\end{Bmatrix} e^{-j\beta_{mn} z}
\end{cases} \tag{9.3.14}$$

其中

$$\beta_{mn} = \sqrt{k^2 - k_{cmn}^2} = \sqrt{\omega^2 \mu\varepsilon - \left(\frac{u'_{mn}}{a}\right)^2} \tag{9.3.15}$$

可见，圆波导中的 TE 模有无穷多个，以 TE_{mn} 表示，m 表示场沿圆周变化的驻波数，n 表示场沿半径变化的半驻波数或最大值个数。

由式(9.3.12)可得 TE_{mn} 模的截止波长为

$$\lambda_c = \frac{2\pi}{k_{cmn}} = \frac{2\pi a}{u'_{mn}} \tag{9.3.16}$$

表 9.3.1 列出了部分 u'_{mn} 的值与空气填充波导中对应的 TE 模的截止波长。

表 9.3.1　u'_{mn} 的值与对应 TE 模的截止波长

波　型	u'_{mn}	λ_c	波　型	u'_{mn}	λ_c
TE_{11}	1.841	$3.413a$	TE_{22}	6.705	$0.937a$
TE_{21}	3.054	$2.057a$	TE_{02}	7.016	$0.896a$
TE_{01}	3.832	$1.640a$	TE_{13}	8.536	$0.736a$
TE_{31}	4.201	$1.496a$	TE_{03}	10.173	$0.618a$
TE_{12}	5.332	$1.178a$			

2. TM 模的场分量

此时，$H_z=0$、$E_z \neq 0$。利用与 TE 模相同的方法可以求出

$$E_z = [C_1 J_m(k_c r) + C_2 N_m(k_c r)] D \begin{Bmatrix} \cos m\phi \\ \sin m\phi \end{Bmatrix} e^{-j\beta z} \tag{9.3.17}$$

边界条件要求如下：

① 当 $0 \leqslant r \leqslant a$ 时，E_z 应为有限值；

② 在波导内壁上，$r=a$，$E_\phi = E_z = 0$。

根据条件①，必须有 $C_2=0$。根据条件②，由式(9.3.1)，应有 $J_m(k_c a)=0$。令 u_{mn} 表示 $J_m(x)$ 的第 n 个根，则

$$k_c a = u_{mn} \text{ 或 } k_c = \frac{u_{mn}}{a} \qquad (n = 1, 2, \cdots) \tag{9.3.18}$$

从而可得 E_z 的解：

$$E_z = E_{mn} J_m\left(\frac{u_{mn}}{a} r\right) \begin{Bmatrix} \cos m\phi \\ \sin m\phi \end{Bmatrix} e^{-j\beta_{mn} z} \tag{9.3.19}$$

其中 $E_{mn} = C_1 D$。故 TM 模的所有场分量为

$$\begin{cases} E_r = -\dfrac{j\beta_{mn}}{k_{cmn}} E_{mn} J'_m\left(\dfrac{u_{mn}}{a} r\right) \begin{Bmatrix} \cos m\phi \\ \sin m\phi \end{Bmatrix} e^{-j\beta_{mn} z} \\ E_\phi = -\dfrac{j\beta_{mn} m}{k_{cmn}^2 \cdot r} E_{mn} J_m\left(\dfrac{u_{mn}}{a} r\right) \begin{Bmatrix} -\sin m\phi \\ \cos m\phi \end{Bmatrix} e^{-j\beta_{mn} z} \\ E_z = E_{mn} J_m\left(\dfrac{u_{mn}}{a} r\right) \begin{Bmatrix} \cos m\phi \\ \sin m\phi \end{Bmatrix} e^{-j\beta_{mn} z} \qquad\qquad (m \geqslant 0,\ n \geqslant 1) \\ H_r = \dfrac{j\omega\varepsilon m}{k_{cmn}^2 \cdot r} E_{mn} J_m\left(\dfrac{u_{mn}}{a} r\right) \begin{Bmatrix} -\sin m\phi \\ \cos m\phi \end{Bmatrix} e^{-j\beta_{mn} z} \\ H_\phi = -\dfrac{j\omega\varepsilon}{k_{cmn}} E_{mn} J'_m\left(\dfrac{u_{mn}}{a} r\right) \begin{Bmatrix} \cos m\phi \\ \sin m\phi \end{Bmatrix} e^{j\beta_{mn} z} \\ H_z = 0 \end{cases} \tag{9.3.20}$$

其中

$$\beta_{mn}=\sqrt{k^2-k_{cmn}^2}=\sqrt{\omega^2\mu\varepsilon-\left(\frac{u_{mn}}{a}\right)^2} \tag{9.3.21}$$

可见，圆波导中的 TM 模也有无穷多个，以 TM_{mn} 表示，m、n 的意义与 TE 模相同。

由式(9.3.16)可得 TM_{mn} 模的截止波长为

$$\lambda_c=\frac{2\pi}{k_{cmn}}=\frac{2\pi a}{u_{mn}} \tag{9.3.22}$$

表 9.3.2 是部分 u_{mn} 的值与空气填充波导中对应的 TM 模的截止波长。

表 9.3.2　u_{mn} 的值与对应 TM 模的截止波长

波　型	u_{mn}	λ_c	波　型	u_{mn}	λ_c
TM_{01}	2.405	$2.613a$	TM_{12}	7.016	$0.896a$
TM_{11}	3.832	$1.640a$	TM_{22}	8.417	$0.746a$
TM_{21}	5.135	$1.223a$	TM_{03}	8.650	$0.726a$
TM_{22}	5.520	$1.138a$	TM_{13}	10.173	$0.618a$

比较表 9.3.1 和表 9.3.2 可以发现，圆波导中的主模是 TE_{11} 模，其截止波长最长。图 9.3.2 给出了圆波导模式截止波长的分布图。由图可见，当 $2.613a<\lambda<3.413a$ 时，圆波导中只能传输 TE_{11} 模，可以实现单模传输。

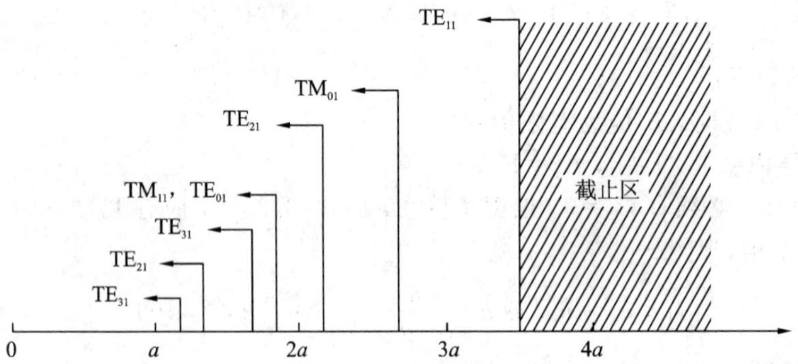

图 9.3.2　圆波导中模式的截止波长分布图

圆波导也存在简并现象，一种是 TE_{0n} 模和 TM_{1n} 模具有相同的截止波长，是相互简并的，这种简并称为模式简并。圆波导还存在一种特有的简并现象，即极化简并。从 TE 模和 TM 模的场分量表达式可以看出，对同一模式，其场沿 ϕ 方向存在 $\cos m\phi$ 和 $\sin m\phi$ 两种可能，这两种除了场的极化面旋转了 90°之外，所有的其他特性完全相同，当然具有相同的截止波长。因为 $m=0$ 时场与 ϕ 无关，所以 TE_{0n} 模和 TM_{0n} 模不存在极化简并，而其他模式均存在此现象。极化简并在实际中很难避免，因为波导加工中不可能保证是一个正圆，若稍有椭圆度，则传输的场就会分裂成沿长轴和短轴极化的两个模。另外，波导中总难免出现不均匀性，如内壁的局部凸起等，都会导致模的极化简并。极化简并对于波在波导中的传输是有害的，但有时我们又需要利用这种现象构成一些特殊的微波元件，如单腔双模滤波器等。

9.3.2　圆波导的传输功率与功率容量

圆波导 TE_{mn} 模的传输功率可由下式计算：

$$P=\frac{\omega\mu\beta_{mn}}{2k_{cmn}^2}H_{mn}^2\int_0^a\int_0^{2\pi}\left[J_m(k_c r)\right]^2\begin{Bmatrix}\cos^2 m\phi\\ \sin^2 m\phi\end{Bmatrix}r\,\mathrm{d}r\,\mathrm{d}\phi$$

$$=\frac{\pi a^2\omega\mu\beta_{mn}}{2\varepsilon_{0m}k_{cmn}^2}H_{mn}^2\{[J_m(k_c a)]^2-J_{m-1}(k_c a)J_{m+1}(k_c a)\}\tag{9.3.23}$$

其中推导利用了贝塞尔函数的积分公式

$$\int[J_m(k_c r)]^2 r\mathrm{d}r=\frac{r^2\{[J_m(k_c r)]^2-J_{m-1}(k_c r)J_{m+1}(k_c r)\}}{2}\tag{9.3.24}$$

利用贝塞尔函数的递推公式同时考虑对 TE 模有 $J_m'(k_c a)=0$，可得

$$J_{m-1}(k_c a)=\frac{m}{k_c a}J_m(k_c a)+J_m'(k_c a)=\frac{m}{k_c a}J_m(k_c a)\tag{9.3.25a}$$

$$J_{m+1}(k_c a)=\frac{m}{k_c a}J_m(k_c a)-J_m'(k_c a)=\frac{m}{k_c a}J_m(k_c a)\tag{9.3.25b}$$

将上两式代入式(9.3.23)，得

$$P=\frac{\omega\mu\beta_{mn}}{2\varepsilon_{0m}k_{cmn}^4}H_{mn}^2[(k_c a)^2-m^2][J_m(k_c a)]^2\tag{9.3.26}$$

类似地，可得 TM 模的传输功率为

$$P=\frac{\pi a^2\omega\varepsilon\beta_{mn}}{2\varepsilon_{0m}k_{cmn}^2}E_{mn}^2[J_m'(k_c a)]^2\tag{9.3.27}$$

其中

$$\varepsilon_{0i}=\begin{cases}1, & i=0\\ 2, & i\neq 0\end{cases}\tag{9.3.28}$$

下面考虑圆波导主模 TE_{11} 模的功率容量。电场在 $r=0$ 处取得最大值 $|E_{max}|=|E_r|_{r=0}=\frac{\omega\mu}{2k_c}H_{11}$，由式(9.3.26)得 TE_{11} 模的传输功率为

$$P=\frac{\pi\omega\mu\beta_{11}}{2k_{c11}^4}H_{11}^2[(1.841)^2-1^2][J_1(1.841)]^2\tag{9.3.29}$$

临近击穿时 $H_{11}=\frac{2k_c}{\omega\mu}E_{br}$，所以

$$P=\frac{\pi\beta_{11}}{2\omega\mu k_{c11}^2}2.3893[J_1(1.841)]^2E_{br}^2$$

$$=\frac{\pi\beta_{11}a^2}{\omega\mu(1.841)^2}\times 2.3893\times 0.5819^2E_{br}^2$$

$$=0.2387\,\frac{\pi\beta_{11}a^2}{\omega\mu}E_{br}^2\tag{9.3.30}$$

9.3.3　圆波导的三个主要模式

圆波导中实际应用较多的模是 TE_{11}、TE_{01} 和 TM_{01} 三个。利用这三个模场结构和管壁电流分布特点可以构成一些特殊用途的波导元件。下面对它们分别加以讨论。

1. TE_{11} 模

TE_{11} 模是圆波导的主模，其截止波长 $\lambda_c=3.14\,R$。将 $m=1$、$n=1$ 代入式(9.3.14)可以得到 TE_{11} 模的场分量为

$$
\begin{cases}
E_r = -\dfrac{\mathrm{j}\omega\mu a^2}{(1.841)^2 r} H_{11} \mathrm{J}_1\left(\dfrac{1.841}{a}r\right)\begin{Bmatrix}\sin\phi \\ \cos\phi\end{Bmatrix} \mathrm{e}^{-\mathrm{j}\beta z} \\
E_\phi = -\dfrac{\mathrm{j}\omega\mu a}{1.841} H_{11} \mathrm{J}'_1\left(\dfrac{1.841}{a}r\right)\begin{Bmatrix}\cos\phi \\ \sin\phi\end{Bmatrix} \mathrm{e}^{-\mathrm{j}\beta z} \\
E_z = 0 \\
H_r = -\dfrac{\mathrm{j}\beta a}{1.841} H_{11} \mathrm{J}'_1\left(\dfrac{1.841}{a}r\right)\begin{Bmatrix}\cos\phi \\ \sin\phi\end{Bmatrix} \mathrm{e}^{-\mathrm{j}\beta z} \\
H_\phi = -\dfrac{\mathrm{j}\beta a^2}{(1.841)^2 r} H_{11} \mathrm{J}_1\left(\dfrac{1.841}{a}r\right)\begin{Bmatrix}\cos\phi \\ \sin\phi\end{Bmatrix} \mathrm{e}^{-\mathrm{j}\beta z} \\
H_z = H_{11} \mathrm{J}_1\left(\dfrac{1.841}{a}r\right)\begin{Bmatrix}\cos\phi \\ \sin\phi\end{Bmatrix} \mathrm{e}^{-\mathrm{j}\beta z}
\end{cases}
\tag{9.3.31}
$$

可见，TE_{11}模有五个场分量，其场结构如图 9.3.3 所示。由图可见，其场结构与矩形波导主模 TE_{10}模的场结构相似，因此很容易由矩形波导 TE_{10}模过渡为圆波导 TE_{11}模，如图 9.3.4 所示。

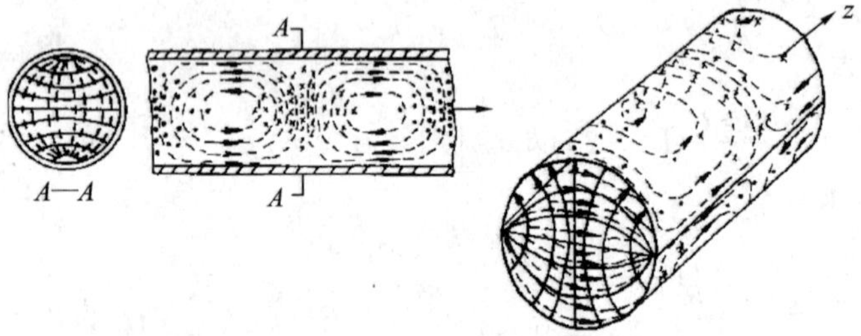

图 9.3.3　圆波导 TE_{11}模的场结构

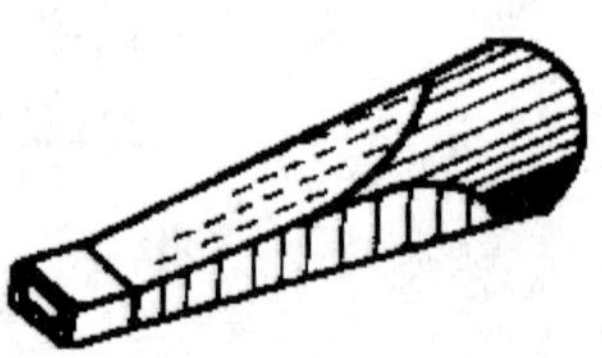

图 9.3.4　由矩形波导 TE_{10}模向 TE_{11}模的过渡

虽然 TE_{11}模是圆波导的主模，但它存在极化简并，会使模的极化面发生旋转，分裂成极化简并模，所以不宜采用 TE_{11}模来传输微波能量。这也就是实用中不用圆波导而采用矩形波导作为传输系统的基本原因。

然而，利用 TE_{11}模的极化简并却可以构成一些特殊的波导元器件，如极化衰减器、极化变换器、铁氧体环形器等。

2. TE_{01}模

TE_{01}模是圆波导的高次模。将 $m=0$、$n=1$ 代入式(9.3.14)可以得到其场分量为

$$
\begin{cases}
E_\phi = -\dfrac{\mathrm{j}\omega\mu a}{3.832} H_{01} \mathrm{J}'_1\left(\dfrac{3.832}{a}r\right) \mathrm{e}^{-\mathrm{j}\beta z} \\
H_r = -\dfrac{\mathrm{j}\beta a}{3.832} H_{01} \mathrm{J}'_1\left(\dfrac{3.832}{a}r\right) \mathrm{e}^{-\mathrm{j}\beta z} \\
H_z = H_{01} \mathrm{J}_0\left(\dfrac{3.832}{a}r\right) \mathrm{e}^{-\mathrm{j}\beta z} \\
E_r = E_z = H_\phi = 0
\end{cases}
\tag{9.3.32}
$$

其截止波长为 $\lambda_c = 1.64\,R$。

TE_{01}模的场结构如图 9.3.5 所示。

由图可见，其场结构具有如下特点：

(1) 电场和磁场均沿 ϕ 方向无变化，具有轴对称性；

(2) 电场只有 E_ϕ分量，电力线是分布在横截面上的同心圆，且在波导中心和波导壁附

近为零；

(3) 在管壁附近只有 H_z 分量，因此只有 J_ϕ 分量管壁电流，如图 9.3.6 所示。

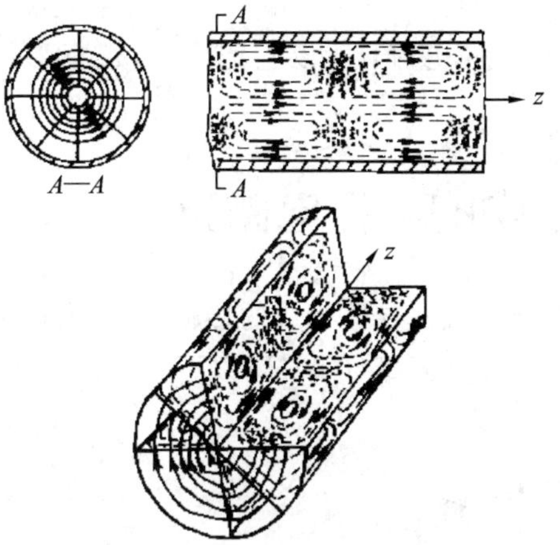

图 9.3.5　圆波导 TE_{01} 模的场结构

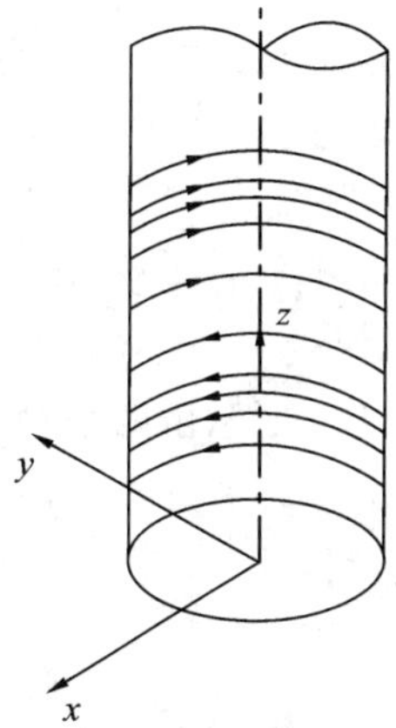

图 9.3.6　圆波导 TE_{01} 模的管壁电流

TE_{01} 模有个突出的特点，就是它没有纵向管壁电流，由以下分析将会发现，当传输功率一定时，随着频率的升高，其功率损耗反而单调下降。这一特点使得 TE_{01} 模适用于作高 Q 谐振腔的工作模式和远距离毫米波波导传输。但 TE_{01} 模不是主模，因此在使用时需要设法抑制其他模。

3. TM_{01} 模

TM_{01} 模是圆波导中的最低横磁模，且不存在简并，截止波长为 2.62 R。将 $m=0$、$n=1$ 代入式(9.3.20)，可以得到 TM_{01} 模的场分量为

$$\begin{cases} E_r = -\dfrac{j\beta a}{2.405}E_{01}J_1\left(\dfrac{2.405}{a}r\right)e^{-j\beta z} \\ E_z = E_{01}J_0\left(\dfrac{2.405}{a}r\right)e^{-j\beta z} \\ H_\phi = \dfrac{j\omega\varepsilon a}{2.405}E_{01}J_1\left(\dfrac{2.405}{a}r\right)e^{j\beta z} \\ E_\phi = H_r = H_z = 0 \end{cases} \tag{9.3.33}$$

其场结构如图 9.3.7 所示。

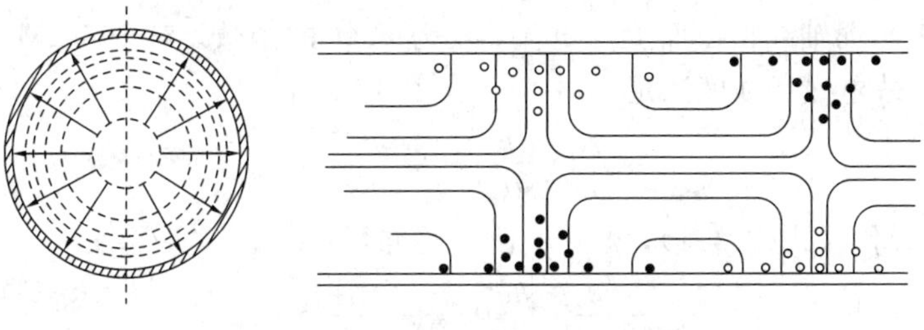

图 9.3.7　圆波导 TM_{01} 模的场结构

由图可见，其场结构具有如下特点：

(1) 电磁场沿 ϕ 方向不变化，场分布具有轴对称性；

(2) 电场在中心线附近最强；

(3) 磁场只有 H_ϕ 分量，因而管壁电流只有纵向分量。

TM_{01} 模的壁电流为

$$J_z = -H_\phi|_{r=a} \tag{9.3.34}$$

由于 TM_{01} 模的场结构具有对称性，且只有纵向电流，所以它适用于微波天线馈线波导系统连接的旋转接头。

9.4 同轴线中的导行电磁波

如图 9.4.1 所示由两个轴线与 z 轴重合的圆柱导体构成的传输线称为同轴线，a、b 分别为内导体外半径和外导体内半径。同轴线常用于 2500 MHz 以下微波波段传输线或制作宽频带微波元器件。

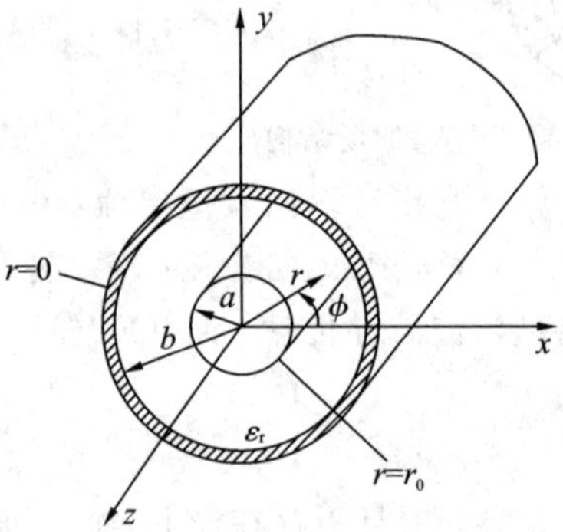

图 9.4.1　同轴线及其坐标系

同轴线的主模是 TEM 模，TE 模和 TM 模为其高次模。通常同轴线都是以 TEM 模工作的。本节从分析同轴线中的三种波形出发，分析同轴线的传输特性，进而讨论其尺寸选择。

9.4.1 同轴线的主模——TEM

同轴线是一种双导体传输线，可以传输 TEM 模。由前面章节的分析知，TEM 模在同轴线横截面上的场分布与静电场的相同。其求解可用位函数方法。以电场为例，横截面内电流强度为电位 φ 的梯度，即

$$\boldsymbol{E} = -\nabla\varphi(r, \phi)e^{-j\beta z} = \boldsymbol{E}_t(r, \phi)e^{-j\beta z} \tag{9.4.1}$$

其中 $\boldsymbol{E}_t(r, \phi)$ 表示同轴线横截面上的电流，仅为 r、f 的函数。对于 TEM 模，$k=\beta$，所以 $k_c^2 = k^2 - \beta^2 = 0$。故电磁场强度满足：

$$\frac{1}{r}\frac{\partial}{\partial r}\left(r\frac{\partial E}{\partial r}\right) + \frac{1}{r^2}\frac{\partial^2 E}{\partial \phi^2} = 0 \tag{9.4.2}$$

将式(9.4.2)代入式(9.4.1)，得到电位 φ 的方程：

$$\frac{1}{r}\frac{\partial}{\partial r}\left(r\frac{\partial \varphi}{\partial r}\right) + \frac{1}{r^2}\frac{\partial^2 \varphi}{\partial \phi^2} = 0 \tag{9.4.3}$$

因为同轴线结构具有轴对称性，并且有

$$\frac{\partial \varphi}{\partial \phi} = 0 \tag{9.4.4}$$

于是式(9.4.3)变为

$$\frac{1}{r}\frac{\partial}{\partial r}\left(r\frac{\partial \varphi}{\partial r}\right)=0 \tag{9.4.5}$$

其解为

$$\varphi=-A\ln r+B \tag{9.4.6}$$

将式(9.4.6)代入式(9.4.1)，得到

$$\boldsymbol{E}=-\nabla\varphi \mathrm{e}^{-\mathrm{j}\beta z}=-\left(\boldsymbol{a}_r\frac{\partial\varphi}{\partial r}+\boldsymbol{a}_\phi\frac{1}{r}\frac{\partial\varphi}{\partial\phi}+\boldsymbol{a}_z\frac{\partial\varphi}{\partial z}\right)\mathrm{e}^{-\mathrm{j}\beta z}=-\boldsymbol{a}_r\frac{\partial\varphi}{\partial r}\mathrm{e}^{-\mathrm{j}\beta z}=\boldsymbol{a}_r\frac{A}{r}\mathrm{e}^{-\mathrm{j}\beta z} \tag{9.4.7}$$

这表示同轴线传输 TEM 模时，电场只有 E_r 分量。式(9.4.7)中的常数 A 可以利用边界条件确定。设 $z=0$ 时 $r=a$ 处的电场为 $\boldsymbol{E}_0$，将其代入式(9.4.7)，求得

$$A=E_0 a \tag{9.4.8}$$

故得电场为

$$E_r=E_0\frac{a}{r}\mathrm{e}^{-\mathrm{j}\beta z} \tag{9.4.9}$$

磁力线必须与电力线垂直，所以磁场只有 H_ϕ 分量。可以求得

$$H_\phi=\frac{1}{\mathrm{j}\omega\mu}\left(\frac{\partial E}{\partial r}+\mathrm{j}\beta E_r\right)=\frac{\beta}{\omega\mu}E_r=\frac{E_r}{\eta}=\frac{E_0 a}{\eta r}\mathrm{e}^{-\mathrm{j}\beta z} \tag{9.4.10}$$

其中，$\eta=\sqrt{\mu/\varepsilon}$为介质的波阻抗。

由式(9.4.9)、式(9.4.10)可见，愈靠近导体内表面，电磁场愈强，因此内导体的表面电流密度较外导体内表面的表面电流密度大。所以同轴线的热损耗主要发生在截面尺寸较小的内导体上。

同轴线内导体上的轴向电流为

$$I=\oint H_\phi \mathrm{d}l=\int_0^{2\pi}H_\phi r\mathrm{d}\phi=2\pi a H_\phi\big|_{r=a}=\frac{2\pi E_0 a}{\eta}\mathrm{e}^{-\mathrm{j}\beta z} \tag{9.4.11}$$

内外导体之间的电压为

$$U=\int_a^b E_r\mathrm{d}r=E_0 a\ln\left(\frac{b}{a}\right)\mathrm{e}^{-\mathrm{j}\beta z} \tag{9.4.12}$$

同轴线传输 TEM 模时的功率容量为

$$P_{\mathrm{br}}=\frac{1}{2}\frac{|U_{\mathrm{br}}|^2}{Z_0}=\sqrt{\varepsilon_{\mathrm{r}}}\frac{a^2}{120}E_{\mathrm{br}}^2\ln\frac{b}{a} \tag{9.4.13}$$

其中，E_{br}为介质的击穿强度。空气的击穿强度约为 30 kV/cm。例如，内外导体半径分别为 3.5 mm 和 8 mm 的空气同轴线，其功率容量为 700 kW。

9.4.2　同轴线的高次模

当同轴线截面尺寸与信号波长相比拟时，同轴线内部将出现高次模——TE 模和 TM 模。实用中的同轴线都是以 TEM 模工作的。我们分析同轴线中可能出现的高次模的目的在于了解高次模的场结构，确定其截止波长，以便在给定工作频率时选择合适的尺寸，保证同轴线内部只传输 TEM 模，或者采取措施抑制高次模的产生。

1. TM 模

分析同轴线中 TM 模的方法与分析圆波导中的 TM 模的方法相似。TM 模的横向场分量可由 E_z 求得，而 E_z 则可由方程(9.3.1)求得，即

$$E_z = [A_1 J_m(k_c r) + A_2 N_m(k_c r)] B \begin{Bmatrix} \cos m\phi \\ \sin m\phi \end{Bmatrix} e^{-j\beta z} \tag{9.4.14}$$

与圆波导的不同之处在于，对于同轴线，$r=0$ 不属于波的传播区域，故第二类贝塞尔函数应该保留。

边界条件要求在 $r=a$ 和 b 处，$E_z=0$，于是得到

$$A_1 J_m(k_c a) + A_2 N_m(k_c a) = 0 \tag{9.4.15a}$$

和

$$A_1 J_m(k_c b) + A_2 N_m(k_c b) = 0 \tag{9.4.15b}$$

因此得到决定 TM 模特征值 k_c 的特征方程：

$$\frac{J_m(k_c a)}{J_m(k_c b)} = \frac{N_m(k_c a)}{N_m(k_c b)} \tag{9.4.16}$$

式(9.4.16)是个超越方程，其解有无穷多个，每个解的根决定一个 k_c 值，即确定一个截止波长 λ_c。但式(9.4.16)无解析解，下面求其近似解。对于 $k_c a$ 值很大的情况，贝塞尔函数可以用三角函数近似表示为

$$J_m(k_c a) \approx \sqrt{\frac{2}{k_c a \pi}} \cos\left(k_c a - \frac{2m+1}{4}\pi\right) \tag{9.4.17a}$$

$$N_m(k_c a) \approx \sqrt{\frac{2}{k_c a \pi}} \sin\left(k_c a - \frac{2m+1}{4}\pi\right) \tag{9.4.17b}$$

$$J_m(k_c b) \approx \sqrt{\frac{2}{k_c b \pi}} \cos\left(k_c b - \frac{2m+1}{4}\pi\right) \tag{9.4.17c}$$

$$N_m(k_c b) \approx \sqrt{\frac{2}{k_c b \pi}} \sin\left(k_c b - \frac{2m+1}{4}\pi\right) \tag{9.4.17d}$$

将其代入式(9.4.16)，消去共同因子后得到

$$\frac{\sin\left(k_c a - \frac{2m+1}{4}\pi\right)}{\cos\left(k_c a - \frac{2m+1}{4}\right)} \approx \frac{\sin\left(k_c b - \frac{2m+1}{4}\pi\right)}{\cos\left(k_c b - \frac{2m+1}{4}\right)} \tag{9.4.18}$$

令

$$x = k_c b - \frac{2m+1}{4}\pi \quad 和 \quad y = k_c a - \frac{2m+1}{4}\pi \tag{9.4.19}$$

则

$$\sin x \cos y - \cos x \sin y \approx 0 \tag{9.4.20}$$

由此可得

$$k_c \approx \frac{n\pi}{b-a} \quad (n = 1, 2, 3, \cdots) \tag{9.4.21}$$

因此同轴线中 TM_{mn} 的截止波长近似为

$$\lambda_{cTM} \approx \frac{2}{n}(b-a) \qquad (n = 1, 2, 3, \cdots) \tag{9.4.22}$$

最低型 TM_{01} 模的截止波长近似为

$$\lambda_{cTM01} \approx 2(b-a) \tag{9.4.23}$$

由式(9.4.22)可以看出，同轴线中 TM 高次模的截止波长近似与 m 无关。这就意味

着，如果在同轴线内出现 TM_{01} 模，就可能同时出现 TM_{11} 模、TM_{21} 模、TM_{31} 模等，这是我们所不希望的，因此在设计和使用同轴线时，应设法避免 TM 模的出现。

2. TE 模

分析同轴线中 TE 模的方法和圆波导中 TE 模的方法相似。此时，$E_z=0$，H_z 可由式(9.3.3)解得

$$H_z = [A_3 J_m(k_c r) + A_4 N_m(k_c r)] C \begin{cases} \cos m\phi \\ \sin m\phi \end{cases} e^{-j\beta z} \tag{9.4.24}$$

边界条件要求在 $r=a$ 和 $r=b$ 处，$\partial H_z/\partial n=0$，于是得到

$$A_3 J'_m(k_c a) + A_4 N'_m(k_c a) = 0 \tag{9.4.25a}$$

和

$$A_3 J'_m(k_c b) + A_4 N'_m(k_c b) = 0 \tag{9.4.25b}$$

由此得到决定 TE 模特征值 k_c 的特征方程

$$\frac{J'_m(k_c a)}{J'_m(k_c b)} = \frac{N'_m(k_c a)}{N'_m(k_c b)} \tag{9.4.26}$$

式(9.4.26)也是超越方程，无解析解。用上述近似方法可以求得 $m\neq0$、$n=1$ 的 TE_{m1} 模的截止波长近似为

$$\lambda_{cTEm1} \approx \frac{\pi}{m}(b+a) \qquad (m=1,2,3,\cdots) \tag{9.4.27}$$

最低型 TE_{11} 模的截止波长则为

$$\lambda_{cTE11} \approx \pi(b+a) \tag{9.4.28}$$

对于 $m=0$ 的情况，式(9.4.26)变为

$$\frac{J'_0(k_c a)}{J'_0(k_c b)} = \frac{N'_0(k_c a)}{N'_0(k_c b)} \tag{9.4.29}$$

而 $J'_0=-J_1$、$N'_0=-N_1$，将其代入式(9.4.29)可得

$$\frac{J_1(k_c a)}{J_1(k_c b)} = \frac{N_1(k_c a)}{N_1(k_c b)} \tag{9.4.30}$$

上式与决定 $m=1$ 的 TM_{1n} 模 k_c 的式(9.4.16)相同。因此，TE_{01} 模的截止波长近似为

$$\lambda_{cTE01} \approx 2(b-a) \tag{9.4.31}$$

由式(9.4.23)、式(9.4.28)和式(9.4.31)可以看出，TE_{11} 是同轴线中的最低型高次模。因此，设计同轴线尺寸时，只要保证能抑制 TE_{11} 模即可。图 9.4.2 所示为同轴线模式的截止波长分布图。

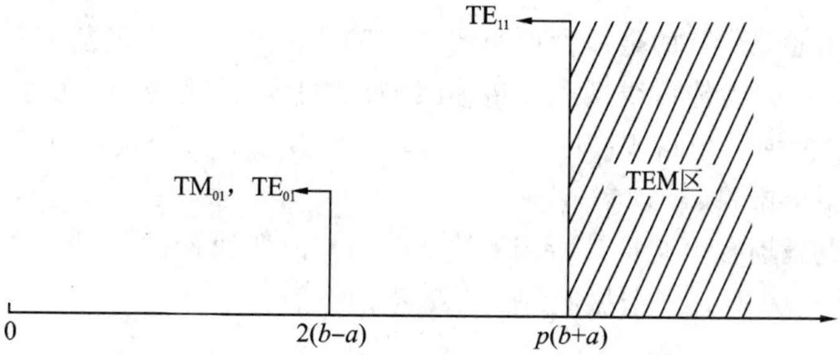

图 9.4.2　同轴线模式的截止波长分布图

9.4.3 同轴线的尺寸选择

尺寸选择的原则是：

(1) 保证在给定工作频带内只传输 TEM 模；

(2) 满足功率容量要求，即传输功率尽量大；

(3) 损耗最小。

为保证只传输 TEM 模，必须满足条件

$$\lambda_{\min} \geqslant \pi(b+a) \tag{9.4.32}$$

因此

$$(b+a) \leqslant \frac{\lambda_{\min}}{\pi} \tag{9.4.33}$$

为保证传输功率最大，在满足式(9.4.33)的条件下，限定 b 值，改变 a 值，则传输功率也将改变。功率容量最大的条件是 $\mathrm{d}P_{\mathrm{br}}/\mathrm{d}a=0$，将式(9.4.13)代入，求得 $b/a=1.649$ 。其相应的空气同轴线特性阻抗为 30 Ω。

传输 TEM 模时，空气同轴线的导体衰减应同时考虑内导体和外导体，即分子应为内导体和外导体的环路积分之和。带入 TEM 模的场表达式得

$$a_{\mathrm{c}} = \frac{R_{\mathrm{S}}}{2\pi b} \frac{1+b/a}{120\ln(b/a)}\ \mathrm{Np/m} \tag{9.4.34}$$

衰减最小的条件是 $\mathrm{d}a_{\mathrm{c}}/\mathrm{d}a=0$，将式(9.4.34)代入，求得

$$\frac{b}{a} = 3.591 \tag{9.4.35}$$

其相应的空气同轴线特性阻抗为 76.71 Ω。

计算表明，b/a 在一个比较宽的范围内变化时，衰减因数最小值基本不变，即当 b/a 从 3.2 变到 4.1 时，衰减因数最小值变化小于 0.5%，b/a 为 5.2 和 b/a 为 2.6 相比，衰减因数最小值仅增加 5%。

如果对衰减最小和功率最大都有要求，则一般折中取

$$\frac{b}{a} = 2.303 \tag{9.4.36}$$

其相应的空气同轴线特性阻抗为 50 Ω。

9.5 谐振腔中的电磁场

谐振腔是指用任意形状的金属面所封闭的空腔，它是具有分布参量的谐振回路。谐振腔的类型很多，一般分为传输线型和非传输线型谐振腔。传输线型谐振腔是应用最广泛的谐振腔，它是一段两端被短路或一端开路的传输线，其中最常见的有矩形谐振腔、圆柱形谐振腔和同轴线型谐振腔。

谐振腔中的电磁场必须满足其特定的边界条件，故所讨论的仍是一个边值问题。在这里仅介绍矩形谐振腔、圆柱形谐振腔和同轴线型谐振腔。

9.5.1 谐振腔的基本参数

在低频谐振腔回路中，常使用的基本参数是电阻、电容、电感。在分布参数的谐振腔

中，这些参数是没有意义的，也是无法测量的。在高频用一些能实际测量的等效参量来代替它们才是有意义的。通常，谐振腔的参量包括谐振波长、品质因数和等效电导。

1. 谐振波长

由于传输线型谐振腔是一段均匀传输系统在纵向两端封闭而成的，因而在横向上与传输系统具有相同的边界条件，所不同之处是在纵向上电磁场也要满足类似的边界条件。

根据波导理论，均匀波导中电场的横向分量可以表示为

$$E_T = AF(T)e^{j(\omega t-\beta z)} + BF(T)e^{j(\omega t+\beta z)} \tag{9.5.1}$$

式中，$F(T)$称为横向本征函数，只与横向坐标有关。

在 $z=0$ 、$z=l$ 的波导端面上，应满足 $E_T=0$ 的边界条件，当 $z=0$ 时，即 $AF(T)e^{j\omega t}+BF(T)e^{j\omega t}=0$，故

$$A=-B \tag{9.5.2}$$

则横向场可表示为

$$E_T=-j2AF(T)\sin\beta z\, e^{j\omega t} \tag{9.5.3}$$

当 $z=l$ 时，$\sin\beta l=0$，故有

$$\beta=\frac{p\pi}{l} \quad (p=0,1,2,\cdots) \tag{9.5.4}$$

考虑到周期性，p 一般取整数，它表示腔中场沿纵向的半波长数。这样，由式(9.1.37)可得腔中谐振角频率和谐振波长为

$$\omega_0=\frac{1}{\sqrt{\varepsilon\mu}}\sqrt{k_c^2+\left(\frac{p\pi}{l}\right)^2} \tag{9.5.5a}$$

$$\lambda_0=\frac{1}{\sqrt{(1/\lambda_c)^2+(p/2l)^2}} \tag{9.5.5b}$$

上式表明：只有波长满足该式的电磁波才能在腔内谐振。

对于 TEM 波传播系统，$\lambda_0=2l/p$，说明沿纵向两端短路，长为 $\lambda/2$ 整数倍的 TEM 波传播系统是电磁谐振回路，或者说任意长度的纵向两端短路的 TEM 波传输系统可以谐振于若干不同的波长。

对于非 TEM 波传播系统，由于 λ_0 取决于系统的结构与波型，故其谐振波长不同。它与传输系统相似，腔的谐振波长取决于腔的形状和腔内存在的振荡模式。因腔内可以存在无限多个振荡模式，所以同一个腔可谐振于无限多个谐振频率。谐振波长最长的模式称为腔的最低谐振模式或主模。很明显，谐振波长是腔内电磁场满足麦氏方程的波的一个解。

2. 品质因数

由于谐振腔一般是封闭的，因而腔内电磁能量不能辐射至腔外，而只能在腔内以电能和磁场的形式存储与交换，如果腔是有耗的，则腔内将损耗电磁能量，使电磁能量逐渐衰减，直至消失。显然，衰减的快慢与储能多少及损耗大小有关。谐振腔的这一特性通常用品质因数来表征，其定义与普通 LC 谐振回路相同。当响应下降到谐振点值的 70.7%时，谐振频率与偏离谐振频率的宽度(Δf)的比值决定品质因数，即

$$Q_0=\frac{f_0}{2\Delta f} \tag{9.5.6}$$

在电磁理论中，品质因数与储存在谐振腔回路中的能量 W_0 和每周期损耗的能量 W_L 相

联系，定义为

$$Q_0 = \frac{2\pi W_0}{W_L} = \frac{\omega W_0}{P_L} \tag{9.5.7}$$

腔的储能可在磁场最大、电场为零或电场最大、磁场为零的瞬间计算，即

$$W_0 = \frac{1}{2}\int_V \mu |H|^2 \mathrm{d}V = \frac{1}{2}\int_V \varepsilon |E|^2 \mathrm{d}V \tag{9.5.8}$$

式中，V 是腔体体积。

腔的能量损耗包括导体损耗、介质损耗和辐射损耗。对于金属封闭腔，没有辐射损耗；如假定腔中介质是无耗的，则腔的损耗就是腔壁的导体损耗，它在每周期的耗能为

$$(P_L)_c = \frac{1}{2}\oint_S |J_s|^2 R_S \mathrm{d}S = \frac{1}{2} R_S \oint_S |H_t|^2 \mathrm{d}S \tag{9.5.9}$$

式中，S 是腔的内表面面积。于是可得

$$Q_c = \frac{\omega\mu}{R_S} \frac{\int_V |H|^2 \mathrm{d}V}{\oint_S |H_t|^2 \mathrm{d}S} = \frac{2}{\delta} \frac{\int_V |H|^2 \mathrm{d}V}{\oint_S |H_t|^2 \mathrm{d}S} \tag{9.5.10}$$

Q_c 是仅考虑导体损耗时谐振腔的品质因数。我们知道，储存能量和磁通量密度的平方与腔的体积积分成正比，而在腔壁上每周期损耗的能量与趋肤深度和磁通密度平方与腔的全部内表面面积成正比。因此，欲得到高的品质因数，谐振腔应有一个大的体积与表面积之比。

如腔中介质是有耗的，其介电常数为复数，介质的导电率 σ_d 是一个不能忽略的量，在介质中的损耗功率为

$$(P_L)_d = \frac{1}{2}\sigma_d \int_V |E|^2 \mathrm{d}V \tag{9.5.11}$$

这样，仅考虑介质损耗时腔的品质因数为

$$Q_d = \omega_0 \frac{W_0}{(P_L)_d} = \frac{1}{\tan\delta} \tag{9.5.12}$$

一般情况下，腔的品质因数表示为

$$Q_0 = \omega_0 \frac{W_0}{P_L} = \frac{\omega_0 W_0}{(P_L)_c + (P_L)_d} = \frac{1}{1/Q_c + 1/Q_d} = \frac{Q_c}{1 + Q_c \tan\delta} \tag{9.5.13}$$

这里没有考虑与外界耦合的孤立谐振腔的品质因数，通常称之为固有品质因数。

3. 等效电导

为了研究谐振腔的外部特性，常在某一振荡模式的谐振频率附近，将腔等效为低频的谐振回路，考虑到谐振腔应用在微波电真空器件中，电子束的作用可视为并联的电子导纳，为保证它与腔的等效导纳相加，腔的等效电路应采用如图 9.5.1 所示并联电导的电路，这样谐振腔的等效电导为

$$G = \frac{2P_L}{U_m^2} \tag{9.5.14}$$

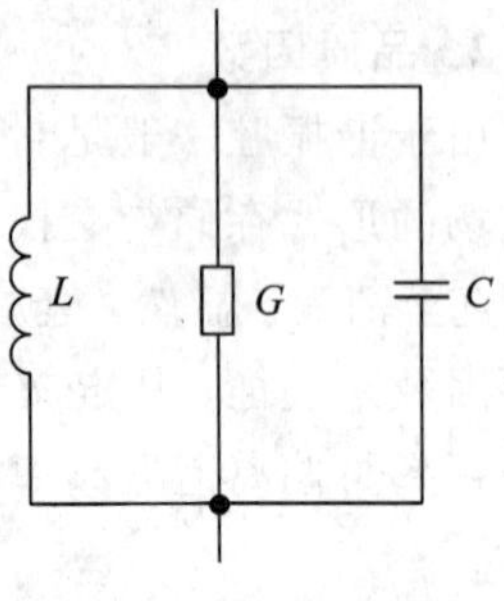

图 9.5.1　谐振腔的等效电路

它表征谐振腔的功率损耗特性。与波导一样，在腔中，电压也是非单值的，故电导的值也是不确定的。但当腔中任意两点给定时，电场的线积分是可以找到的，该两点间的电导可

以写为

$$G=\sqrt{\frac{\omega\mu_1}{2\sigma}}\frac{\int_S |H_t|^2 \mathrm{d}S}{\left(\int_a^b E\cdot \mathrm{d}l\right)^2} \tag{9.5.15}$$

式中，a、b 是决定计算点选择的积分限。可见，等效电导值与计算点有关，它与单值固有品质因数不同，但电导的概念在微波电真空器件中仍得到重要的应用。

9.5.2 矩形谐振腔

将矩形波导两端用导体片封闭就构成矩形谐振腔(也称角柱形谐振腔)，如图 9.5.2 所示。如将电磁波输入腔中，腔内会产生半波长整数倍的驻波。很明显，腔中可谐调的电磁波必是矩形波导中传输的那些模式演变而来的。与矩形波导相对应，矩形谐振腔中存在 TE 型振荡模式和 TM 型振荡模式。

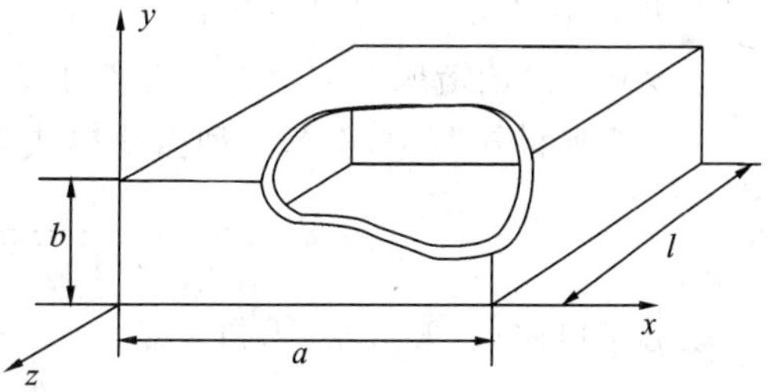

图 9.5.2 矩形谐振腔

对于 TE 模式，由式(9.5.3)或直接用分离变量法求解三维坐标的亥姆霍兹方程可得其振荡模式的场分量为

$$\begin{cases} E_x=\dfrac{2\omega\mu}{k_c^2}\left(\dfrac{n\pi}{b}\right)H_0\cos\dfrac{m\pi}{a}x\sin\dfrac{n\pi}{b}y\sin\dfrac{p\pi}{l}z \\ E_y=-\dfrac{2\omega\mu}{k_c^2}\left(\dfrac{m\pi}{a}\right)H_0\sin\dfrac{m\pi}{a}x\cos\dfrac{n\pi}{b}y\sin\dfrac{p\pi}{l}z \\ E_z=0 \\ H_x=\mathrm{j}\dfrac{2}{k_c^2}\left(\dfrac{m\pi}{a}\right)\left(\dfrac{p\pi}{l}\right)H_0\sin\dfrac{m\pi}{a}x\cos\dfrac{n\pi}{b}y\cos\dfrac{p\pi}{l}z \\ H_y=\mathrm{j}\dfrac{2}{k_c^2}\left(\dfrac{n\pi}{b}\right)\left(\dfrac{p\pi}{l}\right)H_0\cos\dfrac{m\pi}{a}x\sin\dfrac{n\pi}{b}y\cos\dfrac{p\pi}{l}z \\ H_z=-\mathrm{j}2H_0\cos\dfrac{m\pi}{a}x\cos\dfrac{n\pi}{b}y\sin\dfrac{p\pi}{l}z \end{cases} \tag{9.5.16}$$

式中，$H_0=k_c^2A/\mu$。

用类似的方法可以求得矩形谐振腔中 TM 型振荡模式的场分量：

$$\begin{cases} E_x=-\dfrac{2}{k_c^2}\left(\dfrac{m\pi}{a}\right)\dfrac{p\pi}{l}E_0\cos\dfrac{m\pi}{a}x\sin\dfrac{n\pi}{b}y\sin\dfrac{p\pi}{l}z \\ E_y=-\dfrac{2}{k_c^2}\left(\dfrac{n\pi}{b}\right)\dfrac{p\pi}{l}E_0\sin\dfrac{m\pi}{a}x\cos\dfrac{n\pi}{b}y\sin\dfrac{p\pi}{l}z \\ E_z=2E_0\sin\dfrac{m\pi}{a}x\sin\dfrac{n\pi}{b}y\cos\dfrac{p\pi}{l}z \\ H_x=\mathrm{j}\dfrac{2\omega\varepsilon}{k_c^2}\left(\dfrac{n\pi}{b}\right)E_0\sin\dfrac{m\pi}{a}x\cos\dfrac{n\pi}{b}y\cos\dfrac{p\pi}{l}z \\ H_y=-\dfrac{2\omega\varepsilon}{k_c^2}\left(\dfrac{m\pi}{a}\right)E_0\cos\dfrac{m\pi}{a}x\sin\dfrac{n\pi}{b}y\cos\dfrac{p\pi}{l}z \\ H_z=0 \end{cases} \tag{9.5.17}$$

由上两式可知：对于不同的 m、n、p 值，场分布是不同的，m、n、p 分别对应着场沿

x、y、z 方向的变化数或半驻波数，对应不同的振荡模式，并以 TE_{mnp} 和 TM_{mnp} 模表示。对于 TE_{mnp} 型振荡模，$p\neq0$，m 和 n 不能同时为零，因为 $p=0$ 意味着场沿纵向无变化，为满足 $z=0$ 和 $z=l$ 两端面的边界条件，横向电场应为零，而 TE 模又无纵向电场，故这种模式不可能存在。

将矩形波导中各波型的截止波长代入式(9.5.5)，可得矩形谐振腔的谐振波长为

$$\lambda_0=\frac{2}{\sqrt{(m/a)^2+(n/b)^2+(p/l)^2}} \tag{9.5.18}$$

它取决于腔的几何尺寸和腔中的振荡模式。对于一定尺寸的腔，可对许多模式谐振，对于某一模式，可调谐振腔的长度，使之对许多频率谐振，即矩形谐振腔具有多谐性。

在矩形谐振腔中，TM_{101} 型振荡模式为最低振荡模式，其谐振波长值最大，为

$$\lambda_0=\frac{2}{\sqrt{(1/a)^2+(1/l)^2}}=\frac{2al}{\sqrt{a^2+l^2}} \tag{9.5.19}$$

其场分量可由式(9.5.16)求得，即

$$\begin{cases} E_y=-\dfrac{2\omega\mu a}{\pi}H_0\sin\dfrac{\pi}{a}x\sin\dfrac{\pi}{l}z \\ H_x=\mathrm{j}\dfrac{2a}{l}H_0\sin\dfrac{\pi}{a}x\cos\dfrac{\pi}{l}z \\ H_z=-\mathrm{j}2H_0\cos\dfrac{\pi}{a}x\sin\dfrac{\pi}{l}z \\ E_x=E_z=H_y=0 \end{cases} \tag{9.5.20}$$

为了求得 TE_{101} 模的品质因数，可将式(9.5.20)代入式(9.5.10)，得

$$Q_0=\frac{\omega\mu}{R_S}\frac{\int_V|H|^2\mathrm{d}V}{\oint_S|H_t|^2\mathrm{d}S}=\frac{abl}{\delta}\frac{a^2+l^2}{2b(a^3+l^3)+al(a^3+l^3)} \tag{9.5.21}$$

或

$$Q_0\frac{\delta}{\lambda_0}=\frac{b}{2}\frac{(a^2+l^2)^{3/2}}{2b(a^3+l^3)+al(a^3+l^3)} \tag{9.5.22}$$

式中，$Q_0\delta/\lambda_0$ 称为 TE_{101} 模的波形因数，仍然表示腔的性质，采用它只是为了设计方便，因为它与腔壁的电导率无关，仅取决于腔的几何尺寸。

对于正方形谐振腔，$a=b=l$，其品质因数为

$$Q_0=\frac{a}{3\delta}\text{ 或 }Q_0=\frac{\delta}{\lambda_0}=\frac{1}{3\sqrt{2}} \tag{9.5.23}$$

9.5.3 圆柱形谐振腔

将圆柱形波导两端用理想导体封闭起来就构成圆柱形谐振腔，如图 9.5.3 所示。腔中电磁波是由圆柱形波导中传输的波形演变而来的，腔中存在着 TE_{nip} 型和 TM_{nip} 型振荡模式。

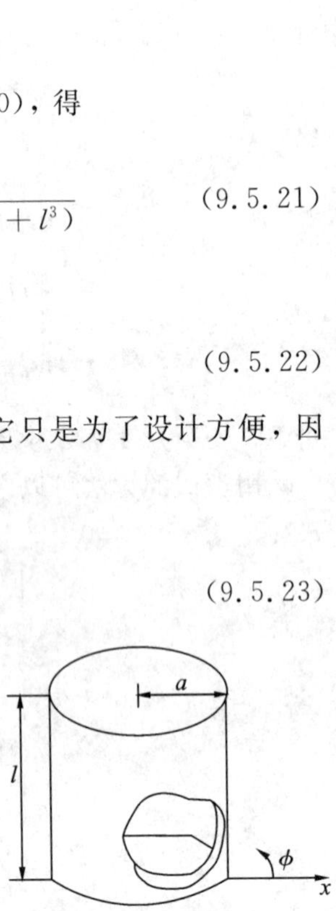

图 9.5.3 圆柱形谐振腔

与矩形谐振腔的处理方法相同，利用圆柱形波导的场分量和两端面边界条件，在圆柱坐标系中可得到圆柱形谐振腔中 TE 振荡模式的场分量。

9.5.4 同轴线型谐振腔

采用适当的方式使同轴线中传输的电磁行波转换为电磁驻波，就构成同轴线型谐振腔。由于同轴线中传输的基波是 TEM 波，因此，同轴线型谐振腔中的振荡模式较前述的谐振腔简单。它具有场结构稳定、频带宽、工作可靠等优点。这里仅介绍二分之一波长同轴线型谐振腔的基本特性。

二分之一波长同轴线型谐振腔是由两端短路的同轴线构成的，腔中的最低振荡模式是 TEM 模式，由式(9.5.3)可得电场径向分量，并进而得到磁场的角向分量，它们分别为

$$E_r = -\mathrm{j}2E_0 \frac{1}{r}\sin\beta z\, \mathrm{e}^{\mathrm{j}\omega t} \tag{9.5.24a}$$

$$H_\phi = 2E_0 \sqrt{\frac{\varepsilon}{\mu}} \frac{1}{r}\cos\beta z\, \mathrm{e}^{\mathrm{j}\omega t} \tag{9.5.24b}$$

谐振波长由式(9.5.5b)得

$$\lambda_0 = \frac{2l}{p} \tag{9.5.25}$$

或谐振于某电磁波的谐振长度为

$$l = \frac{p\lambda}{2} \tag{9.5.26}$$

这就是说，长度为 $\lambda/2$ 整数倍的两端短路的同轴线构成 $\lambda/2$ 同轴线型谐振腔。在 $p=1$ 时，腔长最短。值得注意的是，同轴线型谐振腔也具有多谐性，即腔长一定时，可对许多不同频率的 TEM 波谐振；电磁波频率一定时，可改变腔长得到许多谐振长度。通常，为了调谐波长，均用可调活塞来改变腔的长度。

当不考虑腔中介质损耗时，其品质因数可由式(9.5.24)和式(9.5.10)求得：

$$Q_0 = \frac{1}{\delta} \frac{\ln\left(\frac{D}{d}\right)}{\left(\frac{1}{D}+\frac{1}{d}\right)+2\ln\left(\frac{D}{d}\right)/l} \tag{9.5.27}$$

对于 $\lambda/2$ 同轴线型谐振腔，$l=p\lambda/2$，故其品质因数为

$$Q_0 = \frac{1}{\delta} \frac{\ln\left(\frac{D}{d}\right)}{\left(\frac{1}{D}+\frac{1}{d}\right)+4\ln\left(\frac{D}{d}\right)/(pl)} \tag{9.5.28}$$

[例 9.5.1] 铜矩形谐振腔，尺寸为 $a=3$ cm、$b=1$ cm、$l=4$ cm，运行于主模。铜的电导率为 5.76×10^7 S/m。求解腔的谐振频率和品质因数。

解 TE_{101} 模是矩形谐振腔的主模，相应的谐振频率为

$$f_{101} = \frac{v_p}{2}\sqrt{\left(\frac{1}{a}\right)^2+\left(\frac{1}{l}\right)^2} = \frac{3\times10^8}{2}\sqrt{(1/0.03)^2+(1/0.04)^2} = 6.25\times10^9\ \mathrm{Hz} = 6.25\ \mathrm{GHz}$$

趋肤深度 δ_c 为

$$\delta_c = \frac{1}{\sqrt{\pi f \sigma_c \mu}} = \frac{1}{\sqrt{\pi\times6.25\times10^9\times5.76\times10^7\times4\pi\times10^{-7}}} = 8.39\times10^{-7}\ \mathrm{m}$$

品质因数为

$$Q = 7427$$

本章小结

本章主要讨论了导行电磁波的相关问题。

(1) 对矩形波导中 TE_{mn} 模和 TM_{mn} 模，有：

截止频率

$$f_c=\frac{k_c}{\sqrt{\mu\varepsilon}}=\frac{v}{2\pi}\sqrt{\left(\frac{m\pi}{a}\right)^2+\left(\frac{n\pi}{b}\right)^2}=\frac{v}{2}\sqrt{\left(\frac{m}{a}\right)^2+\left(\frac{n}{b}\right)^2}$$

截止波长

$$\lambda_c=\frac{v}{f_c}=\frac{2\pi}{\sqrt{\left(\frac{m\pi}{a}\right)^2+\left(\frac{n\pi}{b}\right)^2}}=\frac{2}{\sqrt{\left(\frac{m}{a}\right)^2+\left(\frac{n}{b}\right)^2}}$$

相速

$$v_p=\frac{\omega}{\frac{2\pi}{\lambda}\sqrt{1-\left(\frac{\lambda}{\lambda_c}\right)^2}}=\frac{v}{\sqrt{1-\left(\frac{\lambda}{\lambda_c}\right)^2}}=\frac{v}{\sqrt{1-\left(\frac{f_c}{f}\right)^2}}$$

波导波长

$$\lambda_g=\frac{v_p}{f}=\frac{\lambda}{\sqrt{1-\left(\frac{f_c}{f}\right)^2}}=\frac{\lambda}{\sqrt{1-\left(\frac{\lambda}{\lambda_c}\right)^2}}$$

(2) 圆波导存在简并现象。一种是 TE_{0n} 模和 TM_{1n} 模具有相同的截止波长，是相互简并的，这种简并称为模式简并；另一种是特有的简并现象，即所谓极化简并。

(3) TM_{01} 模是圆波导中的最低横磁模，且不存在简并，截止波长为 $2.62R$。

(4) $\eta=\sqrt{\mu/\varepsilon}$ 为介质的波阻抗。

(5) 同轴线中 TM_{mn} 的截止波长近似为

$$\lambda_{cTM}\approx\frac{2}{n}(b-a)\qquad(n=1, 2, 3, \cdots)$$

(6) 最低型 TM_{01} 模的截止波长近似为

$$\lambda_{cTM01}\approx 2(b-a)$$

(7) 品质因数为

$$Q_0=\frac{1}{\delta}\frac{\ln\left(\frac{D}{d}\right)}{\left(\frac{1}{D}+\frac{1}{d}\right)+4\ln\left(\frac{D}{d}\right)/(pl)}$$

习　题

9-1　两无限大平行理想导体板，间距为 d，板间介质为空气，坐标 y 轴垂直于导体板，试讨论其中可能存在的传输模式及其特征参量。

9-2　如习题 9-1，若两无限大导体板间有电场 $\boldsymbol{E}=\boldsymbol{e}_x E_0\sin(\pi y/d)\mathrm{e}^{\mathrm{j}(\omega t-\beta z)}$，其中 E_0

为常数，平行板以外的空间电磁场为零。

(1) 求$\nabla \cdot \boldsymbol{E}$，$\nabla \times \boldsymbol{E}$；

(2) $\boldsymbol{E}$ 能否用一位置的标量函数的负梯度来表示，并说明理由；

(3) 求两板上的面电流密度和面电荷密度。

9-3　下列两种矩形波导具有相同的工作波长，试比较它们工作在 TE_{11} 模式时的截止波长。

(1) $a \times b = 23\ \text{mm} \times 10\ \text{mm}$；

(2) $a \times b = 16.5\ \text{mm} \times 16.5\ \text{mm}$。

9-4　矩形波导尺寸为 $a=2b=2.5$ cm，若传输调制波 $(1+\cos\omega mt)\cos\omega t$，其中 $f_m=20$ kHz，$f=10^4$ MHz，求波导能让上边频与下边频有 180°相位差的长度。

9-5　一铜制波导，内填充空气，横向尺寸为 $a \times b = 72\ \text{mm} \times 34\ \text{mm}$，若波导内传输频率为 $f=3$ GHz 的 TE_{10} 模。求：

(1) 衰减常数；

(2) 场强衰减到 50%的距离。

9-6　试证明矩形波导中的不同波型的场是正交的。

9-7　一填充空气的圆柱形波导，内直径为 5 cm。求：

(1) 波导中 TE_{11}、TM_{01}、TE_{01} 和 TM_{11} 模的截止波长；

(2) 当工作波长为 7 cm、6 cm 和 3 cm 时可能传输的波型模式；

(3) 最低(基模)的波导波长。

9-8　试设计一铜质的圆柱形波导，要求工作波长 $\lambda=7$ cm，其中只允许 TE_{11} 型波传输，而没有其他高次型波存在，并根据设计，计算 TE_{11} 型波的铜损耗 α_c。

9-9　内充空气的硬同轴线，其外导体内半径至少应为多少，并计算前三种高次模的截止波长；若要单模传输 TEM 型波，其工作波长至少应为多少？

9-10　试确定同轴线传输最大功率的条件、衰减最小的条件、耐压值具有最大值的条件。

附录　希腊字母读音表

序号	大写	小写	英文注音	国际音标注音	中文注音
1	Α	α	alpha	a:lf	阿尔法
2	Β	β	beta	bet	贝塔
3	Γ	γ	gamma	ga:m	伽马
4	Δ	δ	delta	delt	德耳塔
5	Ε	ε	epsilon	ep′silon	艾普西隆
6	Ζ	ζ	zeta	zat	截塔
7	Η	η	eta	eit	艾塔
8	Θ	θ	theta	θit	西塔
9	Ι	ι	iota	aiot	约塔
10	Κ	κ	kappa	kap	卡帕
11	Λ	λ	lambda	lambd	兰布达
12	Μ	μ	mu	mju	米尤
13	Ν	ν	nu	nju	纽
14	Ξ	ξ	xi	ksi	克西
15	Ο	ο	omicron	omik′ron	奥密克戎
16	Π	π	pi	pai	派
17	Ρ	ρ	rho	rou	洛
18	Σ	σ	sigma	′sigma	西格马
19	Τ	τ	tau	tau	陶
20	Υ	υ	upsilon	jup′silon	宇普西隆
21	Φ	φ	phi	fai	斐
22	Χ	χ	chi	phai	喜
23	Ψ	ψ	psi	psai	普西
24	Ω	ω	omega	o′miga	奥米伽

参考文献

[1] 雷银照. 时谐电磁场解析方法[M]. 北京：科学出版社，2000.
[2] 王蔷，李国定，龚克. 电磁场理论基础[M]. 北京：清华大学出版社，2001.
[3] 牛中奇，朱满座，卢智远. 电磁场理论基础[M]. 北京：电子工业出版社，2001.
[4] Law, Kelton. Electromagnetics with Application[M]. 北京：清华大学出版社，2001.
[5] 王增和，王培章，卢春兰. 电磁场与电磁波[M]. 北京：电子工业出版社，2001.
[6] 边莉. 电磁场与电磁波[M]. 哈尔滨：哈尔滨工业大学出版社，2001.
[7] 邱景辉，李在清，王宏. 电磁场与电磁波[M]. 哈尔滨：哈尔滨工业大学出版社，2001.
[8] 熊浩. 无线电波传播[M]. 北京：电子工业出版社，2002.
[9] 晁立东，仵杰，王仲奕. 工程电磁场基础[M]. 西安：西北工业大学出版社，2002.
[10] 李绪益. 电磁场与微波技术：下册[M]. 广州：华南理工大学出版社，2002.
[11] 李泉凤. 电磁场数值计算与电磁铁设计[M]. 北京：清华大学出版社，2002.
[12] 钟顺时，钮茂德. 电磁场理论基础[M]. 西安：西安电子科技大学出版社，2003.
[13] 杨儒贵. 电磁场与电磁波[M]. 北京：高等教育出版社，2003.
[14] 毛钧杰，刘荧，朱建清. 电磁场与微波工程基础[M]. 北京：电子工业出版社，2004.
[15] 赵凯华，陈熙谋. 电磁学[M]. 北京：高等教育出版社，2004.
[16] 赵家升，杨显清，王园. 电磁场与电磁波[M]. 北京：高等教育出版社，2004.
[17] 阎润卿，李英惠. 微波技术基础[M]. 北京：北京理工大学出版社，2004.
[18] 顾继慧. 微波技术[M]. 北京：科学出版社，2004.
[19] 丁君. 工程电磁场与电磁波[M]. 北京：高等教育出版社，2005.
[20] 孟庆鼎. 微波技术[M]. 合肥：合肥工业大学出版社，2005.
[21] 冯恩信. 电磁场与电磁波[M]. 2 版. 西安：西安交通大学出版社，2005.
[22] 何红雨. 电磁场数值计算法与 MATLAB 实现[M]. 武汉：华中科技大学出版社，2005.
[23] Kai Chang. RF and Microwave Engineering[M]. New Jersey：WILEY，2005.
[24] 宋铮，张建华，黄冶. 天线与电波传播[M]. 西安：西安电子科技大学出版社，2005.
[25] 谢树艺. 矢量分析与场论[M]. 3 版. 北京：高等教育出版社，2005.
[26] 梁昌洪. 简明微波[M]. 北京：高等教育出版社，2006.
[27] 张瑜，郝文辉，高金辉. 微波技术及应用[M]. 西安：西安电子科技大学出版社，2006.
[28] 杨莘元，马惠珠，张朝柱. 现代天线技术[M]. 哈尔滨：哈尔滨工程大学出版社，2006.
[29] 戈鲁，赫兹若格鲁. 电磁场与电磁波[M]. 2 版. 周克定，等，译. 北京：机械工业出版社，2006.
[30] 钟顺时. 电磁场基础[M]. 北京：清华大学出版社，2006.
[31] 孙玉发. 电磁场与电磁波[M]. 合肥：合肥工业大学出版社，2006.
[32] 毛均杰. 微波技术与天线[M]. 北京：科学出版社，2006.

[33] 付云起，袁乃昌，温熙森．微波光子晶体天线技术[M]．北京：国防工业出版社，2006.
[34] 傅文斌．微波技术与天线[M]．北京：机械工业出版社，2007.
[35] 谢处方，杨显清．电磁场与电磁波[M]．4版．北京：高等教育出版社，2007.
[36] 何宏，秦会斌．电磁兼容原理与技术[M]．西安：西安电子科技大学出版社，2008.
[37] 王园，杨显清，赵家升．电磁场与电磁波基础教程[M]．北京：高等教育出版社，2008.
[38] 袁国良．电磁场与电磁波[M]．北京：清华大学出版社，2008.
[39] 符果行．电磁场与电磁波基础教程[M]．北京：电子工业出版社，2009.
[40] 沈琍娜．电磁场与电磁波[M]．武汉：华中科技大学出版社，2009.
[41] 张惠娟．工程电磁场与电磁波基础[M]．北京：机械工业出版社，2009.
[42] 路宏敏，余志勇，李万玉．工程电磁兼容[M]．2版．西安：西安电子科技大学出版社，2010.
[43] 徐立勤．电磁场与电磁波理论[M]．2版．北京：科学出版社，2010.
[44] 许福永．电磁场与电磁波[M]．北京：科学出版社，2010.
[45] 王新稳，李延平，李萍．微波技术与天线[M]．3版．北京：电子工业出版社，2011.
[46] Demarest K R. Engineering Electromagnetics[M]. Beijing: Science Press and Pearson Education North Asia Limited, 2003.
[47] 王家礼，朱满座，路宏敏．电磁场与电磁波[M]．3版．西安：西安电子科技大学出版社，2009.
[48] Guru B S, Hiziroglu H R. Electromagnetic Field Theory Fundamentals. Beijing: China Machine Press, 2004.
[49] Johnson H, Graham M. High-speed Digital Design. Beijing: Publishing House of Electronics Industry, 2003.
[50] Kraus J D, Fleisch D A. Electromagnetics with Applications. 5th ed. Beijing: Tsinghua University Press and McGraw-Hill Companies, Inc., 2001.
[51] Ulaby F T. Fundamentals of Applied Electromagnetics. Beijing: Science Press and Pearson Education North Asia Limited, 2002.
[52] 董金明，林萍实，邓晖．微波技术[M]．北京：机械工业出版社，2010.